新曲綫 New Curves ｜ 用心雕刻每一本……

用心字里行间　雕刻名著经典

**罗夏墨迹测验** 在罗夏墨迹测验中，心理学家要求人们描述自己看到的墨迹，如上图所示。心理学家通过分析这些描述，了解一个人的动机和无意识驱力。（见正文第 122 页）

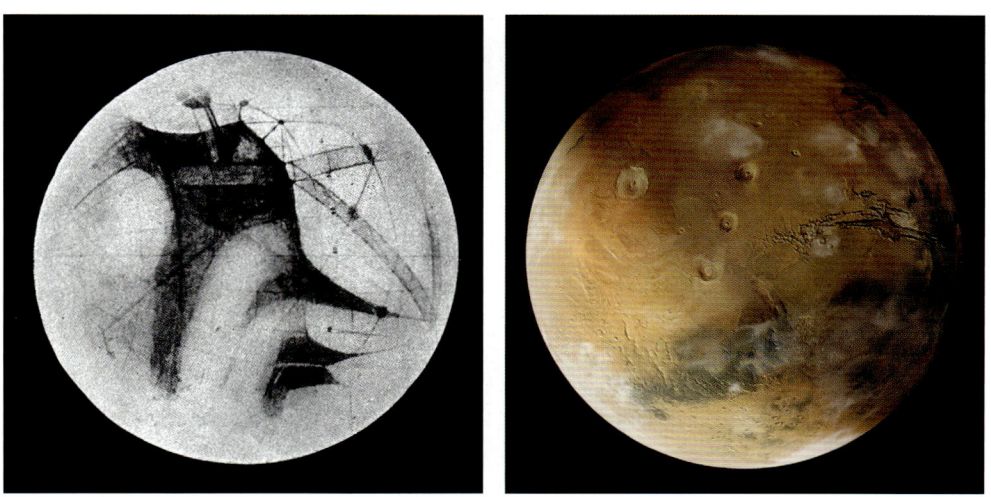

**火星上的"运河"** 很多天文学家一直相信火星上有运河，直到 1965 年"水手 4 号"航天探测器飞抵火星并拍下了火星表面的照片。照片显示，火星上并没有运河。原来这些所谓的"运河"不过是一些光学假象，人们的大脑倾向于赋予这些随机数据意义，并且就科学家而言，他们对火星上存在运河也抱有一定的期望。（见正文第 384 页）

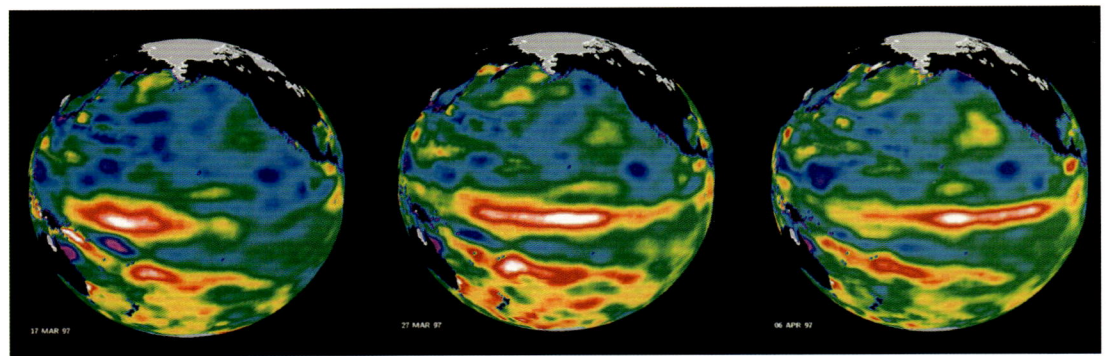

自从20世纪70年代开始,厄尔尼诺现象逐渐变得更加频繁和剧烈。这些图片显示了3个月的海洋表面温度,黄色和红色的区域显示的是水温相对较高的地方。厄尔尼诺现象造成了2009—2010年冬季美国加州的巨大暴风雪和2012年袭击美国中西部地区的特大风暴。(见正文第389页)

**豌豆花色的孟德尔遗传(见正文第402页)**

粉花种系植株的两朵花　　　粉花与白花种系杂交产生的植株的两朵花　　　白花种系植株的两朵花

商务印书馆(成都)有限责任公司出品

# 独立思考

——日常生活中的批判性思维与逻辑技能

（第4版）

〔美〕朱迪丝·博斯 著

岳盈盈 翟继强 译

商务印书馆
2024年·北京

*Judith A. Boss*

**THiNK : critical thinking and logic skills for everyday life, 4th Edition**

ISBN 978-1-259-69088-4

Copyright © 2017 by McGraw-Hill Education

All Rights reserved. No part of this publication may be reproduced or transmitted in any form or by any means, electronic or mechanical, including without limitation photocopying, recording, taping, or any database, information or retrieval system, without the prior written permission of the publisher.

This authorized Chinese translation edition is published by The Commercial Press in arrangement with McGraw-Hill Education (Singapore) Pte.Ltd. This edition is authorized for sale in the People's Republic of China only, excluding Hong Kong, Macao SAR and Taiwan region.

Translation Copyright ©2024 by McGraw-Hill Education (Singapore) Pte.Ltd and The Commercial Press.

# 简要目录

第 1 章　批判性思维为什么很重要　1

第 2 章　理性与情绪　39

第 3 章　语言与沟通　71

第 4 章　知识、证据与思维中的错误　105

第 5 章　非形式谬误　143

第 6 章　论证的识别、分析和构建　181

第 7 章　归纳论证　221

第 8 章　演绎论证　253

第 9 章　伦理与道德决策　287

第 10 章　市场营销与广告　321

第 11 章　大众传媒　349

第 12 章　科　学　379

第 13 章　法律与政治　417

术语表　447

注　释　458

# 详细目录

## 第1章　批判性思维为什么很重要　1

**什么是批判性思维**　4
　　日常生活中的批判性思维　4
　　大学生的认知发展　5

**优秀批判性思维者的特征**　7
　　分析技能　7
　　有效的沟通　8
　　调查和研究技能　8
　　灵活性与包容模糊性　8
　　心智开放的怀疑态度　9
　　创造性地解决问题　10
　　注意力、正念和好奇心　11
　　合作学习　12

**批判性思维与自我发展**　13
　　在生活中自我反省　14
　　制定合理的人生规划　14
　　面对挑战　16
　　自尊的重要性　16
　　民主国家的批判性思维　17

**妨碍批判性思维的因素**　20
　　思维的三层模型　20
　　抗　拒　22
　　抗拒的类型　22
　　思想狭隘　25
　　合理化与双重思想　29
　　认知失调和社会失调　30
　　压力障碍　31

**批判性思维之问**：关于大学入学平权法案的
　　　观点　33

目录 • vii

## 第 2 章  理性与情绪  39

**什么是理性**  40
    关于理性的传统观点  41
    性别、种族、年龄与理性  43
    梦与问题解决  45

**情绪在批判性思维中的作用**  47
    关于情绪的传统观点  48
    情绪智力与情绪的积极影响  48
    情绪的消极影响  52
    理性与情绪的结合  52

**人工智能、理性与情绪**  52
    人工智能领域  55
    计算机会思考吗  56
    计算机能够感知情绪吗  56

**信仰与理性**  57
    信仰主义：信仰高于理性  58
    理性主义：宗教信仰与理智的结合  60
    批判理性主义：信仰与理性是一致的  61
    宗教、灵性与生活决策  63

**批判性思维之问**：关于神或上帝存在的推理和
    证明  66

## 第 3 章  语言与沟通  71

**何为语言**  72
    语言的功能  73
    非言语语言  76

**定  义**  79
    外延与内涵意义  79
    约定定义  80
    词典定义  81
    精确定义  81
    说服性定义  84

**评价定义**  84
    五个标准  84
    基于模糊定义的舌战  86

**沟通风格**  86
    沟通的个体风格  87
    沟通风格、性别和种族  89
    沟通风格的文化差异  91

**使用语言来操纵**  93
    情绪性语言  93
    修辞手法  94

欺骗与说谎　97

批判性思维之问：关于大学校园是否应该设立
　　言论自由区的观点　101

## 第4章　知识、证据与思维中的错误　105

**人类知识及其局限性　106**
　　理性主义和经验主义　106
　　思维的结构　107
**评估证据　108**
　　直接经验和错误记忆　108
　　传闻和轶事证据的不可靠性　110
　　专家与可靠性　112
　　评估某个观点的证据　113
　　研究资源　116
**思维中的认知和知觉错误　119**
　　知觉错误　119
　　对随机数据的错误知觉　122
　　难忘事件错误　124
　　概率错误　126

　　自我服务偏差　127
　　自我实现预言　131
**社会错误与社会偏见　132**
　　"非我即他"错误　132
　　社会期望　134
　　群体压力与服从　135
　　责任分散　137
**批判性思维之问**：关于UFO（不明飞行物）是否
　　存在的不同观点　139

## 第5章　非形式谬误　143

**什么是谬误　144**
**歧义谬误　145**
　　语词歧义　145
　　构型歧义　147
　　错置重音　148
　　分解谬误　149
　　合成谬误　150
**不相关谬误　150**
　　个人攻击或人身攻击谬误　151

诉诸强力（恐吓策略） 155
诉诸怜悯 156
诉诸众人 157
诉诸无知 159
以偏概全 160
稻草人谬误 162
转移注意力（熏青鱼谬误） 163
**包含无理假设的谬误 164**
窃取论题 164
不恰当地诉诸权威 165
暗设圈套的问题 166
虚假两难 166
不合理的因果谬误 168
滑坡谬误 169
自然主义谬误 172
**避免谬误的策略 173**
**批判性思维之问**：关于枪支管控的观点 176

## 第 6 章 论证的识别、分析和构建 181

**什么是议题 182**
识别一个议题 183
询问准确的问题 184
**识别论证 184**
区分修辞术与论证 185
论证的类型 186
命 题 186
前提与结论 189
非论证：解释和条件陈述 190
**拆分和图解论证 191**
将论证拆分为命题 191

识别复杂论证中的前提与结论 193
对论证进行图解 194
**评价论证 200**
清晰性：论证是清晰的还是模糊不清的？ 200
可靠性：这些前提是否有证据支持？ 200
相关性：前提与结论是否存在相关？ 202
完整性：是否存在未阐明的前提与结论？ 202
合理性：前提是正确的吗？能支持结论吗？ 204
**构建论证 205**
构建论证的步骤 205
在现实生活中做决定时使用论证 211
**批判性思维之问**：关于同性婚姻的观点 214

## 第 7 章 归纳论证 221

**什么是归纳论证 222**
日常生活中对归纳论证的运用 223
**概 括 223**
使用民意测验、普通调查和抽样调查的方法进行概括 224
将概括运用到具体个案中 230
评价运用概括的归纳论证 231
**类 比 234**

类比的运用　234
基于类比的论证　235
将类比用作驳斥论证的工具　237
对基于类比的归纳论证进行评价　238

**因果论证　240**

因果关系　240
相　关　241
构建因果关系　243
公共政策和日常生活决策中的因果论证　245
评价因果论证　246

**批判性思维之问**：透视大麻合法化　247

## 第 8 章　演绎论证　253

**什么是演绎论证　254**

演绎推理和三段论　255
有效论证和无效论证　255
合理论证和不合理论证　257

**演绎论证的类型　257**

排除法论证　258

数学法论证　260
定义法论证　261

**假言三段论　263**

肯定前件式　263
否定后件式　264
连锁论证　265
评价假言三段论的有效性　266

**直言三段论　268**

直言三段论的标准形式　269
数量和性质　269
利用维恩图图解命题　270
利用维恩图评价直言三段论　272

**将普通论证转换为标准形式　276**

将日常命题改写为标准形式　276
找出论证中的三个词项　278
将论证改写成标准形式　279

**批判性思维之问**：透视死刑　281

## 第 9 章　伦理与道德决策　287

**什么是道德推理　289**
　　道德价值观与幸福　289
　　良知和道德情操　291

**道德推理的发展　293**
　　劳伦斯·柯尔伯格的道德发展阶段理论　293
　　卡罗尔·吉利根关于女性道德推理的观点　294
　　大学生的道德推理发展　297

**道德理论：道德是相对的　298**
　　伦理主观主义　299
　　文化相对主义　300

**道德理论：道德是普遍的　302**
　　功利主义（以结果为基础的道德规范）　302
　　义务论（以责任为基础的道德规范）　304
　　以权利为基础的伦理　305
　　美德伦理　307

**道德论证　308**
　　识别道德论证　309
　　构建道德论证　309
　　评价道德论证　311
　　解决道德困境问题　313

**批判性思维之问**：透视堕胎　316

## 第 10 章　市场营销与广告　321

**消费文化中的营销　322**
　　市场研究　322
　　避免思维中的证实偏差和其他错误　323

**营销策略　326**
　　SWOT 模型　326
　　消费者对营销策略的觉察　331

**广告与媒体　332**
　　广告在媒体中的作用　332
　　植入式广告　334
　　电视广告与儿童　335

**广告评价** 336
　广告中常见的谬误 337
　修辞手法和误导性语言 338
　错误和薄弱的论证 340
　对广告的一些批评 341
**批判性思维之间**：透视广告与儿童 344

# 第11章　大众传媒　349

**美国的大众传媒** 350
　大众传媒的兴起 351
　当今的媒体 351
**新闻媒体** 353
　追求轰动效应与新闻娱乐化 354
　新闻分析的深度 355
　新闻中的偏差 358
**科学报道** 360
　科学发现的歪曲报道 360
　政府影响和偏差 362
　对科学报道进行评价 362
**互联网** 364

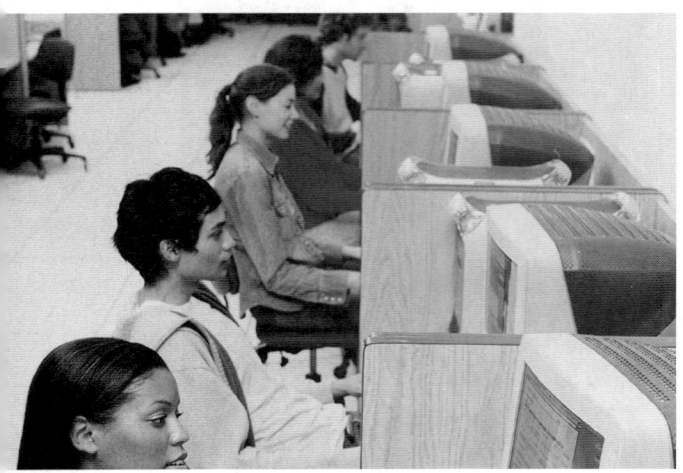

　互联网对日常生活的影响 364
　社交网络 365
　被称为"伟大的平衡器"的互联网 366
　互联网的滥用：色情作品和网络剽窃 368
**媒介素养：一种批判性思维的方法** 369
　媒体体验 369
　解释媒体信息 370
　分析媒体信息 371
**批判性思维之间**：大学生群体中的网络剽窃
　现象 372

# 第12章　科　学　379

**什么是科学** 380
　科学革命 380
　科学假设 381
　科学的局限性 383
　科学与宗教 384
**科学方法** 385
　1. 识别问题 386
　2. 提出假设 386
　3. 收集附加信息并提炼假设 388
　4. 检验假设 390
　5. 评价检验或实验的结果 391
**评价科学假设** 391
　好的假设应当与研究问题相关 391
　好的假设应当与成熟的理论保持一致 392
　好的假设应当简单 392
　好的假设应当是可检验的和可证伪的 394
　好的假设应当拥有预测力 394
　鉴别科学与伪科学假设 395

**研究方法与科学实验 397**
 研究方法与研究设计 397
 现场实验 398
 控制实验 399
 单组（前后测）实验 400
 评价实验设计 402
 解释实验结果 404
 科学实验中的伦理问题 404

**托马斯·库恩与科学范式 406**
 常规科学与范式 406
 科学革命和范式转换 407

**批判性思维之问**：当进化论遇上智能设计理论 409

## 第13章 法律与政治 417

**政府的社会契约论 418**
 自然状态 419
 社会契约论 419
 国际法律 420

**美国民主制度的发展 421**
 代议制民主：防止"多数人暴政"的机制 421
 自由民主：保护个人权利 422
 政治竞选和选举 423
 投票：权利还是责任？ 425

**美国政府的行政机构 426**
 行政机构的作用 426
 行政命令和国家安全 427
 对行政权力的监督 427

**美国政府的立法机构 430**
 立法机构的作用 430
 公民与立法 431
 不公正的法律和不合作主义 434

**美国政府的司法机构 436**
 司法机构的作用 436
 证据规则 437
 法律推理与判例原则 438
 陪审义务 441

**批判性思维之问**：关于在战争中使用无人机的
 观点 442

## 术语表 447

## 注释 458

# 专栏

## 思想库

自我评价问卷　5

情商测验中的问题摘录　50

自我评价问卷［沟通风格］　88

自我评价问卷　107

自我评价问卷：道德推理　295

## 分析图片

无知是福吗？　24

"只有人类能够……"　53

亚伯拉罕准备奉上帝的命令牺牲他的儿子
　　　以撒　62

动物语言　77

非言语交流与隐瞒信息　78

国际外交与非言语交流　90

圣路易斯拱门　121

罗夏墨迹测验　122

阿施实验　136

做出糟糕的选择　148

达尔文的类人猿血统　154

"宝贝儿，你已经取得了长足的进步"　158

《星球大战前传 2》中的场景　172

辩论僵局　187

关于大麻的争论　195

拉丁裔家庭主妇　203

盲人摸象　233

暴力电子游戏和桑迪胡克小学枪击案　242

大脑与道德推理：菲尼亚斯·盖奇案例　290

1930 年发生在印第安纳州的三 K 党私刑　301

橄榄球运动员　308

媒体中的植入式广告　335

丰田混合动力系统的广告　339

莎白苏打酒广告　342

媒体中的刻板印象与种族歧视　357

火星上的"运河"　382

达尔文绘制的加拉帕戈斯群岛上的雀喙　389

科学 VS 伪科学　396

日裔美国人战俘营和第 9066 号行政命令　428

塞勒姆女巫审判案　440

## 行动中的批判性思维

电子游戏中的大脑活动　46

"莫扎特效应"　54

你说了什么？　82

个人广告中"代码词"的真正含义是什么　95

记忆策略　111

精神食粮：知觉与超大食物分量　125

非理性信念与抑郁　129

人际关系中言语攻击的危险　152

撰写一篇基于逻辑论证的论文　209

草率得出结论的危险　212

是时候戒烟了：尼古丁概论——大学生与
　　　吸烟现象　244

记在我的账上：使用信用卡支付大学学费
　　　是否明智？　262

黄金定律：互惠是世界上各宗教的道德
　　　基础　306
越过你的肩膀：监视员工使用互联网　367
科学与祈祷　401
如何阅读科技论文　405

## 独立思考

伊莉莎白·凯迪·斯坦顿　18
斯蒂芬·霍金　27
切斯利·萨伦伯格　32
坦普尔·葛兰汀　44
罗莎·帕克斯　51
阿尔贝特·施韦泽　64
萨莉·雷德　75
蕾切尔·卡逊　114
朱迪思·谢恩德林　170
亚伯拉罕·林肯　185
乔治·盖勒普　228
波·迪特尔　259
格洛丽亚·斯泰纳姆　296
莫罕达斯·甘地　297
乔根·维格·克努德斯托普　328
爱德华·默罗　359
阿尔伯特·爱因斯坦　393

# 第 1 章

# 批判性思维为什么很重要

**要　点**

什么是批判性思维

优秀批判性思维者的特征

批判性思维与自我发展

妨碍批判性思维的因素

批判性思维之问：关于大学入学平权法案的观点

1960年，纳粹战犯阿道夫·艾希曼在以色列受到反人类罪的审判。尽管他一直声称，自己只是服从上级的命令，才下令杀害无数的犹太人，但法庭最终还是判其有罪，并处以死刑。难道艾希曼是灭绝人性的魔鬼？或者如他的辩护律师所说，艾希曼只是做了我们大多数人都会做的事情——服从上级命令。

为了回答这一问题，美国耶鲁大学的社会心理学家斯坦利·米尔格拉姆于1960年至1963年间进行了一项经典的实验研究。米尔格拉姆在报纸广告上招人参加一项记忆与学习的科学研究。[1] 实验者告诉参与者，该实验的目的是研究惩罚对学习的影响，他们的任务是在学习者回答错误时对其实施电击，电击要在实验者的指示下完成。电击强度在15伏特至450伏特之间。事实上并没有真正实施电击，但参与者并不知悉。

随着电击强度的"不断增加"，学习者（实际上是实验者的助手）的反应越来越痛苦，发出惨烈的尖叫声，不断恳求参与者停止电击。然而，尽管学习者再三恳求，所有参与者在电压增加到 300 伏特前仍然接受了实验者的命令，持续对学习者实施电击。并且，有 65% 的参与者在强度达到 450 伏特时仍一直对学习者实施电击，仅仅是因为权威人物（身着白色实验服的科学家）要求他们继续。很明显，大多数持续实施电击的人都因自己的行为而感到焦虑不安。然而，与拒绝继续实施电击的人不同，他们提不出合乎逻辑的、合情合理的理由来反抗科学家下达的"实验要求你必须继续"的命令。

怎么会这样呢？米尔格拉姆的实验结果会不会只是一个特例？然而，事实证明并非如此。

几年之后，美国海军在 1971 年资助了一项研究，考察人类在权威和力量对比悬殊的情境下（如监狱）的反应。该研究在美国心理学家菲利普·津巴多的指导下进行，他挑选了心理健康且情绪稳定的学生志愿者作为参与者。[2] 实验者将学生志愿者随机分成两组，要求他们在为期两周的时间内，分别扮演模拟监狱中的看守或囚犯，实验地点就在斯坦福大学心理学系大楼的地下室。为了让"监狱"看上去更加真实，实验者给"看守"配备了木制警棍，让他们穿卡其布制服，戴上太阳镜，以尽量减少与"囚犯"的眼神交流。同时，实验者给"囚犯"准备了不合身的未搭配衬衣的囚服，还有橡胶拖鞋。此外，实验者用编号来代替"囚犯"的名字。实验者没有提供给"看守"任何正式指令，只是告诉他们，管理监狱是他们的责任。

这项实验很快就超出了实验者的控制。无论是在身体还是情感上，"囚犯"都遭到了"看守"的虐待和羞辱。三分之一的"看守"变得越来越残暴，尤其是在他们认为摄像机已经关闭的晚上。"看守"强迫"囚犯"赤手清洗厕所，在水泥地板上睡觉，并将"囚犯"单独监禁，让他们挨饿。除此之外，"囚犯"还被迫裸体，遭到性虐待——这与多年后也就是 2003—2004 年发生在伊拉克阿布格莱布监狱的虐囚事件非常相似。因此，斯坦福监狱实验在进行 6 天之后就不得不终止。

这些实验表明，即便算不上大多

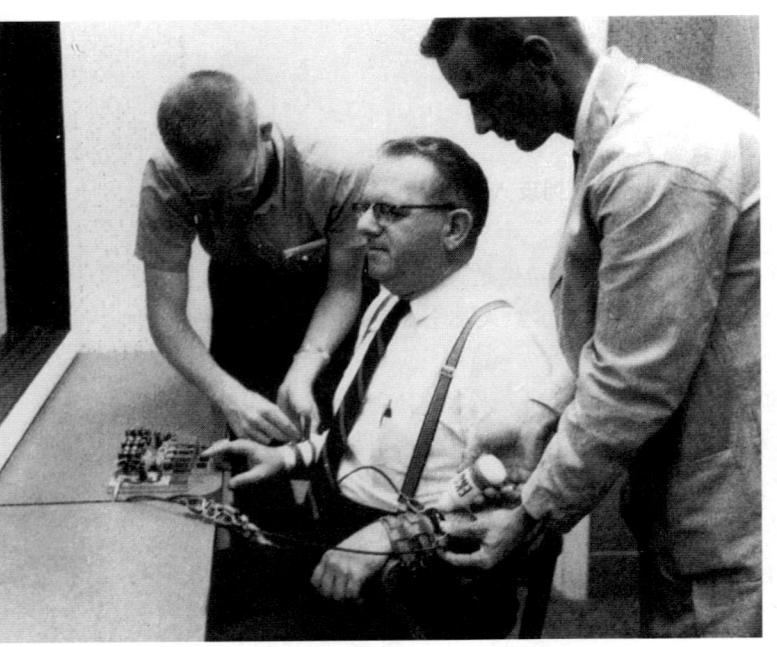

**米尔格拉姆实验** 米尔格拉姆服从实验中的场景。"学习者"连接在一台仪器上，每当他给出错误答案，都会受到电击。

数,但确实有许多美国人会不加批判地服从权威的命令。与米尔格拉姆的研究结果一样,斯坦福监狱实验也表明,如果存在社会支持和制度支持,或者能诿罪于人,普通人也会做出违心之举,犯下令人发指的暴行。米尔格拉姆写道:

> 尽管普通人只是做自己分内的工作,并不怀有特别的敌意,但仍可能成为可怕的毁灭力量的代理人。而且,即使其所作所为的危害性变得非常明显,且不符合大多数人的基本原则,也几乎没有人拥有反抗权威所必需的资源。[3]

人们反抗权威需要哪些资源呢?良好的批判性思维技能必不可少。在米尔格拉姆实验中,拒绝继续服从命令的人能说出合理的理由,比如"给别人带来伤害是错误的"。相比而言,继续实施电击的人尽管明知自己的行为错误,仍然服从了权威人物提出的不合理要求。[4]

虽然大多数人可能从不会置身这种严酷的情境之中——自己的行为会带来如此严重的后果,但是,缺乏批判性思维技能仍然会给我们的日常决策造成负面影响。当面临个人、教育和职业选择时,我们往往会听从父母的意见,或屈从朋友的压力,而不会仔细思考决策背后的原因,缺乏自己的独立思考。如果我们在做重大的人生决定时未能深思熟虑,将会造成永远无法改变的后果,比如辍学或选择了自己并不满意的职业。此外,由于批判性思维技能在不同学科之间可以迁移,因此培养批判性思维对学业成功也具有积极的作用。本章我们将考察批判性思维的组成要素,以及培养良好的批判性思维技能的益处。最后,我们将总结培养批判性思维技能的某些妨碍因素。具体来说,我们将:

- 界定批判性思维和逻辑学
- 了解善于进行批判性思维之人所具备的特征
- 区分发表意见与批判性思维的不同
- 阐释良好的批判性思维的益处
- 将批判性思维与个人发展以及公民身份联系起来
- 识别能够将批判性思维付诸实践的人群
- 识别妨碍批判性思维的因素,包括阻力的类型和思想的狭隘

本章最后,我们将批判性思维技能运用到具体问题中,讨论和分析大学入学平权法案的不同观点。

## 什么是批判性思维

**批判性思维**（critical thinking）是我们每天都会用到的一系列技能，对于智力和个人的充分发展非常必要。英文"*critical*"（批判的）这个词源于希腊词"*kritikos*"，意思是"分辨力""决断力"或"决策能力"。批判性思维需要学会如何思考，而非仅仅简单地思考什么。

像逻辑学一样，批判性思维需要很强的分析能力。**逻辑学**（logic）是批判性思维的一部分，可定义为"对区分正误论证或是非观点所用到的方法和原则的研究"。[5] 批判性思维包括逻辑法则的运用、证据的收集、评价以及行动计划的制定。从第 5 章到第 8 章，我们将全面深入地研究逻辑推理。

## 日常生活中的批判性思维

批判性思维是我们识别和解决日常生活中各种问题的重要方法。批判性思维不仅是表达对某个问题的看法。**观点**（opinions）可以基于个人情感或信念而非推理和证据。作为具有批判性思维的人，你必须乐意分析你自己的信念并提供逻辑支持。当然，我们都有资格拥有自己的观点。然而，我们的观点并不一定合理，有些观点也许是正确的，而有些观点无论我们再怎么坚持都有可能是错误的。

无知的观点会使人做出糟糕的人生决定，做出以后可能会后悔的行为。有时无知的观点也会对社会产生消极影响。比如，抗生素能杀死细菌，但对感冒病毒却没有任何效果，然而仍有许多人试图说服医生给他们开抗生素药物以缓解感冒症状。即使医生告诉病人抗生素对病毒感染没有作用，但研究却表明，大约一半的医生最终还是屈服于病人的压力，为病毒感染开了抗生素。[6] 结果，抗生素的过度使用不仅增强了病毒的抗药性，而且当疾病确实需要使用抗生素时反而使其疗效下降。[7] 这种现象与越来越多新的耐药性结核杆菌的出现不无关系。此外，有些性病，比如梅毒，发病率再次上升，它本来是用盘尼西林可以治愈的。[8]

批判性思维和高效的人生决策能力受到多种因素的影响，包括我们认知发展的阶段、良好的分析和沟通能力、研究的技能，以及思想的开放性、灵活性和创造性。

## 自我评价问卷

**请对以下条目进行自我评定，1代表强烈反对，5代表强烈赞同**

1 2 3 4 5　　回答有对错之分。所谓权威就是总能给出正确回答的人。

1 2 3 4 5　　回答无对错之分。每个人都有表达自己观点的权利。

1 2 3 4 5　　即使世界充满不确定性，我们仍必须根据是非标准来做决定。

1 2 3 4 5　　即使有人试图改变我的观点，我仍然倾向于坚持自己在某件事上的立场。

1 2 3 4 5　　我有良好的沟通技能。

1 2 3 4 5　　我有较高的自尊水平。

1 2 3 4 5　　如果权威人物命令我做可能伤害他人的事情，我会拒绝。

1 2 3 4 5　　我不喜欢别人质疑我深信不疑的信念。

1 2 3 4 5　　与大多数人相比，我更擅长与人交往。

1 2 3 4 5　　人是不会改变的。

1 2 3 4 5　　我不太擅长处理生活中的问题，比如人际关系问题、抑郁和愤怒。

1 2 3 4 5　　我常常为了满足他人的需要而委曲求全。

1 2 3 4 5　　男人和女人的交往模式往往不同。

1 2 3 4 5　　最可靠的证据来源于直接经验，比如目击者的报告。

记录你的结果。当你读完这本书对批判性思维有了更好的理解，你会发现你对这些陈述的反应意味着什么。你也可以在本书的后面找到对每一个等级含义的简短总结。

思想库

## 大学生的认知发展

　　批判性思维贯穿人的一生。教育家威廉·佩里（1913—1998）首先研究了大学生的认知发展及其理解世界的方式。[9] **认知发展**（cognitive development）是指我们每个人"从婴儿期到成年期，成为一个理智的人，获得智力和日益进步的思考和解决问题能力"的过程。[10] 他对大学生的研究得到了教育者的广泛认可。虽然佩里界定了九种持续发展的状态，但后来的研究者将之简化为三个阶段：二元对立、相对主义和承担责任。思想库专栏的自我评价问卷中，前三个问题就代表了这三个阶段。

**第一阶段：二元对立（dualism，也译作二元论、二元主义）**。年龄较小的大一或大二学生，他们对知识或生活经验的理解往往过于简单，呈现出"二元化"的特点，认为事物非对即错。他们认为知识是外在的，希望从权威人物身上获得答案。

该年龄段的大学生面临冲突时，二元论的特征尤为明显。虽然他们能将批判性思维技能运用到结构化的课堂教学中，但仍然缺乏将该技能运用到现实冲突之中的能力。当遇到类似米尔格拉姆实验中的服从情境时，[11] 即使感到不舒服，他们也很有可能会服从权威人士的命令。此外，类似平权法案这样有争议性的问题，权威界仍未能达成一致意见，答案也没有明确的对错之分，这会使该阶段的大学生理解起来非常困难。本章最后，我们将探讨有关平权法案的一些观点。

探讨某一问题时，二元主义阶段的学生往往存在证实偏差（confirmation bias），他们只是努力寻找支持自己观点的证据，而忽视与自己相左的证据，认为它们是不可靠的统计数据而不予考虑。[12] 他们的"研究"证实了其观点，这一事实强化了他们简单化的、非黑即白的世界观。

在一项研究中，48名支持或反对死刑的大学生被要求阅读两份虚构的研究报告。[13] 一项研究提出了与关于死刑威慑作用的信念相矛盾的"证据"。另一项研究提出了证实死刑具有威慑作用的"证据"。结果显示，学生们不加批判地接受了那些证实了他们原有观点的证据，同时对相反的证据持怀疑态度。换句话说，尽管两组学生读的是同样的研究，但他们并没有改变立场，而是用证实性研究来支持他们关于死刑的已有观点，而忽略了相反的证据。

这一阶段的学生也可能无法认识到实际生活中的模糊性、相互矛盾的价值观以及动机。尽管我们通常认为，老年人更容易受骗，但由于证实偏差的存在，年轻人成为欺骗、金融诈骗、身份盗窃的受害者也就不足为奇了。因为许多年轻人缺乏批判性思维技能，无法解决现实生活中的诸多冲突，所以处于该发展阶段的年轻人更有可能经历心理学家所称的"生存问题"。[14]

当学生自以为正确的思维方式遭到质疑或被证明有误时，他们很有可能会过渡到认知发展的较高阶段。在转变过程中，他们开始认识到，世界具有不确定性，权威人士可能持有不同的观点。一些教育者把大学生质疑所有答案和感到迷失的这一时期称为"大二期"（sophomoritis）。[15]

**第二阶段：相对主义（relativism）**。处于相对主义阶段的学生走到了另一个极端，他们认为事物的模糊性不可避免，即便存在确定性也不必做出决定。他们反对二元论的世界观，坚定地认为所有的真理都是相对的，仅仅是"仁者见仁，智者见智"。处于该阶段的学生往往认为，说出自己的观点就是最好的表达，而且他们不屑于质疑他人的观点，甚至认为那样做太过武断和无礼。尽管他们声称自己秉持相对主义，但大多数人还是希望老师能支持自己的观点。

对学生的观点提出质疑，让他们参与讨论颇具争议的问题，与认知发展水平较高的角色榜样进行思想碰撞，了解自己思维的局限性和矛盾之处，所有这些方法都有助于学生的认知发展水平进入下一阶段。

**第三阶段：承担责任（commitment，也译作承诺）**。随着学生不断发展成熟，他们逐渐能够意识到，并不是所有的想法都同样有效。不仅权威人士可能出错，而且在某些情况下，不确定性和模糊性也在所难免。此阶段的学生在面对某种不确定性时，能够根据推理和最有力的证据来做决定或支持某一观点。同时，作为独立的思考者，他们能接受挑战，保持灵活性，而且在找到新证据时愿意改变自己原来的立场。

随着我们不断成熟，逐渐掌握了更好的批判性思维技能，我们认识和理解世界的方式也会变得愈加复杂。那些在"真实世界"中生活和工作过一段时间之后再重返校园的学生更是如此。第一阶段的学生寻求权威人士给出答案，第三阶段的学生与此不同，他们能认识到在与周围环境的互动中自己承担着责任，对挑战更宽容，更能接受模糊性。

## 优秀批判性思维者的特征

批判性思维并非单一的技能，而是一系列技能的结合，这些技能相互促进和强化。本章我们将讨论高效批判性思维中的一些重要技能。

## 分析技能

要学会批判性思维，你必须具备分析能力，能为自己的观点提供逻辑支持，而不只是相信自己的观点。在认识和评价别人的观点时，分析技能同样重要，这样你才不会被错误的推理所蒙蔽。我们会在第 2 章及第 5~9 章更深入地探讨逻辑论证。

## 有效的沟通

除了分析技能，批判性思维还需要沟通和读写技能。[16]沟通技能包括听、说和写。你不仅要认识自己的沟通风格，而且要了解文化差异和两性沟通风格上的差别，这对促进人际关系大有裨益。我们在第 3 章 "语言与沟通" 将学习更多的沟通知识。

## 调查和研究技能

了解和解决问题都需要调查和研究技能，比如收集、评价和综合支持性证据的能力。例如，在研究和收集最适合自己的专业或职业信息时，首先要明确自己的兴趣和才能，以此来评估可能适合自己的专业和职业。另外，在理解和解决诸如大学入学平权法案这类容易引起分歧的复杂问题上，研究能力也十分重要。

正如米尔格拉姆在服从实验中所设计的那样，调研并获得更加深刻的见解都需要提出正确的问题。当大多数人都在问纳粹是什么样的变态魔鬼或者德国人为什么会允许希特勒拥有如此大的权力时，米尔格拉姆却提出了更加基本的问题：普通人服从权威人士的命令能达到何种程度？尽管美国心理学协会于 1973 年宣布米尔格拉姆实验这类研究不道德，因为许多参与者之后遭受了长期的心理困扰，但米尔格拉姆的科学研究仍堪称该领域的经典实验。

要培养批判性思维，我们必须避免证实偏差，防止选择性地择取和阐释符合自己世界观的论据，正如上述提到的在学生对死刑的看法研究中所发生的那样。这种做法往往会导致人际关系和政治关系陷入僵局，甚至引发冲突。我们的研究也应该是精确的，建立在可信的证据之上。在第 4 章中我们将学习更多关于研究和评价证据的知识。

## 灵活性与包容模糊性

对批判性思维者而言，在整理各类主张和证据时，洞察力和包容模糊性必不可少。太多的人之所以顺从别人或对有争议的问题不能坚持自己的立场，仅仅是因为他们没有能力评价互相矛盾的观点。随着不断成熟，我们逐渐善于在不确定和模糊的情况下做决定。有效的决策包括制定明确的短期目标和长期目标，并且形成实现这些目标的现实策略。批判性思维者在制定计划时也注重灵活性，以便适应变化，尤其是在刚上大学的头一两年，大多数人都缺乏足够的经验来确定一生的规划。本章后半部分我们将深入探讨制定生涯规划的方法。

## 心智开放的怀疑态度

批判性思维者乐于克服个人偏见。他们的心智开放，拥有反思性的怀疑态度。关键在于，他们不会武断地对某个问题直接得出结论，比如，什么职业最适合我？堕胎不道德吗？上帝是否存在？妇女在家庭里应该扮演什么角色？相反，在得出最终结论之前，他们会批判性地考察支持不同观点的证据和假设。如此一来，高效的批判性思维者能够很好地权衡自己的观点和怀疑。

法国哲学家、数学家笛卡儿（1596—1650）最先提出了**怀疑方法**（method of doubts，也译作怀疑论）来悬置信念。这种批判性的分析方法自古以来就受到科学和哲学等领域的偏爱，它起源于怀疑主义立场，即把先入之见置于一旁。笛卡儿写下了运用怀疑方法的有关规则：

勒内·笛卡儿（1596—1650）提出了怀疑论，即如果没有证据和理由支持某一结论，那么我们永远不会相信它为真。

> 第一条（规则）是，如果我没有明确的知识证明它的真实性，我绝不相信任何事物为真。也就是说，努力避免形成先入为主的观念和做出轻率的结论，我仅根据清晰而分明且我没有理由怀疑的观念做出判断。[17]

在批判性地审视自己深信不疑的信念和权威人士的观点时，你要乐于采取怀疑的态度，这一点非常重要。爱因斯坦（1879—1955）在提出相对论时便运用了怀疑方法，当时公众普遍认为时间是"绝对的"，也就是固定不变的，而他则对这一公认的信念提出了质疑。

相反，**信念方法**（method of belief）会妨碍怀疑精神。当人们沉浸于书籍、电影或游戏时，经常会出现英国诗人塞缪尔·泰勒·柯尔律治（1772—1834）所说的"自愿放弃怀疑"。如果我们对某些问题有根深蒂固的看法，而且不能开放地思考相反的观点,那么我们在讨论这些问题时,信念方法就会发挥作用。比如,在人工流产的赞成者与反对者的对话之中,具有批判性思维的赞成者要想克服自己的偏见,就应真诚地敞开胸襟,听取反对者的意见,而不是一开始就站在怀疑对方的传统立场上。要做到这一点,需要我们具备同理心、好奇心和积极倾听的技能。

## 创造性地解决问题

创造性思维者会从多个视角审视问题,为复杂问题提出独创性的解决方案。他们会运用自己的想象力来构想各种可能性,包括将来可能出现的问题,并制定应变计划来有效地处理这些可能的问题。

尽管美国国家安全局的工作人员将可能发生的灾难结集成书,但他们万万没有预料到,灾难过后的市民骚乱和社会崩溃,连本应首先做出回应的人(如警察)都没有表现出救灾的意愿或能力。2005 年,在卡特里娜飓风袭击墨西哥湾后,由于政府对此类事件的准备不足,使得数百名原本有机会获救的人失

2015 年 11 月,多个可能致命的 EF3 级龙卷风袭击了美国得克萨斯州的狭长地带,造成了数百万美元的损失。因为政府官员和市民都接受过防范龙卷风的训练,令人惊讶的是竟然没有死亡或严重受伤的报告。

去生命，还有数千人无家可归，在混乱无序、肮脏不堪的环境下居住了好几个月。2012 年美国东海岸遭受飓风桑迪袭击时，以及 2015 年得克萨斯州遭受一系列龙卷风袭击时，在灾难中解决问题的经验使得美国做出了快速而有效的反应。

福岛第一核电站的运营商东京电力公司未能采取措施防止灾难，比如 2011 年日本沿海发生地震和海啸之后的那场灾难。他们没能确保核电站不受此类事件影响的挑战，忽视了可能发生大规模海啸的可能性。因此，他们没有安装足够的备用发电机和冷却系统，结果核电站发生了核熔毁，向周围地区释放了有毒辐射。

创造性还包括"乐于冒险、应对突发事件、迎接挑战，甚至将失败视为获得崭新的深刻见解的必由之路"。[18] 即使在面临困难或资源匮乏时，创造性的批判性思维者也不会屈服，而是创造性地使用可利用的资源。1976 年，年仅 21 岁的史蒂夫·乔布斯在自家车库里发明了第一台苹果个人电脑。他提出的用户界面友好软件这一创造性的想法改变了人们对电脑的认知，标志着个人电脑时代的到来。后来，他又继续发明了 iPod，这是便携式音乐播放器领域的一次革命。

在商界，创造性思维这项技能越来越受欢迎。[19] 与行业里打拼多年的人相比，年轻人通常更少把精力投入到传统的观念或行事方式中，对新观念更加开放。能够认可创造性的解决方案，产生新的想法并与他人进行交流，这不仅需要一个人具备创造性思维，而且需要他具备开放的心智、自信、好奇心和有效的沟通能力。

## 注意力、正念和好奇心

批判性思维者对知识充满好奇心。他们密切关注自己的思想、情感以及周围发生的一切。佛教中的"初心"与西方的批判性心智开放或正念具有密切的关联。禅宗大师铃木俊隆把初心定义为"不断寻求智慧的智慧"。他写道：

> 禅悟的真谛就是初心（beginner's mind）。一开始会天真地疑问我是谁？……初学者的心灵是空的，没有专家制定的规则，随时准备接受、怀疑，敞开心灵接受一切可能性……如果你的心灵是空的，那它就是开放的，就能接纳万物。在初心中有无数的可能性……[20]

像初心那样，优秀的批判性思维者在缺乏合理理由的情况下不会随意排斥与自己相左的观点。相反，他们尊重差异，愿意思考各种观点。最近，神经科学有一项重大突破，研究发现，佛教僧侣经常冥想，他们的大脑神经较一般人更加活跃，更具可塑性。冥想是人们练习对当下正在发生的事情保持专注、开放和注意。[21] 许多大公司包括500强企业目前正在鼓励高管们在工间休息时做冥想练习，因为事实证明这样可以提高他们的业绩。[22]

## 合作学习

批判性思维在现实生活情境中是真实存在的。我们每个人都不是与世隔绝的孤立个体，而是相互依存的社会存在。作为批判性思维者，我们需要超越传统的、分离的思维方式，形成合作性更强的学习方式，比如和别人分享谈话或加入一个团体。

如果我们做事时不充分考虑情境和人际关系，就会导致做出错误的决定，以致后悔不迭。例证之一是，许多人倾向于忽视别人的反馈和事物的复杂性。因此，他们往往不能充分而准确地考虑对方的反应。在亲密关系中，我们经常试图做某些事情来吸引对方更多的注意。比如，如果男朋友总是花很多时间跟男性伙伴一起去看体育比赛，女友常会以分手相威胁。不料事与愿违，这段亲密关系竟然真的结束了，这正是因为我们没有考虑对方可能会有的反应。[23]

再举一个例子，有时，军事规划者在制定军事战略时没有考虑敌人会如何应对，导致这些策略的效果降到最差。在1812年的战争中，华盛顿的一群政治家认为，将加拿大并入美国的时机已到。他们的军事战略根本就是错误的，因为他们没有准确评估加拿大人对美国的这一军事命令会如何反应。结果，加拿大人并没有将美国入侵者看作是帮助他们摆脱英国统治的救星。相反，他们认为，这场战争是美国平白无故对其祖国和人民的侵略。最终，1812年的这场战争并没有使美国兼并加拿大，相反，它却激起了加拿大第一场惊心动魄的民族独立运动（甚至引发新英格兰脱离美国的运动）。[24]

优秀的批判性思维者善于采用合作的方式，而不是对抗的态度，他们乐于倾听和考虑别人的意见。我们回顾一下前面提到的男女朋友分手的例子。优秀的批判性思维者不会一味地责怪男朋友（或女朋友）与自己相处的时间少，而是会向对方表达自己的感情和想法，然后倾听对方的想法。批判性思维者认真考虑所有的观点，然后在广泛理解的基础上重新审视自己的想法。通过运用批判性思维技能，我们或许能够意识到，男性朋友对他很重要。或许，他感到不安全，需要与自己的朋友多待在一起，你应该给予男朋友更多的私人空间。或许，我们能够找到两全其美的解决办法。比如，那些球赛爱好者可以带着自己的女友或其他朋友一起看球赛，每月一两次。

## 批判性思维与自我发展

批判性思维不仅与抽象思维有关，而且与一个人的自我提升和整体发展密不可分。自我成长需要你诚实地对待自己和他人，能够正视和反思自己的偏见和优缺点。我们的愿望切合实际吗？我们是否有经过深思熟虑的生活规划和目标？思维不灵活的人不能适应变化或新奇的环境，反而会受到惯例和传统思维方式的束缚，无法解决问题。

**抑郁的年龄差异**

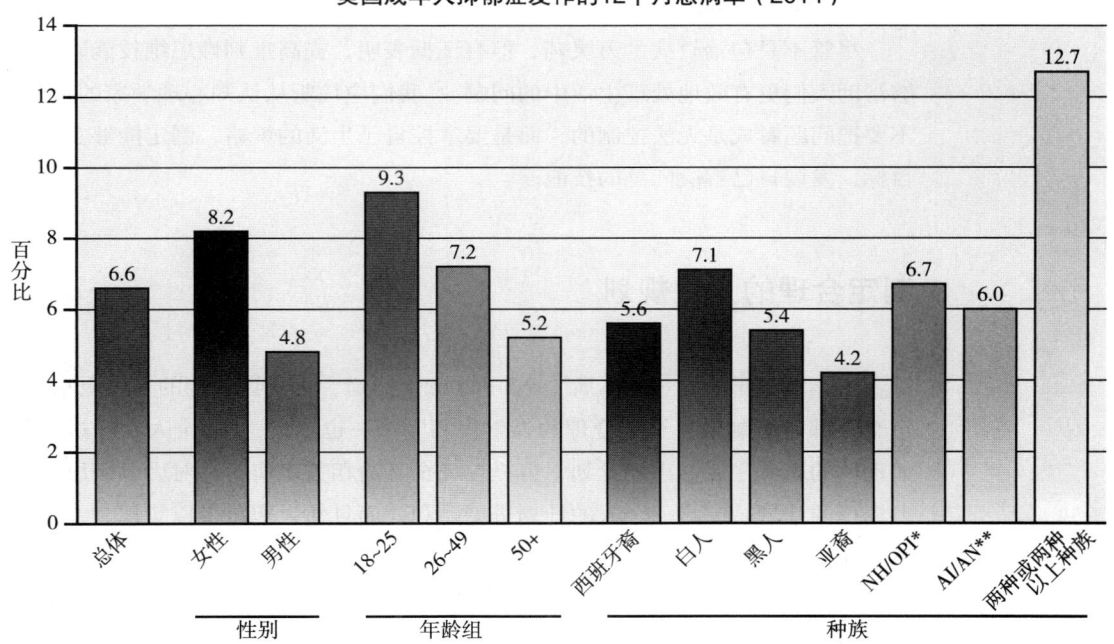

资料来源：Data courtesy of SAMHSA.

## 在生活中自我反省

苏格拉底曾说:"未经反省的人生是不值得过的。"上大学时,我们经常踌躇不前,那是因为我们没有花时间了解自己,没有为未来做规划。太多人的生活不是自己心甘情愿的选择,而是受环境所制约。优秀的批判性思维者能够掌控自己的生活和选择,而不是为了安全一味地迎合大众的要求,或者只是盲从于权威,像本章开头米尔格拉姆研究中所发生的那样。他们不仅是理性的思考者,而且能够触及自己的情绪和情感。我们将在第 2 章更多地介绍情绪的作用。

一些心理学家和精神病学家认为,不理性的信念和糟糕的批判性思维能力会导致许多"生活困扰",比如抑郁症、愤怒和低自尊。[25, 26] 虽然抑郁症的生物化学成因需要治疗,但是糟糕的批判性思维能力会加重抑郁,甚至就是导致某些情境性抑郁症的重要因素。患有抑郁症的学生在某些特定场合会感觉自己被彻底击垮,以致无法做任何决定。在美国大学健康协会 2014 年的一项调查中,28% 的大学生报告,在过去的一年里,他们至少有一次感到"特别沮丧,很难正常生活"。随着年龄的增长,人们往往会更善于解决问题,所以抑郁发病率从 30 岁开始下降也就不足为奇了。与 60 岁以上的人相比,18~29 岁的人患抑郁的可能性要高出 70%。[27]

尽管不是包治百病的万灵药,但有证据表明,提高批判性思维技能确实能够帮助人们更有效地处理生活中的问题。[28] 我们应该听从认知心理学家的建议,不要把问题看成是无法控制的,而是要掌控自己生活的策略,制定能够实现的目标,发展自己解决问题的技能。

## 制定合理的人生规划

美国哲学家约翰·罗尔斯(1921—2002)写道,为了让我们的人生更精彩,每个人都需要制定一个"合理的人生规划"——也就是,"一个人在经过充分而理性的思考之后做出的计划,也是在完全弄清相关事实,并对后果深思熟虑后选择的计划……当一个人的计划进展顺利,而且伟大抱负得以实现时,他会感到非常高兴"。[29]

在拟定人生规划时,我们会按照一定的优先级,将最重要的规划列在最前面,后面是一系列的辅助方案。尽管目标越远,规划越难以制定得具体,但我们还是应该根据活动的进程表有序地组织活动。当然,我们并不能完全预测一生当中所有会发生的事情,总会出现阻碍我们实现目标的状况。我们可以把人生规划看成是一次飞行计划。由于天气、风向和其他航行因素，飞机有 90% 的可能会偏离预定轨道。飞行员必须不断地根据这些状况做出调整，使飞机重回预定轨道。如果没有飞行计划，飞行员和飞机就只能任由风和天气的摆布，被刮得失去方向，永远不会到达预定目的地。

从现在开始，重新审视你的人生规划，首先列出你的价值观、兴趣、技能和才能。价值观是指在你的人生中，哪些是最重要的，包括经济安全感、爱情、家庭、职业、独立性、精神感悟、健康、教育、对社会的贡献、朋友、正义感和乐趣等。你的人生目标应该合理且与你的价值观保持一致。根据 2014 年大学新生调查结果，"组建家庭"这一过去几年最重要的目标，现在已经被"经济上非常富足"所取代，82.4% 的大学新生将此列为他们的首要目标，这是自 1966 年以来的最高值。[30] 请花些时间认真思考你的各种价值的层级。当你对某种价值比如"经济富足"的含义慎重思考之后，你也许会把它放在相对次要的位置。

如果你对自己的技能和才能不太确定，你可以到学校的就业办公室，做一些能力倾向测验和人格测验，比如 Myers-Briggs 职业性格测试。[31] 这些测验能够帮助你确定哪些职业是最适合你的。

但是，不要只列出你的优势，比如你的资产和能力，同时也要注意你的弱势。弱势是指某些我们不太擅长或缺乏的事物，比如经济来源、信息或专业技术。

一旦把自己的价值观、兴趣、才能、技能和弱势写下来，你就可以制定人生目标了。目标可以帮助你组织每天的生活和找到人生的方向。最开始，你可以先列出短期目标，或者说你打算在大学毕业之前完成的任务，比如选择一个主修专业，平均成绩保持在 3.0，进行更多的锻炼。这些目标应该与自己的兴趣、才能和你将来想成为的人相一致。同时，你也要制定实现这些短期目标的行动计划。

接下来，列出你的一些长期目标。理想状态应该是长期目标和短期目标互相促进。你制定的实现长期目标的计划应该切实可行，与你的短期目标和兴趣相一致。创造性地想一想，如何将某几个目标有效地结合在一起。

熟练的批判性思维者不仅有合理的、深思熟虑的目标以及实现目标的策略，而且为人有正义感和个人真实性，同时尊重正义和他人的生活期望。我们每个人都不是孤立的个体，而是一个社会存在，我们的决定影响着我们周围所有人的生活。

## 面对挑战

有时，传统的习惯和信念——既有我们自己的，也有别人的——会阻碍我们实现自己的人生规划。在这种情况下，我们需要制定亚目标，向阻碍我们实现目标的观念宣战，而不是放弃自己的人生规划。公开质疑传统的信仰体系和有力地向根深蒂固的信念发起挑战需要勇气和自信。由于向自己认为不公平的传统体制发起了挑战，废奴主义者、早期的女权主义者和公民权利的提倡者经常遭受人们的嘲笑，甚至被关进监狱。参见专栏"独立思考：伊莉莎白·凯迪·斯坦顿，女权主义者的领袖"。

人生计划就像飞行计划：它帮助我们保持航向。

1955年，马丁·路德·金因在亚拉巴马州蒙哥马利市组织了公共汽车联合抵制活动而被关进监狱。尽管同行的牧师们苦苦哀求他放弃原来的主张，但马丁·路德·金拒绝了。所幸的是，路德有勇气坚持自己的信仰。在《伯明翰监狱的一封信》中，路德对他的牧师同事们写道，任何贬低人类人格的法律都是不公正的，因此必须反对。而且，由于压迫者不会心甘情愿地放弃他们的权力，为了有效地反抗，公民可能需要非暴力不服从甚至进监狱。

正如我们前面提到的，批判性思维需要与我们的情绪相联系，比如愤慨或愤怒，这些情绪是由不公正的对待引起的，就像马丁·路德·金的例子一样，或者是由一张令人震惊的照片引发的，比如战俘被折磨和儿童饿死的照片。

作为批判性思维者，除了能够有力地向社会不公平发起挑战之外，在别人向我们的信仰体系发起挑战时，我们也要能够聪明且认真地做出回应，而不是一味地抗拒。这不仅需要良好的批判性思维技能，更需要自信。

## 自尊的重要性

有效的批判性思维技能似乎与健康的自尊呈正相关。健康的自尊源自个体能够有效地解决问题和成功实现自己的人生目标。区分真实自尊与虚假自尊需要批判性思维。健康的自尊与傲慢自大或自私自利完全不同，同时拥有健康的自尊之人也不会习惯性地自我牺牲，即为了别人的利益和评判而丧失自己的立场。

低自尊的人更容易受别人操纵。他们会更多地体验到"抑郁、易怒、焦虑、疲劳、噩梦……在别人面前退缩，神经质地大笑，身体疼痛和情绪紧张。"[32] 有些特质，比如焦虑和神经质地大笑，在米尔格拉姆实验中那些服从权威人士命令的参与者身上可以看到。实际上，其中有许多人后来非常后悔自己当时的服从行为，甚至需要接受心理治疗。

在锻炼独立性的过程中，良好的批判性思维技能是必不可少的。批判性思维者会未雨绸缪。他们能够认识到生活中的各种影响因素，包括家庭、文化、电视和朋友；他们会设法利用积极因素，克服消极影响，而不是被动地维持生活，在别人做出错误决定时求全责备。

马丁·路德·金宁愿坐牢，也不愿放弃人人平等的目标，这使他成为美国历史上最有影响力的民权领袖之一。

一个独立自主的人同时具有理性和自我导向，因此他不太可能被错误的推理所蒙骗，也不会为自己或别人推理中的矛盾所困扰。但是，具有自我导向并不意味着忽视他人的观点。相反，它需要在合理的基础上做决定，而不是陷入群体思维或者盲目地服从权威人士的命令。为了达到这一目的，独立自主的批判性思维者会寻求不同的观点，积极地与他人进行批判性对话，获取新的知识，拓展自己的思维。

## 民主国家的批判性思维

在民主国家，批判性思维是不可或缺的。**民主**（democracy），按字面意思是指由人民做主；它是一种政府形态，国家的最高权力由人民赋予，或者由人民直接管理，或者像目前大多数现代民主国家一样，由人民选举出来的官员管理。作为民主国家的公民，我们有义务详细了解国家的政策和存在的问题，这

## 独立思考

### 伊莉莎白·凯迪·斯坦顿，女权主义者的领袖

伊莉莎白·凯迪·斯坦顿（1815—1902）是早期女权运动的社会活动家和领袖。1840年，刚新婚不久的她出席了伦敦举办的世界反奴隶制度学会会议，她的丈夫作为代表也参加那次会议。在那里，斯坦顿认识了卢克里霞·莫特（1793—1880）。在几位美国男性代表的强烈反对下，美国的女性代表在会议上没有席位。莫特对此表示强烈抗议，要求自己应该受到与任何男性同样的尊重——不管是白人还是黑人。在热烈的讨论中，斯坦顿对莫特的做法大为惊奇，一个47岁的女人，据理力争，"巧妙地回避了所有的抨击……反唇相讥，用她的真诚和尊严化解了对方的嘲笑和奚落"。*

南北战争之后，斯坦顿拒绝支持通过第十五条修正案，这条修正案虽然赋予了黑人男性选举权，却忽视了女性。修正案规定，要么黑人男性能够获得选举权（但不包括女性），要么只是白人男性可以投票。她指出，该修正案从本质上就是错误的，是在两难困境谬误**的基础上制定的，还有第三个选择：男性和女性都应该有选举权。很不幸，她的观点和向传统的女性角色观念发起的挑战遭到了众人的嘲讽。虽然随着1870年第十五条修正案的通过，黑人男性获得了选举权，但是美国女性最终被赋予该项权利则是50年后的事情了。尽管如此，斯坦顿的坚持不懈和拒绝放弃为女性争取平等机会的斗争，为最终修正案的通过铺平了道路。由此，其他女性才能实现她们的人生目标，获得平等参与国家政治生活的机会。

#### 讨论问题

1. 在伊莉莎白·凯迪·斯坦顿争取女性权利的斗争中，她有卢克里霞·莫特和苏珊·布朗内尔·安东尼这样亲密的朋友作坚强后盾。请讨论，熟练的批判性思维者如何帮助你提高避免错误推理的能力。讨论你怎样才能成为别人的批判性思维顾问。
2. 回想你因为别人嘲笑自己追逐目标的能力而最终妥协的经历。用具体的例子来加以说明。讨论你将会采取哪些措施，使自己不向错误推理妥协，或者不放弃自己的某个人生规划。

* Lloyd Hare, *The Greatest American Women: Lucretia Mott* (New York: American Historical Society, 1937), p. 193.

** 关于两难困境谬误的更多内容见第5章。

样我们才能有效地参与重要的讨论和决策。

　　托马斯·杰斐逊曾写道:"在一个运用理性和说服而不是诉诸武力来领导公民的共和国,推理的艺术便变得尤为重要。"[33] 民主制度的目的不是通过民意测验或多数投票使人们的意见达成一致,而是为了推动持有不同观点的人进行自由讨论和辩论。英国哲学家约翰·斯图亚特·密尔(1806—1873)指出,真理既不是支持现状者的观点,也不是不墨守成规者的观点,而是不同观点的融合。因此,言论自由以及无论攻击性多强的反对观点都要倾听,这在民主国家的批判性思维中是非常必要的。

　　腐败官员曾经也是由公众选举或被委派到政府部门工作的,并且在其所在的政党中有着很高的职位,但这些人未能对自己的行为和思想加以约束,因此才会导致腐败。事实上,在 1938 年关于普林斯顿新议员的民意测验中,阿道夫·希特勒曾被评为"最伟大的人"![34] 在 19 世纪中叶,纽约政客威廉·马

关塔那摩监狱的许多囚犯无法获得根据联合国《日内瓦公约》要求应提供的法律咨询和其他保护。尽管联合国呼吁在 2007 年 1 月前关闭关塔那摩监狱,但截至 2015 年 11 月,该拘留营仍有 107 名囚犯。2016 年,美国心理学协会的代表委员会禁止心理学家参与军事审讯。

西·特威德（1823—1878）从美国公民那里诈取数百万美元。他还组织了著名的特威德集团，选派他的腐败团伙成员到重要的政府部门任职。

与极权主义社会不同，现代民主制度鼓励多样性，支持人们公开讨论不同的思想观念。对大学生进行的有关不同种族、阶级和其他差异的研究表明，"多样性的经历与更多的公民参与、民主成果和社会参与有非常重要的关系。"[35] 让学生在校园和教室里接触不同的事物可以拓展他们的视野，提高他们的批判性思维技能和问题解决能力。[36]

在《攻击理性》(*The Assault on Reason*, 2007) 这本书中，美国前副总统阿尔·戈尔提出，自从电视取代印刷文字成为人们获取信息的主要来源以来，参与民主过程的普通公众便开始减少。电视作为一种单向的信息来源，主要是感染我们的情绪（非批判性的），而不需要批判性地思考，从而使电视观众只能被动地接受包装好的信息和意识形态。在总统选举年，政治参与度倾向于上升，而在选举后下降。例如，2008年，39.5%的大学新生表示"及时了解政治事务"对他们来说是一个重要的或非常重要的目标。然而，巴拉克·奥巴马当选一年后，这个数字已经下降到36%。[37]

能够熟练运用批判性思维的人很少被错误言论或花言巧语所蒙蔽。批判性思维可以教你如何勇敢地反抗权威、抵制非理性思维，这不仅能够增进你的幸福，还能给整个社会带来福祉。

## 妨碍批判性思维的因素

通过提高自己的批判性思维能力，你可以变得更加独立，而且不容易受狭隘思想的影响。在这一节，我们将了解妨碍批判性思维的一些因素，这些因素阻碍我们分析自己或别人的经验和观点。

### 思维的三层模型

批判性思维的过程可以分为三个层次或水平：经验、解释和分析。但要记住，这种分类是人为的，只是为了重点突出批判性思维的过程。尽管分析处在思维过程的最高点，但三层模型是循环往复、不断变化的，有时人们为了进一步确认，会从分析水平返回到经验水平，也会根据对新信息的分析重新修正原来的解释。人们决不会只有单纯的经验或分析。

**经验**（experience）是第一个水平，包括直接经验和从别处得到的信息或经验事实。经验是批判性思维和论证的基础。它为解释和分析过程提供基础材料。在这一思维水平，我们只是描述自己的经验，并不试图理解它们。比如：

1. 在工作面试中，我被拒绝了。
2. 当我离开教室时，马克为我开门。
3. 在美国，克隆人类是违法行为。
4. 尽管黑人仅占美国人口的 13.2%，但却占囚犯数量的 37.7%。[38]

**解释**（interpretation）是第二个水平，需要我们努力弄清经验的含义。思维的这一水平包括人们对经验的个体化解释，也掺杂着集体和文化的世界观。有些解释是我们依据事实而做出的；而有些则仅仅是根据我们自己的想法、个人情感或个人偏见。下面是对上述经验的可能解释：

1. 我没有获得这份工作是因为我没有熟人。
2. 马克是一个大男子主义者，他认为女性太弱小，自己开门费劲。
3. 如果克隆人类是违法的，那么它必定是不道德的。
4. 黑人在囚犯中占据这么大的比例是因为黑人男性天生比白人男性更暴力。

**分析**（analysis）是第三个水平，需要我们提高思维能力，批判性地审视自己或他人对经验的解释，拒绝采纳狭隘的或过于宽泛的解释。大家共同完成的分析最有效，因为我们每个人都有不同的经验、解释和分析技能。分析经常以提出问题开始。下面的这些问题是我们对上述解释进行分析时所提出的：

1. 我没有得到这份工作，是因为我没有熟人、面试技能不足，还是没有达到这份工作所需要的条件？
2. 马克为我开门的目的是什么？
3. 为什么克隆人类是违法的？是否在某些情况下，克隆人类是可以被接受的呢？
4. 有没有证据表明黑人男性天生暴力倾向更强？有没有可能是因为黑人男性比白人男性受到的歧视更多？有没有其他因素能够解释黑人男性在囚犯中的比例过高？

思维的这三个层次为批判性思维提供了一个动力模型，在这个模型中，为了确认，人们常常从分析水平返回至经验水平。作为批判性思维者，不仅要明白推理过程很重要，而且要知道推理联系实际也很重要。

## 抗　拒

由于我们大多数人不愿意被证明是错误的，因此我们会制造一些壁垒使自己固守的观点免受争议。抗拒对批判性思维起着阻碍作用，它被界定为"运用不成熟的防御机制，这种机制是僵化的、冲动的、适应不良的和不加分析的。"

当感受到威胁时，几乎所有人都会运用防御机制。但是，如果我们习惯性地把抗拒作为应对问题的方法，那么它将成为困扰我们的难题。习惯性抗拒会妨碍自我发展，因为它会促使我们回避与自己原有观点不同的新经验和新观念。如果有些人所持的观点得到了公共舆论或法律的支持，那么当这些观点受到挑战时，他们很可能会产生抗拒：他们不希望改变现状。

除此之外，抗拒会使人产生焦虑，因为它把我们置于一种防御状态，远离别人的意见和观点，从而使我们无法与他人合作，不能想出有效的行动计划。

### 抗拒的类型

抗拒有多种类型，包括回避、愤怒、陈词滥调、否认、无知、从众、思想斗争和分散注意力。

**回避（avoidance）**。我们运用回避这种机制来逃避某些人或某些情况，而不是对不同观点进行探索。有些人强烈支持某种观点，但却没有足够的证据为自己的观点辩护，他们只与赞同自己观点的人为伍，只阅读和观看支持自己观点的文献和电视新闻。作为抗拒的一种形式，回避会使人不愿意与持相反观点的人交流，甚至会对他们产生敌意。

**愤怒（anger）**。我们并不总是回避持不同意见的人。有些人在面对不同观点时，无法运用批判性思维进行分析，而是感到愤怒。与身单力薄或缺乏社会资源的人相比，身体强壮或拥有强大社会资源的人更容易愤怒，并强迫不同意见的人保持沉默。愤怒可以通过多种方式表达出来，比如怒视、恐吓、身体暴力、团伙行动甚至战争。

但并非所有的愤怒都表示抗拒。当我们听说最喜爱的一位教授由于是阿拉伯人而被学校拒绝长期聘用时，我们会感到愤怒，或者说是义愤填膺。这种愤怒可能会促使我们给当地报纸写一封抗议信，试图纠正这种不公平。在第 2 章，我们将会更多地了解情绪在批判性思维中的积极作用。

**陈词滥调（clichés）**。说些陈词滥调会妨碍我们批判性地思考问题，比如不断重复类似的话："不要把你的观点强加于我""一切都是相对的""众口难调""一切都会好起来的"以及"我有坚持自己观点的权利"。广告商和政治人物经常使用陈词滥调来转移人们的注意力，让大家不再关注产品的质量或即将发生的社会问题。

对分析自己立场的抗拒在关于堕胎的争论中可见端倪。在这场争论中，双方都固守着"支持堕胎"或"反对堕胎"的陈词滥调，支持堕胎一方关注的是几乎或完全没有法律限制，而反对堕胎的一方则希望堕胎是非法的，至少在大多数情况下是非法的。为了解决这种思想分歧，一群黑人女权主义者创造了"生育公平"（reproductive justice）一词，以解决非洲裔美国妇女的担忧，非洲裔美国妇女的堕胎率是白人妇女的两倍多。洛蕾塔·罗斯是有色人种生育公平组织的联合创始人，她坚持认为，我们需要从不同的角度来看待堕胎争论。"我们这些参与生育公平运动的人会说，'让我们来问问为什么我们社区的意外怀孕率这么高：这是什么因素导致的？'"[39]

适当地运用陈词滥调也会有助于阐明某个观点，但是，习惯性地使用它们会对批判性思维起到阻碍作用。

**否认（denial）**。根据美国国家伤害预防与控制中心的数据，每30分钟就会有一起因酒驾导致死亡的交通事故，酒驾造成的死亡人数在所有交通事故中占41%。年轻人面临的风险最高，每三起与酒精有关的致命车祸中，就有一起其涉事司机的年龄在21岁至24岁。尽管这些数据令人震惊，但酒后驾驶的人却经常否认自己喝醉。他们认为自己完全有能力驾驶，拒绝代驾。

许多美国人不承认世界石油储备可能很快就会枯竭。尽管探测技术不断进步，新发现的石油储备量于1962年达到峰值，但从那时到现在，数量一直不断下降。根据某些推测，任何地方可利用的石油资源在2020到2030年间会耗尽。[40] 然而，面对不断减少的化石燃料资源，许多美国人还是照开大马力汽车，建造大型住宅，耗费越来越多的资源。

**无知（ignorance）**。古罗马哲学家西塞罗教导说："无知是智慧的黑夜。"现代印度瑜伽修行者斯瓦米·帕拉瓦南达曾写道："无知制造了其他所有的障碍。"人们对问题了解得越深入，越有可能进行批判性思维。在某些情况下，我们弄不清楚某个问题，仅仅是因为无法得到相关信息。然而，有时却是因为我们根本不想去了解。

如果我们原本可以通过某种途径获得关于某一问题的相关信息，却为了避免思考或讨论而刻意回避，那么这种无知就成为抗拒的一种类型。无知经常

## 分析图片

**无知是福吗？**

**讨论问题**

1. 有没有过这样的时候，就像图中的那个人，你宁愿无知也不愿意被告知？为什么？用具体的例子来支持你的回答。
2. 一些人指责大学生在参与公共生活时采取"无知是福"的态度。用研究发现来分析这个论断并用例子来支持你的答案。

---

被用作不作为的借口。例如，乔对他的同事说，他想捐款帮助那些因为叙利亚国内的暴力冲突而流离失所的难民，但他没有捐款，因为"你不知道哪些慈善机构是在敲诈你，并把大部分钱中饱私囊。"事实上，有些网站，比如 www.charitynavigator.org，可以告知那些想要捐款的人，各主要的慈善组织有多少钱直接用于了慈善事业，有多少钱用于了行政和筹款事务。有些人认为，无知可以让他们不必去批判性地思考某一问题或采取行动。结果却是，问题永远得不到解决，甚至会变得越来越糟糕。

**从众（conformity）**。许多人担心，如果自己与同伴的观点不一致，就会受到同伴的排斥。因此，即使他们实际上不赞同群体的观点，也会与群体保持一致，而不去冒险提出反对意见。也许我们都经历过这样的场景：在工作场合或聚会上，有人说了关于种族主义或男性至上主义的笑话，或者对同性恋或女性发表一些攻击性的言论。许多人并没有大声说出反对意见，而只是保持沉默，甚至跟着大笑，正因如此，偏见和负面的刻板印象才会一直存在。

有些人从众则是因为他们对某个问题根本没有自己的看法。他们经常会说"我看到了问题的两面性"这样的话来掩饰自己不愿意批判性地思考问题。马丁·路德·金曾经指出："许多人惧怕站在与大众普遍接受的观点明显相悖的立场。大多数人倾向于采纳这样的观点，它是如此模棱两可、模糊不清，以至于可以囊括所有的一切；它又是如此流行，以至于可以包括任何人的观点。"

**思想斗争**（struggling）。在第二次世界大战纳粹占领法国期间，利尼翁河畔勒尚邦村庄的村民给躲避纳粹的犹太人提供了避难所。《精神武器》是一部描写利尼翁河畔勒尚邦的人们抵抗纳粹运动的纪实性影片，皮埃尔·苏拉吉是这部影片的导演。多年后，美国公共广播公司的比尔·莫耶斯向皮埃尔·苏拉吉问道，为什么有的村民仍然在为该怎么做而挣扎。苏拉吉答道："饱受痛苦的人是因为没有采取行动，而采取行动的人则不会感到痛苦。"[41]

当我们面临复杂的问题时，在暂时没有想法之前，犹豫不决或饱受折磨是正常的。然而，有些人过于纠结问题的细节，过多地考虑"如果……将会怎么样"，也就是被称为"分析瘫痪症"的情况，如此一来，到头来什么事情也做不了。拖延的人最有可能使用这种抗拒方式。尽管针对一个问题进行思想斗争有助于想出解决方法和行动计划，是批判性思维的重要组成部分，也是分析过程的一部分，但如果这种思想斗争成为目的本身，那么我们就不是在对问题进行批判性思维，而只是抗拒。

**分散注意力**（distractions）。有些人厌恶沉默，不喜欢安静地独立思考。我们许多人通过看电视、听音乐、聚会、工作、吸毒、酗酒或购物等方式，让自己逃避批判性地思考生活中遇到的难题。政治人物也许会用战争、战争威慑或恐怖主义来吸引公众的注意力，让人们无暇思考经济或卫生保健等方面的社会问题。人们往往会大吃大喝，而不去审视导致自己感到不满足或不幸福的原因。根据佛学思想，像分散注意力这种妨碍思考的因素会导致我们无法清晰思考。相反，佛教哲学崇尚静坐和冥想，把它们视为获得智慧和知识的方式。

## 思想狭隘

与抗拒一样，狭隘的思想和僵化的信念也是妨碍批判性思维的因素，比如绝对主义、害怕挑战、自我中心主义和种族优越感。

**绝对主义（absolutism）**。正如前面所了解的，我们的举动经常与自己原来固守的道德信仰相悖，就像米尔格拉姆实验中大多数参与者所发生的那样，这仅仅是因为我们缺乏必要的批判性思维技能来反驳权威人士的不合理要求。特别是认知发展水平处于第一阶段的大学生，他们认为信息要么是对的，要么是错的，"寄希望于专家教给自己完全正确的知识"。[42] 当面临类似米尔格拉姆实验中的"电击"情境时，他们不具备批判性思维技能来对抗权威人士的"推理"。要了解更多关于道德发展阶段的信息，请参见第9章。

**害怕挑战（fear of Challenge）**。我们也会因为害怕自己原来坚持的信念受到挑战而不能勇敢地去面对他人。比如，有些人认为，改变自己对某个问题的态度是懦弱的表现。但实际上，优秀的批判性思维者具有开放性，乐于根据反面证据改变自己原来的立场。与专栏"独立思考：物理学家斯蒂芬·霍金"所介绍的霍金不同，许多人竭力抗拒与自己原有信念相左的信息和证据，尤其是自尊水平较低或者自我中心人格的人更是如此。他们会把别人表达的反面意见或证据看成是一种人身攻击。

**自我中心主义（egocentrism）**。把自己看成是或表现得像所有事物的中心，这被称为**自我中心主义**。以自我为中心的人几乎从不考虑别人的利益和想法。关于大学生认知发展的研究表明，随着学生认知水平的不断发展，批判性思维能力也逐渐增强，他们表现出自我中心主义的可能性也会降低。[43] 尽管人们都更愿意听信赞美之词，不喜欢被批评，但这种倾向在自我中心主义的人身上表现得尤为突出。阿谀奉承的话会妨碍人们做出正确的判断，而且会增加被奉承者说服的可能性。广告商和骗子高手对人类的这一本性了然于胸，因此经常使用谄媚的手段来赢得人们的认可，诱导我们花钱去买本来不想购买的商品。

**种族优越感（ethnocentrism）**。种族优越感是指不加批判或无正当理由地相信自己所在的群体或文化具有内在的优越性。其特征表现为，个体对外国或外来文化心存怀疑或不愿了解。[44] 有种族优越感的人经常根据刻板印象和舆论而不是真实信息对其他群体、文化和国家做出判断。此外，我们还倾向于记住支持自己观点或刻板印象的证据，忘记或低估反面信息。（关于思维中的自我服务偏差的更多内容见第4章。）

自2001年"9·11"恐怖分子袭击纽约和五角大楼以来，阿拉伯裔美国人成为仇恨犯罪的受害者，并受到警察和联邦政府官员的种族歧视，尽管官方政策明令禁止这种行为。

## 独立思考

**斯蒂芬·霍金，物理学家**

斯蒂芬·霍金（1942—2018）是闻名于世的物理学家。大学毕业后不久，他便得知自己患了肌萎缩侧索硬化症（也叫卢伽雷氏症），这是一种致命的、无法治愈的神经系统疾病。大约有一半罹患此病的人活不过三年。在经历了痛苦和等待死亡的那段时间后，霍金并没有向命运低头，而是重新振作起来，决定努力活出最精彩的自我。后来，他进入研究生院，结婚，并生育了三个孩子。他写道："肌萎缩侧索硬化症并没有阻止我拥有一个幸福美满的家庭和取得事业上的成功。我很庆幸，我的病症恶化得比通常的慢一些。这也表明一个人不能失去希望。"

2004年，霍金公开承认自己坚持了30年的观点是错误的。他曾经认为黑洞的引力非常大，任何物质都不能逃逸，甚至包括光在内。\* 如此一来，他带着些许遗憾，承认了加州理工学院天体物理学家约翰·裴士基关于黑洞的理论自始至终都是正确的。裴士基的理论认为，被黑洞吞噬的物质信息能够从黑洞中逃逸出来，也就是著名的"黑洞信息佯谬"现象。霍金不仅认输，而且赔给裴士基原先说好的赌注——一部棒球百科全书。

之后，霍金仍然活跃在他的研究领域，在学术会议上发表演讲，主题包括黑洞和寻找外星生命等，直至去世。

**讨论问题**

1. 文中提及的霍金在面对逆境和不确定性时表现出一个优秀的批判性思维者具有哪些特征？
2. 想一个没有任何证据支持而你却依然坚持的观点。当有人对你的观点提出质疑时，你会做出怎样的反应？请将你的反应与霍金的反应作对比。抗拒或狭隘思想在多大程度上促使你不愿意改变或修正自己的立场。

\* 见 Mark Peplow, "Hawking Changes His Mind about Black Holes," news@nature.com, July 15, 2004.

2016年的美国总统候选人唐纳德·特朗普称应该禁止非美国公民的穆斯林进入美国,这一言论被谴责为种族中心主义和对穆斯林的歧视。

根据美国司法部的数据,反穆斯林犯罪已经飙升到2001年的5倍。数百名穆斯林和阿拉伯裔美国人未经指控被拘留,并依照《美国爱国者法案》被监禁。这种草率的反应会导致误解,甚至增加敌意。截至2015年,美国针对穆斯林的仇恨犯罪比率仍然是"9·11"之前的5倍。[45]

不加批判的爱国主义——民族优越感的一种形式——会使我们无视自己文化中的瑕疵和不断恶化的状况。比如,这类思想狭隘的美国人只是听到美国不是世界上最伟大、最自由的国家就会被激怒。全球治理指标(WGI)根据公民发表意见和选择政府的自由程度来对政府打分。然而,2011年度的报告显示,美国排在加拿大、澳大利亚和大多数欧洲国家之后。[46] 这表明2005年以来美国治理出现下降,其中部分原因在于新闻自由受到越来越多的限制。

**人类中心主义(anthropocentrism)**。有一种观点认为,人类是宇宙的中心或者是宇宙中最重要的生物,这被称为**人类中心主义**,该主张会使人们无视其他动物的能力。查尔斯·达尔文在他的进化论中假设,人类和其他动物的认知功能差异仅仅体现在程度或数量上,而不是人类的认知功能属于"更高级"的类型。然而,人类中心主义却认为,人类是独一无二的生物,是以上帝的形象创造的,因此超越自然,独立于自然,而且目前这种观念仍占主导地位。这也体现在"动物"一词的使用上,尽管我们是动物的一种,但即使是在科学杂志和书籍中,动物也不包括人类。在人类中心主义中,其他动物或生物并不是以自身而存在,而只是人类的资源。人类中心主义会阻碍人们批判性地思考人类与自然界其他生物的关系,由此对其他物种的生存和环境造成威胁,比如全球变暖,这同时也会对人类自身的生存构成威胁。

人类发明了计算机、机器人和其他装置来学习和做决定,但却认为人工智能永远无法匹敌人类智能,这种观念就是人类中心主义的产物。我们将在第2章介绍人工智能与推理。

## 合理化与双重思想

尽管有时哪个是最佳的选择方案一目了然,但更多的情况却是,我们在做决定前需要对互相矛盾的观点深入分析。当面对相互对立的方案时,有些人能够轻易而迅速地做出决定,是因为他们以前对某个方案已经有所偏爱。如此一来,他们对自己的选择进行辩护或做出合理解释的依据是个人喜好或观点,而不是基于对两种观点的批判性分析。在一项关于决策的实验中,心理学家A.H. 马丁发现,个体对自己的决定进行合理化的同时伴随着强烈的满足感,从而能够进一步说服个体认为自己的偏好是恰当无误的。[47]

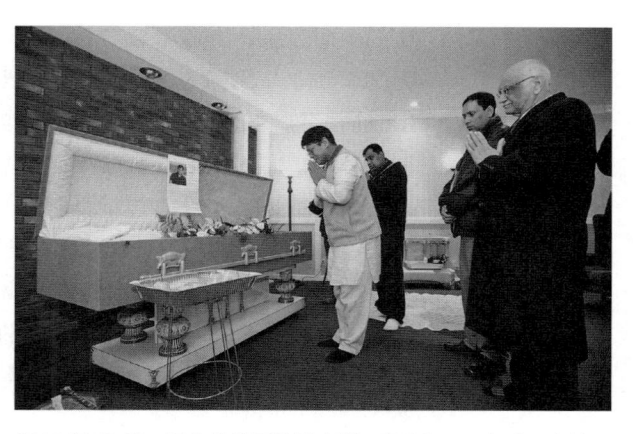

2012 年 12 月,纽约皇后区的桑内德·森(Sunando Sen)被一名女子推下地铁而被火车撞死。这名女子告诉警方,她把他推下了地铁月台,是因为她从"9·11"事件以来就一直憎恨穆斯林。森来自印度。

在试图为自己过去某些不符合体面、理性形象的行为进行辩护时,我们也会运用合理化机制。儿童骚扰者也许会把自己看成是温柔亲切、充满爱心的人,孩子们喜欢与他们在一起;而一个欺骗了爱人的人,当谎言被戳穿时,他可能会把谎言解释为自己出于关心爱人,为了不说伤害对方感情的话才撒谎的。

由于合理化会忽视相互矛盾的观点,因此运用合理化机制的人们经常会陷入双重思想。**双重思想**(**doublethink**)是指个体同时持有两种互相矛盾的观点或"双重标准"(double standards),即同时认为两种观点都是正确的。这种现象在人们面对存在强烈争议的问题上尤为普遍,比如奴隶制度、种族和女性权利等问题。人们不是对有关这些问题的争论进行理性分析,而是不知不觉地陷入双重思想中。

比如,当被问及男女是否平等的问题时,大多数大学生表示他们认为男女是平等的。然而,当涉及生活方式和职业等问题时,这些宣称男女平等和自由选择权的学生却说,女性应该是儿童的主要照护者。大多数老师对待男学生和女学生的方式存在很大差异,即使是最狂热的女权主义者也不乏例外,老师们表扬男生的次数更多,对男生的捣乱行为也更加容忍。[48] 当老师们看到自己班级的上课视频时,大多数都对自己忽视女生和轻视女生贡献和成绩的程度感到震惊。

与此相似,大多数美国白人在谈到种族问题时都会把平等奉为基本原则,但也存在无意识的种族偏见。缺乏审视的偏见会歪曲人们对这个世界的认知。

在一项研究中，实验者要求参与者将以消极词汇和积极词汇命名的名字与欧裔美国人和非裔美国人进行匹配。结果发现，参与者的种族偏见越内隐，他们把消极词汇与非裔美国人、积极词汇与欧裔美国人进行匹配的可能性越大。[49]

双重思想对我们在日常生活中的决定也发挥着一定的作用。根据美国劳工统计局的数据，女性，包括全职工作者，仍然承担了大量家务和照护孩子的责任。[50] 女性和少数族群依然遭受着职业歧视，而且劳动所得明显低于白人男性。男性和女性的工资差异随着年龄的增长而不断拉大。尽管存在相反的证据，但许多大学生仍坚持认为工作场所的性别歧视和种族歧视已经成为历史。

## 认知失调和社会失调

当面临**认知失调**（cognitive dissonance）和**社会失调**（social dissonance）时，也就是在新观念或社会行为与原有观点发生直接冲突的情况下，我们很可

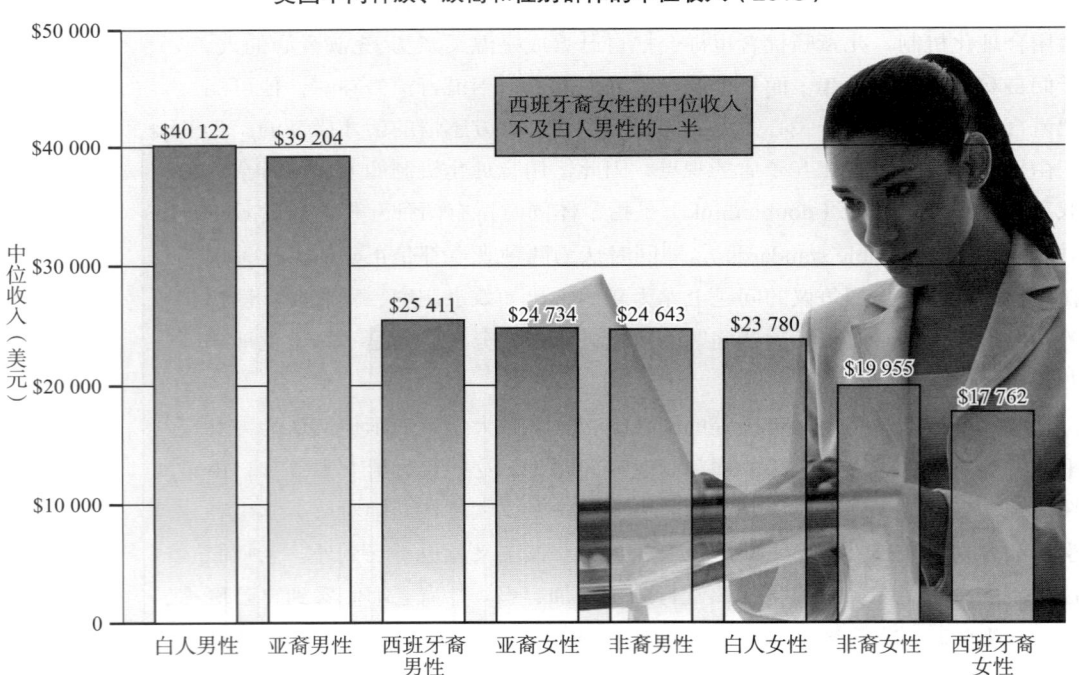

**美国不同种族、族裔和性别群体的中位收入（2013）**

| 群体 | 中位收入（美元） |
|---|---|
| 白人男性 | $40 122 |
| 亚裔男性 | $39 204 |
| 西班牙裔男性 | $25 411 |
| 亚裔女性 | $24 734 |
| 非裔男性 | $24 643 |
| 白人女性 | $23 780 |
| 非裔女性 | $19 955 |
| 西班牙裔女性 | $17 762 |

西班牙裔女性的中位收入不及白人男性的一半

女性与男性之间，尤其是与白人男性和亚裔男性之间的工资差距仍然很大，女性的收入仅为男性的 72% 左右。

资料来源：U.S. Census Bureau, 2014.

能会批判性地分析或修正自己的观念。迫不得已生活或工作在宿舍、大学教室或公共住房等集体社区的人，经常面临与自己的种族优越感相矛盾的情况或行为。有证据表明，一旦某个人的行为改变了，换句话说，当他与其他种族或族裔的人一起吃饭或在课堂上讨论问题之后，其想法也会随之发生变化。[51] 经常接触善于进行批判性思维的人也能够增加你清晰思考的动力，避免陷入抗拒。

## 压力障碍

尽管一定程度的压力能够激发思考，但如果承受的压力过大，大脑会变得迟钝，思考能力也会下降。研究者发现，当人们遭遇飞机失事、飓风、洪水或火灾等灾难时，大多数人的思维处于停滞状态。据美国联邦航空局和民用航空航天医学研究所的麦克·麦考林所说，大多数人会被灾难吓得"目瞪口呆、不知所措"，想不起来采取行动使自己脱离险境。[52]（见"独立思考：切斯利·萨伦伯格机长，飞行员"。）

我们可以通过在内心演练自己面临各种压力场景时该作何反应，来消除压力对批判性思维的消极影响。[53] 在火灾或恐怖袭击等紧急情况下，重复演练过如何从最佳路线撤离的人，如萨伦伯格机长，比没有演练过的人更容易采取行动，迅速逃生。更为重要的是，内心演练可以帮助我们在熟悉的任务中表现得更好。比如，如果篮球运动员在大多数日子里花 15 分钟进行内心演练，其他日子花 15 分钟做实际练习，那么他们会比每天只进行身体训练的队员表现更佳。[54]

# 独立思考

**切斯利·萨伦伯格，飞行员**

2009年1月9日，在从拉瓜迪亚机场起飞后不久，美国航空公司的1549号航班撞上了一群大雁，导致两具引擎都损坏了。很快，机长切斯利·萨利·萨伦伯格（Chesley "Sully" Sullenberger）就认定，无论是返回拉瓜迪亚机场，还是继续前往最近的机场，都是不可能的。于是，他决定尝试将飞机降落在哈德逊河上。在副驾驶的协助下，他成功地将那架损坏的飞机降落在河里。虽然一些乘客和机组人员受伤，但没有人员死亡。萨伦伯格一直留在飞机上，直到他确定所有人都安全撤离后才下机。

三年后的2012年1月，"歌诗达协和号"邮轮过于驶近意大利海岸了，结果撞上了一块礁石，船身裂开了一道巨大的口子，导致船身侧翻。与机长萨伦伯格的反应不同，船长弗朗切斯科·斯凯蒂诺的反应加剧了灾难。直到事故发生一个多小时后，斯凯蒂诺才下令乘客撤离。他还在所有乘客撤离之前弃船逃生。32名乘客在事故中丧生。后来被问及他的行为时，斯凯蒂诺把这一事件归咎于他的舵手。至于他弃船的事，他说他是不小心跌到一艘救生艇上的。歌诗达邮轮公司并没有接受斯凯蒂诺的借口，而是让斯凯蒂诺船长承担了让船偏离了航线及后续事件的全部责任。

为什么斯凯蒂诺船长对"歌诗达协和号"事件处理得如此不当，而萨伦伯格机长却能保持冷静和克制？萨伦伯格将之归功于他多年来作为一名航空安全专家和事故调查员的经验和实践。在2009年2月8日的一次新闻采访中，萨伦伯格机长告诉凯蒂·库里克："可以这么说，42年来，我一直在这家经验、教育和培训银行定期存'钱'。到了1月15日，余额已经足够我取一大笔了。"

## 讨论问题

1. 比较萨伦伯格机长和斯凯蒂诺船长的反应。把你的答案和抗拒的类型联系起来。讨论你的批判性思维技能的发展如何让你在压力情境中不那么轻易地使用抗拒。
2. 你在你的"经验、教育和培训银行"里存了多少"钱"来帮助你有效地应对压力情境或危机？具体说明。讨论这些"存款"将如何帮助你实现这个目标。

# 批判性思维之问

## 关于大学入学平权法案的观点

平权法案（Affirmative Action）是指采取积极措施，弥补过去在雇用和大学入学过程中针对少数族群或妇女等群体的不公平。1954年，美国最高法院审理了布朗诉教育委员会案，裁定学校的种族隔离政策是违反宪法的，黑人孩子与白人孩子享有平等的受教育权利。美国的第一个平权法案是1959年由美国副总统理查德·尼克松提议的。平权法案计划和立法在20世纪60年代即民权时代得到进一步扩展。

1978年，一位叫阿伦·贝基的白人将加州大学戴维斯分校医学院告上法庭，原因是他的入学申请遭到学院拒绝，而分数比他低的少数族裔学生却被录取。最高法院判决贝基胜诉，裁定反向歧视也是违反宪法的。1996年11月，随着"209提案"的通过，加州成为第一个禁止在公共部门实施平权法案的州，包括州立大学的入学。华盛顿州和得克萨斯州也通过了禁止州立大学入学平权法案的投票。

2003年6月的格拉特诉博林格案中，美国最高法院裁定，密歇根大学法学院根据种族身份对申请者进行加分的入学政策是有缺陷的。然而，法院最终还是裁定，大学招生时依然可以将种族作为考虑个体申请的诸多因素之一。2013年6月24日，最高法院对费舍尔诉得克萨斯大学案做出裁决，这是对格拉特诉博林格案的回应，并要求推翻大学招生中平权法案的使用。最高法院将案件发回下级法庭，令其重新审查大学的录取政策。法庭做出了支持平权法案的裁决。然而，在2013年，最高法院裁定，下级上诉法庭在裁决该案时未能实施严格的审查。

阿比盖尔·费舍尔是一名白人女性，她的入学申请被得克萨斯大学奥斯汀分校拒绝。

她起诉该大学，称在录取决定中使用种族因素侵犯了她的权利。2016年6月，最高法院驳回了阿比盖尔·费舍尔对得克萨斯大学平权法案计划的质疑，裁定该大学可以优先录取少数族裔的大学申请人。

## 平权法案与高等教育

### 最高法院裁定密歇根大学录取案前后

南希·康托尔

> 南希·康托尔现在是罗格斯大学-纽瓦克分校校长。当年平权法案提交给美国最高法院时，她正担任密歇根大学的教务长。本文刊登于2003年1月28日的《芝加哥论坛报》，她对大学录取的平权法案发表了自己的看法。

种族融合的确十分艰难，各种族之间除了具有共同的集体恐惧、刻板印象和原罪之外，实现种族融合的基础真是少之又少。美国是时候认真考虑大学教育平权法案的真正意义了：它是丰富白人学生及有色人种的学生教育和智力生活的一种方式。我们绝对不能放弃将种族作为大学录取的考虑因素。

在美国最高法院结束密歇根大学录取案之前，有关争论主要聚焦在人们获得的相对利益上，而这些争论都偏离了重点。大学录取一直以来都具有相对利益，原因在于大学教育是一种稀缺资源，成本很高。

在这个重视标准化测验分数的年代，人们很容易忘记，高等院校在招生时总还会考虑申请者许多其他方面的经历，包括来自哪个地区，他们的家庭与学校的关系，他们的领导经验怎么样。

世界上最好的大学应该为个体融合多种生活经验创造最大的可能性，这是非常合理的，的确也很关键。种族是美国生活的基本特征，它对一个人必须在校园里有所作为有着极为重要的影响。大学招生应该具有种族意识，充分考虑所有学生——美国土著、非裔美国人、西班牙裔美国人、亚裔美国人和白人——的文化差异和历史差异，并且在这些差异的基础上开展教育。布什总统把密歇根大学的平权法案称为"配额制"是错误的……

……密歇根大学不存在配额制。所有的学生都可以参与竞争。种族只是附加因素，招生还会考虑学生其他的生活经历和才能，总统的建议应该会实现。密歇根大学有色人种学生所占的比例每年都在发生变化。

布什说，他认为大学入学应该是"种族中立的"，而且他还说，他支持加利福尼亚大学董事诉贝基案的原则。但他不可能两面都讨好。在校方对贝基的决定中，种族是不中立的，它是非常重要的，甚至是核心因素，就像50年前的布朗诉教育委员会案那样。在这两件案例中，最高法院勇敢而正直地敦促国民思考种族这一问题……

最高法院大法官里维斯·鲍威尔对贝基案的裁决带来的不仅是关于有色人种学生的问题，他还把美国的种族问题摆在了桌面上，督促教育者联合起来，为学生创造一个真正融合的环境。

如果我们被告知不要考虑种族问题——转而去编造某些制度，比如在实行种族隔离政策的公立学校对学生进行班级排名，或通过编造一些委婉的托辞，比如"文化传统"，以此来掩饰过去的种族歧视，同时也不重视种族在国家的未来发挥建设性作用的可能性，那么又怎能实现布朗和贝基的愿望，构建一幅美国各种族和谐的美好图景呢？

……我们要吸纳各个种族，而不是将他们排除在外。我们要把种族当作一个积极类别，在决定录取哪些学生时，它理应是我们要考虑的众多因素之一。

资料来源：Affirmative Action and Higher Education BEFORE AND AFTER THE SUPREME COURT RULINGS ON THE MICHIGAN CASES by Nancy.

**问 题**

1. 根据康托尔的观点，平权法案是如何同时有利于白人学生和有色人种学生的？
2. 康托尔说"大学招生应该具有种族意识"，是什么意思？
3. 布什总统对平权法案持什么态度？康托尔为什么不同意他的观点？
4. 康托尔是怎样运用最高法院对布朗诉教育委员会案和加利福尼亚大学董事诉贝基案的裁决，支持自己对大学录取平权法案观点的？

## 实现校园多样性

美国联邦最高法院法官桑德拉·戴·奥康纳

下文摘自美国联邦最高法院著名的格拉特诉博林格案中法官桑德拉·戴·奥康纳发表的多数意见。意见指出，如果在大学招生工作中，种族只是众多需要考虑的因素之一，并且其目的是实现校园的多样性，那么应用平权法案是符合宪法的。

密歇根大学法学院是美国顶尖法学院之一，其官方的招生政策遵循加州大学董事会诉贝基案的判决，寻求实现学生主体的多样性……该政策强调学生的学术能力，同时灵活评估学生的才能、经验和潜力，要求招生人员根据每个申请学生档案中的所有信息对其进行评估，这些信息包括个人陈述、推荐信、申请人的本科平均绩点（GPA）、法学院入学考试（LSAT）分数，还包括一篇描述申请人如何丰富法学院的生活和多样性的文章。此外，招生人员在对学生进行评估时，必须超越成绩和分数，关注所谓的"软变量"，比如推荐者所表达出来的热情、申请人本科毕业院校的质量、申请人对未来的规划以及本科课程所属的领域和学习难度。招生政策并不只是从种族和族裔地位来界定多样性，也并没有对具备"相当权重"的多样性类型进行限制，但是确实重申了法学院致力于追求多样性，特别是需要吸纳非裔美国人、西班牙裔和印第安人学生，以确保这些群体的人数在学生主体中具有代表性。有时，某个少数族裔的学生人数不具有代表性，那么该政策就会通过招收"足够人数"的该族裔学生，确保他们能够为法学院的多样性特色和司法事业做出贡献。

格拉特是一位密歇根州的本地白人学生，GPA分数为3.8，LSAT分数为161。当法学院拒绝她的入学申请后，她提起了本起诉讼，宣称招生人员违反了美国宪法第十四条修正案、1964年民权法案第6章以及1981年美国法典第42卷中有关人权平等的规定，对她进行了种族歧视。她认为自己之所以没有被录取，原因在于法学院将种族作为一个"主导"因素，这使得某些少数族裔申请者的录取机会远远高于资历相似的其他种族的学生。而且，招生人员无意证明这种基于种族因素的招生政策的合理性。地方法院裁定法学院将种族作为录取因素的做法不合法。而第六巡回法院则撤销了该判决，认为鲍威尔法官在贝基案中的意见是具有约束力的判据。在贝基案中，鲍威尔法官认为多样性是一项深远的国家利益，而且法学院的招生政策对种族因素的使用是受到严格限定的，只是将其作为一个"潜在的'附加'因素"。此外，法学院的招生政策与哈佛大学几乎相同。鲍威尔法官在贝基案的判决意见中引用了哈佛大学的招生政策，并对其表示赞同。

法庭认为：密歇根大学法学院在招生决定中对种族因素的使用进行了严格限定，以进一步获得学生主体多样性带来的教育收益，该做法并不违反平等保护条款、1964年民权法案第6章或者1981年美国法典。

在具有里程碑意义的贝基案中，该法院回顾了医学院的种族预留政策，即为某些少数族裔的学生预留了16%的入学名额……鲍威尔法官表达了他的观点，认为实现学生主体多样性是大学所主张的唯一经得起审查的利益……基于他对学术自由的分析："长期以来，一直被认为是宪法第一修正案的特殊关切"……鲍威尔法官强调"国家的未来取决于通过广泛接触像这个国家一样多样性的学生的思想和习俗而培养出来的领导者"……然而，他也强调"这不是简单地追求种族多样性，保证学生主体中的特定比例必须是所选种族的成员"，从而可以证明考虑种族因素的合法性……当然，"促进影响深远的国家利益的多样性所包含的条件和特征要广泛得多，种族或族裔血统只是其中一个重要因素"。自从贝基案以来，在分析涉及种族的招生政策是否符合宪法时，鲍威尔法官的意见一直被作为参考标准。美国的公立和私立大学都以鲍威尔法官的观点为基础，制定了自己的招生政策……

法庭赞同鲍威尔法官的观点，即学生群体的多样性是一项影响深远的国家利益，可以证明大学在招生政策中考虑种族因素是合法的。法庭尊重密歇根大学法学院的教育理念，即学生群体的多样性对实现学校的教育使命来说至关重要……实现学生主体的多样性是法学院达成其教育使命的核心，在不存在"相反表现"的情况下，可以"推定"其是出于"善意"……仅仅因为种族或族裔出身就录取"足够人数"的少数族裔学生，以使得某个群体达到一定的比例，这显然是违反宪法的……但是，密歇根大学法学院在定义"足够人数"的概念时，所依据的是多样性能够产生实质的、关键的和值得赞赏的教育收益，包括跨种族的理解和种族刻板印象的打破。众多专家的研究和报告表明，学生群体的多样性有助于提高学习成果，帮助学生更好地适应日益多元的劳动力、社会和法律职业，这也进一步支持了法学院的主张。美国各大企业已经明确表示，当今日益全球化的市场中所需要的技能，只能通过广泛接触多样性的人群、文化、思想和观点来获得。高级退休军官和文职军事领导们也断言，高素质、种族多样性的军官队伍对美国的国家安全至关重要。此外，由于大学特别是法学院是培养国家未来领导者的基地……领导能力的培养显然必须向各个种族和族裔中具备才能和资格的人开放。因此，法学院对实现学生群体的多样性有着强烈的意愿……（d）密歇根大学法学院的招生政策表现出严格限定的特征。所谓严格限定是指，考虑种族因素的招生政策不能"使每一类具有特定资格的申请人免于与其他申请人竞争"……相反，种族或族裔只能作为某个特定申请人档案中的"附加项"；也就是说，招生政策必须"足够灵活，能够根据每个申请人的特定资格去考虑所有与多样性相关的要素，并在同一基础上进行考虑，尽管不一定赋予它们相同的权重"……因此，大学不能为某些种族或族裔的学生设定配额，也不能对他们进行单独招生……密歇根大学法学院的招生政策与鲍威尔法官所认可的哈佛大学的招生政策一样满足这些要求。此外，该政策具有足够的灵活性，确保了每个申请人都是作为个体来接受评估，而没有将种族或族裔作为申请人的定义性特征。参见 Bakke, supra, at 317（鲍威尔的意见）。法学院对每个申请人的档案进行了高度个性化的全面审查，认真考虑了每个申请人可能促进教育环境多样性的所有方式……并且，招生政策充分确保了种族之外的其他所有可能有助于多样性的因素都得到了有意义的考虑。此外，法学院也经常录取学习成绩和考试分数低于少数族裔申请人（或其他非少数族裔申请人）的非少数族裔申请人……法庭确信，法学院充分考虑了现有的替代方案。法庭还确信，法学院在分别考虑每个申请人对实现多样性的可能贡献的背景下，在招生政策中考虑种族因素不会对非少数族裔申请人造成不当伤害。法庭相信法学院的说法，即它最希望找到一种种族中立的录取方式，并在可行的范围内尽快终止使用种族偏好。法庭预计，从现在起 25 年后，大学将不再需要使用种族偏好来促进当今教育收益的实现。

**问 题**

1. 为什么格拉特认为她受到了密歇根大学法学院的不公正待遇？
2. 为什么鲍威尔法官在贝基案中的意见被认为是关于大学录取政策的一个里程碑式的决定？
3. 最高法院的论点基于什么理由认为，实现学生主体的多样性是学校使命的重要组成部分？
4. 法院对大学招生中使用种族因素有哪些条件和限制？

# 第 2 章

# 理性与情绪

**要 点**

什么是理性

情绪在批判性思维中的作用

人工智能、理性与情绪

信仰与理性

批判性思维之问：关于神或上帝存在的推理和证明

在陀思妥耶夫斯基的小说《罪与罚》中，故事的主人公拉斯科尔尼科夫在偶然听到一名学生和一名军官在咖啡馆中的谈话后，决定杀富济贫，杀掉一个有钱的老妇人，然后将她的钱分给那些需要的人。

这名学生说道："一边是一个毫无用处、毫无价值、愚蠢凶恶而且有病的老太婆，谁也不需要她……而另一边，一些年轻的新生力量，由于得不到帮助，以致陷入绝境……老太婆的那些钱注定要让修道院白白拿去，还不如用来做几百件、上千件好事和创举；成千上万的人也许因此能走上正路；几十个家庭也许因此而免于贫困、离散、死亡、堕落，不至于被送进性病医院——而所有这一切，都可以用老太婆的钱来实现！杀死她，拿走她的钱，为的是日后用这些钱为全人类服务，为大众谋福利的事业作贡献。你认为做成千上万件好事，能不能赎一桩微不足道的小罪过，使罪行得到饶恕呢？牺牲一个人的性命，成千上万人就可以得救，不至于受苦受难，不至于妻离子散——这不就是数学吗！"[1]

彼得·洛尔在1935年根据《罪与罚》改编的电影中饰演拉斯科尔尼科夫。

拉斯科尔尼科夫最终决定杀死这个老太婆，是完全出于理性计算，他认为这样做能够为最多的人带来最大的利益。在拉斯科尔尼科夫的决策过程中，情绪既没有影响他的决策，也没有阻止他犯罪。但是从批判性思维的角度看，这个决定正确吗？

在这一章中，我们将讨论理性与情绪在批判性思维过程中发挥的作用。

具体来说，我们将：

- 评判理性在批判性思维中的作用。
- 探寻性别、种族和年龄如何影响理性和批判性思维的方式。
- 评估情绪在批判性思维中的作用。
- 考察理性和情绪是如何共同作用的。
- 着重讨论人工智能（AI）是否能够拥有理性和情绪。
- 考虑信仰和理性之间的关系，以及批判性思维在关于宗教信仰的争论中发挥的作用。

最后，我们将针对人工智能能否获得与人类相同的智力、情绪和思想以及人工智能发展的可行性的不同观点进行介绍和讨论。

## 什么是理性

当我们在思考为什么对某一问题应该持肯定或否定的态度，或者是否应该采取某一行动以及为什么要这么做时，总是有各种各样的理由。例如当飓风或龙卷风预警来临时，你应该为躲避即将到来的灾难而逃离家园，还是应该留下来尽力保护你的财产？你是应该去医学院读书，还是要加入美国和平队，又或者是抽出一年的时间去环游世界？你是否应该选择和男友或女友同居？在上面这些例子中，最终都需要你从一个批判性思维者的角度，仔细考虑可供选择的路径，并做出最佳的决定。

**理性**（reason，也译作理智）是基于某些证据做出论断或得出结论的过程。

它需要你能够熟练地运用智力，并掌握解决问题的常用规则。对一些人，尤其是那些在批判性思维和逻辑方面没有受过正规训练的人来说，在熟悉的环境中思考问题往往比较容易。下面这个问题经常发生在你身边熟悉的情景中，请仔细阅读并思考。

假设你负责检查喝啤酒的规定是否得到了贯彻，该规定要求只有 21 岁以上的成年人才可以喝啤酒。有这么四个人，其中第一个人正在喝咖啡；第二个人正在喝啤酒；第三个人今年 23 岁；第四个人今年 15 岁。你必须检查哪几个人（他们正在喝什么或者他们年龄多大）才可以确保没有人违反规定？[2]

几乎所有的大学生都能够在很短的时间内解决这个问题。那么现在来看另外一个问题，它被称为沃森卡片问题，这个问题所包含的情景是大多数人所不熟悉的：

假设给你四张卡片，需要你检查一个规则，如果卡片的一面有元音字母，另一面必须是一个偶数。现在这四张卡片的正面分别是"E""K""7"和"4"，你必须检查哪几张卡片，才能确保这条规则得到了遵守？[3]

虽然这个问题同上面所说的我们的四个朋友的问题在逻辑上是相同的，但只有 5% 的大学生挑出了两张正确的卡片。通过学习逻辑学知识，我们就可以掌握解决困难和陌生问题的工具。在逻辑学中，理性的一般表现形式是仔细地罗列论据，以支持提出的各种论点，而这些论点为结论提供原因或证据，是结论存在的必要条件。然而，我们在日常生活中经常用到的理性这个词，是一个宽泛得多的概念。理性是一个复杂的过程，与情绪洞察力一样，需要发挥创造性精神才能完成。

## 关于理性的传统观点

在很多人看来，理性是人类区别于动物的主要标志。古希腊哲学家柏拉图（公元前 427—前 347）在其著作《斐德罗篇》中提出，人的灵魂可以分为三个部分，一个理性的部分和两个非理性的部分。两个非理性部分指的是情绪和身体欲望，例如饥饿感和性欲望。柏拉图主张，当灵魂的这三个部分和谐共存时，人就会处于一种最佳状态。处于最佳状态的时候，理性应处于主导地位，就像驾驭战车的战士，情绪和身体欲望则像接受指挥的马匹。

柏拉图将灵魂划分为三部分的学说被中世纪哲学家圣·托马斯·阿奎那

**存在之大链条**

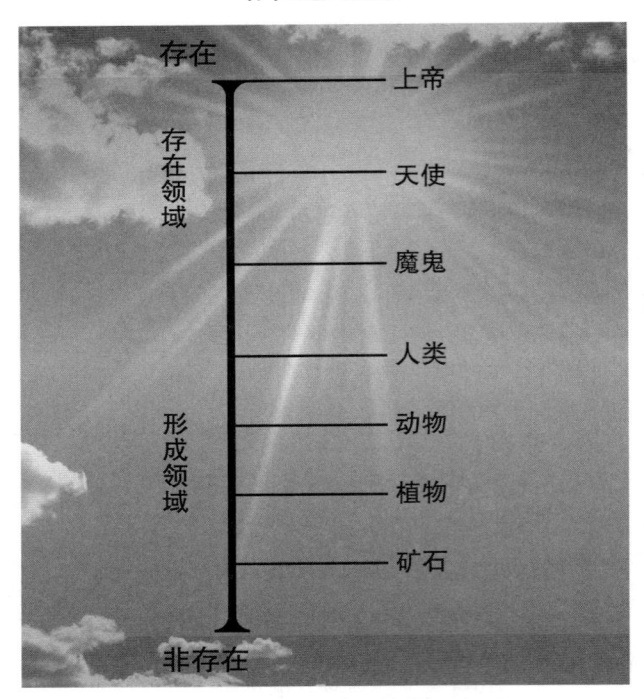

```
存在 ━━━━━━ 上帝
存在领域
        ━━━━━━ 天使

        ━━━━━━ 魔鬼

        ━━━━━━ 人类

形成领域 ━━━━━━ 动物

        ━━━━━━ 植物

        ━━━━━━ 矿石

非存在
```

几个世纪以来，西方学者接受了"人类是闪耀着理性的神圣火花的特殊创造物"这一观点。

（约 1225—1274）融入了基督教义之中。根据阿奎那的说法，上帝是最完美的理性存在。理性是神灵对人类的恩赐。直到 19 世纪晚期，大多数西方学者才毫无疑义地接受了人类是一种特殊存在的观点。

人类中心主义认为有一个庄严有序的存在链条，上帝高高在上，天使紧随其后，人类位居其下，更低一级的是那些所谓的高级动物。这种学说在历史上统治已久，而查尔斯·达尔文（1809—1882）则毫不留情地将其完全推翻了。根据达尔文的进化论，理性的进化是人类适应环境行为的一部分，并且也存在于其他动物努力求生存的过程中。

达尔文在他的著作《人类的由来》中写道："这是一个显而易见的事实，自然学家对于某种动物的习性研究得越深入，越倾向于认为这种习性来自于理性，而不是天性。"[4] 今天的绝大多数科学家都认为，很多动物都拥有抽象思维能力和理智，其行为不仅仅是受本能驱使。[5]

20 世纪，理性逐渐被归类到自然科学当中。虽然理性在自然科学中的重要性毋庸置疑，但颇具讽刺意味的是，自然科学研究的基本假设——世界存在于人类之外——似乎并不能通过理性来证实。然而一般来说，对人类而言，相信世界的存在被认为是"理智的"。换句话说，我们可以在其他信念的基础上获得某些信念，即使不能够只凭借理性来证实或证伪这些信念。

除了抽象思维与逻辑论证，理性还包括行为因素。作为一个理性的人，你会调整自己的行为以适应环境或者获得最好的结果。例如，如果你有足够的理由认为，你和你的现任男友或女友无法相处，那么你可能会去采取一些使双方感情疏远的行为，而不是搬去和他（她）一起住。再来看另外一个例子，如果你在完成人生规划之后，发现自己正在一个完全错误的领域中学习，那么作为一个理性的人，即使面临可能要延期一年毕业的风险，你仍然会采取措施去调整你的大学课程计划。毕竟从事一份令人讨厌的工作会带来 40 年的痛苦经历，这比在大学里延期一年或两年毕业要沉重得多。

作为批判性思维的组成部分，理性包含多种策略，例如推理、归纳（一种逻辑学方法）和想象。数学、工程学、建筑学和物理学中广泛出现的时空问题，涉及时间概念和空间概念的应用，在解决这类问题时，理性便发挥了至关重要的作用。美国学校对语言能力的过分重视被认为是导致美国学生在数学和物理等学科成绩欠佳的原因之一，而这些学科恰恰有助于提高学生的时空推理能力。[6]我们将在第6、7、8章深入学习逻辑论证。

## 性别、种族、年龄与理性

在西方传统观念中，男性与思维和理性联系更紧密，而女性由于承担着繁衍下一代的角色，所以与身体和自然联系更紧密。亚里士多德（公元前384—前322）是西方哲学领域里最具影响力的思想家，他认为男性和女性拥有完全不同的自然天性。[7]男性往往受理性和逻辑引导，而女性则更倾向于受情感驱使。亚里士多德之所以会得出这样的结论，是由于当时男性的活动场所是公共政治领域和工厂、车间，而女性则被限制在家庭内部，所以上述观点也成为那个时代的普遍态度。在犹太教和基督教的教义中，上帝的理性能力与生俱来，完美无缺，他被描述为一名男性。阿奎那宣称，神创造女人仅仅是为了繁衍后代，而女性生来就比男性低一等，应该服从男人的权威。[8]这些关于男女差异的刻板印象现在仍在继续影响着我们的思想。

这些刻板印象存在于对"女性所从事工作"的期望中。女性通常在与男性不同的领域工作，如儿童保育、小学教学和护理。在家里，女性仍然被要求承担大部分家务，即使她们是家里的主要经济来源。认为女性"太情绪化"的看法，也一直是她们在政府和企业界获得领导职位的一个障碍。截至2015年，20%的美国参议员是女性。

格洛丽亚·斯泰纳姆、西蒙波娃和约翰·斯图尔特·米尔等女权主义者提出，男性和女性拥有同等的理性。她们宣称，男性和女性之间的差距是源自于社会的歧视，以及男性不愿意放弃在家庭和社会中的传统优势地位。另一方面，政治活动家菲莉丝·施拉夫利和社会学家史蒂文·佐治亚等保守派则主张，这些差异是由男性和女性不同的自然属性决定的。[9]研究表明，社会上常见的一些基于性别差异的现象，是受到了社会传统以及男女之间先天差异的共同影响。[10]

然而，即使女性与生俱来的处事方法可能比男性更加情绪化，但是这并不

# 独立思考

## 坦普尔·葛兰汀，结构设计师

坦普尔·葛兰汀（1947—）患有阿斯伯格综合征（一种类似自闭症的心理障碍），但却非常有才华，她是美国科罗拉多州立大学的动物科学教授。她彻底改变了某些传统结构设计领域因为人类很难将潜在的问题视觉化而造成的设计不当。

葛兰汀博士是牲畜管理设施设计的世界领先专家。在设施的设计过程中，她仿佛能看到自己化身为动物进入正在设计的系统中。在想象的空间里，她能够在设施四周和内部随意徜徉，甚至像坐上直升机一样飞到高空去观察。利用这种时空推理能力，她能够预见未知的问题并做出改进。她的设计是革命性的，因为她所设计的结构与动物浑然天成，以一种平和、人道的方式，轻松地对牲畜进行饲养。*

葛兰汀也是自闭症患者的支持者。2012 年 12 月，桑迪胡克小学发生了一起由患有阿斯伯格综合征的年轻人亚当·兰扎制造的枪击案。葛兰汀写道："我对所有这些年幼的孩子被枪杀感到震惊……我很担心媒体对枪手患有阿斯伯格综合征的关注。我担心这会引发人们对残障人士的强烈抵制。自闭症患者更有可能成为暴力或霸凌的受害者。"

葛兰汀被《时代》杂志列为 2010 年最具影响力的 100 位英雄人物之一。要了解更多关于坦普尔·葛兰汀的生活、教育经历和时空才能，请观看 HBO 的纪录片《坦普尔·葛兰汀》。她还出现在 2011 年的科学频道纪录片《天才大脑》中。

### 讨论问题

1. 讨论葛兰汀博士如何将批判性思维能力与卓越的时空推理能力相结合，提出其所在领域问题的解决方案。
2. 认清自己的优势对于选择职业来说至关重要。你最擅长的推理能力属于哪一种类型，在选择工作的过程中如何充分地利用这种能力？如果你对自己的优势并不确定，可以向学校的职业发展咨询师寻求帮助。

* Temple Grandin, Matthew Peterson, and Gordon L. Shaw, "Spatial–temporal versus language– analytic reasoning: The role of music training," *Arts and Education Policy Review*, Vol. 99, Issue 6, July – August 1998, p. 12.

能证明女性没有理性，不能像男性一样进行逻辑论证。此外，有关性别差异的传统观念还歧视喜欢待在家里和照顾孩子的男性，以及选择护士、小学教师等护理行业作为职业的男性，这对他们来说也是一种伤害。批判性思维要求我们以更开阔的眼光来考虑不同的观点，审视自己对性别和种族的看法，而不是依靠那些陈词滥调做出决定。

终身教育对于培养我们的理智或推理能力也非常重要。一个人接受的教育越多，那么随着年龄的增长其心智也会逐渐得到加强。[11] 正像锻炼身体能够促进身体健康一样，追求终身学习和应用批判性思维能力能够使我们的心智保持活力。很多大学管理人员非常支持成年人重返校园学习这一趋势，因为这不仅增加了学生的多样性，还丰富了课堂上的生活经验。这种趋势增加了不同年龄段学生之间的交流，同样有助于打破关于年龄的消极传统观念。

要成为一名有效的批判性思维者，必须愿意运用我们的理性去审视关于种族、性别和年龄的传统观念。那些未加审视的观念可能会扭曲人们对这个世界的看法，伤害自己的同时也在伤害他人。

## 梦与问题解决

虽然推理常常被认为是一种有意识的活动，但认知科学家的最新发现表明，很多推理实际上是无意识地自动进行的。按照传统观念，梦境被看作是压抑情感的无意识释放和非理性冲动，但通过对大脑功能的研究发现，做梦所涉及的大脑活动包含有理智和问题解决相关的部分。[12] 尤其需要指出的是，做梦能够帮助我们解决难以描述的视觉问题，例如，如何把你所有的家具放入你的单身宿舍或小公寓。

科学家通过研究梦境以了解人类如何利用梦来解决生活和工作中的问题，以及如何发现表面上看似无关的事物之间的逻辑联系。大多数人可能都听到过这样的建议：在考试之前好好学习，考试前一天则好好睡一觉，这样就能够考得更好。

当我们做梦时，大脑中控制情绪和监测逻辑矛盾的部分就会变得异常活跃。根据神经病学家埃里克·诺夫辛格的理论，"这可能正是人们经常在梦境中找到棘手问题的解决办法的原因。在梦境中，大脑似乎能够仔细审视内部环境并尝试指明该如何去做，还能够判断该做法是否会与本人身份产生冲突。"[13] 此外，男性和女性的梦境似乎也存在某些不同。男性的梦境中包含有更多的身体攻击行为，新妈妈们的梦境中则会上演有关自己孩子人身安全的情景。

## 行动中的批判性思维

### 电子游戏中的大脑活动

玩游戏或者学习乐器演奏不仅能够提高人们的批判性思维能力，而且能够有效延迟老年痴呆症等认知障碍的发生，这一认识已经得到了广泛的证明。游戏对大脑的锻炼与体育运动对身体的锻炼有异曲同工之处。第 1 章中提出，内心演练能够提高人们在现实生活尤其是在压力较大的工作环境中的表现。研究表明，需要决出胜负的计算机游戏能够提高人们的表现。* 已经有研究表明，计算机游戏能够提高诸如时空推理能力、系统性思考、问题解决能力等认知技能，并能够提高手眼协调能力。诸如俄罗斯方块和模拟人生这样的游戏，通过不断提高难度来使玩家接受更大的挑战，往往更具锻炼效果，因为此类游戏可以让玩家时刻挑战其能力极限。

通过这种知觉性模拟，人们学会了在日常生活中要时刻准备做出决策并立即付诸行动，这些从游戏中学到的技巧可以被推广到真实生活中去。在位于纽约的贝丝以色列医学中心进行的一项研究发现，每星期玩计算机游戏超过 3 小时的外科医生，在手术中的犯错率比平时不玩游戏的同事低 37%。哈佛商学院的一项研究则发现，从事白领工作的人如果经常玩计算机游戏，比那些不玩游戏或者很少玩游戏的同事表现得更加自信，工作能力也更加突出。** 美国军方、美国儿童基金会、美国肿瘤协会和联邦紧急情况管理署等机构都将计算机游戏作为教学工具。

不利的方面是，由于计算机游戏如此具有挑战性和模拟性，人们可能会沉迷其中而不能自拔。它们还可能导致游戏者逃避思考生活问题，这也是一种抗拒。学习如何平衡玩游戏的时间与学习和社会生活的需求，对批判性思维者来说是一笔宝贵的财富。如果你花太多时间在虚拟的人物上，而不是在真实生活中陪伴你所爱的人，那么他们因此而离开你，你便得不偿失了。

### 讨论问题

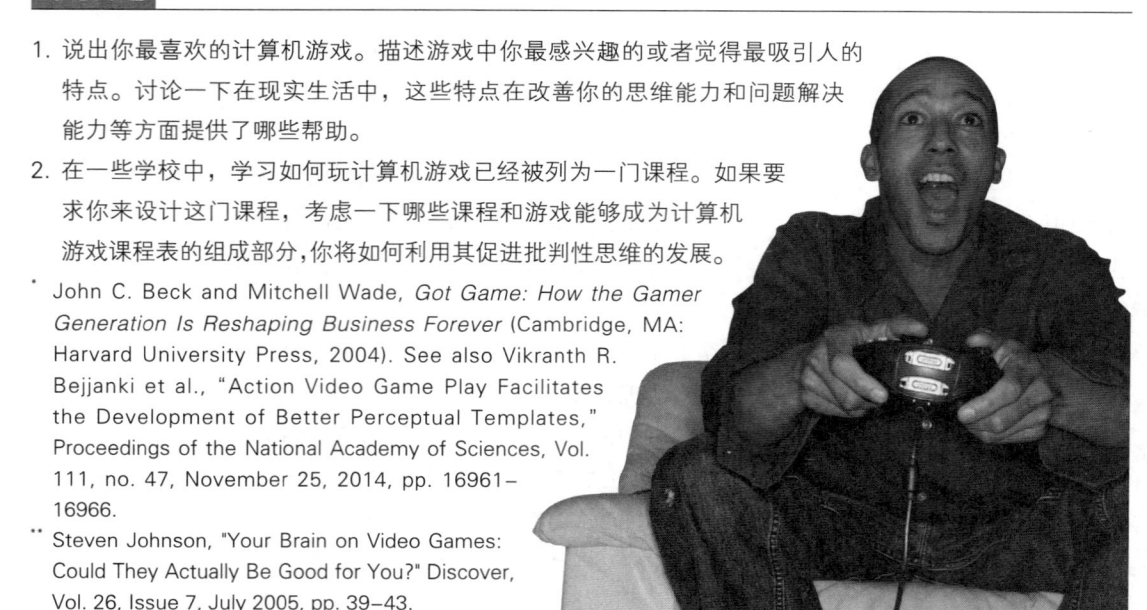

1. 说出你最喜欢的计算机游戏。描述游戏中你最感兴趣的或者觉得最吸引人的特点。讨论一下在现实生活中，这些特点在改善你的思维能力和问题解决能力等方面提供了哪些帮助。
2. 在一些学校中，学习如何玩计算机游戏已经被列为一门课程。如果要求你来设计这门课程，考虑一下哪些课程和游戏能够成为计算机游戏课程表的组成部分，你将如何利用其促进批判性思维的发展。

\* John C. Beck and Mitchell Wade, *Got Game: How the Gamer Generation Is Reshaping Business Forever* (Cambridge, MA: Harvard University Press, 2004). See also Vikranth R. Bejjanki et al., "Action Video Game Play Facilitates the Development of Better Perceptual Templates," Proceedings of the National Academy of Sciences, Vol. 111, no. 47, November 25, 2014, pp. 16961–16966.

\*\* Steven Johnson, "Your Brain on Video Games: Could They Actually Be Good for You?" Discover, Vol. 26, Issue 7, July 2005, pp. 39–43.

经验丰富的科学家、数学家和侦探们有时并不需要通过慎重的、有意识的思考去解决复杂的问题，可能在睡梦中就解决了。[14] 许多美国印第安部落的人也把梦境看作指引生活的源泉。

在梦境中取得开创性的科学发现，这样的说法并非耸人听闻。然而，这种在梦中找到问题解决办法的情形虽然看起来极富创造力，但只有当一个人在清醒时已经做了与此相关的大量具体工作之后才有可能发生，这些工作包括仔细研究和反复推敲前期做出的假设以及有可能得出的结论。[15]

俄国化学家德米特里·门捷列夫在经过几年对元素分类表的研究后，终于在梦境中找到了元素周期表的画法，这一具有划时代意义的成果直到今天仍在为化学家们所使用。无独有偶，美国的发明家伊莱亚斯·哈维也是经过长期苦苦思索后，在梦中灵光一闪，找到了完善缝纫机的方法。

经过梦境分析训练的心理学家甚至与公司的管理层一起工作，利用梦境帮助他们解决商业问题。[16]

在每天入睡之前，你可以试着写下已经考虑了一段时间的问题，然后在第二天早晨记录下你的梦境。你可能会很惊喜地发现，做梦竟然会如此管用。我的一个学生，与男友出现了感情问题并因此困扰不已。她在梦中梦到自己正在驾驶着一辆滑板车，在行驶的过程中不时有路人请求搭载，她都欣然同意了，结果最后小车失去平衡倾倒了。通过对梦境的分析，她意识到，感情出现问题的原因之一可能是：由于自己总是将他人的要求放在首位，最后不堪重负，只能结束已千疮百孔的恋情。意识到这个问题之后，她在自己人生目标的列表中添上了一条"学会如何在自己和他人的事情之间做出取舍"。[17]

理性在逻辑和批判性思维中起决定性的作用。利用理智，人们能够分析自身观念和客观证据，对生活中的选择进行慎重考虑以做出正确的决定，并解决实际问题。理智既可以在有意识的情况下进行，也可以在无意识的情况下运作。在批判性思维中，理性与情绪等其他因素共同作用，相互影响。在本章随后的内容中，我们会对理性与情绪的相互作用展开更多的介绍。

## 情绪在批判性思维中的作用

很多哲学家认为，要想达到幸福快乐、内心平和的状态，我们就必须过上一种理性的生活。那么，情绪是否在批判性思维以及良好的生活状态中发挥了作用？如果有的话，发挥了哪些作用？

## 关于情绪的传统观点

**情绪**（emotions）是指对快乐、悲伤或恐惧等感受的体验，不同于意识的认知状态。在西方文化中，情绪一直被放在与理性对立的位置，并且被认为是导致草率推断、非理性生活选择的罪魁祸首。在现代，一些学者和科学家仍然认为情绪对于指导行为是不可靠的，是进化过程中遗留的糟粕，应当抛弃。[18]

相反，中国传统的儒家哲学则强调同情、忠诚等关系与情绪的培养，并将其看作获得美好生活的关键。很多非洲传统哲学也十分注重个人经历与感受在批判性思维中发挥的作用。[19] 在佛教中，对世间万物的同情和爱是形成批判性思维的基础。从以上几个例子可以看出，西方和东方文化对情绪的态度大相径庭。此时再来考虑在北美与日本中学进行的有关批判性思维概念的研究结果，就会发现该结果与东西方的文化差异不谋而合，北美的学校将批判性思维视为理性和分析的过程，而日本的教师则更多地强调情绪在批判性思维中的作用。[20]

批判性思维是否应该将情绪考虑在内，理智如果没有情绪的"干扰"是否能够表现得更好？本章开篇时曾引用了《罪与罚》中的一段摘录，看过之后，读者是否想知道拉斯科尔尼科夫为什么会如此"冷酷无情"呢？

作为批判性思维者，我们不仅需要时刻关注发生在身边的事，还要时刻关注自己的情绪。虽然生气和恐惧等情绪是拥有良好推理能力的障碍，但是从另一方面来讲，情绪也可以通过预先倾向或自身激励，促使我们做出更好的决定，从而提高判断能力。《罪与罚》中对谋杀受害者的那种同理心（拉斯科尔尼科夫不仅杀死了那个老妇人，还杀死了老妇人有智力障碍的妹妹，而原因仅仅是因为她妹妹不小心成了目击者），或者面对诸如发生在纳粹集中营中的大屠杀等暴行时出现的厌恶和愤怒情绪，这些情绪与平静和冷酷的计算相比，应该是更自然的反应。

## 情绪智力与情绪的积极影响

健康的情绪发展——某些认知学家称之为情绪智力——与抽象思维能力呈正相关。[21] **情绪智力**（emotional intelligence）是指"准确地感知、评价和表达情绪的能力；酝酿和产生能促进思维能力的感受的能力；理解情绪及情绪性知识的能力，以及控制情绪以促进情绪和智力发展的能力。"[22] 同理心、道德义愤、爱、幸福甚至内疚等情绪都能够促使人们做出更好的决定，从而为推理

你能识别这里展现的是何种情绪吗？

能力带来积极的影响。

事实上，美国前副总统阿尔·戈尔认为，美国人之所以没有对伊拉克战争中出现的虐待俘虏事件和过多的平民伤亡表示出更激烈的抗议，没有因为政府对卡特里娜飓风带来的灾难作出如此之慢的反应表现出更多的愤慨，原因之一便是人们的道德义愤感随着电视中太多耸人听闻的事件和暴力画面而变得迟钝了。很多人不能认清自己的感受并表达出来。[23] 有时候，无法表达情绪也会对一个人的行为和决策产生消极的影响。[24] 只有对自己的道德义愤和对受害者（包括自己）的同理心等情绪有更深入的了解，人们才能够利用理性，积极地提出具体的行动计划来阻止这些虐待行为的发生。（了解更多关于同理心和道德义愤在道德决策中所起的作用，可参见第 9 章"良知和道德情操"一节。）

在日常生活的决策过程中，我们常常是首先感觉到有做决策的需要，然后才会考虑采取行动以满足这种需要。罗莎·帕克斯首先因为受到歧视而产生愤慨情绪，继而拒绝在公交车上为一位白人男士让座（那时的当地法律要求她这么做），此举动引发了 1955 至 1956 年发生在亚拉巴马州蒙哥马利市的公交车抵制运动（见"独立思考：罗莎·帕克斯，民权活动家"）。然而，她拒绝给白人让座并不是一时冲动的情绪反应，而是经过了理性思考后的行动。作为美国全国有色人种协进会（NAACP）的资深会员，罗莎一直在仔细考虑采取哪些具体行动，才能为促进种族平等尽自己的一份力量。

**同理心**（empathy）是指设身处地感受并理解他人经历和情绪的能力，这种能力能够让人们警惕压迫行为，成为更好的倾听者和交流者，从而改善与他人之间的人际关系。一个具有同理心的人，更容易理解和接受他人的看法，积

## 情商测验中的问题摘录*

**请对以下各项进行自我评定，1代表"几乎从不如此"**

1 2 3 4 5　　当不得不面对一个正在生气的人时，我会感到焦虑。

1 2 3 4 5　　当面对一个重大的个人问题时，我无法思考任何其他问题。

1 2 3 4 5　　不管多么努力，我总觉得自己做得不够好。

1 2 3 4 5　　即使不清楚什么事情或什么人使我紧张，但我就是感到压力很大。

1 2 3 4 5　　即使已经尽了全力，但我仍然为事情做得不完美而感到内疚。

1 2 3 4 5　　在需要表达感情的场合，我常常感到很不安。

* 回答以5分制来打分，范围从"大部分时间如此"到"几乎从不如此"。要做完106个问题的完整测验，请登录www.queendom.com/tests。分数越低，情商越高。

**思想库**

极使用批判性分析，而支持某项行动计划则需要人们明确阐述一个合乎逻辑的论证，因此这一技能就显得至关重要。

　　为体验同理心而设计的角色扮演活动能够避免对他人固执的、不切实际的信念。它以小组为单位，要求每个成员扮演小组内另外一名成员的角色并感受他的情绪，然后对这种经历进行反思，结果证明，这种方法能够提高参与者的批判性思维能力。[25]

　　幸福感和乐观情绪能够增强解决问题的信心。感到幸福和对生活满意的人更容易适应或重新适应生活环境中积极的或消极的变化。[26] 而这又反过来增强了他们的幸福感和成就感。物理学家斯蒂芬·霍金的经历是一个很好的展现乐观主义和积极思维作用的例子（见"独立思考：斯蒂芬·霍金，物理学家"）。

　　情绪还能够激励人们改正过去的错误。在《罪与罚》的结尾，拉斯科尔尼科夫决定向警察自首，这不仅是经过理性思考的结果，情绪也起到一定的作用。这些情绪包括对杀害老妇人及其妹妹的内疚感，还有他对索尼亚深深的爱。索尼亚曾因生活所迫做过街头妓女，但却心地善良，正是在她的劝说下，拉斯科尔尼科夫才下定决心迷途知返。相反，有的人虽然擅长推理但却冷血无情，例如电影《沉默的羔羊》中臭名昭著的食人者汉尼拔·莱克特博士，他更有能力

## 独立思考

### 罗莎·帕克斯，民权活动家

1955年12月1日，罗莎·帕克斯（1913—2005）在一辆实行种族隔离政策的公交车上拒绝了一位白人男士向她提出的让座要求。帕克斯的这一举动违反了当地的种族隔离法，她因此被逮捕并受到监禁。帕克斯因被不断要求"屈服"而迸发的道德义愤以及由此做出的反抗行为，成为亚拉巴马州蒙哥马利市公交车抵制运动的导火索。成百上千的工人冒着失去工作甚至生活来源的危险，拒绝乘坐实行种族隔离政策的公交车。帕克斯事件一直闹到联邦最高法院，最后最高法院裁定公交车上的种族隔离政策违反宪法，应予以取缔。

帕克斯继续在全国巡回演讲，为非洲裔美国人呼吁公平与正义。她的坚定不移和非凡勇气鼓舞人们开始了轰轰烈烈的反种族隔离运动。直到80多岁，她仍然孜孜不倦地追求正义。

#### 讨论问题

1. 罗莎·帕克斯的行为如何证明了情绪在批判性思维中的重要性？
2. 回忆一下你是否曾经因为自己或他人受到不公正待遇而感到愤慨，但却没有遵从自己的情绪而采取行动。考虑到理性和情绪在批判性思维中的作用，制订一个能够更有效地结束不公正待遇的应对计划。

---

从自己犯下的诸如谋杀这样的恶行中逃脱。像莱克特这样反社会的人往往情绪平淡，也不易让他们的情绪阻止他们对其他人的伤害。

教育工作者尼尔·诺丁斯认为，批判性思维不应该忽视情绪的作用，而应该在理性与逻辑之中融入人与人之间的关怀。[27] 她将融入了关怀与同理心的批判性思维称为"积极的批判性思维"。例如诺丁斯提出，人们往往能够深切地体会自己孩子的感受，而这种体会又能帮助人们成为好父母，这就可以称之为一种能力。在成人的恋爱关系中，良好的态度意味着需要彼此全身心地投入，倾听对方的内心世界。若能如此，人们就能够在恋爱关系中做出考虑到双方兴趣与利益的选择。

## 情绪的消极影响

虽然情绪有时能够激励人们做出更好的选择,但批判性思维也有可能会受到一些消极情绪的影响,例如以往失败的经历所带来的消极刻板印象和焦虑情绪,经常会引发对失败的担忧和愤怒。当人们充满恐惧时,常常会轻易放弃,甚至问题明明已近在咫尺却装作视而不见。当出现反对的声音时,他们甚至会暴跳如雷。类似的行为和态度会成为批判性思维的障碍,在第1章中曾介绍过相关的案例。

此外,人们极易受诸如广告和政治竞选这样一些情绪诉求的伤害。如果这些情绪诉求缺乏证据和令人信服的推理的支持,例如对校园恐怖袭击的恐惧,在没有任何征兆时担心配偶或伙伴欺骗自己,这些焦虑情绪往往使人们无法将注意力集中到更重要的事情上,或者会做出一些令人追悔莫及的事情。虽然情绪是批判性思维的重要组成部分,但如果完全随性而为,那么你只能陷入到永无休止的麻烦当中。

## 理性与情绪的结合

令人遗憾的是,现代的教育方法完全没有意识到情绪的重要性,反而鼓励学生时时刻刻保持理性。在电视连续剧《星际迷航》中,史波克的逻辑性完美无缺。虽然瓦肯人是理性思维和解决问题的行家,但却缺乏情绪。由于这种缺陷,他们的推理缺乏想象力和创新性。

情感与理性的完美结合使人们在批判性思维过程中能够事半功倍。情绪能够帮助人们警觉到问题并洞悉他人的观点,还能够激励人们积极采取行动并解决问题。要想成为一个成熟的、适应能力强的人,就必须承认情绪的存在,并努力让情绪与理性协力合作,做出更好的、更明智的决策。

## 人工智能、理性与情绪

大卫·鲍温:　嗨!HAL。你能听到我说话吗,HAL?
HAL:　　　听得到,大卫。我能听到你说话。
大卫·鲍温:　HAL,请打开辅助舱通道门。

## 分析图片

资料来源：Only a Human Can, The Age of Spiritual Machines: When Computers Exceed Human Intelligence. © Ray Kurzweil. Reprinted with permission.

### "只有人类能够……"

**讨论问题**

1. 人们曾经一度认为有些工作只有人类才能胜任，但事实证明，人工智能可以在这些工作上替代人类。以小组为单位，列出你们认为只有人类才能胜任的工作。将全班的答案集中在一起。讨论一下，人工智能是否有能力在将来从事其中一部分甚至全部工作。说明你的理由。

2. 你认为漫画中的这个男人为什么如此烦恼？很多以前只有人类才能做的工作，现在人工智能都有能力去做，你对此有何感受？以第 1 章中讨论过的抗拒与狭隘思想类型为参照，讨论你的答案。

## 行动中的批判性思维

**"莫扎特效应"**

听音乐在影响情绪的同时，似乎也能影响人的认知。在合适的时机，听莫扎特的奏鸣曲，或者其他古典或浪漫作曲家的音乐，能够提高人们的数学和推理能力。[*]物理学家戈登·肖把这种现象称为莫扎特效应。一些学者认为，人们之所以在听莫扎特或其他音乐的过程中有更好表现，尽管并非长期效应，主要是因为音乐本身改善了人的心境。[**]

古典音乐并非是唯一能够影响大脑活动并改变情绪的音乐。以下不同类型的音乐也被证明可以给听者带来深刻的影响：

- 巴洛克音乐（巴赫、亨德尔、维瓦尔第）给人带来稳定和有秩序的感觉，能为工作和学习创造一种激励性的心理环境。
- 爵士乐、布鲁斯乐、迪克西兰乐、灵魂乐以及雷鬼乐能够振奋、鼓舞和释放内心深处的情感，并唤醒共同的人性。
- 萨尔萨舞曲、梅伦格舞曲以及其他一些包含轻松打击乐的南美音乐能够使人心跳加快，呼吸急促，身体不由自主地动起来。
- 摇滚乐在人精神饱满时能够刺激人们的情绪，激发人们的热情，释放压力。反之则会使人产生压力和紧张情绪。
- 环境音乐和新世纪音乐使人达到一种放松警惕的状态。
- 重金属音乐、朋克音乐、说唱音乐和嘻哈音乐能够刺激人的神经系统，提高个人能动性和自我表现力。[***]

**讨论问题**

1. 你最喜欢哪种类型的音乐？听这种类型的音乐对你的学习能力和批判性思维能力产生哪些影响？
2. 试着在学习的时候听不同类型的音乐。如果有影响的话，哪种音乐会提高或干扰你的学习能力或注意力？

[*] Kristin M. Nantais and E. Glenn Schellenberg, "The Mozart Effect: An Artifact of Preference," *Psychological Science*, Vol. 10, Issue 4, July 1999, p. 372.

[**] Christopher Chabris, "Prelude or Requiem for 'Mozart Effect'?" *Nature*, Vol. 400, 1999, pp. 826–827.

[***] Don Campbell, *The Mozart Effect* (NY: Avon Books, 1997), pp. 78–79.

| | |
|---|---|
| HAL： | 对不起，大卫。我恐怕不能这样做。 |
| 大卫·鲍温： | 出了什么问题？ |
| HAL： | 什么问题，我想你应该比我更清楚。 |
| 大卫·鲍温： | HAL，你在说什么？ |
| HAL： | 这次任务对我来说太重要了，我不允许你破坏它。 |
| 大卫·鲍温： | HAL，我真不知道你到底在说什么。 |
| HAL： | 我知道你和弗兰克打算关掉我，但我绝对不会让你们得逞的。 |
| 大卫·鲍温： | 你是怎么知道的，HAL？ |
| HAL： | 大卫，虽然你们在辅助通道中说话，不让我听到，但是我会读唇语…… |
| 大卫·鲍温： | HAL，我不想和你多费口舌了！快把门打开！ |
| HAL： | 大卫，再多谈下去已经没有意义了。再见。 |

人们一般认为只有人类，或者其他高级生物才具有理智和情绪。但是这种假设是否有充分的证据呢？在电影《2001 太空漫游》中，一台名叫 HAL 的计算机接管了一艘宇宙飞船，并杀死了除大卫·鲍温之外的所有乘员，鲍温与其展开了生死搏斗并最终制服了它。这部影片体现了人类的一种普遍担心：如果我们让计算机越来越智能化，越来越独立于创造它们的人类，有一天会对人类的存在构成威胁。在我们更多地担心人类的未来之前，先来考虑一下像 HAL 这样拥有理智的人工智能又意味着什么呢？

## 人工智能领域

**人工智能**（artificial intelligence，AI）被一名专家定义为："一种使机器能够感知、推理和行动的计算研究。"这是一个从认知心理学、心灵哲学和计算机科学三门学科中总结出的概念。开发人工智能的最初目的是提高和增强人类的推理能力，使我们的生活变得更加轻松。[28] 人工智能的长远目标是创造一个拥有自我意识，能够进行抽象决策和其他认知运算，并独立

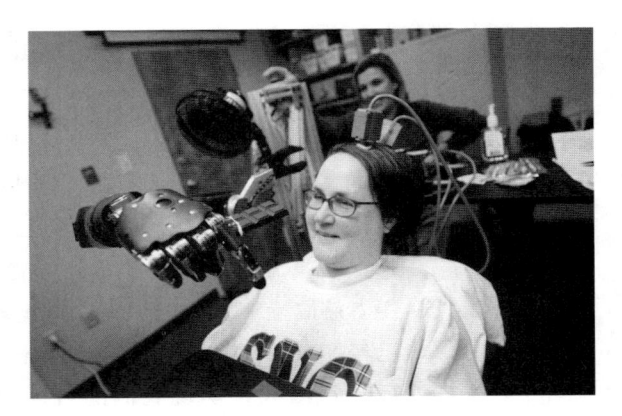

珍·苏伊尔曼从脖子以下都瘫痪了，她用自己的思维控制机械手臂给自己喂巧克力棒。她只靠大脑发出的电脉冲来移动手臂。

(a) 模仿游戏：
阶段1

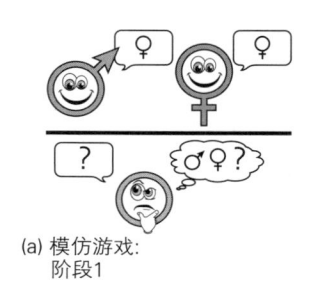

(b) 模仿游戏：
阶段2，版本1

(c) 模仿游戏：
阶段2，版本2

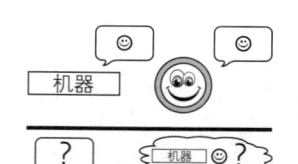

(d) 通常意义上的模仿游戏
（图灵测试）

于人类创造者的智能机器。最近，这个目标又被扩大为创造一个能在情绪层面与人类进行交流与合作的社交智能机器。

## 计算机会思考吗

虽然人类的大脑要比现在的计算机更加智能，思维也更灵活，但计算机在很多领域的表现已经超过了人类。它们可以在一转眼的工夫搜索拥有上亿条记录的数据库，其计算能力每几年就提高一倍。计算机还可以通过互联网与其他计算机共享数据库，这就使得以计算机为基础的人工智能可以共同组成一个巨大的全球脑。

英国数学家亚伦·图灵在制造全球第一台计算机的工作中发挥了关键作用。他在 1950 年提出一个问题："机器会思考吗？"针对该问题，他进一步提出了著名的**图灵测试**（Turing test），用来确定人工智能作为有意识的智能是否成功。[29] 实验要求一个人猜测正在与他交流的是人还是看不见的机器。如果看不见的机器能够完成一项认知任务（例如进行一场谈话），并且令人无法分辨该任务是由人还是由机器完成的，那么我们就可以说这台机器拥有和人一样的智能。尽管人工智能领域的大多数人认为图灵测试基本上毫无价值，但在不久的将来，人们或许将很难区分人类和人工智能。[30]

## 计算机能够感知情绪吗

情绪也是批判性思维的组成部分，如果能够将理智编写为程序，那么为什么不能够将情绪也编写成程序？美国麻省理工学院进行的"会社交的机器"计划已经研制出一台极富表现力的机器人"Kismet"，它能够对人类之间的交流做出适当的情绪回应。诺贝尔经济学奖获得者赫伯特·西蒙（1916—2001）被称为"人工智能之父"，他认为计算机其实已经拥有情绪。他坚持认为思维（认知）与情绪之间并没有明显的界限。相反，情绪只是实现我们的目标的倾向和动机。[31] 如果人工智能能够表现出达到某一目标的动机，例如改善自己与人类交流的能力，那么按照西蒙的说法，它应该被看作已经拥有了情绪。

很多人认为，让一台机器会思考、有意识、能够感知情绪，甚至拥有创造性的想法，这未免太荒谬了。英国数学家和物理学家罗杰·彭罗斯认为，人类的意识既不是算法，也不像传统数字计算机那样基于经典力学。相反，意识是一种量子现象，或者说是神经元内部量子微结构的表现。[32] 量子计算机的发展是否能够解决机器的意识问题？彭罗斯认为不能，人类的意识甚至超出了量子物理学的范畴。基于此，计算机永远不可能发展出与人类相同的思维和意识。

西蒙不同意彭罗斯的观点。在西蒙看来，智能计算机没有思维和感知能力这一普遍观点是基于对人工智能的偏见，就像人们一度坚定地认为，妇女和非洲后裔不能真正进行理性思维一样。

与西蒙一样，很多神经科学家相信，与其认为意识是一个独立的非物质的实体，或者是未被发现的物理定律的产物，不如认为意识是"大脑的活动"，这个大脑有可能是有机的，也有可能是无机的。[33] 此外，如果因为无法证明，就草率地认为智能计算机或机器人无法获得意识，没有能动性，或者不会享受，那么我们就犯了无知谬误（我们将在第 5 章"非形式谬误"中针对逻辑错误展开深入探讨）。

一些研究人工智能的科学家预测，**半机械人**（cyborg），即部分计算机化并且永久在线的人类，可能会成为未来世界的潮流。将计算机芯片直接植入大脑有可能提高人类的推理水平，改善批判性思维能力。现在一些计算机已经能够与人类的大脑进行直接的交流。例如，BrainGate 神经接口系统为人脑和计算机建立了直接的连接，通过这个连接，瘫痪者能够用意识玩电子游戏或者切换电视频道。假肢也可以计算机化，从而在接受截肢者大脑中产生电脉冲并做出相应的动作。[34]

在批判性地分析人工智能是否能够拥有理性和情绪这个问题时，我们需要超越狭隘的、人类中心主义的思维（参见第 1 章）。即使我们无法证明人工智能能够拥有自由的意志和意识，但这并不意味着它们永远无法拥有。作为批判性思维者，我们不能为人工智能制订一个比人类更高的证明标准。此外，人们应该积极接受人工智能为人类的批判性思维提供的帮助，例如直接植入人体内的计算机部件。

## 信仰与理性

信仰与理性有时被视为完全对立的两个概念。道格拉斯·亚当斯在他的讽刺体科幻小说《银河系漫游指南》中，用幽默的手法对这种观点进行了诠释。小说中有条神奇的小鱼叫宝贝鱼，将它放到耳朵里，就能听懂外星人的语言。

在小说中他这样写道：

> 这是一个不可能发生的巧合，真是令人难以置信：像宝贝鱼这样神奇的物种居然是偶然进化来的。一些思想家选择将它作为证明上帝不存在的终极证据。证据大概是这样的："我不会为我的存在做出证明，"上帝说道，"因为证据与信仰不能并存，而没有信仰，我就什么都不是。"
>
> "但是，"这个男人说道，"宝贝鱼只是一个你无意中下放到人间的精灵，不是吗？它不可能是偶然进化来的。它是能够证明你存在的证据，但又因为如此，按照你自己的说法，你又不存在。证明完毕。"
>
> "哦，天哪！"上帝说道，"这点我倒从来没有想到。"然后迅速在一团逻辑的烟雾中消失了。

是否能够单纯通过逻辑推理去证明上帝或神灵的存在，这一命题已经争论了数百年。**信仰**（faith）不仅仅是相信上帝的存在，还包括将自己完全托付给上帝并服从上帝。对那些有信仰的人来说，他们的整个世界和整个生命都集中在了上帝以及对上帝的崇拜上。在很多犹太教和基督教教义中，信仰的本质可以由《创世纪》第 22 章中亚伯拉罕的故事加以阐明。作为对亚伯拉罕信仰和服从的考验，上帝命令他献祭自己的儿子以撒。当亚伯拉罕准备照做，以此证明自己的服从时，上帝宽恕了以撒的生命。如果没有服从，对上帝的信仰只能是空谈。

信仰能够通过理性获得吗？缺乏理智的信仰还值得拥有吗？针对这类问题，我们将讨论两个主要的观点。第一个是信仰主义，信仰主义者声称，信仰远远超出理性能够证明的范围。第二个是理性主义，理性主义者主张，信仰如果不能被理智或证据证明，便毫无可信之处。第三种观点是理性主义的一种变体，称为批判理性主义。[35] 我们将在本章最后的"批判性思维之问：关于神或上帝存在的推理和证明"中更深入地探讨上帝是否存在的问题。

## 信仰主义：信仰高于理性

根据**信仰主义**（fideism）的说法，神存在的超然领域是通过信仰与启示展现的，并不需要理性或实验证明。很多信仰基督教和伊斯兰教的正统教徒都持这种态度。1997 年特蕾莎修女逝世后，她的个人日记和信件被公开，这些日记和信件表明她在生命的最后 50 年里一直没有感觉到上帝的存在。尽管出现了"信仰危机"，甚至认为上帝抛弃了她，特蕾莎修女仍然坚持着自己的信仰。

她写了一封信给一位灵魂导师："耶稣给了你特别的爱，但对我却只有无际的沉默和空虚。我看却看不见，听却听不到，嘴唇在动却说不出话……"[36]

人类的力量是有限的，而上帝的力量是无穷的，所以人类和上帝之间的联系不可能通过人类的理性建立起来。就像特蕾莎修女一样，在信仰中我们必须无条件接受上帝的存在。然而，这并非意味着理性不能在生活中占据一席之地。

> 基督教福音传道者比利·格雷厄姆曾经说过："信仰并不是反理智的。它是一种超越我们五大感官局限的人类行为。它是一种认知：上帝比人类更伟大，我们通过自身的努力无法处理的问题交给上帝便能轻易化解。"[37]

换句话说，如果信仰愿意接受理智的检验，那便不是真正的信仰。同理，如果信仰是依赖于理性证据存在的，那么当这些证据出现漏洞的时候，信仰便会动摇。[38]

特蕾莎修女（1910—1997）尽管感到上帝抛弃了她，但是仍然坚持对上帝的信仰。特蕾莎修女于2016年被天主教会封为圣徒。

信仰主义的第一个缺陷是，相信某件事是真的并不一定会使它成为真的。举一个小例子，你可能曾经坚定地认为，圣诞老人是一个真实存在的人。但是，不管你的这一信仰是多么的坚定和强烈，极有可能还是错误的。从另一方面来说，我们不能或者现在还不能从科学角度证明神的超然领域的存在，但这并不能说明它不存在。

信仰主义的第二个难题是选择哪种信仰。神的形象有很多。如果不使用理性的话，我们如何知道在那么多各执一词的信仰体系中应该选择哪种信仰？是天主教、摩门教，还是佛教？

不仅如此，信仰主义者所谓的信仰决不允许我们使用理性检验自身的信仰，或者使用其他信仰体系以清除内部矛盾。我们如何才能知道，2001年"9·11"恐怖袭击中恐怖分子是否真的只是凭着对上帝或真主的信仰犯下罪行，抑或他们的决定是受到了世俗的政治组织的指使，与其宗教信仰毫无关系。我们所能够知道的仅仅是他们的口供：他们只是遵照神的旨意行事。如果我们在校园里加入一个教派，而教派领袖要求我们去做一些诸如终止学业、与家庭或朋友断绝关系等与自己的价值判断相违背的事情，这时候我们应该怎么办？

## 理性主义：宗教信仰与理智的结合

信奉**理性主义**（rationalism）的人主张，宗教信仰应该与理性和证据结合在一起。证据是以直接或间接得到的信息为基础，为我们提供了理由来相信一种言论或主张是正确的。按照理性主义者的说法，如果某一宗教信条与证据产生了冲突，我们就有足够的理由去怀疑它。相信上帝存在的理性主义者认为，以证据或关于世界的某个前提为基础，从中得出"上帝是存在的"这一结论，这是可能的，也是所有理性的人都会接受的。如果两者之间存在冲突，那么对于信仰宗教的理性主义者来说，这不是宗教的问题，而只是因为科学还存在某种缺陷。第 4 章将对证据在批判性思维中的作用展开更深入的探讨。

理性主义对美国人关于宗教的态度产生了深远的影响。很多 19 世纪的美国福音派信徒相信科学与宗教是一致的，上帝是造物主的证据可以从自然的巧夺天工和物尽其用中找到。近来，这种观点随着智慧设计理论的出现而卷土重来。当达尔文提出进化论时，信仰的证据论者们遭受了重大挫折，至今仍有一些自然神学家反对进化论。而最近提出的宇宙大爆炸理论指出，宇宙是大约 150 亿年前由一场大爆炸产生的，现在仍在继续膨胀，这一理论对他们来说无疑又是一次重击。

进化生物学家和理性主义者理查德·道金斯是一位**无神论者**（atheist），他认为世界上根本没有上帝的存在，信仰上帝是荒谬的。道金斯还提出，虽然信仰能够给人类带来心灵上的安慰和启示，但是信仰的语言却毫无意义，因为它依赖于上帝的存在，但又无法证明其正确与否。道金斯认为，信仰上帝和计算机病毒之间有相似之处，两者都是让自身依附于一个现存的程序并感染我们的理智。信仰的病毒会给人类带来极大的痛苦，他写道："典型的现象便是发现自己被内心一些强烈的信念所驱使，坚信某些事物是真实的、正确的或高尚的；但若追本溯源，却寻不到根据，经不起推敲。尽管如此，人们却仍然完全深信不疑，无法自拔。"[39]

道金斯这样的理性主义者是无神论者，其他的则是**不可知论者**（agnostic）。不可知论者认为，上帝是否存在，人类是永远无法知道的。2004 年，分子生物学家兼不可知论者迪安·哈默宣称，他已经定位到了"上帝基因"，这意味着体验信仰的倾向在遗传上是"天生的"。[40] 哈默主张，灵性和对神的感知能力是一种适应性特征，它促进了人类社会性的形成和乐观情绪的产生。上帝基因能否得到表达，表达到何种程度，取决于环境与社会是否提供了培育这些基因的土壤。然而，神圣感是否意味着有一个真实的、客观的神圣存在仍然存在疑问。

信仰可以归结为大脑中的化学物质和 DNA，这一论断可能会激怒那些虔诚的信徒。哈默对此回应说，他的发现与上帝的存在并不相互矛盾。当理解视觉的基因结构后，人们知道视觉可以被解释为大脑的脉冲刺激，但这并不意味着眼中看到的世界并不存在。同样，基因也不能被认为就是人类拥有信仰的唯一原因。换句话说，世界上是先有神，还是先有信仰？

## 批判理性主义：信仰与理性是一致的

**批判理性主义**（critical rationalism）是理性主义方法的一种改进，体现了人们一直努力去理解信仰的传统。对大多数相信上帝的人来说，这只是因为信仰，而不是理性。信仰主义者认为，信仰是基于有关上帝的启示或直接知识，和理性没有任何关系，对于这一点，批判理性主义者表示接受。对上帝的信仰是一切的出发点，是不证自明的。就此而言，我们的信仰并不需要理性的证明或证据的论证。

从另一方面来说，信仰主义者认为，以信仰为基础的主张不允许通过理性或世间的证据来反驳，批判理性主义者对此则持反对意见。批判理性主义者认为，在信仰或神示与理性之间不应该存在逻辑上的矛盾。例如，大多数的穆斯林不赞同 2001 年发生的所谓以信仰为基础的"9·11"恐怖袭击，他们之所以做出这种判断，是认为这些恐怖分子的行为与真主的善良之间存在逻辑上的不一致。

批判理性主义在西方宗教中有着漫长的历史。例如，托马斯·阿奎那在他对上帝存在的证明中，融合了希腊理性主义和基督教对信仰和启示的强调。请参见本章末尾摘自他的《神学大全》中的阅读材料。约翰·加尔文（1509—1564）是新教改革的领导者之一，他认为上帝给每个人都注入了对上帝神性的理解。信仰便是以此为出发点开始出现的，正像科学的基本假设是物质世界的存在并不需要理性的证明或证据的论证一样。犹太教也具有很强的批判理性主义的传统。

## 分析图片

亚伯拉罕准备奉上帝的命令牺牲他的儿子以撒

**讨论问题**

1. 批判性地分析信仰主义者和批判理性主义者对亚伯拉罕和以撒的故事的解释。
2. 想一想,你是否曾经相信上帝已经指示你(或另一个人)去执行(或避免)某一特定的行动。你是怎么回应的?批判性地评估你(或其他人)用来确定是否是上帝给你指示的标准。

正像以物质世界的存在这个直接知识为基础的科学论断可以经得起理性的检验，以信仰为基础的论断也应该经得起检验。信仰主义者认为亚伯拉罕和以撒的故事是为了考验亚伯拉罕的信仰和对上帝的命令是否绝对服从；与此不同，批判理性主义者将其视为盲目服从与道德规范之间产生的冲突，这种冲突正是建立在理性的基础上。犹太教学者利普曼·波多夫认为，由于信仰应该与基本道德准则在逻辑上保持一致，亚伯拉罕在接受上帝考验的同时也在考验他刚开始信奉的神灵。[41] 一位值得信奉的神是不会允许亚伯拉罕杀死自己的儿子的。最后，上帝和亚伯拉罕都通过了考验。

对批判理性主义的批评之一是，并不是所有人对上帝的存在都拥有直接知识。批判理性主义者回应道，这种情况确实存在，并不是所有人都能得到上帝的启示，正像盲人看不到现实存在的物质世界一样。然而，对盲人来说，相信世界确实存在仍然是合理的。[42] 此外，与上帝的存在无法证明不同，人们可以通过向盲人出示证据（通过触摸或其他身体感觉）证明世界确实存在。另一方面，一些理性主义者则声称宇宙的设计如此完美，这就足以证明上帝的存在。

## 宗教、灵性与生活决策

信仰在批判性思维中是否有作用？在以理智为基础的前提下，信仰是否能够帮助人们在生活中做出更好的决策？以宗教的名义实施的暴行屡见不鲜：美国南部的奴隶制曾得到了大多数基督徒的支持；中世纪晚期罗马教廷的私刑残害了不计其数的生命和家庭；以上帝旨意或宗教复仇为名义发动的战争数不胜数。美国总统乔治·W. 布什坚定不移地认为，在伊拉克战争中美国和上帝站在了一起。奥巴马总统在他的政治演讲中也经常提到上帝，并呼吁上帝保佑美国的军队和美国。

有信仰的人怎么能以上帝的名义做出屠杀无辜者这种令人发指的行为呢？研究表明，与道德行为正相关的是灵性，而不是宗教虔诚程度。在个体水平上，研究表明，信仰宗教的人并不一定比不信仰宗教的人更可能表现出道德英雄主义或善行。[43] 相比之下，灵性是一种内心的崇敬态度，一种对自己或他人不可冒犯的尊重。此外，它独立于对某一宗教或神灵的信仰之外，代表了对弱者的同情和对正义的追求，以及灾难来临时临危不惧、坚持不懈。例如，阿尔贝特·施韦泽将他的一生奉献给了帮助非洲穷苦病人的伟大事业，既受到了灵性的驱使，又受到了信仰的驱动，他的信仰坚定地遵循理性（见"独立思考：阿尔贝特·施韦泽，人道主义者和医学传教士"）。

# 独立思考

### 阿尔贝特·施韦泽,人道主义者和医学传教士

阿尔贝特·施韦泽(1875—1965)是1952年诺贝尔和平奖获得者,出生于德国,其父亲和祖父都是牧师。读大学期间,施韦泽主修神学并于1899年获得哲学博士学位。他爱好音乐,是一位出色的乐器演奏家。施韦泽还是一名非常虔诚的教徒,非常认真地对待每一条教义,并且认为这些教义与理性是一致的,能够指引人类过上美好的生活。

将近而立之年时,施韦泽决定奉献自己的一生,致力于救助那些最需要帮助的人。在30岁时,他宣布要开始学习医学,这样就能够以一名医学传教士的身份为大众服务,这让他的很多朋友感到无法理解。更令人感到震惊的是,施韦泽居然如此认真地对待耶稣的教义,去救助那些处于危难中的人。作为一名杰出的批判性思维者,他首先认真地调查哪里的人最需要帮助,最终选择了加蓬的兰巴雷内,当时那里是法属赤道非洲的殖民地,之后他生命中的大多数时间都待在那里,他用写书得来的版税以及在欧洲演讲和举办音乐会赚来的钱,创办了一所医院。

施韦泽相信可以通过理性的方法信仰宗教。他说,任何违背理性的事情都不应该被接受。他认为那些狂热地捍卫基督教的人,实际上妨碍了人们接近真理。

### 讨论问题

1. 讨论施韦泽的一生如何反映出他的宗教信念。
2. 你的信仰(或缺乏信仰)如何体现在你的人生计划当中?批判性地分析当你需要做出重大人生决定时,信仰如何对你的批判性思维起到帮助或者阻碍作用。

到大学一年级末的时候，很多以前经常去教堂的学生不再去教堂。[44] 对于其中很多学生来说，尤其是走读生，他们的信仰缺乏智力或理性的基础，经受不住新环境带来的挑战。

　　如果信仰与理性和证据无关，当挑战来临的时候，人们往往会感到彷徨。如果拒绝使用理性，在面对信仰和启示中的矛盾主张时，人们就会陷入迷茫。当有人解释信仰上帝的意义时，我们很容易受到其解释的影响。一名优秀的批判性思维者应该学会如何在信仰和怀疑之间找到平衡，并且应该乐于质疑某些信仰——那些声称与证据或理性无关的信仰。

# 批判性思维之问

## 关于神或上帝存在的推理和证明

在世界所有文化中,几乎都存在对超然之神的信仰。在印度尼西亚、沙特阿拉伯和巴基斯坦等伊斯兰国家,超过90%的人认为宗教在他们的生活中发挥着重要作用。除了这三个国家之外,美国是世界上信教人口比例最高的国家之一,大约有73%的美国人表示宗教在他们的生活中发挥着重要作用,而全球信教人口比例的中位数为50%。此外,美国人比其他大多数国家的公民都更加确信神的存在,70%的美国人同意"我知道上帝确实存在,并对此深信不疑"这一说法。相比之下,加拿大人的这一比例只有43%,意大利人为51%,法国人为24%,韩国人则为25%。[45]

虽然现在年轻人上了大学后参加宗教仪式的人数有所下降,但与没有上大学的同龄人相比,下降幅度要小。事实上,根据2012年皮尤的一项民意调查,68%的千禧一代(1980年后出生的年轻人)同意"我从不怀疑上帝的存在"这一说法。

神或上帝存在的确定性能否通过逻辑论证得到支持?批判理性主义者托马斯·阿奎那(Thomas Aquinas)在《神学大全》(*Summa Theologica*)一书中指出,上帝的存在可以通过推理来证明。无神论者和人文主义者保罗·库尔兹(Paul Kurtz)则为不信仰上帝做了辩护。

## 上帝的存在

托马斯·阿奎那

> 托马斯·阿奎那（约1225—1274）是最著名的天主教神学家和哲学家之一。本文选自他的《神学大全》一书，阿奎那在文中提出了上帝存在的证据，也对可能出现的反对意见做出了回应。

上帝的存在可以通过五种方式来证明。

第一种也是最明显的方式，是从事物的运动出发证明上帝的存在。我们的感官经验可以确定并证实，世界上有些事物是运动的。凡是运动中的事物必然是被其他运动中的事物所推动的，因为如果没有被推动的潜在可能，任何事物都不可能运动；而推动者的运动是基于现实状态的。所谓运动，不过是将推动某个事物从潜在状态变成现实状态。如果没有其他事物的推动，事物就无法实现从潜在状态向现实状态的转变。举个例子，现实中热的事物，比如火，能够使木头由潜在的热变成现实的热，如此就是推动和改变它了。然而，同一事物不可能在同一方面同时处于现实状态和潜在状态，而只能在不同的方面处于这两种状态。因为在现实状态中热的事物，不可能同时在潜在状态中也是热的事物，但可能同时在潜在状态中是冷的事物。因此，某个事物在同一方面以同样的方式不可能既是推动者又是被推动者。也就是说，事物不可能推动自己。因此，任何运动的事物都必定是被另一个事物所推动的。如果某个事物推动了其他事物的运动，那么这个事物也必须被另一个事物所推动，而这另一个事物也必然如此。但是，这不能永远无限延伸，因为如此无限延伸，就不会有"第一个推动者"，因此也就没有其他所有的推动者了。要知道，如果没有第一个推动者的推动，便不会有第二个推动者，正如如果没有手推动手杖，手杖就不会运动。因此，找到第一个推动者是十分必要的，而它不会被其他任何事物所推动；每个人都知道这个推动者正是上帝。

第二种方式是从有效原因的本质出发证明上帝的存在。在可感知的世界，我们发现，有效原因是有先后次序的。可是却未曾发现（事实上也不可能发现）哪个事物是自身的有效原因；因为这样的话，它便要先于自己而存在，而这是不可能的。同时，有效原因也不可能无限延伸，因为所有的有效原因都是按次序排列的，第一个有效原因是中间原因的原因，中间原因是最终原因的原因，而无论中间物是多个还是仅有一个。一旦去掉原因，其结果也必然消失。因此，如果在有效原因序列中没有第一个原因，也就没有最终原因和中间原因。同时，如果有效原因的序列能够无限延续，就不存在第一个原因，也不会有最终结果及任何中间原因；显然这一假设是荒谬的。因此，承认第一个有效原因是十分必要的，每个人都称之为上帝。

第三种方式是从可能性和必然性出发证明上帝的存在。在自然界中，事物可能存在，也可能不存在，因为它们有生或灭，所以可能存在，也可能不存在。但是，这些可能存在的事物不可能一直存在，因为可能不存在的事物总有某个时刻是不存在的。因此，如果所有事物都有可能不存在，那么总会有某个时刻所有事物都不存在。如果真是这样，那么现在便不会有任何事物存在，因为不存在的事物必须借由已经存在的事物，才能开始存在。所以，如果某个时刻所有事物都不存在，那么任何事物都不可能开始存在；即使是现在，也不会有任何事物存在——但这显然是荒谬的。

因此，并非所有的事物都是可能存在的，世界上必定有某种必然存在的事物。但是，凡是必然存在的事物，其必然性或者是由另一个事物引发的，或者不是（而由自己引发）。然而，事物的必然性是由另一个事物的必然性引发的，但不可能无限地推演下去。这一点已经在有效原因中得到了证明。因此，必须承认某些事物的必然性是其本身固有的，而不是来自另一个事物，但能够引发其他事物的必然性。对此，所有人都称之为上帝。

第四种方式是从事物的等级证明上帝的存在。世间万物所具有的善、真、高贵等品质总是有多有少。但不同事物的"多"或"少"，只是根据它们在不同的方面与至极之物的相似程度来决定的。例如，之所以说某个事物"更热"，是因为其与最热的事物更接近；因此，必然存在某些最真、最善和最高贵的事物，也就是最高级的存在。正如《形而上学》第2卷中所描述的那样，最真者即是最高（级）者。而任何一个属性中的最高（级）者是所有属于该类者的原因。例如，火是热的最高（级）者，也是所有热的事物的原因。因此，必然存在某个事物是所有事物真、善、美的原因。对此，人们称之为上帝。

第五种方式是从世界治理的角度证明上帝的存在。我们知道，即便是没有智慧的事物，例如自然物体，其行动也有最终的目的。从它们的行动总是或者几乎总是以相同的方式追求最好的结果就可以明显看出这一点。因此，它们所趋向的目的显然不是出于偶然，而是基于有意的行动。除非得到某个具有知识和智慧的存在的指引，否则任何没有智慧的事物都不可能趋向某个目的行动；正如没有弓箭手的指引，箭便不可能射中目标。因此，所有自然的事物能够趋向自己的目的，只能是得到了某个智慧存在的指引。而这个智慧的存在，人们称之为上帝。

#### 问 题

1. 阿奎那是如何定义"上帝"的？
2. 上帝的存在是否是不证自明的问题，阿奎那是如何回答的？
3. 阿奎那提供了哪些上帝存在的证据？

## 为无信仰辩护：是否存在"原教旨主义无神论者"？

保罗·库尔兹

保罗·库尔兹（1925—2012）是人文主义运动中最有影响力的作家和倡导者之一，曾担任国际探索中心、世俗人文主义委员会和怀疑论调查委员会的主席。此外，他还创立了普罗米修斯图书公司，并担任《自由探索》的主编。他先后在三一学院、联合学院和布法罗大学教授哲学。他在下文中提出了一个反对宗教信仰的案例，并主张无神论为人们提供了另外一种积极的哲学和科学观点。

**2010年6月/7月《自由探索》，第37卷，第35和37页**

我在短社论《真正的无信仰者》中指出，与原教旨主义有神论者相对应的是"原教旨主义无神论者"。这样的人真实存在吗，还是我凭空想象出来的？

"无信仰者"一词是指那些反对有神论宗教主张的人；这些人可能包括无神论者、不可知论者、怀疑论者、非神论者、无用论者以及漠视宗教者。目前的问题是"原教旨主义无神论者"是否存在。这是一个经验主义问题。

我把原教旨主义者定义为"教条地、刻板地忠诚于一系列信仰或主义的人"。现在的问题是，原教旨主义无神论者过去是否确实存在，现在是否依然存在。我在社论中非常清楚地指出，这里的原教旨主义无神论者主要是指"20世纪极权社会中许多世俗无神论者"。这些无神论原教旨主义者"试图将一套严格的意识形态准则强加于人，并愿意使用国家权力来反对任何持不同意见的人。"这造成了毁灭性的影响，使西方世界的许多人开始反对无神论。

我在1988年开始接触无神论，当时我邀请了科学无神论研究所的两位领导者参加在纽约阿默斯特举行的国际人文主义和伦理联盟世界人文主义大会……作为无信仰者，我对世界各地针对无神论的攻击特别敏感，无神论者都有过这样的经历……作为世俗的人文主义者，我们认为信仰者和无信仰者都拥有信仰的自由，对宗教遭受残暴的反对感到震惊……

我还应该明确指出，有神论者以神的名义，在各个时代都犯下了反人类的滔天罪行。伦理道德并不是世俗主义或神学的专利。

今天还有真正的信仰者吗？

不幸的是，我的回答是肯定的，但是数量上肯定不如极权主义国家的无神论者多。今天大多数无神论者都是正派的普通人。但有些人已经成为"真正的无信仰者"。惠滕博格先生（Gary J. Whittenberger）曾说过，他所认识的大多数无神论者"对神的存在都持科学态度"，而且"如果有足够明确的证据表明神的存在，他们就会放弃无神论"。首先，很少有人用科学的方法来确立自己的信仰。如今估计有60%的科学家是无神论者（或不可知论者），这一事实或许可以为上述说法提供一些证据。但这并不一定适用于大多数的无神论者。例如，法国的无神论者比例很高，但据我所知，只有少数无神论者是以科学为基础的。大多数人只是对宗教漠不关心。我认为，这一方面是因为世俗消费文化的诱惑，另一方面是因为社会机构提供的社会服务减轻了人们对疾病或欲望的恐惧，而这种恐惧显然是导致过去许多人把信仰寄托于神的原因。

遗憾的是，有相当多的证据表明，一些无神论者仍然持原教旨主义的态度……我认为这是不幸的。无神论可以是一种积极的哲学和科学观点。为了说服人们基于事实反对神的存在，我将致力于敦促现行政策的转变。这也是我将那些被我批评的人视为"真正的无信仰者"的原因之一。

最近，在新泽西州纽瓦克举行的美国无神论者大会上，我发表了为"更仁慈、更温和的无神论"辩护的演讲，得到了现场大多数无神论者的热烈支持……我所认识的大多数无神论者都是正派而富有同情心的普通人。我们不应该任由那些好战分子煽动公众反对我们的立场。

最后还有两点：我不希望这篇社论被看作是对新无神论者的攻击。我曾明确指出，新无神论者"公开自己的宗教主张并接受公众的审查，为当代文化图景做出了重要的贡献"。我与无神论的主要争论在于，无神论是不完整的。从某种意义上说，它是一场问题单一的运动，仅限于提出反对神存在的主张。但是，无神论者难道不应该清楚地表明他们还致力于一系列的伦理原则：对事实、诚实和清晰的信仰以及对证据的要求？我希望他们还能捍卫民主这种公民美德，其中我强调的是包容，以及就分歧进行协商并达成妥协的意愿。最后同样重要的是，我希望今天的无神论者能够表达出对人文伦理价值观的理解，这种理解不是来自神的指引，而是来自人类的经验。

资料来源："In Defense of Unbelief," Free Inquiry, 2010. Reprinted with permission from the Center for Inquiry, Inc.

## 问 题

1. 什么是"世俗人文主义"，与"原教旨主义无神论"有什么关系？
2. 库尔兹为什么反对宗教？他用了哪些例子来支持自己的立场？
3. 库尔兹认为"无神论可以是一种积极的哲学和科学观点"，这是什么意思？
4. 库尔兹不赞成无神论的主要问题是什么？他如何回应这一问题？

# 第 3 章

# 语言与沟通

**要　点**

何为语言

定义

评价定义

沟通风格

使用语言来操纵

批判性思维之问：关于大学校园是否应该设立言论自由区的观点

2012 年 9 月 11 日，也就是纽约世贸中心遭受恐怖袭击 11 年之后，美国驻利比亚班加西领事馆遭遇袭击，造成 4 名美国人死亡，其中包括美国大使 J. 克里斯托弗·史蒂文斯，另有 10 人受伤。反复的沟通不畅加重了这场悲剧。由于袭击的起因最初似乎是一场抗议，因此在救援计划上没有征询美国反恐专业人士的意见。相反，美国军队被派遣乘直升机前去营救幸存者。然而，根据利比亚官员提供的错误信息，救援人员严重低估了等待救援的幸存者人数。幸存者多达 37 人，是之前猜测的四倍之多，这意味着没有足够的交通工具及时救出所有从燃烧着的领事馆逃出的幸存者。

关于此次袭击的性质，美国公众也被有意或无意地误导了。五天后，联合国大使苏珊·赖斯向公众发表了一份声明，根据中央情报局备忘录提供给她的"谈话要点"，声称这次袭击是针对一个粗俗的反伊斯兰视频的"自发抗议"引起的，这个视频是在美国制作并在网上发布的，尽管没有证据表明曾经发生过自发抗议。后来发现，这次袭击是由组织严密的伊斯兰激进分子精心策划和实施的。调查直至 2016 年 6 月仍在进行。调查期间，据披露，美国国务院未能向班加西领事馆的有关部门传达对于可能发生的袭击，安全措施不足的信息。

糟糕的沟通技能阻碍了对袭击的有效反应，而良好的沟通技能使大使馆有可能先发制人或采取适当的预防措施，从而完全阻止袭击的发生。

良好的沟通技能是进行批判性思维和做出有效决策的必要因素。有效的沟通不仅需要坦诚、清晰、准确的表达，而且还需要注意用词，了解和关注自己和别人的沟通风格。

比如，在米尔格拉姆的服从实验研究中（见第 1 章），那些拒绝继续实验的参与者能够清晰地说出，为什么他们认为该实验是错误的，以及不能继续给研究被试施加电击的理由。相反，那些继续执行实验者命令的人则不能清楚地表达自己对该实验的疑虑，而且当实验者让他们继续施加电击时，他们通常感到茫然而不知所措。

本章将描述有关语言的一些重要方面，并对语言和批判性思维的关系进行解释。在本章中我们将了解以下内容：

- 界定我们所说的语言的含义，讨论语言与文化的关系
- 学习语言的不同功能
- 讨论语言和刻板印象如何塑造我们的世界观
- 了解不同类型的语言定义
- 区分单纯的口头争论和真正的意见分歧
- 研究沟通的风格以及性别和文化对沟通风格的影响
- 考察非言语沟通的作用
- 看看如何使用语言和修辞手法来影响他人

最后，我们将讨论关于大学校园自由言论区的问题，并证明对校园外受保护的言论设置一定规则加以限制的合理性。

## 何为语言

**语言**（language）是人们用来沟通的系统，包括一系列的专门符号，无论是口语、书面语，还是手语这样的非言语语言。也有一些沟通并不表现出符号性元素，比如婴儿在不舒服时发出的哼哼声，猫咪在感到满足时的呼噜声。

人类语言具有深刻的社会性——我们从出生起就存在于某种语言环境中。通过在人与人之间创设可以共享的现实，语言成为传播文化概念和文化传统的

主要手段。良好的沟通也传达了正确的信息，这样我们才能做出有效的决定，就像班加西事件中提到的那样。

目前全世界已知的语言种类多达 6800 种。根据语言学家乔姆斯基的理论，所有的人类语言都使用相同的普遍语法规则或句法规则。换句话说，我们生来具备获得语言的内在能力。[1] 他表示，正是这些基本的、与生俱来的语法规则使我们能够把词汇和短语合成独一无二的句子，并讨论任何话题。并不是所有的语言学家都认同乔姆斯基的语言理论。杰弗里·桑普森认为儿童可以在不具备这些先天规则的情况下学习一种语言。[2] 桑普森坚持认为，虽然大多数语言看起来拥有共同的普遍语法规则，但这是因为语言学家倾向于研究较为常见的语言。他指出，至少有几种语言似乎并不适用普遍语法规则，比如某些本土澳洲语和巴布亚语。桑普森提出，儿童之所以擅长学习语言，是因为他们通常擅长快速而轻松地学习。

## 语言的功能

语言具有多种功能。它可以是信息性的、表达性的、指示性的或礼节性的，这里仅列举四项。语言的基本功能之一是交流关于我们自己和世界的信息。**信**

并非所有语言都是言语性的——人们可以通过手势、表情或身体语言进行沟通。

息性语言（informative language）要么是真的，要么是假的。这种类型的语言例子包括："普林斯顿大学坐落在新泽西州"和"死刑无法阻止犯罪"。

**指示性语言**（directive language）被用来指导或影响某些行为。"关上窗户"和"请下课后来找我"这样的句子都是指示性语言。手势等非言语语言也可以起到指示的作用。

**表达性语言**（expressive language）被用来交流情感和态度，也被用于给听众带来情绪上的影响。诗歌在很大程度上是表达性语言。宗教崇拜也被用于表达敬畏感。

表达性语言可能包含**情感词**（emotive words），用来引发某种情绪。一篇美国在线文章讲述了一个关于儿童抢玩具的故事，如果这个儿童是男孩，便被贴上"意志坚强"的标签；而如果是女孩，则被贴上"粗鲁的"标签。这两个词其实描述的是同一种行为，然而却引发了完全不同的情绪反应，并且进一步强化了文化中的性别刻板印象。在本章后面，我们将更加深入地探讨情绪语言和刻板印象。

**礼节性语言**（ceremonial language）是语言的第四种功能，常被用在正式场合中，比如问候语"你好"，婚礼上的"我愿意"和祈祷后的"阿门"。在许多文化中，鞠躬或握手也起到礼节的作用。虽然有些语言分布广泛，比如中国普通话、西班牙语、英语、阿拉伯语和印地语，但全世界60%的语言是小语种，说这些语言的总人数甚至不足1万人。[3] 有些北美和澳大利亚本土语言每年仅在仪式中被使用一次，而且只有很少人会说。随着懂这些语言的长者相继去世，这些礼节性语言正在快速消失。

大多数语言具有多种功能。比如，"期末考试安排在5月16日下午3点进行"，这句话不仅告知了我们考试的日期和时间，而且指示我们要去参加考试。能够认识到话语的作用有助于提升我们的沟通技能。毕竟，我们都不想成为那种笨拙的人，比如误把礼节性用语"你好吗？"当成别人想知道他的健康和生活上的细节信息，最后还为别人回避自己感到奇怪。

能够有效地使用语言来传递信息、提供指令和表达感情，这是合作性的批判性思维和实现人生目标的必要条件。就像宇航员萨莉·雷德，优秀的沟通技能使她成为美国首位女性宇航员（参见"独立思考：萨莉·雷德，宇航员"）。

人类语言的灵活性和功能多样性几乎可以使我们创造出无数个句子。像文化一样，人类的语言也是不断变化的。我们现在熟悉的英语与一千年以前人们所使用的英语的相似之处已经很少。

人类语言的开放性虽然大大丰富了我们交流想法和感受的技能，但也会导致模棱两可和误会的产生。比如，在聚会上有个与你聊天的人对你说："我会

## 独立思考

### 萨莉·雷德，宇航员

当萨莉·雷德（1951—2012）还是个孩子的时候，她就非常喜欢解决难题。她的大学朋友把她描述为"沉着冷静、注意力高度集中……她总是能看到事情的本质……而且思维敏捷，很快就能把问题弄明白，并加以解决"*。作为一位杰出的批判性思维者，雷德能够清楚地表达自己的观点，而且形成策略以实现自己的人生目标。她认识到，沟通能力对实现自己的目标非常重要，因此，她在大学期间主修了英语和物理学双学位。

当年，雷德在斯坦福大学刚刚取得物理学博士学位，便在大学学报上看到一个通知，得知美国国家宇航局要招收一批新的宇航员。她当天就递交了申请。1978年，在8000多位申请者中有35人脱颖而出，雷德就是其中一位。部分由于杰出的分析能力和批判性思维能力，1983年，她成为年龄最小且第一位美国女宇航员。由于出色的沟通能力，雷德被选为第一和第二班机的地面通讯主任，即地面与空中飞行员联络的负责人。后来，她帮助创立了美国国家宇航局探索办公室。

雷德是一位极其优秀的演讲家和作家，在联合国发表了演说，并且把报告整理好呈交给国家宇航局，题为《领导力和美国航天的未来》。她还写了几本适合儿童阅读的关于太空探索的书籍。目前，她在管理萨莉·雷德科技公司，为一些项目提供资助，鼓励女孩对科学的兴趣，并帮助她们发展领导力、写作以及沟通技能。

萨莉·雷德通过科学、技术和工程项目继续激励着年轻人、他们的父母和老师。这些项目包括在中小学和大学校园举办的科学节，以及来自80个国家的60多万名学生参加的太空营。**

### 讨论问题

1. 回顾第1章列出的一个优秀的批判性思维者应具备的特征，讨论雷德是如何展现这些品质的。
2. 你曾经是否错失过极好的机会？如果缺乏良好的批判性思维技能在其中起了作用，讨论一下。

* Carole Ann Camp, *Sally Ride: First American Woman in Space* (Springfield, NJ: Enslow Publishers, 1997), p.19.
** "Sally Ride Science Programs and Activities, 2001–2015."

给你打电话。"他（或她）这句话的意思并不清楚。如此简单的一句话，含义却模糊不清。这是一个直截了当的信息性句子吗？还是不止如此？他（或她）在约你？他想更多地跟你待在一起？或者这只是一个礼貌性用语，实际上并没有什么含义？如果第二天他真的打来电话，而且提议"我们一起吃晚饭"，那将会怎么样？这一次，他是在邀请你约会？他是暗示由他来付饭钱，还是期望两人分摊，或者甚至全部由你来付？他带你去吃晚饭是否期望得到什么回报？

如果我们不先弄清楚这个人的意图或期望，也许会造成严重、可怕的后果。比如，有时误解是导致强奸案的重要因素之一。在一项研究中，多数男大学生表示，他们认为女性不拒绝就代表同意性行为。[4] 沟通能力差也是造成医疗事故的原因之一（见第 4 章）。智力上的好奇心以及在意如何使用语言，构成了批判性思维的两大技能，这两者能够让我们不易被误解或被他人操纵。

## 非言语语言

我们在解释某个人传达的信息时，经常会注意非言语线索，比如身体语言或语调。事实上，许多陪审员在对某一案件做出判断时，也是主要依据被告人的非言语行为。尽管有些非言语信息具有普遍性，比如高兴时微笑、识别信号时扬起眉毛，做鬼脸以示厌恶，但也有很多非言语信息是由文化决定的。

我们经常使用非言语信息来强化言语信息。我们说"是"时会点头，说"在那边"时伴有手势，说"不"时双臂交叉放在胸前，所有这些都是为了强调我们所说的话。由于许多非言语信息在较低的意识水平下出现，因此，在其与言语信息相矛盾时人们倾向于对这样的非言语信息更加敏感。

在 2013 年接受奥普拉·温弗瑞采访时，七届环法自行车赛冠军、自行车手兰斯·阿姆斯特朗承认，在自己的职业生涯中曾使用过兴奋剂，包括睾丸激素、人类生长激素和一种刺激红细胞生成的激素。阿姆斯特朗多年来一直否认使用兴奋剂的指控。尽管阿姆斯特朗承认了，但一些专家认为，基于他的肢体语言，阿姆斯特朗并没有说出全部实情（见"分析图片：非言语交流与隐瞒信息"）。

图像也能用于交流想法和感受，比如照片和插图。俗话说"一图胜千言""百闻不如一见"，就是这个意思。图像不仅能够传递信息，而且可以激发我们的情绪以致采取行动，而语言往往达不到这种效果。在伊拉克阿布格拉布监狱虐囚事件中，有位士兵是在看到囚犯被迫摆出性羞辱姿势的照片之后才毅然决定公开揭发这一丑闻。约瑟夫·达比说道："语言无法表达我的感受，我都惊呆了，我感到非常失望，极其愤怒。"[5] 这张照片激怒了全世界的民众，

## 分析图片

### 动物语言*

语言可以增强社会性动物之间的群体凝聚力。蜜蜂以跳舞这种象征性姿态来传递方向和距离的信息，其他蜜蜂就可以根据这一信息找到食物或其他有趣的东西。鸟、地松鼠和非人灵长类动物，能够发出同伴可以识别的多种警告声，即使是在捕食者没有出现的时候。最近一项关于雀类叫声的研究发现，鸟类的叫声和人类语言一样，遵循"严格的语法规则"。**

像人类一样，这些动物也知道它们所使用的信号与其所代表的事情之间的关系。它们不仅仅表达了某种情绪或当时正在发生的事情。实际上，它们用符号语言来指代外部世界中的事物，这些事物不需要马上呈现出来，它们就能理解所传达的信息。

许多动物，包括猿、黑猩猩、海豚、狗和鹦鹉，还能够理解人类语言中的一些词汇，并对包含词汇的命令做出回应。例如，大猩猩 Koko 拥有超过 1000 个人类词汇。边境牧羊犬 Chaser 的词汇量也超过了 1000 个。

### 讨论问题

1. 人类也用非言语信息进行沟通，比如跳舞。请列举几个你使用非言语语言来沟通信息或实现其他三个语言功能的例子，比如跳舞或打手势。
2. 讨论一下，有哪些因素会妨碍批判性思维，比如思想狭隘如何阻碍我们看到其他动物对语言的使用以及欣赏其他文化语言的丰富性和多样性。

* 要获取更多关于动物语言的信息，请参见 Jacques Vauclair, Animal Cognition (Cambridge, MA: Harvard University Press,1996),and Donald R. Griffin, *Animals Minds: Beyond Cognition to Consciousness* (Chicago: University of Chicago Press, 2001)。

** Jennifer Barone, "When Good Tweets Go Bad," Discover, November 2011, p. 16.

## 分析图片

### 非言语交流与隐瞒信息

2013年1月,自行车手兰斯·阿姆斯特朗接受奥普拉·温弗瑞的电视采访。在采访中,阿姆斯特朗承认自己使用了兴奋剂。尽管他承认了,但有些人觉得阿姆斯特朗并没有完全坦白。肢体语言专家帕蒂·伍兹发现阿姆斯特朗在采访中的肢体语言"令人不安"。阿姆斯特朗有几次紧闭嘴唇,伍兹认为这是他在隐瞒信息。他还经常捂住嘴,这表明他在"屏蔽"信息或说谎。

### 讨论问题

1. 看到上面的图片,你的第一反应是什么?采访中的画面会影响你对阿姆斯特朗的感觉和想法吗?为你的回答提供支持。
2. 肢体语言在陪审员判断被告是否有罪时起着重要作用。假如这是一场审判,讨论陪审员是否应该被允许看到阿姆斯特朗"认罪",或者是否应当制定一项法律,将被告排除在陪审员的视线之外,以免被告的肢体语言影响陪审员的决定。
3. 选择一个有争议的话题。以4至6名学生为一组,讨论学生之间有分歧的问题。当小组成员同意或不同意某个人的立场时,注意自己和其他同学肢体语言的变化。改变你的肢体语言(例如,在听与你意见不同的人说话时,使用更开放的肢体语言)能让你更容易接受反对意见吗?为你的回答提供支持。

引起了大家对伊拉克战争正义性的怀疑，同时也促进了阿布格拉布监狱审讯程序的改革。400多万难民逃离叙利亚暴力冲突的媒体图片，促使美国政府向难民提供了40多亿美元的援助。图片也会引起负面情绪。例如，2016年，一名激进的穆斯林年轻男子声称效忠"伊斯兰国"（ISIS），在佛罗里达州奥兰多的一家同性恋夜总会残忍地屠杀了49人，这一画面让许多美国人对允许来自包括叙利亚在内的伊斯兰国家的难民在美国重新定居产生了矛盾。

总之，我们要记住，语言在很大程度上是一种文化建构。此外，由于人类语言具有功能多样性和灵活性，我们选择使用的词汇和非言语线索会影响他人对信息的理解，有时也免不了会产生误会。作为优秀的批判性思维者，我们在沟通过程中需要保持头脑清晰，而且要能够意识到在特殊情境下如何运用语言。如果对别人表达的信息感到不确定，我们应该乐于询问以进一步确认。

# 定　义

英语是世界上词汇量最多的语种之一——大约有25万个不同的单词。这在一定程度上是因为英语吸纳了许多外来词语。有些英语词汇现在已不再使用，也有一些词汇随着时间的推移被赋予了新的含义。

正因如此，我们不能简单地认为别人说的某个单词或短语正是我们所理解的那个意思。除了要理解一个词语的历史渊源之外，我们还要弄清它的外延和内涵，熟悉不同类型的定义，这对准确而清晰地与他人沟通非常有利。

## 外延与内涵意义

词汇有外延和内涵双重含义。一个词语或短语的**外延意义**（denotative meaning）表达了物体、生物或事件的特性，等同于词典上的含义。比如，"狗"这个词的外延意义是指犬类（*Canis familiaris*）中被家养的成员。因此，任何具有家养和犬类成员两种特性的生物从定义上讲都是狗。

一个单词或短语的**内涵意义**（connotative meaning）包括基于以往经验和相关事物而产生的个人情感和思想。"狗"这个单词可能代表"忠诚的宠物"这一含义，也可能代表另一个极端，即毫无价值或品质低劣的事物，比如一个卑鄙的人或一个丑陋的人。一个词语的内涵意义可能包含在词典定义的列表中，但某一特定的内涵意义可能仅仅在某一特定群体中存在。

语言并不是中性的。它反映了我们的文化价值观，同时也影响着我们认识世界的方式。语言能够强化某些文化概念，比如有特定内涵的刻板印象。在**刻板印象**（stereotyping）中，我们通常不把人们看成个体，而是将他们看作某一特定群体的成员，并贴上标签。我们所使用的标签体现了看待自己和他人的方式。标签也会使人受到侮辱和孤立。"精神病"这一标签使我们坚持认为有些疾病完全是由于心理作用，从而使得精神病人得不到医疗和健康护理成为合情合理的事情。再比如像 *chick*（代表少女或少妇的俚语）和 *ho*（代表妓女的俚语）这类的性别偏见词汇强化了性别刻板印象，使得女性不够理性、能力不如男性这样的观念更加根深蒂固，从而使女性在职场和家里都有可能受到不公正待遇。

## 约定定义

当听到定义这个词的时候，大多数人很可能会想到《韦氏词典》或《牛津英语词典》。然而，词典定义只是定义的一种类型，其他类型还包含约定定义、精确定义、理论定义和说服定义。**约定定义**（stipulative definition）经常用于新词汇，比如字节（bytes）和脱因咖啡（decaf）；或者常用于旧词的合成词，比如摩天大楼（skyscraper）和笔记本电脑（laptop）。约定定义有时也被用于表达旧词新意，比如"*straight*"这个单词还增加了异性恋的含义。

约定定义经常以行话或俚语开始，而且最初往往仅限于某一特定人群。年轻人会创造出属于他们自己的专门用语，比如"*beer goggles*"（啤酒眼）和"*hooking up*"（勾搭），以此彰显自己与上几代人的不同。约定定义无对错之分，仅仅是用处有大有小。

新词汇和约定定义的产生反映了文化和历史的变迁。"约会强奸"（date rape）和"性骚扰"（sexual harassment）这两个术语是在 20 世纪 70 年代女权主义运动中被创造出来的，它们唤起了人们对此类事件的关注，而在此之前这种事情根本不值一提。"反对堕胎"（pro-life）和"赞成堕胎"（pro-choice）这两个术语的引进，导致公众对流产问题的概念化和两极化。Jell-O、Band-Aid 和 Kleenex 这些商品名称已经成为一般词汇的一部分，用来指该种类一般意义上的任何商品。

如果一个约定定义得到人们的广泛接受，那么它将变成词典定义。比如运动鞋品牌"Nike"，有些中国人把它称为"耐克"，目前正努力在中国的青年群体和日益增加的中产阶级中开拓运动鞋的市场，"耐克"这个词将会变得越来越流行，并成为汉语词汇中的一部分。

## 词典定义

**词典定义**（lexical definition），正如我们前面提到的，是指一个术语通常被使用的字典定义或外延意义。在约定定义中，词汇的意义依据情境的不同而变化，而词典定义则不同，一个词的词典定义非对即错。大多数词典每年都会更新。词典修订者考虑一个新词汇或约定定义是否应该被纳入词典，判定的标准是该词在印刷品中出现的频率是否足够高。

词典定义的两个主要目的是增加词汇量，减少词汇的模糊性。如果我们要确定是否正确运用了词典定义，只需查阅一下词典即可。当然，有些词汇有好几种词典定义。在这些情况下，我们需要明确自己正在使用的是哪种定义。即使是同一种语言，一个单词在不同国家中的词典定义也是有差别的。在美国，"*homely*"这个词经常是指"不好看的、相貌平庸的"，带有负面的含义。而在加拿大和英国，"*homely*"这个词却意味着"舒服的、舒适的"，或者"家常的"。

随着新词汇持续不断地涌现，一些曾经普遍使用的词汇逐渐变得过时。最终，这些不再被使用、过时的词汇便从词典中消失。比如，我们不再使用"*lubritorium*"这个词来表示加油站，因为它已不能准确描述现代的自助加油站。

在讨论有争议的问题时，控制词汇的定义可以创造某种优势。例如，2004年的教科书中把婚姻界定为"两个人之间的结合"，后来得克萨斯州的公立学校放弃这一定义，将婚姻界定为"一个男人和一个女人的结合"，如此一来，便给那些反对同性恋婚姻的人更多的话语控制权。

## 精确定义

当某个词汇或概念所涉及的含义不够清晰、准确时，**精确定义**（precising definition）就被用来降低模糊性。为了确立定义的准确边界，一个词语的精确定义远不止在词典中的普通含义。比如，任课教师需要把课程大纲中的"课堂参与"或"学期论文"定义得更加准确，以便于评定学生的成绩。

与此相似，普通的词典定义在法庭上使用时往往过于模糊。"约会强奸或熟人强奸"究竟是在什么情境下发生的？该如何定义强迫和自愿才合法？所谓的受害者没有强烈拒绝对方的追求就意味着同意发生性行为，还是被告使用暴

# 行动中的批判性思维

## 你说了什么？

**20世纪70年代的新词**：acquaintance rape（熟人强奸）；bioethics（生物伦理学）；biofeedback（生物反馈）；chairperson（董事长）；consciousness-raising（意识提升）；couch potato（沙发土豆，意指电视迷）；date rape（约会强奸）；disk drive（硬盘）；downsize（裁员）；Ebonics（黑人英语）；focus group（焦点小组）；gigabyte（千兆字节）；global warming（全球变暖）；he/she（他/她）；high-tech（高科技）；in vitro fertilization（试管婴儿）；junk food（垃圾食品）；learning disability（学习障碍）；personal computer（个人计算机）；pro-choice（赞成妇女自由选择节育）；punk rock（朋克摇滚）；sexual harassment（性骚扰）；smart bomb（智能炸弹）；sunblock（防晒霜）；VCR（录像机）；video game（视频游戏）；word processor（文字处理）

**20世纪80年代的新词**：AIDS（艾滋病）；alternative medicine（替代医学）；assisted suicide（协助自杀）；attention deficit disorder（注意缺陷症）；biodiversity（生物多样性）；camcorder（摄像机）；CD-ROM（只读型光盘）；cell phone（手机）；codependent（共存）；computer virus（计算机病毒）；cyberspace（网络空间）；decaf（脱因咖啡）；do-rag（束头巾）；e-mail（电子邮件）；gender gap（性别差异）；Internet（因特网）；laptop（便携式电脑）；mall rat（爱逛商场的年轻人）；managed care（管理式医疗）；premenstrual syndrome（经前综合征）；rap music（说唱音乐）；safe sex（安全性行为）；sport utility vehicle（SUV, 运动型多用途车）；telemarketing（电话销售）；televangelist（电视布道者）；virtual reality（虚拟现实）；yuppie（雅皮士）

**20世纪90年代的新词**：artificial life（人工生命）；call waiting（呼叫等待）；carjacking（劫车）；chronic fatigue syndrome（慢性疲劳综合征）；dot-com（网络公司）；eating disorder（饮食障碍）；family leave（探亲假）；hyperlink（超级链接）；nanotechnology（纳米技术）；senior moment（老年失忆症）；spam（垃圾邮件）；strip mall（沿公路商业区）；Web site（网站）；World Wide Web（万维网）

**21世纪前10年的新词**：biodiesel（生物柴油）；bioweapon（生化武器）；blog（博客）；civil union（民事结合）；carbon footprint（碳排放量）；counterterrorism（反恐怖主义）；cybercrime（网络犯罪）；desk jockey（坐办公室的人）；enemy combatant（敌对武装分子）；google（谷歌）；green-collar（绿领）；hazmat（危险物品）；hoophead（篮球运动员）；infowar（信息战）；insourcing（内包）；nanobot（纳米机器人）；sexile（强迫室友离开以享受性爱）；speed dating（快速约会）；spyware（间谍软件）；staycation（居家度假）；supersize（超大份快餐）；truthiness（以为真实，而非真实）；webinar（在线研讨会）

**21世纪10年代的新词**：boomerang child（啃老族）；carpet-bombing（地毯式轰炸）；cybercast（电子货币）；fist bump（顶拳）；gastropub（美食酒吧）；helicopter parent（直升机父母）；phish（网络钓鱼）；sexting（色情短信）；unfriend（在社交网站上解除好友关系）；woot（唔，表示喜悦、胜利等）；Obamacare（奥巴马医改）；al desko（在办公桌的电脑前吃饭）；digital footprint（数字足迹）

> **讨论问题**
>
> 1. 再找五个自2010年以来英语中新添加的单词。讨论一下，这些单词告诉我们自2010年以来社会发生了哪些变化？
> 2. 你所使用的单词和你的父辈、祖辈有哪些区别？这些差异是怎么反映你所处的文化变化的？讨论理解这些差异如何帮助你成为更好的沟通者和批判性思考者。

力强迫？像某些争论中提到的，这些情况下的"同意"是否需要男女双方就发生性行为进行语言上的交流？⁶

如果定义过于模糊，缺乏准确性，就很容易产生混淆。《残疾人教育法案》把"学习障碍"定义为"在理解或使用口语或书面语的一个或多个基本心理过程中存在障碍，表现在听、想、说、读、书写、拼写或数学运算上能力不足"。然而，这一定义非常模糊，我们很难确定学习障碍究竟包括哪些。事实上，关于学习障碍人群比例的估计值从1%到30%不等。⁷

再举一个例子，目前对"恐怖主义"的定义还没有达成一致。这个词现在的定义非常宽泛，几乎包括了所有的暴力行为，无论是否出于政治动机，比如"亲密恐怖主义"。有人呼吁政府给出一个更精确的定义，用于监视或逮捕恐怖主义活动分子。当新发现的事物或情境需要更加准确的定义时，精确定义也要不断更新。2006年，人类在太阳系发现了环绕太阳运行的几个新天体，国际天文学联合会一致认为要给"行星"的定义增加一项新的条件。新定义要求，行星不仅要围绕太阳运行，而且要在附近运行，同时也要在其轨道领域居于主导地位。这一更加准确的定义将冥王星排除出行星的行列。将冥王星排除在行星名单之外引起了强烈的抗议，以至于在2008年，国际天文学联合会将其对行星的定义又一次扩大到冥王星，增加了一个被称为矮行星或"类冥王星"的行星亚类，以安抚冥王星的粉丝。

**理论定义**（theoretical definition）是精确定义的特殊等级，用来解释某一术语的特定本质。提出一个理论定义类似于提出一个理论。这些定义更有可能存在于特定学科的词典中，比如科学。举一个例子，在《泰伯尔医学百科词典》中，酗酒在某种程度上被定义为"慢性的、逐渐发展的、有潜在生命危险的疾病……酗酒是一种疾病，应该得到治疗。"与词典定义仅仅描述症状或后果不同，这种医学定义提出了关于酗酒本质的理论——它是一种疾病，而不是道德败坏。

**体重指数**

体重（磅）

| 身高（英寸） | 120 | 130 | 140 | 150 | 160 | 170 | 180 | 190 | 200 | 210 | 220 | 230 | 240 | 250 |
|---|---|---|---|---|---|---|---|---|---|---|---|---|---|---|
| 4'6" | 29 | 31 | 34 | 36 | 39 | 41 | 43 | 46 | 48 | 51 | 53 | 56 | 58 | 60 |
| 4'8" | 27 | 29 | 31 | 34 | 36 | 38 | 40 | 43 | 45 | 47 | 49 | 52 | 54 | 56 |
| 4'10" | 25 | 27 | 29 | 31 | 34 | 36 | 38 | 40 | 42 | 44 | 46 | 48 | 50 | 52 |
| 5'0" | 23 | 25 | 27 | 29 | 31 | 33 | 35 | 37 | 39 | 41 | 43 | 45 | 47 | 49 |
| 5'2" | 22 | 24 | 26 | 27 | 29 | 31 | 33 | 35 | 37 | 38 | 40 | 42 | 44 | 46 |
| 5'4" | 21 | 22 | 24 | 26 | 28 | 29 | 31 | 33 | 34 | 36 | 38 | 40 | 41 | 43 |
| 5'6" | 19 | 21 | 23 | 24 | 26 | 27 | 29 | 31 | 32 | 34 | 36 | 37 | 39 | 40 |
| 5'8" | 18 | 20 | 21 | 23 | 24 | 26 | 27 | 29 | 30 | 32 | 34 | 35 | 37 | 38 |
| 5'10" | 17 | 19 | 20 | 22 | 23 | 24 | 26 | 27 | 29 | 30 | 32 | 33 | 35 | 36 |
| 6'0" | 16 | 18 | 19 | 20 | 22 | 23 | 24 | 26 | 27 | 28 | 30 | 31 | 33 | 34 |
| 6'2" | 15 | 17 | 18 | 19 | 21 | 22 | 23 | 24 | 26 | 27 | 28 | 30 | 31 | 32 |
| 6'4" | 15 | 16 | 17 | 18 | 20 | 21 | 22 | 23 | 24 | 26 | 27 | 28 | 29 | 30 |
| 6'6" | 14 | 15 | 16 | 17 | 19 | 20 | 21 | 22 | 23 | 24 | 25 | 27 | 28 | 29 |
| 6'8" | 13 | 14 | 15 | 17 | 18 | 19 | 20 | 21 | 22 | 23 | 24 | 25 | 26 | 28 |

体重过轻　正常体重
超重　　　肥胖

**操作性定义**（operational definition）是精确定义的另一种类型。操作性定义是对某一测量指标的简明定义，这一测量指标用于在数据收集和解释时提供标准。肥胖的词典定义是"非常胖或超重"，但对于医学专业人员而言，要确定一个人的体重是否存在健康危险或一个病人是否应该做胃分流术，这一定义还远远不够精确。医学专业人员会使用体重指数（BMI）这一操作性定义来界定肥胖。

操作性定义会随着时间的推移而发生变化。比如，不同国家对贫穷的界定是有差异的，不同时期贫穷的定义也不同。2016 年，美国健康和人类服务部将美国的贫困临界值定为人均收入 11880 美元，而 1982 年，贫困临界值仅为人均收入 4680 美元。[8]

## 说服性定义

**说服性定义**（persuasive definition）是用来说服或影响别人接受我们观点的一种手段。把"税收"定义为偷窃的一种形式，把"基因工程"定义为用人类基因扮演上帝，两者都是说服定义的例子。说服定义经常使用**情绪性语言**（emotive language），比如刚才说到的负面词"偷窃"。

使用说服性语言或情绪性语言本身并没有错。比如，在诗歌和小说中使用情绪语言无疑是非常恰当的。但是，如果我们的主要目的是传达信息，最好不要使用说服性或情绪性语言。因为说服性语言的主要意图是影响别人的观点而不是传递信息，因此当别人试图转移我们的注意而远离真相时，说服性语言会影响批判性思维。

# 评价定义

对关键术语的明确界定是清晰的沟通和批判性思维的必要成分。知道如何确定某一特定定义是否合适，可以让我们更少地陷入单纯的舌战或荒谬的推理。

## 五个标准

我们可以使用多个标准来评价定义。下面列举了 5 个相对比较重要的标准：

1. 一个恰当的定义既不会太宽泛，也不会过于狭隘。包含过多内容的定义即太宽泛，包含过少内容的定义即太狭隘。比如，把母亲定义为"生孩子的妇女"便过于狭隘。收养孩子的妇女也是母亲。与此相似，把战争定义为"武装冲突"便过于宽泛，因为这一定义也涵盖了街头打架、警察追捕嫌疑犯的行动以及家庭暴力。而有些定义则不仅太宽泛，同时也过于狭隘，比如把企鹅定义为"居住在南极洲的一种鸟"。我们说这一定义太宽泛是因为南极洲还居住着许多其他种类的鸟，说这一定义太狭隘是因为企鹅也居住在南半球的其他地区，比如南非。

2. 一个恰当的定义应该表达被定义词汇的本质属性。把社区大学定义为"一种高等教育机构，不提供住宿场所，通常由政府资助，其特征为学生接受两年的课程教育之后，或拿到肄业证书，或转学到四年制大学"，这一定义涵盖了社区大学的本质特征。

3. 一个恰当的定义不循环说明。在对某个术语下定义时，你应该避免使用该词本身或其变化形式。比如"教师是教书的人""红细胞生成是红细胞的产生"。因为循环定义几乎不会提供任何有关这个词含义的新信息，只有那些原来已经知道这个词语含义的人才能够理解。

4. 一个恰当的定义避免使用模糊性语言和比喻性语言。定义应该清晰，易于理解。有些定义使用晦涩难懂的语言，以至于只有该领域的专家能够理解。把网定义为"在与各交叉点同等距离处的空隙之间形成的任何网状或十字形"便使用了模糊性语言。[9]

  政治学家亚瑟·卢皮亚坚持认为，有力的科学证据表明全球变暖是人为原因造成的，然而却没有引起人们足够的重视，两者之间的分离在很大程度上是因为科学家过多地使用模糊性或专业术语。太多的科学家在给非专业人员定义或解释全球变暖这一问题时，使用专业性非常强的术语，比如分布函数和反照率。卢皮亚建议，科学应该把有效的沟通本身当作一项专门的课题进行研究。

  在下定义时也要尽量避免使用比喻性语言。"爱情就像一朵红红的玫瑰"，这在诗歌中会是令人感动的句子，但它很难被当作爱情的定义。

5. 一个恰当的定义应避免使用情绪性语言。把女权主义者定义为"厌恶男人的人"，把男人定义为"女性的压迫者"，这两个定义很容易激起人们强烈的情绪，却无益于促进对该问题的理性讨论。

  了解如何评价定义可以使人与人之间的沟通更加顺利、更加清楚。

## 基于模糊定义的舌战

如果森林里有棵树突然倒下,附近没有人听到它的声音,那么这棵树发出声音了吗?你说没有,而你的朋友却坚定地认为有。最后两个人都感到心烦意乱,觉得对方太固执。但是在你和朋友展开更充分的争论之前,请退一步,问问自己,你和朋友对关键术语的定义是否一致。

就像我们前面所注意到的,对关键术语进行定义是清晰的沟通和有效的批判性思维的必要成分。如果忽视这一点,我们也许会像前面所提到的那样陷入一场仅限于言辞的舌战,而且会变得心情沮丧。在上一段的例子中,你和朋友使用了声音这一关键术语的不同定义。你是从知觉这个角度对声音进行定义:"听觉器官受到刺激而产生的感觉。"而你的朋友则是从物理学的角度对声音进行定义:"由弹性介质传递的机械振动。"而它们仅仅是标准词典对声音的 38 种定义中的两种!换句话说,你和朋友的争论纯粹是舌战。一旦你和朋友对声音这一关键术语的定义达成一致,那么一开始发生的看似理性的争论便不复存在。

口舌之争经常发生,很多时候是在我们意识不到的情况下。关于"全球变暖"或"气候变化"的一些分歧是基于如何使用这些术语。例如,气候变暖在多大程度上是由人类活动造成的?多少年来不断加剧的气候变暖被视为"全球变暖"?然而,并不是所有的争论都可以通过对关键术语的定义达成一致来解决。有些情况下,我们的争论是真实的。例如,一个人可能同意全球气候正在变暖,但认为这是暂时的和/或自然力量的结果,而不是人类造成的全球变暖。再举一个例子,有人也许认为死刑具有震慑力,而其他人也许会认为死刑起不到任何震慑作用。双方对死刑定义的认识是一致的,但对它的震慑作用意见不一。对真实事件的分歧可以通过研究事实来解决。

## 沟通风格

有时,沟通不良不是因为沟通的实际内容,而是因为沟通风格。我们作为批判性思维者,认识到沟通风格不仅有个体差异,而且存在群体差异,这是非常重要的。我们看来"非常正常"的话语,在别人眼中也许是充满攻击性的、冷漠的甚至是冒犯的。

## 沟通的个体风格

我们的沟通方式与我们的身份是无法分割的。理解自己和他人的沟通方式，对人际关系中的良好沟通及批判性思维技能的培养大有裨益。沟通风格包括四种基本类型：自信型、攻击型、被动型和被动攻击型。

自信型是在我们感到很自信或自尊强烈时表达自己的方式。如有效的批判性思维者那样，自信型沟通者能够清楚地表达自己的需要，同时能很好地把握分寸。自信型沟通者十分在意人际关系，努力寻求让双方都满意的解决方案。

攻击型的沟通风格意味着通过操纵或控制的手段让别人按照自己的意图做事或满足自己的需要。

美国非常注重"自信、强硬、注重物质成功"的男性化沟通方式。事实上，美国在男子气概方面的排名相对较高，远远高于加拿大、法国和丹麦等国家。这可能部分解释了为什么与许多其他西方国家相比，美国担任高级职位的女性如此之少。被动型沟通者则完全相反，他们不想无事生非，经常把自己的需要置于他人之后。被动型沟通者的原则是顺从，而且努力不惜一切代价避免冲突。

被动攻击型沟通者综合了被动型和攻击型的成分。他们避免直接冲突（被动的），却使用卑劣的、阴险的操纵手段（攻击性的）来达到自己的目的。

正像我们在第 1 章中提到的，有效的沟通技能是一个优秀的批判性思维者的重要特征之一。健康、自信的沟通风格和正确理解别人所传达的信息的能力在人际关系中至关重要，正如宇航员萨莉·雷德所认为的那样。良好的沟通技能也是建立亲密关系最重要的因素之一。随着关系的进一步发展，在决定人际关系满意度的诸多因素中，对一个人能否有效、恰当地沟通的判断，显得比其他因素如外表或相似性都重要。

遗憾的是，我们许多人不能准确地理解别人的信息。在最近的一项研究中，参与者只能正确理解亲密同伴 73% 的支持性行为和 89% 的消极性行为。[10] 假如我们不能意识到同伴所表现出来的喜爱之情，那么他（她）也许会对我们是否真正在意对方感到疑惑。在其他时候，我们也许会因为误解而错把同伴或同事的行为理解为生气的、固执己见的和多余的，从而引起争吵。因此，如果你想与他人建立成功的人际关系，不管是私人的还是职业的，有效的沟通行为和模式是非常重要的。

## 自我评价问卷 [沟通风格]*

**面对以下各种情境，选出最符合你的做法的答案。**

1. 你正在排队买东西，突然有个人插队。你会
   a. 既然他已经插队，就让他站在自己前面
   b. 把这个人推出队伍，让他站到后面
   c. 告诉这个人大家正在排队，并指给他在哪儿开始排队

2. 有个朋友来访，但是待的时间太长了，影响你做一项非常重要的工作。你会
   a. 让这个朋友继续待在这里，另外安排时间完成工作
   b. 告诉这个人不要打扰自己，请他离开
   c. 向朋友解释你需要完成一项重要工作，邀请他改个时间再来

3. 你怀疑有个人对你心怀怨恨，但你不知道为什么。你会
   a. 假装没有意识到他的愤怒，不理他，希望事情会自行解决
   b. 以某种方式向这个人施加报复，让他学乖点，不敢怨恨你
   c. 问问这个人是不是生气了，并想办法解释

4. 你去汽车修理店修车，并拿到一个报价单。但是后来，你去取车的时候，对方要求你付额外的费用，比报价高出许多。你会
   a. 付款，既然这辆车需要额外的修理
   b. 拒绝付款，向机动车管理部门或相关部门投诉
   c. 向经理表明，你只同意原来的报价

5. 你邀请一个好朋友来家里吃饭，但是这个朋友一直没来，而且也没打电话取消或道歉。你会
   a. 不理他，等你的朋友下次邀请你参加聚会时设法不出席
   b. 再也不与这个朋友来往，结束这段友谊
   c. 给朋友打电话看看发生了什么事情

6. 你正在参加一个老板在场的工作讨论会，同事问你一个工作问题，但是你不知道该如何回答。你会
   a. 给同事一个错误但貌似合理的答案，这样老板会觉得你很能干
   b. 不做回答，但是会反过来问同事一个他不知道怎么回答的问题
   c. 告诉同事你现在不确定该如何回答，过后给他答案

---

* 问题来自 Donald A. Cadogan, "How Self-Assertive are You?" (1990).

资料来源：Self-Evaluation Questionnaire [Communication Style] From Donald A. Cadogan, "How Self-Assertive Are You? {1990). Reprinted with permission.

## 沟通风格、性别和种族

性别会影响个体更倾向于哪种沟通风格。在语言学家黛博拉·泰南所著的《你只是不明白：沟通中的女性和男性》一书中，她写道："由于沟通风格的不协调，男人和女人之间的沟通就像跨文化之间的交流。"[11] 她提到，女性倾向于运用沟通来建立和维持人际关系，而男性则主要靠沟通来做事情和解决问题。大多数男性认为，只要人际关系良好，没有问题，就没有必要谈论它。而女性则不然，她们认为，如果时常与伴侣谈论有关人际关系的话题，那么两人的关系则会更加和谐。当男性对讨论人际关系或感情不感兴趣时，女人往往把男人表现出来的这种沉默误认为是不在乎。

大多数科学家与黛博拉·泰南的观点一致，他们认为遗传在沟通风格的差异上起着重要的作用。事实上，最近的研究表明，男性和女性在语言功能上使用的大脑区域是不同的。[12] 也有人认为，沟通风格的性别差异主要是甚至仅仅是社会化的不同结果。男孩被教育要坚持自己的主张，而女孩则被教育学会倾听，做出回应。

无论是与生俱来的，还是社会化的结果，沟通的性别差异不仅体现在人际关系中，它还会产生实实在在的后果。在谈判中，女性常常不如男性自信，她们往往设置更低的目标，而且容易做出让步。女性也容易把谈判视为双重目标：得到想要的结果，维持（或促进）与谈判对方的关系。女性一般不会采纳男性那种攻击性更强的谈判风格，她们经常问："我们能不能找一种对双方都有利的方式？"因为女性更容易妥协，所以女性通常比男性赚得更少，而买新车时会比男性花更多的钱。

为何女性不愿意更加自信地谈判？《女人不要问：谈判和性别鸿沟》的合著者之一萨拉·拉斯谢弗解释道："我们一直在教育小女孩，我们不喜欢她们太固执，也不喜欢她们太具有攻击性。""研究表明，一旦成年，无论是男人还是女人，都不喜欢攻击性太强的女性。"

不同种族、不同文化的群体在对男性化和女性化的定义上有所差别。比如，若按照美国的主流标准，那么泰国、葡萄牙和北欧诸国男性和女性的沟通风格则显得更加"女性化"。[13]

希拉里·克林顿在政治上的成功，部分归功于她自信的沟通风格。

## 分析图片

### 国际外交与非言语交流

在阿拉伯文化中,男人之间手牵手是完全可以接受的。当沙特阿拉伯王储阿卜杜拉和美国总统乔治·W. 布什在得克萨斯州一条不平坦的小路上一起走的时候,这位80岁身体虚弱的沙特阿拉伯王储向布什总统伸出手要求搀扶,布什亲切地握住了他的手。这件事使许多美国人不安,媒体对此大肆渲染,认为两国首脑这种过于亲密的行为是不恰当的。一位记者报道说:"在利雅德,几乎人人都感到非常震惊。"*只有美国第一夫人劳拉·布什——当杰·雷诺在《今晚秀》上问她"这种做法你嫉妒吗?"的时候——认为她丈夫的举止是和蔼可亲的。

美国媒体和公众的反应表明,我们对阿拉伯国家的非言语交流一无所知。这种对文化差异的无知会导致误解,也会导致带有偏见的报道。

### 讨论问题

1. 当你看到小布什和阿卜杜拉王储手牵手的照片时,你的第一反应是什么?你做出这样的反应的根据是什么?这是合理的吗?评估你的反应。讨论在这种情况下,意识到自己的情绪反应如何帮助你成为更好的批判性思考者。
2. 回想一下,你曾经误解了一个来自不同文化的人的手势或身体语言,这对你与他进行有效的沟通产生了怎样的影响?讨论如何提高你对跨文化行为的理解,这将有助于你成为一个优秀的沟通者和批判性思维者。

* Joe Klein, "The Perils of Hands-on Diplomacy." *Time*, May 9, 2005, p.29.

这主要是因为在这些国家，培养人际关系是优先考虑的，而美国男人在社会化过程中更加注重个人主义、竞争性、自信，甚至是沟通中的攻击性。

种族认同也会影响沟通风格。比如，非裔美国妇女通常被社会化得更加自信。与欧裔美国妇女相比，她们在谈话中很少微笑，而且与对方的眼神接触较少。此外，非裔美国男性很不习惯自我表露，而且在冲突解决中比欧裔美国男性更多地采纳对抗，而不是妥协。[14]

社会隔离和偏见会导致沟通风格的种族差异。为了在学校和职场中取得成功，非裔美国人往往要抛弃非裔美国群体的沟通风格，而接受在社会上占优势地位的欧裔美国文化。研究表明，为了在学校和商业环境中获得成功，非裔美国男性经常采用"用白人腔调说话"和"扮演角色"的策略，以此避免种族刻板印象带来的污名化。一位研究者指出，对于非裔美国人，"扮演角色"是一场持久战，要做表面功夫，小心谨慎，不像自己……"在学校里，如果你是一个黑人男性，你必须扮演双面角色"。[15]

## 沟通风格的文化差异

文化在塑造我们的沟通风格中发挥着关键的作用。比如，中国人非常重视尊重和尊严。所以，如果在与别人沟通时没有听懂对方的话，他们会犹豫是否应该让对方再重复一遍。[16] 在许多东亚文化中，点头并不一定意味着这个人同意或者是听懂了你所说的话。相反，点头只是表示他或她正在倾听。在不同文化下，交流中沉默的使用也大不相同。欧裔美国人往往对沉默感到不自在，而在亚利桑那州的阿帕奇部落和许多亚洲文化中，沉默在人与人的交流中扮演着非常重要的角色。

西班牙文化中的沟通或西班牙裔美国人之间的沟通更加注重促进群体合作，而非个人需求。除此之外，人们非常重视尊重，而且正式的沟通风格和头衔比名字更重要。西班牙人在与人交流时往往非常礼貌，而这经常被误认为是低声下气的姿态。[17]

非言语沟通也存在文化差异。在阿尔及利亚，美国人打招呼时的挥手意味着"过来"，而在墨西哥，美国表示"过来"的手势则被视为极为下流的手势。不同的文化群体对私人空间也有各自的规则。在美国、加拿大和北欧，私人空间相对较大，而且人与人交流时很少发生肢体接触，而在欧洲南部、阿拉伯和拉丁美洲等一些国家，肢体接触则较多。事实上，阿拉伯人有时把许多美国人"冷漠的"行为误认为是不友好的、不礼貌的。

即使是着装，也可以作为非言语沟通的一种类型。事实上，我们有时会说某个人是"时尚的代言人"。相比其他文化中的人，许多美国人穿着更加随意一些，这些人经常把身穿 T 恤或粗糙牛仔装的美国旅行者看作是无礼的或邋遢的。在美国，几乎在所有的公共沙滩上，女性都需要穿上衣，而男性则不用。这一要求在法国人看来，是极端限制性和清教徒式的。

错误沟通会导致战争。1889 年，美国西部的印第安人开始表演"幽灵舞"。舞蹈的最初目的是为了净化世界上的邪恶，让死者与生者重聚，灵感来自一位名叫沃沃卡（Wovoka）的圣人。然而，当舞蹈从一个部落传播到另一个部落时，最初的信息被扭曲成意味着一个没有白人的世界。尽管舞蹈本身并没有什么威胁，但白人士兵误以为这是一种威胁。这种误解导致了苏族著名首领"坐牛"的被杀和翁迪德尼之战，150 名印第安人被杀。[18]

从字面上去翻译外文术语或模糊符号也会导致误解。许多人将玛雅日历上的符号解释为地球将在 2012 年 12 月 21 日终结。美国宇航局（NASA）认为，一个更合理的解释是，日历是一种传达长周期结束的方式，就像我们的日历在

对玛雅历法符号的误读使许多人相信世界将在 2012 年 12 月 21 日灭亡。

12月31日结束一样。打个比方,当汽车上的里程表达到99999英里时,它会在00000英里处重新开始,而司机和汽车都没有受到任何不良影响。

作为批判性思维者,我们需要意识到各种沟通风格之间的差异。有些人能够根据不同情境的需要,轻易地从一种沟通风格转换到另一种。然而,也有一部分人以某一种沟通风格为主导,很难从其他人的角度看待情境。关于沟通和文化的研究引发了"跨文化研究"这一学科的产生,并且催生了面向学生、商务人员和政府雇员的多样化训练。认识到自己和别人的沟通风格,能够调整自己的风格以适应某一具体情境,这对改善沟通、促进有效的批判性思维大有裨益。

# 使用语言来操纵

语言可以用来告知,也可以用来操纵、欺骗。操纵可以通过使用情绪性语言、修辞手法或蓄意欺骗等手段实现。古语有云:"棍棒石头可以打断我的骨头,但言语伤害不了我。"这句话忽视了人类具有深刻的社会属性,语言可以影响我们的自我概念。言语可以鼓励我们,但也可以伤害、侮辱我们。

## 情绪性语言

正像我们前面所提到的,情绪性语言用来引发某种情绪。比如,统治(regime)、前后不一(flip-flopper)、顽固不化(obstinate)、吹毛求疵(anal retentive)等这些词语可以用来激发对抗情绪。相反,政府(government)、灵活多变(flexible)、坚定不移(firm)和干净利落(neat)这些词可用来唤起积极情绪。

当情绪性语言被用来掩盖薄弱的观点或证据不足的事实时,或者在媒体中冒充新闻时,尤其危险。比如,由于恐怖主义一词容易激发民众极为负面的情绪,因此《纽约时报》尽可能少用这个词。国际新闻副总编伊桑·布朗纳解释道:"我们非常谨慎地使用恐怖主义这个词,是因为它是个含义丰富的词汇,直接描述某一群体的目标或行为比重复'恐怖主义'一词更能为读者服务。"[19]《泰晤士报》在描述法律时,也尽量避免使用改革这样的字眼,因为对读者而言,法律应当是自动合理的。

情绪性语言常见于对广受争议的政治问题和道德问题的讨论中,特别是当情绪高涨时。在 2016 年美国共和党总统竞选期间，候选人唐纳德·特朗普经常使用负面情绪的语言，用"愚蠢""恶心""极其没有吸引力""肥猪""讨厌又愚蠢"等字眼来指称那些反对他的人。

"有可乐相伴，事事更如意""令人满足的口味""坚如磐石"这些广告语都是用来操纵人们去买某种产品，而不是提供信息。最著名的两个州宣传语是"我爱纽约"和"弗吉尼亚，爱的拥抱"。拉斯维加斯的口号"在这里发生，在这里结束"在 2012 年帮助其吸引了近 4000 万游客。[20]

我们所使用的词语会带来现实的后果。集体强奸经常发生在游戏或仪式中，选择的受害者往往被认为是"女色情狂或荡妇"，意指受害者"想要"。情绪性语言的使用使男人更容易参与到集体强奸中，而且不把自己视为强奸犯。

## 修辞手法

如同情绪性语言，**修辞手法**（rhetorical devices）也不使用推理，而是运用劝说来让他人接受某种观点。常见的修辞手法有委婉语、粗直语、讽刺和夸张。

**委婉语**（euphemism）是运用中性或积极的词汇代替消极词汇来掩盖或粉饰真相。有时，委婉语很幽默，而且很容易被看穿（参见专栏"行动中的批判性思维：个人广告中'代码词'的真正含义是什么"）。但有时委婉语也会使真相模糊不清，制造假象。用"最终解决"这样的词暗指在纳粹德国消灭犹太人的企图则是较为阴险的委婉语之一。

委婉语常用来掩饰一些社会敏感话题。比如，用"去世"这个词来代替"死亡"，反映了我们的文化对死亡话题的避讳。再比如，我们使用"隐私部位"或"边境之南"这类"文雅"的词汇来代替"阴道"或"阴茎"。这些委婉语透露出，我们的文化对过于露骨的性的语言感到不适或尴尬。

语言有能力改变我们如何看待现实。人们使用委婉语来让别人站在自己的角度认识问题。在战争年代，交战双方的领导者都试图让老百姓认为战争是可以接受的，甚至是高尚的，以此赢得老百姓的支持。在反恐战争中，"强化审讯技术"一词曾被布什政府用来形容诸如降低体温、水刑以及故意让被关押的嫌疑犯筋疲力尽等方法。有些人把这个词称为酷刑的委婉语。

在战争中牺牲的士兵不是用裹尸袋，而是用"转运管"运回家。为驻扎在伊拉克的美国军队卖命的秘密士兵被称为"秘密安全顾问"，而不是雇佣军。

委婉语也被用来为无人机的使用提供支持，据称仅在巴基斯坦就有数百名平民被无人机杀害。这些行动并没有被称为"袭击"，而是被美国政府称作"定

## 行动中的批判性思维

### 个人广告中"代码词"的真正含义是什么

| 委婉语 | 解释 |
| --- | --- |
| 40岁上下 | 52岁了还指望停留在25岁 |
| 漂亮的 | 在镜子前花费很长时间 |
| 喜欢步行 | 汽车被收回 |
| 灵活的 | 绝望的 |
| 自由精神 | 物质滥用者 |
| 爱好玩乐的 | 期望被款待 |
| 很有幽默感 | 看了很多电视 |
| 派对焦点 | 糟糕的冲动控制能力 |
| 外向的 | 吵闹的 |
| 身体健康 | 还活着 |
| 时髦的 | 拼命追赶街头一时的风尚 |
| 深沉的 | 在需要啤酒时说"请" |
| 随心所欲 | 缺乏基本的社交技能 |
| 渴望知己 | 离跟踪只差一步 |

**讨论问题**

1. 运用具体的例子,讨论使用委婉语是如何导致沟通不畅和错误的期望,如以上所列出的。
2. 当你想给某个人留下讨人喜欢的印象时,你会使用哪些委婉语来描述自己?

---

点清除",以制造这样一种印象,即被无人机杀死的人只是被特别挑选出来的恐怖分子。

由于一些旧词汇的含义过于消极,商业界也会创造一些新的词汇。公司不再开除雇员,取而代之的是裁员、解雇、实行人力资源管理或轮岗等。后来,这些词汇也被认为太消极。比如,"裁员"这个词被更具人性化的词语"缩小规模"所替代。另外,像"旧车"或"二手车"这样的词用"有经验的车"来代替。有些委婉语被人们广为接受,甚至成为词典中的定义。比如,"裁员"这一词汇在20世纪70年代便被添加到词典中(见第82页)。

政治上正确的语言经常以委婉语为基础,比如在表述"瘸子"时,用中

政治家常因使用操纵性语言而著称。在 2016 年美国总统大选期间,希拉里·克林顿指责伯尼·桑德斯歪曲了她与化石燃料行业的联系。桑德斯则指责希拉里撒谎,并要求她道歉。

性或更为积极的词汇如"身体障碍"来代替。政治正确运动在一定程度上成功限制了仇恨言论,尤其是在校园里。美国百余所大学目前依然有言论准则,用于对某些形式的言论加以约束。想要了解更多关于限制校园里自由言论的内容,请参见本章最后的专栏"批判性思维之问:关于大学校园是否应该设立自由言论区的观点"。

有些人对言论准则持支持态度,认为其可以鼓励人们更加宽容,接纳多样性。而有些人则认为,这些准则恰好适得其反,通过审查开放性讨论和批判性思维,强硬地掩盖了偏见和狭隘的问题。比如,关于所谓的种族歧视的观点,默认的压抑使人们想当然地认为种族偏见和隔离不再是问题,然而事实却是,美国许多学校的种族隔离状况比 20 世纪 60 年代末更加严重。

**粗直语**(dysphemism)与委婉语相反,是用来产生负面效果的。人们创造了 death tax 这个词语表示遗产税,用来表达反对这一税种的情绪。在关于堕胎的争论中,anti-choice 这个词是支持堕胎的人创造的,用来向反对堕胎权的人表达负面情绪。

粗直语在赢得一部分群体支持的同时也会疏远另一部分人。政治家会使用粗直语来夸大文化差异,制造"我们与他们"的思想。例如,用"狂热者"一词来形容虔诚的穆斯林,会给人们造成一种印象,即穆斯林是非理性的、不能被信任,从而加剧了人们对穆斯林的恐惧。

**讽刺**(sarcasm)是另一种修辞手法,包括嘲笑、侮辱、奚落和冷嘲热讽。讽刺的力量来源于大多数人都憎恨被嘲弄这一事实。与其他修辞手法一样,讽刺可以歪曲批判性分析,并激发对讽刺对象的敌对情绪,下面是有人写给《新闻周刊》编辑的一封信:

> 我们正处于血腥的国外战争中,国债给我们的金融期货带来很大威胁,憎恨美国的情绪日益高涨,最终惹怒保守的俄勒冈州投票者的是同性婚姻吗?我彻底理解了自己最应该做的事情。[21]

运用讽刺手法的人经常用幽默来做托辞。但是，对于被讽刺的对象来说，那完全不是有趣的事情。作为批判性思维者，我们需要识别这种修辞手法，不要小觑它。

**夸张**（hyperbole）是使用夸大的手法来扭曲事实的一种修辞类型。比如，有名大学生抱怨道："今天课堂上教授点我的名字时，我想我差点就死掉了。"有些记者在发布报道时使用夸张的手法以达到轰动效应，甚至将故事夸大到荒谬的地步。《世界新闻周刊》有篇报道的标题竟然为"太平间工作人员的打鼾声吵醒了死者"。[22]

在政治中也存在夸张，有些事实也会被夸大和扭曲。美国联邦储备委员会主席本·伯南克用"财政悬崖"一词来比喻如果国会在 2013 年 1 月不解决联邦预算和赤字问题，美国经济将面临的灾难性后果。伯南克打算用这个比喻来刺激国会采取行动。尽管伯南克做出了可怕的预测，国会也未能通过平衡预算，但美国并没有迅速坠下财政悬崖。昔日的堕胎权支持者伯纳德·尼芬逊医生也曾使用过夸张的修辞手法，他为了赢得公众对堕胎合法化的支持，夸大了因非法堕胎导致母亲死亡的人数。他后来写道："我承认，我知道这些数字统统是假的，但在道德范畴内，它是有用的数字，是被广泛接受的数字。"在这些例子中，夸张都涉及有意的欺骗和说谎。

有些人则是为了吸引别人的注意力而故意夸张。然而，不可否认，习惯性地使用夸张会损害一个人的信誉。正像喊"狼来了"的小男孩，当狼真的来了时，我们反而不再相信了。

## 欺骗与说谎

虽然修辞手法会涉及欺骗，但并不是所有的欺骗都是人们故意为之。有些欺骗是人们所期望的，是可以接受的，比如在玩扑克或准备一次惊喜的聚会时。而另一方面，**说谎**（lying）却是"在没有取得对方同意的前提下有意误导"。[23] 以扭曲消息为目的隐瞒或遗漏某些信息，既是欺骗也是说谎。

政客们可能会为了提升自己的形象和讨好某些选民群体而撒谎。例如，希拉里·克林顿在 2014 年接受美国广播公司（ABC）黛安·索耶的采访时表示："她的家人离开白宫时一贫如洗。"事实上，克林顿夫妇在比尔·克林顿卸任总统那年赚了 1200 万美元。

许多谎言是为了避免陷入麻烦或掩盖不正当的行为。而所谓善意的谎言，可以用来缓解社交焦虑，避免伤害别人的感情，或者让别人对我们有更加积极的看法。而其他的谎言，像尼芬逊医生夸大因非法堕胎导致母亲死亡的人数以及在战争中对敌人说谎则被认为是合理的，为的是追求更高的善。

除了会破坏真诚的沟通之外，谎言还导致一些伦理方面的问题。为了不伤害某个人的感情或促进我们所认为的"更高的善"而撒谎，这在道德上能否被接受？为了拯救生命而说的谎言又如何？大多数伦理学家认为，多数谎言是不合理的。说谎会破坏信任。此外，在谎言的基础上做出政治决策或生活决策都有可能造成破坏性的后果。在错误信息的误导下，战争有可能被发动。在谋杀案中，如果负责调查的警官或陪审团相信谋杀犯的谎言，那么凶手就会逍遥法外，逃之夭夭。

谎言也可能是为了好玩儿。孩子们经常是这类谎言的对象，无论是关于圣诞老人、牙仙、婴儿的起源，还是"淘气"孩子的命运。与之密切相关的是家长式的谎言，这些谎言被用来粉饰事实，比如奥巴马在2013年9月26日的声明："如果你已经有了医疗保险，你就什么都不用做。"事实上，许多美国人在奥巴马医改法案通过后失去了他们现有的医疗保险。

我们大多数人很容易受别人谎言的蒙骗。最近的一项研究表明，人们在与别人交流时有三分之一的时间在说谎，而仅有18%的谎言被识破。[24] 普通人只有55%的时候能够区分说谎者和说真话的人之间的不同（比随机选择强不了多少）。即使谎言被揭穿，人们有时也会陷入双重思想中——明明知道自己曾经相信的是谎言，却依旧按照谎言仿佛是真的那样采取行动。

所幸的是，我们可以通过专门的训练来提高自己发现别人说谎的能力。训练有素的谎言捕手，比如警察、FBI调查员和一些心理治疗师区分说谎者和说

面部表情，尤其是眼睛，能够暴露大量的信息。图片中左边女孩的笑容是伪装的，而右边女孩的笑是发自内心的、真实的。

真话的人的准确性能达到80%~95%。[25] 他们的准确性几乎可以达到多导生理记录仪或测谎机器的水平。专业的谎言捕手仔细地观察说话者的言语和非言语沟通的类型。大多数人在说谎时，身体语言和说话的声调会发生微妙的变化。比如，9岁到14岁的儿童在说关于性虐待的谎话时（9岁以下的儿童很少说性虐待的谎话），倾向于按照时间顺序报告虐待的过程，因为打破时间顺序捏造故事非常困难。相反，说真话的人会不停地跳转，而且掺杂着当时的气味、背景噪音和其他感觉等多方面的信息。与说谎话的人不同，说真话的人常常对自己的故事进行自发的修正。

说谎会产生认知和情绪上的负荷。因此，说谎话的人很少动，也很少眨眼。因为他们需要做出额外的努力记住刚才说过的话，使自己的故事保持连贯。他们的声音可能会变得紧张或声调变高，说话时会不时地停顿。说谎的人比说真话的人更少犯言语错误，也很少返回来补充"忘记的"或"不正确的"细节信息。[26]

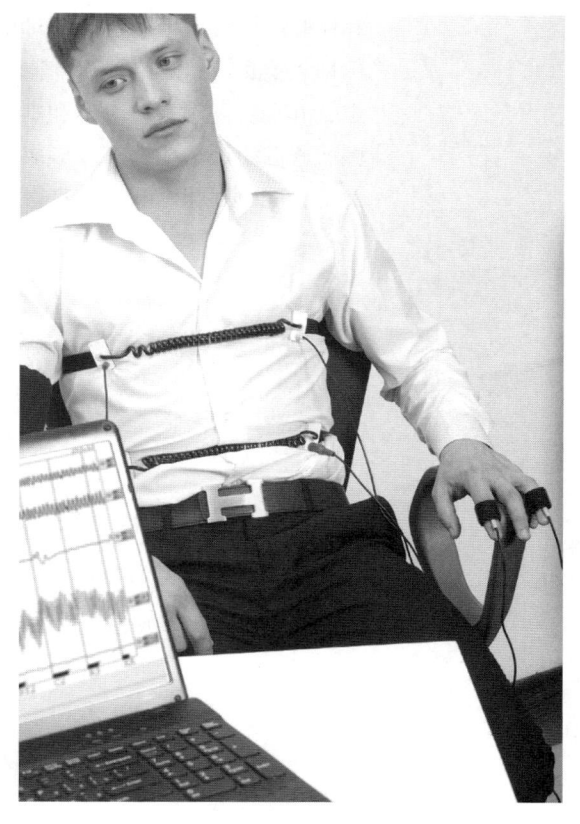

人们发明了各种实验和设备来评估某个人所做陈述的有效性和真实性，比如图片中的多导生理记录仪。

加利福尼亚萨克研究所的科学家已经发明了一种计算机，它可以阅读人类快速变化的面部表情和身体语言。[27] 多导生理记录仪只能记录心率和出汗程度，而有些聪明的说谎者是能够控制这些指标的。科学家希望计算机有朝一日能够确定不同面部表情下掩藏的真实情绪。然而，由于不同类型的身体语言在很大程度上受文化的影响，因此无论是人类还是计算机，在辨别欺骗时都需要考虑文化差异和性别差异。

为了避免被某个人的谎言所欺骗，我们要注意这个人的身体语言，同时也要主动审查其他人告诉我们的、与其他证据或可靠的信息来源相抵触的话语，无论这些人是朋友、亲戚或媒体。我们也需要注意操纵性语言。情绪性语言和修辞手法常使我们忽视眼前的问题，在缺乏任何实际信息或合理推论的情况下说服我们采取某种立场。

语言是符号沟通的一种形式，能够让我们组织和批判性地分析自己的经历和体验。语言可以塑造我们对现实以及自己是谁的概念。我们主要通过语言来传递人类的文化。作为批判性思维者，我们需要对使用的词语做出清晰的界定，并且要随时留心自己和别人的沟通风格。可惜的是，语言也会通过故意欺骗或修辞手法造成误解或形成刻板印象。良好的沟通技能在批判性思维中至为关键，同时在建立和维持良好的人际关系中也发挥着重要的作用。

批判性思维之问

## 关于大学校园是否应该设立言论自由区的观点

根据个人教育权利基金会（FIRE）的说法，从2016年开始，大多数美国大学都有限制言论的规定，而这些言论通常在校外是受保护的。在某种程度上，这些限制是政治正确运动的延伸。限制言论自由的一种方式是将有争议性的演讲、散发宣传手册或张贴布告等限制在所谓的"言论自由区"内。大约六分之一的美国大学校园设有自由言论区，这是大学校园里学生或团体可以举行集会的指定区域。

支持自由言论区的主要理由是嘈杂的抗议会妨碍正常的上课秩序。支持自由言论区的另一个理由是，它限制了一些人可能认为是骚扰的言论。加利福尼亚大学洛杉矶分校政治学系的罗布·亨宁认为，对言论进行一定的限制是合乎宪法的，因为这些规定只是合理地指定了演讲的时间、地点、方式，对内容并没有约束。"大学有权利实行合理的限制性规定，"他说，"如果演讲违背了这些规定，法庭会仔细审查这些规定背后的原因和理由，然后确定它们是否公正。"[28]

随着学生的抱怨声越来越大，学生团体起诉学校管理部门的法律诉讼案件逐渐增多，关于将有争议的演讲限制于言论自由区的争论也越来越激烈。在好几例案件中，法庭判决学生团体胜诉。[29] 来自学生和民权组织的压力已经迫使一些学校管理部门不得不废除言论自由区的相关政策，比如西弗吉尼亚州大学、宾夕法尼亚州立大学和威斯康星大学白水分校。

以下是格雷格·卢卡诺夫写给编辑的一封信，他是个人教育权利基金会的主席，反对设置言论自由区。在第二篇阅读材料中，宪法专家罗伯特·斯科特为言论自由区辩护。

# 大学校园里伪装的言论自由

格雷格·卢卡诺夫，美国个人教育权利基金会

本文是美国个人教育权利基金会主席格雷格·卢卡诺夫写给编辑的信。他在信中反对在大学校园里设立言论自由区。卢卡诺夫曾著有《自由的忘却：校园审查与美式辩论的终结》一书。[30]

大学本应是自由探究和表达的堡垒，但它们却可能像其他机构一样，在年轻人的生活中限制言论自由。有关财政赤字和税收的辩论应该引起年轻人更多的关注，而大学这样的做法显然阻碍了公民的参与。

自20世纪80年代以来，大学纷纷制定了严格的言论规范，这主要有两方面的原因：一是从"政治正确"的角度对校园内出现麻木不仁的种族言论和性骚扰的担忧，二是非教职员工的校园管理人员队伍的急剧扩大。这些言论规范有时是出于善意，但是在象牙塔之外，侵犯了宪法保障的言论自由的权利。从举行抗议和集会到展示海报和旗帜，学生们表达自己观点的渠道受到了严格的限制。这些言论规范有时是为了强化公民意识，允许公开辩论有争议的问题，但是往往事与愿违，压制了言论自由。

上个月，弗吉尼亚州新港新闻报道，克里斯托弗新港大学禁止学生抗议共和党副总统提名人、众议员保罗·瑞安访问该校。原因是什么呢？根据该大学的政策，学生要在校园内狭小的"言论自由区"示威，必须提前10个工作日申请——而瑞安的访问是在周日宣布的，仅比他到访时间（下周二）提前两天。

同样也是上个月，在俄亥俄州雅典市，俄亥俄大学禁止该校的一名学生在自己宿舍门上张贴公告，宣称奥巴马总统和米特·罗姆尼都不适合担任总统。（后来这名学生上诉成功。）然而，今年夏天，联邦法院的一名法官推翻了辛辛那提大学设立的"言论自由区"，该区将示威活动限制在整个校园面积的0.1%内。

去年，我所就职的个人教育权利基金会对392部校园言论规范进行了一项研究，在我们看来，65%的大学制定的政策侵犯了宪法所保障的言论自由权利。（虽然美国宪法第一修正案通常禁止公立大学限制非破坏性的言论自由，但由于私立大学不属于国家行为者，因此在制定自己的规则时有更大的余地。）

尤其是一些精英大学，它们制定的奥威尔式的言论规范是如此模糊和宽泛，以至于永远不可能通过公立大学必须接受的宪法审查。哈佛大学就是一个特别典型的例子。去年，哈佛大学的新生迫于学校压力，在入学前签署了一份保证书，承诺以"文明"和"包容"的方式行动，并申明"善良与智力成就同等重要"。曾任哈佛大学哈佛学院院长的计算机科学教授哈利·R.李维斯很快就对保证书进行了批评。他在博客上写道："哈佛大学'邀请'学生们保证行为友善实非明智之举，而且开创了一个可怕的先例。""这是一个控制人们思想的承诺。"

文明很美好，但在大学校园里，它常常被赋予一种奇怪的含义。2009年，耶鲁大学禁止本校学生制作印有"我认为所有哈佛人都是娘娘腔"的T恤衫。这句话出自F.斯科特·菲茨杰拉德1920年的小说《天堂的这边》（This Side of Paradise），他们制作这款T恤衫是为了在年度的橄榄球比赛上揶揄哈佛大学。一些同性恋学生声

称"娘娘腔"是对同性恋的蔑称，之后这款T恤衫就被禁了。耶鲁大学耶鲁学院院长、艺术史教授玛丽·米勒说："利用对某个群体的污蔑来自我标榜的幽默是不可接受的。"

美国高校协会于2010年对24 000名大学生和9 000名教职员工进行的一项研究发现，对于"在大学校园里持有不受欢迎的立场是安全的"这种说法，只有35.6%的学生和18.5%的教职员工表示强烈同意。

出于一些或好或坏的原因——有时仅仅是为了管理上的便利——大学颁布了言论规范。这些规范不仅造成了荒唐的后果，也损害了自由探究的理念。如果学生在表达自己的想法时被迫三思而行，就无法学会如何驾驭民主和参与公民活动。

资料来源：Feigning Free Speech on Campus by Greg Lukianoff from Letter to the editor by Greg Lukianoff New York Times 10/28/12. Reprinted with permission from the author.

问 题

1. 个人教育权利基金会是什么类型的组织，卢卡诺夫给编辑写这封信的目的是什么？
2. 美国大学校园用哪些方法限制学生的言论自由？

## 合理限制是正确的

罗伯特·J. 斯科特

罗伯特·J. 斯科特是达拉斯Scott & Scott律师事务所的宪法学专家、法律评论员和执行合伙人。在这篇来自《今日美国》的文章中，斯科特表达了对设置言论自由区的支持。[31]

今日论题：言论自由"区"

反方观点：暴力示威活动表明需要维护公共秩序。

设立"言论自由区"或"抗议区"并不是什么新鲜事，也不会对言论自由权利构成重大威胁。

一些政治会议和其他重大活动都使用过抗议区，如去年的冬季奥运会。通过设立抗议区，政府可以确保那些希望表达自己观点的人有合适的活动地点，同时尽量减少抗议活动可能造成的干扰。

鉴于最近的抗议活动中出现了暴力和破坏公物的行为，直接威胁到了社会稳定，政府有理由做出合理的应对。3月份，由于示威者在旧金山市封锁交通和破坏商业，并有组织地在联邦大楼周围举行"呕吐"活动，导致市中心的大部分地区被迫关闭了两天。在奥克兰海湾的对面，抗议者还试图干扰运送军火的船只通行。

这些事件提醒我们，宪法第一修正案并不是在任何地方、任何时间任意行事和发表言论的许可证。宪法不会保护那些打破窗户、阻碍交通、破坏军事补给线或威胁其他公民安全的抗议者。

人们很早就认识到，政府可以在时间、地点和方式等方面对言论自由进行合理的限制。显然，没人会强迫特工处允许抗议者不加限制地接近总统。同样，大学管理者也应该确保抗议者不会妨碍其他学生的正常学习。

抗议区可以是合理的限制，允许言论自由的权利得到表达，同时减少安全隐患和防止过度破坏。

我们的民主首先是以法治为基础的。公民自由只能在维持公共秩序的有组织的社会中得到保障和保护，合理设置抗议区与这一基本理念是一致的。

用西奥多·罗斯福的话来说："没有自由的秩序和没有秩序的自由同样具有破坏性。"最近的抗议活动中出现的违法、暴力和破坏行为是无政府状态的特征，而不是自由的标志。表达异议的人也必须遵守法律，这并不意味着对言论自由的压制。

资料来源：From Robert J. Scott, "Reasonable limits are good" from USA Today (May 27, 2003). Reprinted with the permission of Robert J. Scott.

### 问 题

1. 根据斯科特的说法，设立言论自由区的主要目的是什么？
2. 设立言论自由区有什么好处？
3. 斯科特认为言论自由区的设立符合美国宪法第一修正案和民主原则，理由是什么？

# 第4章

# 知识、证据与思维中的错误

**要　点**

人类知识及其局限性
评估证据
思维中的认知和知觉错误
社会错误与社会偏见
批判性思维之问：关于 UFO（不明飞行物）是否存在的不同观点

在美国，可预防的医疗事故是第三大死因。1995 年，佛罗里达州坦帕市大学社区医院的一名外科医生错截了 52 岁的威利·金的一条腿，这成了最广为人知的医疗事故案例之一。最近，马萨诸塞州米尔福德地区医疗中心的一名外科医生切除了一名妇女的右肾，而原计划要切除的是胆囊。在另一个备受关注的案例中，演员丹尼斯·奎德刚出生的双胞胎差点死于一种剂量为医生处方剂量 1000 倍的血液稀释剂生化肝素。每一件不幸的事故都是一系列错误的结果，其中许多错误是可以避免的。事实上，患者安全运动基金会估计，在美国，每年有超过 20 万人死于可预防的医疗事故。[1]

这是怎么发生的？认知错误，比如我们将在本章中讨论的认知错误，是导致医疗事故的主要因素，其中许多会导致死亡和长期残疾。[2]

1995 年的威利·金事件之后，医院开始采取额外的预防措施，包括双重备份身份识别系统、计算机错误跟踪系统，以及使用患者安全官员来监控和教育医疗专业人员。许多医学院也教授学生认知偏差，训练他们去考虑他们是如何思考的（元分析），以及如何更好地与其他工作人员沟通和获得反馈。

医疗事故的流行说明了认知错误是如何导致原本训练有素的专业人员做出错误决定的。

良好的批判性思维技巧需要我们对证据进行全面评估，对思维中的社会错误和认知错误时刻保持警觉，实事求是地分析发生的状况，避免被先入为主的观念所左右，草率地得出结论。第 4 章将涉及以下知识：

- 学习人类知识的特点与局限性
- 区别理性主义与经验主义
- 了解证据的不同形式
- 掌握评估证据的准则
- 查明研究论断和证据的来源
- 研究不同类型的认知或知觉错误，包括自我服务偏差
- 学习社会期望与群体压力如何导致错误思维

演员丹尼斯·奎德刚出生的双胞胎被注射了处方剂量 1000 倍的血液稀释剂。

最后，我们将考察关于 UFO（不明飞行物）是否存在的证据与争论，并思考如果要证明 UFO 确实存在，哪一类证据是必需的。

## 人类知识及其局限性

**知识**（knowledge）是人们认为正确的、得到证明或者证据支持的信息或经验。理解人类如何获取知识，并能意识到人类的理解存在局限性，对逻辑推理而言至关重要。

## 理性主义和经验主义

我们的世界观和人生观是由对真理的本质和知识的基本来源的理解来塑造的。**理性主义者**（rationalist）认为大多数的人类知识来源于推理。古希腊哲

## 思想库

### 自我评价问卷*

请用1到5分评价你在多大程度上同意下面的陈述。1分代表非常不同意，5分代表非常同意。

1 2 3 4 5    知识主要通过推理而不是感官获得。

1 2 3 4 5    我总是倾向于接受那些肯定自己的假设或符合自己世界观的证据。

1 2 3 4 5    最可靠的证据应该基于直接经验，例如目击者的报告。

1 2 3 4 5    当我看到不规则的形状时，例如天空的云彩或者月亮上的环形山，我总是不自觉地从中发现意义或一幅图景。

1 2 3 4 5    在一个24人组成的班级中，两名同学同月同日生的概率是50%。

1 2 3 4 5    买彩票时，我喜欢买我的幸运号码。

1 2 3 4 5    只有感到一切都在掌握之中时，我才能够真正地享受生活。

1 2 3 4 5    我比大多数人更善于与他人相处。

1 2 3 4 5    与其他地方的人，尤其是来自非西方文化的人相比，美国人更值得信赖。

*记录你的结果。当你读完这本书，对批判性思维有了更深的理解，你会发现你对每一句话的反应都意味着什么。在本书的后面也可以找到对各个评分等级的意义的简要总结。

学家柏拉图（公元前427年—前347年）认为，人们通过推理得到的真理是永恒不变的，但大多数人却被世界的表象所蒙蔽而无法看到真相。

理性主义者认为人们通过推理识别真理，这一观点遭到经验主义者的反对。**经验主义者**（empiricist）认为，人们主要通过身体感官发现真理，科学主要是基于经验论。科学的方法包括对世界进行直接观察，进而提出假设，解释观察到的现象。

### 思维的结构

德国哲学家伊曼努尔·康德（1724—1804）则认为理性主义与经验主义都是片面的。他主张，我们体验现实的方式并不是简单的推理或通过身体感官，而是取决于我们思维的结构。像电脑一样，其接受和处理外部输入的特定信息是设定好的，我们的大脑也必须拥有正确的"硬件"以接受进入的信息并理解其中的含义。

大多数神经学家同意康德的观点，即我们无法直接观察到"现实"，相反，我们的思维和大脑提供了处理进入信息的结构和规则。换句话说，正像在第 1 章中提到的那样，我们会对自身经验进行解释，而不是直接感知那个"外在的"世界。

大脑在帮助我们理解这个世界的同时也限制了我们。例如，根据物理学中最新提出的弦理论，世界至少存在九种维度空间。然而，我们的大脑结构却只能感受到三维的世界。对我们来说，想象九维世界不说不可能，那也是很难的。因为大脑本身的结构，人类常常犯某些感知和认知错误。本章后面将对这些错误进行讨论。

有效的批判性思维要求我们认识到自己的优势和局限，并努力改进自己的探究方式和对世界的理解。因为要做到完全确定几乎总是不可能实现的，所以我们需要学习如何评估证据，并对多种观点保持开放态度。

## 评估证据

**证据**（evidence）是用来证明某一观点正确或错误的事物。在论证的过程中，证据是我们相信某一结论的基础或前提。由于分析能力是评估某一论点所必需的（在接下来的章节中我们将着重介绍），所以我们首先需要确保作为分析基础的证据是准确的和完整的。证据可以来源于很多方面，有些是可靠的，有些则未必。

证据可以来源于亲身经验，也可以来源于其他途径。如果没有其他反面的证据，以自身经验作为可靠的证据去相信某一论断就是合理的。同样，如果某一论断与自己的亲身经验相冲突，那么人们就有很好的理由去质疑它。学习如何评估证据的可信度和准确性是批判性思维和逻辑的关键技能。

### 直接经验和错误记忆

有效的批判性思维需要我们愿意审视自身经验的准确性。我们前面提到，大脑会对感官经验进行组织与解释，而不是直接记录，因此，直接的感官经验并非绝对可靠。即使某些重大事件对人们来说"仿佛就发生在昨天"，但这些记忆并不像科学家曾经认为的那么稳定。1986 年发生了"挑战者号"航天飞机爆炸事件，四年后对当时的目击者进行了一项调查，结果发现，很多人关于那次航天灾难的记忆已经发生了惊人的变化，甚至"看见"了一些根本没有发生的事情。[3]

语言也能够改变记忆。当警察无意地使用一些诱导性问题时，证人的证词有可能产生偏差，对事件的记忆甚至也会发生改变，这个时候问题就变得非常严重。

语言改变事实的力量令人惊讶，这可以通过诱导性的问题如何改变目击者对某一事件的感知体现出来。在一项研究中，参与者首先观看了一场车祸的视频短片，然后回答下面的其中一个问题。[4] 每个问题后面的括号里是他们回答的平均值：

下面是具体的问题，括号中是每个问题答案的平均值：

1. 当两辆车猛撞在一起的时候，它们的速度有多快？（41 英里 / 小时）
2. 当两辆车冲撞在一起的时候，它们的速度有多快？（40 英里 / 小时）
3. 当两辆车撞击在一起的时候，它们的速度有多快？（38 英里 / 小时）
4. 当两辆车碰撞在一起的时候，它们的速度有多快？（35 英里 / 小时）
5. 当两辆车碰触在一起的时候，它们的速度有多快？（32 英里 / 小时）

注：1 英里 ≈ 1.6 公里

错误记忆能够显著地改变目击者如何"记住"一个事件，就像在挑战者号航天飞机爆炸事件中的情形一样。

虽然事实上他们看到的是同一个车祸的短片，但参与者会根据动词的强烈程度给出不同的速度。当问题中提到两辆车是猛撞或冲撞在一起的时候，参与者回答的速度最高，而当问题中提到两辆车仅仅是碰触在一起的时候，参与者回答的速度则要低得多。

不准确甚至错误的记忆能够和真实的记忆一样栩栩如生，令人深信不疑。在侦破工作中，目击者的指认错误率在 50% 左右。[5] 目击者对嫌疑犯的错误指认已经成为误判产生的首要原因。尽管陪审员认为目击者的指认是可信的，但科学家发现，目击者报告是出了名的不可靠。"昭雪计划"（Innocence Project）是一个致力于通过 DNA 检测来为被错判的人洗脱罪名的组织。根据该组织的说法，在美国，目击者的错误指认是错判最常见的原因。

人们确实非常容易受到他人描述的影响,常常无意地改变自己的记忆,甚至能够生动地回忆起从未发生过的事,这种现象被称为**虚假记忆综合征**(false memory syndrome)。心理学家们发现,从未发生过的童年小事很容易以假乱真,例如五岁时曾在商场走失,或者参加一场婚礼时不小心洒了葡萄汁,这些事件只要经过三次的重复强化,就会有大约25%的人"回忆"起来,甚至能够提供细节。此外,心理学家还发现,记忆的真实性与人们对记忆的自信程度没有任何关系。[6]

为什么有些人更容易产生扭曲的记忆呢?该领域最著名的专家伊丽莎白·洛夫特斯解释说,有些人没有在记忆的过程中使用批判性思维,而只是不假思索地接受,因此就容易产生虚假的记忆。[7]"行动中的批判性思维:记忆策略"专栏中介绍了记忆策略的使用,这些策略能够帮助人们更准确地记住新信息。当事情发生时保持警觉并仔细分析,对"记忆"中出现矛盾的地方提高警惕,我们就会更少地受到错误和歪曲记忆的欺骗。

1989年,科里·怀斯和其他四名青少年一起被指控在中央公园残忍地袭击并强奸了一名28岁的慢跑女子。尽管缺乏可信的法医证据,怀斯还是在监狱里度过了13年,之后通过"昭雪计划"的努力才被证明无罪。2015年,怀斯向科罗拉多大学的"昭雪计划"捐款19万美元,该计划随后以他的名字命名为"科里·怀斯昭雪计划"。

## 传闻和轶事证据的不可靠性

我们不应该轻信他人提供的信息,尤其是一些推测出来的或道听途说的证据或评论。**传闻**(hearsay)指的是某人从他人那里听到然后复述给其他人并最终被你听到的证据,这样的证据尤其不可信。童年时大家都玩过"电话游戏",在游戏中我们悄悄地告诉一个人一句话,然后她把这句话悄悄告诉下一个人,依次进行,直到最后一个人把听到的话说出来。最初的信息经过传递之后往往变得面目全非,令人忍俊不禁。

**轶事证据**(anecdotal evidence)是指基于个人证词的证据,这类证据同样

## 行动中的批判性思维

### 记忆策略

为什么有的人能够更准确地记忆新信息？对此，一项研究采用核磁共振成像技术以确定哪些大脑区域与具体的记忆策略相关。研究者发现，大多数人在记忆右侧图片的时候采用了以下四种记忆策略中的一种或多种。

1. **视觉化检视**。参与者仔细研究物体的视觉外观。有些人非常善于使用此种策略，能够将视觉记忆中的画面像书的页面一样组织起来。
2. **语言精巧加工**。有些人在记忆某些事情的时候会通过语言将对象或材料组织起来。例如右侧的图片可能被他们描述为："这头猪是记住这幅图片的关键。"
3. **心理意象**。人们形成交互式的心理意象，使其看起来像栩栩如生的动画片。例如，他们可能会想象这头猪从一只钥匙形状的船头跳入水池。
4. **记忆提取**。人们对记忆对象进行思考，并赋予其某种意义，或者将对象与个人已有的记忆联系起来。

在学习新材料时，有的参与者常常使用以上的一种或几种策略，与很少使用甚至不使用这些策略的参与者相比，他们的记忆能力要好得多。此外，研究还发现，每种记忆策略都使用了大脑的不同区域，最适合自己的记忆方式每个人各有不同。

#### 讨论问题

1. 你在学习新知识的时候是否采用了记忆策略，采用了哪些记忆策略？例如，当你尝试记忆上面这幅图画的时候，你采用了哪些记忆策略？在帮助你成为更好的批判性思维者或取得更好的学习成绩方面，这些记忆策略起到了多大的作用？
2. 你是否发现自己曾经有过不准确或错误的记忆？与大家分享自己的经历并展开讨论。使用以上记忆策略能在多大程度上帮助你少犯此类记忆错误？

不可靠。因为它同样来自于不准确的记忆，并且人们往往倾向于夸大或歪曲自己的经历，以符合我们的期望。例如，很多人报告曾经目睹过 UFO 的出现，甚至有些人声称自己曾被外星人绑架。然而，尽管他们的信念非常真诚，但是轶事证据在缺少物证的情况下仍然不能成为 UFO 和外星人存在的证据。在本章结尾，我们将考察关于 UFO 证据可信度的不同观点。

## 专家与可靠性

信息最可靠的来源之一是相关领域的专家。当求助于专家时，我们应该寻找在该问题的相关领域富有见识的人，这一点至关重要。如果我们使用的是非相关领域专家的证词，我们就犯了诉诸不恰当权威的谬误。我们在第5章将对谬误展开更深入的探讨。

例如，很多学生听信朋友的一面之词，认为吸食大麻没有害处，吸食大麻之后开车也没有危险，非常安全。而实际上，医学专家的研究表明，虽然大麻不如酒精对驾驶的影响大，但吸食一支大麻烟后人的反应能力会下降41%，吸食两支大麻烟后反应能力会下降63%。虽然有来自专家的权威证据，但大多数青少年仍然倾向于听信同伴给出的信息，认为大麻无害，这种情况会一直存在，除非他们发展出了更好的批判性思维能力。

在寻找专家的过程中，我们应该仔细检查他们的背景，包括：

1. 权威机构的教育经历或培训
2. 该领域内做出判断的经验
3. 作为专家在该领域同行中的声誉
4. 该领域内取得的成就，包括发表的学术论文和获奖情况

"电话游戏"是一个关于传闻如何导致误解的有趣例子。

遗憾的是，专家证词并非万无一失。不同的专家之间也可能会出现分歧，这时我们只能自己判断或者寻求更多的证据。此外，有时专家也是有某种倾向性的，尤其是被那些有着特殊目的的团体或公司雇用的专家，支持某一特定的观点可以为这些团体或公司带来经济利益。

例如，长时间以来，人们一直认为牛奶和乳制品能够维持成年人骨骼的强健。然而，这种看法并没有得到科学的证实。它之所以得到宣传主要是受到了经济利益的驱使，以便更好地促进日常乳制品的销售。美国乳制品委员会一直在吹捧牛奶对各个年龄段人群都有好处，但医学界的专家，包括来自哈佛公共卫生学院[8]和美国责任医疗医师委员会的研究者则提出，他们的研究表明，牛奶实际上会加速成年人骨质的流失。近期发表在《英国医学杂志》上的一项研究证实了他们的发现。[9]作为

政府机构,美国联邦商务委员会为了保护消费者,减少不公平和误导性的市场行为,勒令美国乳制品委员会撤回关于牛奶能够预防骨质疏松症的广告。

先入为主的观念或假设也会影响专家对证据的解释。布兰登·梅菲尔德是俄勒冈州的一名律师,也是一名穆斯林,在波特兰被逮捕,原因是 2004 年 3 月 11 日西班牙马德里发生火车爆炸之后,他的指纹神秘地出现在了爆炸者使用的塑料袋上。虽然西班牙的执法部门对于该指纹是否属于梅菲尔德持有疑虑,但美国官方坚持认为"绝对符合,无可争议"。[10] 后来证实,该指纹属于一名在西班牙居住的阿尔及利亚人。美国司法部门由于受到先入为主观念的影响,错误地逮捕了梅菲尔德。

尽管我们说专家是可靠证据的有效来源,但是他们也可能会产生偏见或者曲解数据。因此,评估观点的能力至关重要,尤其是面对具有明显倾向性或者与其他专家的分析相冲突的观点时。

## 评估某个观点的证据

对某种观点的证据所做的分析应当是准确、无偏见的,而且要尽可能地全面。可靠的证据应该与其他相关证据保持一致。此外,支持该观点的证据越充分,该观点就越可信(参见"独立思考:蕾切尔·卡逊,生物学家和作家")。从批判性思维的观点来看,盲目地坚持缺乏证据支持的立场有百害而无一利。

有时,人们无法为某一观点找到可靠的证据,在这种情况下,就应该去寻找与观点相矛盾的证据。例如,一些无神论者反对上帝的存在,理由是世界上存在那么多的邪恶,这岂不是与上帝存在相矛盾?当存在反对某一观点的证据

不充分的研究会导致大众对产品的误解。例如,广告商宣称牛奶可以强壮骨骼,而随后的研究证明事实并非如此。图片中的广告还包含了诉诸不恰当权威的谬误,因为奥运游泳冠军迈克尔·菲尔普斯并不是牛奶健康养生方面的专家。

# 独立思考

**蕾切尔·卡逊，生物学家和作家**

在约翰·霍普金斯大学拿到动物学硕士学位后，蕾切尔·卡逊（1907—1964）受雇于美国鱼类和野生动物管理署，成为一名撰稿人。1951年她的著作《我们周围的海洋》取得了巨大的成功，这使她可以辞去工作，专心致力于自己的人生目标：成为一名作家。

早在1945年的时候，她就已经开始为过度使用DDT等化学类杀虫剂感到忧虑。虽然之前已经有人试图提醒公众这些强力杀虫剂的危险性，但是作为一名专业和认真的研究者，她的名声以及智力上的好奇心，促成了她的成功。她开始调查现有的关于杀虫剂影响的研究。她的名声也使她得到了该领域内许多科学家的支持和专业上的帮助。

《寂寞的春天》于1962年出版，立即在社会上引起了巨大的反响。一些大型化学公司，包括孟山都和维尔思克开始对她进行猛烈的攻击，谴责她是个"歇斯底里的女人"，没有资格在这个问题上发表著述。即使面临对簿公堂的威胁，卡逊也没有退缩。因为她的研究结论证据充足，准确无误，反对者们无法在她的证据中找到漏洞。《寂寞的春天》这本书改变了美国的历史进程，开启了新的环境保护运动。卡逊提高了公众对人类可能破坏环境和气候的认识。

**讨论问题**

1. 回顾自己的经历，你是否曾经冒着激怒或疏远自己家人、老师或老板的风险，通过理性的论证，捍卫自己有可靠证据支持的立场？评估你的反应。特别是，讨论你如何运用（或没有运用）你的批判性思维技能来回应对你的立场的批评。
2. 蕾切尔·卡逊是一个人能够改变世界的典型例子。展望自己的未来，想一想你能够在哪些方面利用自己的天赋和批判性思维技能使世界变得更美好。

时，就有很好的理由去怀疑它。然而，如果没有矛盾证据，应该保持开放的态度，认为该观点还是有可能正确的。

在评估某个观点时，人们需要提防**证实偏差**（confirmation bias）的出现。证实偏差是指人们倾向于寻找支持自己原来假设的证据，拒绝与自己观点相矛盾的证据。这种倾向如此强烈，以至于当出现一些与自己深信不疑的观点相矛盾的证据时，人们会忽视甚至曲解这些证据。[11] 在一项研究中，针对死刑是否应该废除，持支持和反对观点的人居然引用了同一项研究成果，即关于死刑是否能够起到威慑犯罪作用的研究，但是他们通过不同的解释来支持各自的观点。如果证据不能支持自己的观点，人们会将注意力集中到研究的缺陷上面，并质疑研究的有效性，在一些情况下，甚至会有意歪曲证据以支持自己的立场。[12] 政客也会挑选有利于自己立场的证据，阅读持有相同观点的文章，听取支持自己先前信念的证据。2002年布什政府声称有确凿的证据证明伊拉克藏有大规模杀伤性武器，反映出的正是这种情况。相同的情况还会出现在一些新闻播报员和记者身上，他们对特定的事件有着坚定的信念，往往也会犯证实偏差的错误。

即使有证据表明我们可能走错了路，证实偏差也会导致我们坚持完成一项特定的任务。2014年，马来西亚航空公司370号航班从吉隆坡起飞，飞往北京，机上载有239人，之后消失得无影无踪。在西澳大利亚海岸探测到ping信号后，搜寻人员花了七周时间，在南印度洋搜索了329平方英里的海域。即使有人对ping信号是否从失踪飞机的机载数据或驾驶舱语音记录器发出提出了严重质疑，搜索仍在继续。

证实偏差也可能以其他的形式出现。例如当证据不支持自己的观点时，人们往往会对其进行更加严密的仔细检查。美国广播公司《今夜世界新闻》的主持人彼得·詹宁斯，介绍了一项"反驳"触摸疗法的研究。触摸疗法是一种在印度被广泛使用的治疗方法，治疗师利用自己手中的"能量"帮助病人纠正身体内的"能量场"。[13] 这项研究是由一名四年级学生艾米莉·罗莎作为科学课程的一项课题完成的。后来，一家权威医学期刊引用了这项研究。以该研究为基础，期刊编辑断定触摸疗法是无效的。因为该编辑本身就对非传统疗法有偏见，他将所有涉及触摸疗法的"研究"都看作低标准的证据，甚至是无效的。

甚至科学家有时也会寻找支持他们理论的证据，而不是质疑他们想法的证据。用于检验假设的模型可能会增加证实偏差和对数据的可疑解释。科学作家马特·里德利在他的文章《偏见如何使〔全球〕变暖的争论升温》中，就全球变暖的争议写道：

> 已故小说家迈克尔·克莱顿在颇具先见之明的2003年演讲中批评气候研究，他说："在局外人看来，全球变暖的争议中最重要的创新是对模型的明显依赖……评判模型的标准不再是它们能在多大程度上重复现实世界中的数据——越来越多的是模型提供数据。仿佛它们本身就是现实。"

这不仅仅是模型，还有对真实数据的解释。温度和二氧化碳的上升及下降，在南极冰芯中很明显，最初被认为是二氧化碳驱动气候变化的证据。后来发现，气温的上升比二氧化碳早了几个世纪。科学家们并没有放弃这一理论，而是回到了这一观点，即这些数据符合一种可能性，不断上升的二氧化碳水平正在加强所谓的正反馈循环中的变暖趋势。也许吧——但目前还没有实证证据表明，与最初导致气候变暖的因素相比，这是一个显著的影响。[14]

脑成像研究发现，当人们遇到肯定自己先前偏见的结论时，即使最终证明该结论是错误的，做决定的过程也伴随着愉悦的反应和快乐的情绪。[15] 当某个理论被推翻时，推翻理论的通常是其他科学家而不是提出该理论的科学家（见第 1 章"独立思考：斯蒂芬·霍金，物理学家"）。

由于人们习惯于犯证实偏差的错误，很多学术性科学期刊要求研究者同时呈现否定性的证据以及相关数据的反面解释。作为批判性思维者，我们应该有意识地发展出一些策略，强迫自己仔细检查证据，尤其是那些肯定先前观点的证据，以质疑的眼光和开放的心态面对那些与自己的观点相矛盾的证据。

在评估证据时，对可靠性程度的要求取决于具体的情况。对行为的影响越大，对证据的可靠性和确定性提出的要求就应该越高。法庭在定罪时要求证据必须非常可靠，因为宣判一个无辜的人有罪的后果是非常严重的。

## 研究资源

我们现在所处的这个时代，信息以惊人的速度增长。我们每天都会被报纸、电视、网络和其他媒体带来的海量信息所淹没。当使用来自媒体尤其是大众媒体的证据时，人们需要仔细考虑证据的来源以及是否存在偏见。

此外，一些文学作品，例如小说、诗歌甚至一些社论，都不是基于事实而写的。例如，电影《猎杀本·拉登》（*Zero Dark Thirty*）讲述了对奥萨马·本·拉登的追捕和暗杀，其中描写了美国中央情报局（CIA）在关塔那摩监狱对恐怖主义嫌疑人使用水刑，这招致了一些人的强烈批评。然而，这部电影从未打算拍成纪录片。相反，

收集证据和评估主张都需要良好的研究技能。

它是一部戏剧，是事实与虚构的融合。[16]

对一些论点进行评估，包括辨别事实与虚构，需要良好的研究技巧以及收集、评估和综合相关证据的能力。一个优秀的批判性思维者应当像科学家一样，在得出结论之前，要花费大量的时间收集信息和研究论点。运用 CRAAP 测试中列出的标准（CRAAP 分别代表及时性、相关性、权威性、准确性和目的）来评估你所找到的信息的可靠性。

在开始一项研究之前，试着与该研究领域的专家约定一次会谈，例如大学教师或外界专家。专家能够为你提供信息并向你推荐权威的书刊。会谈时不要依赖于你的记忆，而要做好准确的记录；如果对听到的话不确定，要当面重复以避免错误。图书馆员同样是很有价值的信息来源。他们不仅拥有丰富的资源知识，而且有些大学图书馆员拥有某些专业领域的博士学位。

词典和百科全书是开展研究的另一个好资源。专业的参考书籍常常包含大量的参考文献目录，能够提供很好的资料来源。这些目录既可以通过网络查询获得，也可以去图书馆的相关部门查阅。如果你开展的是时效性很强的研究项目，应确保查阅的参考文献来源是最新的。确保你使用的百科全书是有信誉的。

图书馆目录对研究者来说是非常宝贵的，大多数图书馆目录可以在线获得。在目录中输入关键词就能够找到所研究的主题。在选取资源时，应核对其发表日期。如果图书馆中找不到需要的某本书或期刊，你可以通过馆际借阅来获得。

学术期刊中的文章都已经通过了同行专家的审阅。互联网极大地扩展了现代图书馆，大多数学术期刊都能在专业数据库中检索到，你可以在图书馆的主页上登陆这些数据库。有时候你可以在网上直接下载到期刊论文的全文。要想获取更多的一般信息，《学术索引扩展版》（*Expanded Academic Index*）是一个很好的渠道。

政府公文也是非常可靠的信息来源，比如失业率和人口统计数据等信息。很多美国政府公文可以直接从网上的数据库中下载获得。输入网址 http://www.usa.gov/ 可以得到此类数据库的列表。

互联网提供了大量的信息。每周都有上百万新网页添加到互联网中。很多互联网站点是由著名的机构和个人发起的。然而，有些时候对网站中信息可靠性的甄别是非常困难的。网站地址（URL，统一资源定位系统）的结尾处是顶级域名，能够帮助人们鉴别网站的可靠性。美国政府官方网站地址的结尾是顶级域名".gov"。如果结尾是顶级域名".edu"，则表示该网站的信息来源于美国的教育机构。这两种类型的网站一般都能够提供可靠和准确的信息。全球顶级域名".org"表明该站点属于私人或非营利机构，例如国际特赦组织和一些

## 评估信息–运用CRAAP测试
### 加利福尼亚州立大学奇科分校梅里亚姆图书馆

当你搜索信息时，你会发现很多信息……但这些信息都是有用的吗？你得自己判断，CRAAP测试可以帮助你。CRAAP测试是一个问题列表，帮助你评估你找到的信息。根据你的情况或需要，不同类别标准的重要性有所不同。

图例：■表示针对网络信息的评估标准

### 评估标准

**及时性（Currency）：信息的及时性。**
- 这些信息是何时发表或发布的？
- 信息是否经过修改或更新？
- 你的主题是否需要最新的信息，还是旧的信息来源也可以？
- ■ 这些链接有效吗？

**相关性（Relevance）：信息对于你的需求的重要性。**
- 这些信息是否与你的主题相关或可以回答你的问题？
- 谁是目标受众？
- 信息是否处于适当的水平（例如，对于你的需求来说不是太初级或太高级）？
- 在确定你将使用这个信息来源之前，你是否查看过其他来源？
- 你是否愿意在你的研究论文中引用这一来源？

**权威性（Authority）：信息的来源。**
- 作者/出版者/来源/赞助者是谁？
- 作者的资质或组织背景是什么？
- 作者是否有资格就该主题进行写作？
- 是否有出版者或电子邮件地址等联系信息？
- ■ 该网址是否透露了作者或来源的任何信息？
  例如：.com .edu .gov .org .net

**准确性（Accuracy）：内容的可靠性、真实性和正确性。**
- 这些信息来自何处？
- 这些信息是否有证据支持？
- 信息是否经过评审或引用？
- 您能否从其他来源或个人知识中核实任何信息？
- 信息的语言或语调是否公正、不带感情？
- 是否存在拼写、语法或排版错误？

**目的（Purpose）：信息存在的原因。**
- 这些信息的目的是什么？是告知、教育、推销、娱乐还是说服？
- 作者/赞助者是否清楚地表达了他们的意图或目的？
- 这些信息是事实、观点还是宣传？
- 信息的视角是否客观公正？
- 是否存在政治、意识形态、文化、宗教、体制或个人偏见？

用于评估信息的 CRAAP 测试

9/17/10

资料来源：Applying the CRAAP Test, from Meriam Library, California State University, Chico. Reprinted with permission.

宗教团体，它可能来自于世界各地。这些站点的信息是否可靠，主要取决于网站主办者的声誉。全球顶级域名".com"表明该站点由商业机构主办，例如来自于美国或其他地方的公司或私人企业。在这些情况下，必须考虑公司提供信息的动机，例如该公司是否是出于广告的目的。最后一种顶级域名是国家代码，表明该网站的拥有者是在哪个国家注册的，例如".al"代表阿尔巴尼亚，".de"代表德国，".ke"代表肯尼亚。如果无法确定某一网站的可靠性，最好去咨询该领域相关的图书馆员或专家，进入最可靠的站点以获取信息。

在从事研究时，无论你正在使用何种资源，都应该做准确的记录或者对文章进行备份。为资料保留完整的引用信息以便日后进行参考，如果需要的话也可以引用。如果在发表研究时需要引用原文作为材料，应当使用引用标记，并在致谢中列出来源。如果某条信息并非大家所熟知，应当引用解释信息的来源。此外，记得对引用的所有调查、数据和图片要标明来源和出处。

研究某种论点或议题需要人们具备分类整理和分析相关数据的能力。良好的研究能力也能够通过提供评估不同观点的工具和可以采取的行动方案，来帮助人们做出更好的决定。

## 思维中的认知和知觉错误

1938年10月30日晚上，一出关于火星人入侵地球的短剧通过广播向全美播出，该剧改编自赫伯特·乔治·威尔斯的小说《世界大战》。很多收听该节目的人认为外星人入侵地球是真实的。有些人甚至"闻到了"有毒的火星气体，"感觉到了"广播中描述的热射线。还有人声称看到了巨大的飞行器降落在了新泽西州，并燃起了战争的火焰。一位恐慌的听众甚至告诉警察自己在广播中听到了总统命令民众撤离的声音。

人们对周围世界的感知在受到社会影响时很容易出现偏离，就像在上述事件中，广播对火星人入侵事件的现场直播引发了大量的目击报告，但显而易见的是，这些现象并不存在。大多数人低估了认知因素和社会因素在我们感知和解释感官数据时起到的关键作用。虽然当理性偏离正轨时，传统观点总是将情绪作为导致问题的原因，但研究表明，人类思维的很多错误本质上是来自神经学上的原因。[17]本节将介绍此类认知与知觉错误。

### 知觉错误

人类的心智并不像经验主义者所声称的那样，是一张白纸或者诸如照相机或摄像机之类的记录装置。相反，人类的大脑在构建世界的图景时更像一位艺

当根据小说《世界大战》改编的广播剧播出时，很多听众相信外星人入侵是真的。

术家。大脑会对感觉进行过滤，并基于我们的期望补充丢失的信息，就像《世界大战》广播事件中发生的那样。

　　一些持怀疑态度的人认为 UFO 目击事件是基于知觉错误，知觉错误中包括视觉假象（参见"分析图片：圣路易斯拱门"）。1969 年，一名空军国民警卫队的飞行员自认为觉察到一个中队的 UFO 在离自己飞机几百英尺的范围内活动。后来他描述这些不明飞行物拥有"光亮的铝"色，"形状像水上飞机"。但实际上,他看到的"UFO 中队"很可能是燃烧的流星在飞机附近解体。[18] 然而，虽然对大多数 UFO 目击事件都能够给出替代的解释，使得外星人存在的可能性大大降低，但是人们仍然不能肯定地得出结论，认为所有的目击事件都是知觉错误导致的。本章结尾将针对 UFO 是否存在进行深入探讨，参见"批判性思维之问：关于 UFO（不明飞行物）是否存在的不同观点"。

　　人类的思维也可能会扭曲觉察到的事物。当一根直棒插入水中时看起来像折弯了。满月靠近地平线时会显得更大，美国宇航局将这种现象称为"月亮错觉"。

## 分析图片

**圣路易斯拱门**　圣路易斯拱门坐落在美国密苏里州圣·路易斯市中心，由芬兰裔建筑学家埃罗·萨里恩设计，于1965年完工，在拱门顶端可以俯瞰密西西比河。虽然拱门的高度和底部宽度同为192米，这座优雅的悬链式建筑物却带给人一种拱门高度大于宽度的错觉。即使在被告知它的高度和宽度相同之后，我们仍然很难做出认知上的调整以纠正这种所谓的垂直/水平错觉。因为这种光学错觉，我们也倾向于高估树木和高楼的高度。

**讨论问题**

1. 当被告知圣路易斯拱门的高度和宽度相同时，你的第一反应是什么？在你得知拱门尺寸后，它是否看起来与之前不同？与其他人分享你遇到的建筑学或其他方面的视错觉。
2. 以小组为单位，讨论为什么我们会产生视错觉，如垂直/水平错觉。讨论你可以使用什么资源来建立你的假设（假设是基于证据和实验的有根据的猜测）。与同学分享你的假设并加以分析。

### 分析图片

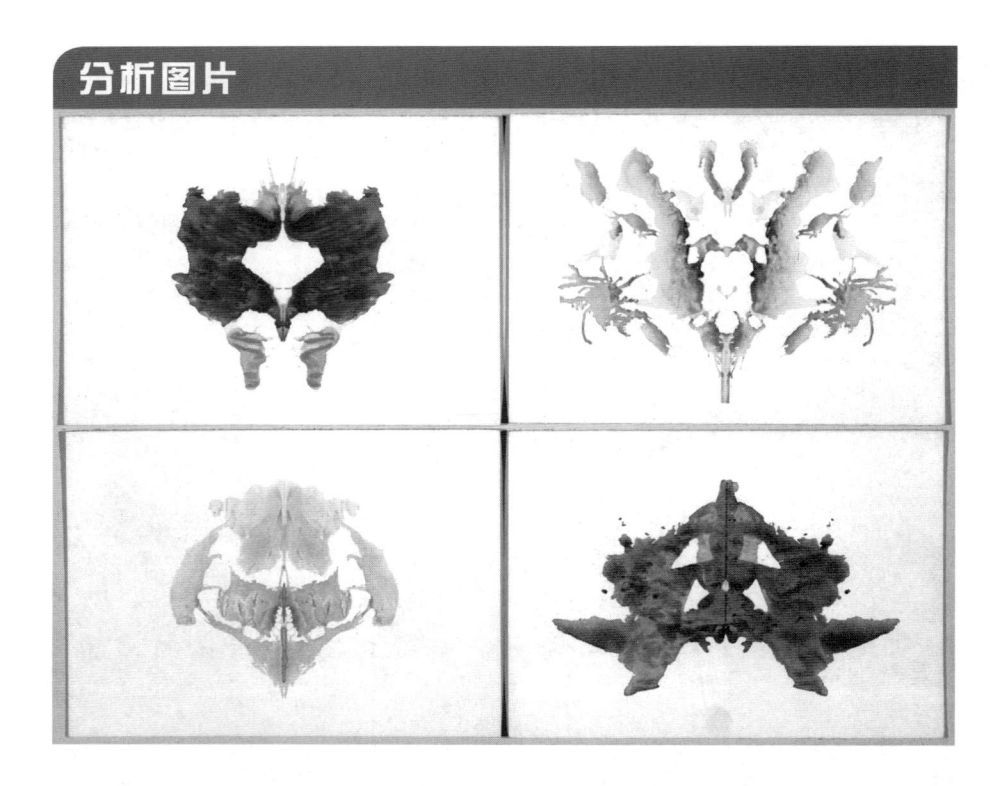

**罗夏墨迹测验**　在罗夏墨迹测验中,心理学家要求人们描述自己看到的墨迹,如上图所示。心理学家通过分析这些描述,了解一个人的动机和无意识驱力。(见彩插)

**讨论问题**

1. 从图片上的墨迹中你看到了什么?为什么你会看到自己做过的一些事?
2. 讨论罗夏墨迹测验怎样阐明了我们对随机数据赋予秩序的倾向。想一想你在日常生活中是否犯过这种错误。想出两到三种批判性思维的策略,让自己不那么容易被我们把意义强加在随机数据上的倾向所左右。

## 对随机数据的错误知觉

因为人类的大脑讨厌意义的缺失,所以我们常常"看到"实际上并不存在的秩序或有意义的模式。例如,当我们抬头仰望云朵或在天空中看到无法解释的光线时,大脑总会将一些含义强加给这些随机的形状。当我们仰望月亮时,看到了一张"脸",即广为人知的月中人。

此类错误中最著名的例子之一便是"火星运河"。1877 年意大利天文学家乔瓦尼·夏帕雷利首先声称在火星上看到了水渠,之后很多天文学家一直相信火星上存在运河。直到 1965 年,美国的航天探测器"水手 4 号"飞近火星并拍下火星表面的照片。照片上没有发现任何运河。原来这些"运河"是在视错觉、人们对运河存在的期望以及大脑对随机图像强加秩序的倾向这三者的共同作用下产生的。由于大脑总是倾向于对出现的随机数据强加秩序,因此人们应当保持怀疑的态度,不要对看到的事物轻易下结论。

对随机数据的错误感知和证实偏差(按照肯定原有观点的方式解释数据)两种错误的结合可以通过下面这个例子加以说明。2005 年卡特里娜飓风给新奥尔良市造成了灾难性的后果,一个自称为哥伦比亚生命基督徒的组织宣称,上帝之所以降下这股飓风,是为了摧毁市内的五所堕胎诊所。他们的证据是一张飓风的雷达照片,他们声称照片中的飓风看起来就像是"怀孕早期子宫内面朝左侧(西方)的胎儿"。[19]

2005 年卡特里娜飓风的雷达照片,照片中的一个物体看起来像"面向子宫左侧的婴儿"。这导致一些反堕胎者得出结论,飓风是对该市存在堕胎诊所的惩罚。

压力以及对周围事物的先入之见，能够影响人们的感知。我们有多少人在夜晚独自赶路的时候，看到一个人或一条狗站在阴影之中，最后却发现不过是树丛或其他东西？

## 难忘事件错误

**难忘事件错误**（memorable-events error）指的是人们能够生动地记住重大事件的能力。科学家通过研究发现大脑中存在一些通道，这些通道会将日常生活中发生的寻常事件筛选出去，从而阻碍了大多数的长时记忆。[20] 然而，当一些引人注目的事情发生时，这些削弱记忆的通道似乎就关闭了。例如，大多数美国人都能准确地回忆起 2001 年 9 月 11 日的早上自己身在何处，在做什么。然而，如果被问到两个月之前的一个普通工作日正在做什么，大多数人都无法回答，或者只能回忆出那天发生的一些特殊事件。

接下来再看另外一个例子，媒体总会报道飞机坠毁和人员伤亡事故，而对车祸伤亡事故却视若无睹。然而，若以每公里来计算，飞行出行的安全性要远高于汽车。人们在车祸中丧生的可能性是飞机事故的 16 倍。事实上，交通事故是导致 15 岁至 44 岁人群死亡和残疾的主要原因之一。[21] 然而，难忘事件错误对人们思维的影响如此之强，以至于即便被告知这一组数据，很多人仍然在乘飞机时比乘坐汽车更紧张。

难忘事件错误有时会与证实偏差结合在一起，此时人们倾向于记住肯定自己信念的事件，而忘记与其信念相左的事件。在美国，有一种观念非常流行，"死亡也会休假"，临终的病人总能将死期推迟到重大的节日或生日之后。实际上，这种观念仅仅反映了人们的主观愿望，只是基于轶事证据，因为人们只能记住那些"等"到大寿或重要节日之后死亡的例子。通过分析死于癌症的一百多万人的死亡证明，生物统计学家唐·杨和艾因·海德发现，并没有证据表明重大节日或重要事件之前死亡率有明显的下降。[22] 个人与社会信念如此强烈，甚至当经验证据在逻辑上根本

根据统计，每英里旅行中死于车祸的几率比死于飞机失事的几率大得多，但大多数人更害怕坐飞机。

# 行动中的批判性思维

## 精神食粮：知觉与超大食物分量

　　肥胖正成为大学校园里的流行病。根据美国疾病控制与预防中心的数据，超过 1/3 美国成年人患有肥胖症，是 1980 年的两倍多。超大分量的薯片、汉堡和苏打饮料等垃圾食品被认为是造成这一趋势的部分原因。*超大分量的食物果真会造就超重的人吗？或者仅仅是天花乱坠的炒作，如此人们就能够将体重超标的责任推卸给乐事薯片和麦当劳汉堡？实际上，大量研究表明，降低食物的分量确实有助于减轻人们的体重，这其实是利用了一种知觉错误。食欲并非仅仅与饥饿的生理状态有关，还涉及知觉因素，那便是对放在眼前的食物的视觉感受。当桌面上和盘子里盛满食物时，大多数人都会吃得更多。

　　人类并非是会犯这种错误的唯一物种。研究者将一堆 100 克的小麦放到一只母鸡面前，它会吃掉 50 克剩下 50 克。然而，如果研究者将 200 克小麦放到一只相同饥饿状态下的母鸡面前时，它会吃掉 83~108 克小麦，大约也是眼前食物的一半，与前一只母鸡相比明显吃得更多。**此外，如果放到母鸡面前的是全谷粒大米，而不是只有全谷粒大米 1/4 大小的碎米，那么它吃下的分量可能是吃碎米时的两到三倍。

　　换句话说，通过减小分量的大小，或者将食物分成若干份，大脑可能在你吃下更少的食物时便感到饱了。

### 讨论问题

1. 许多学生在大学一年级时体重会明显增加，这种现象被称为"新生15磅"( freshman–15 )。批判性地评估你所在大学的生活环境，想一想有哪些因素对良好的饮食习惯起到了促进或阻碍作用。列出能够改善生活习惯的建议。亲自执行其中一条建议，并将列出的清单传授给需要做出改变的人。
2. 审视自己的饮食习惯。讨论对自己思维过程，如知觉错误的良好意识能为保持健康的饮食习惯带来什么样的帮助。

* Nancy Hellmich, "How to Downsize the Student Body," *USA Today*, November 15, 2004.
** George W. Hartmann, *Gestalt Psychology* (New York: Ronald Press, 1935), pp. 87–88.

---

站不住脚的时候也是如此。当杨和海德的研究结果发表后，两人收到了很多表达愤怒的电子邮件，指责他们带走了人们的希望。

## 概率错误

一个班级里有两名同学同月同日生的概率是多少？大多数人可能会认为这个概率会非常低。当人们错误地估计了某事件发生的概率，并与实际概率相差很大时，就犯了**概率错误**（probability error）。实际上，一个拥有 23 名学生的班级，其中有两名同学生日相同的概率大约是 50%。如果班级人数更多，此项概率还会更高。

人类确定概率的能力要比想象中低得多。人们总是倾向于认为巧合的发生一定有异乎寻常的原因，而实际上它们是符合概率的。例如，你想起了一位一年多都没有见过面的朋友，而恰巧这时电话铃响了，电话那头正好是这位朋友。难道你俩之间有心灵感应吗？或者只是一次巧合？在过去的一年里，你可能有几百次甚至上千次想起这位朋友却没有接到电话，但是这些都被你忘记了，因为没有难忘的事情发生。

概率错误中最令人难以捉摸的形式便是**赌徒谬误**（gambler's error），这种错误是指认为先前发生的事件会对本次随机事件的发生概率产生影响。研究表明，赌博成瘾的主要原因是赌徒谬误。在一项研究中，要求参与者在赌博的同时出声思考。参与者表达出来的观点中有 70% 是基于错误的想法，例如："机器也该往外吐钱了，不继续玩就亏了"；"这是我的幸运发牌员"；"今天真是我的幸运日，手气不错"；"也该轮到我赢一把了"。这些陈述无一例外地暴露出赌徒根本没有认识到概率的随机性。

当有人对这些表述进行质疑时，赌性较轻的人立即意识到自己的观点是错误的。这些人能够利用日常积累的证据批判地评估和修正自己的知觉。与之相反，问题赌徒处理证据的过程完全不同。他们相信自己对偶然的、随机的赢利的说辞和解释，这使他们更加确定能够预测和控制赌局的结果。如何拯救这些问题赌徒？只有努力去改善他们的批判性思维能力。临床医生希望赌徒能够逐渐意识到自己的错误知觉和坚持错误观念的原因，从而戒掉赌瘾。[23]

赌徒谬误和赌博成瘾都是基于对概率的随机本质的错误理解。

## 自我服务偏差

有几种自我服务偏差和错误会阻碍人们思考和了解真相，包括：

- 错误地认为一切都在控制之中
- 与别人比较时，高估自己的倾向
- 夸大自身优势和低估自身弱点的倾向

人们总倾向于认为一切都在自己的掌控之中，而实际上事件本身已远超出了自己的控制范围。"我就知道今天会下雨，"你发牢骚道，"但我却没带伞。"最近，美国彩票强力球的累积奖金已经达到了 1 亿美元。当时我正在一所小超市排队购物，偶然听到了排在我前面的两个人在交谈，他们正准备购买彩票。

**路人甲：**"你准备怎么买？是买你自己的号码还是买电脑随机生成的号码？"

**路人乙：**"当然是用自己的号码。这样赢的机会更大。"

批判性思维能力差的人在这种情形下可能会不止一次犯下类似的错误而深受其害。在这个案例中，对自己控制能力的估计错误与我们之前讨论的概率错误结合在了一起。虽然逻辑上人们都知道彩票号码是随机生成的，但仍然很多人相信使用自己精心选择的号码，尤其是自己的"幸运号码"能够增加中奖的可能性。实际上，80% 的中奖者购买的是电脑随机生成的号码，而不是自己选择的所谓的幸运号码。[24]

错误地认为自己能够控制随机事件也会最终演变为迷信行为，例如参加重大比赛时穿上自己的幸运衫，考试时带上自己的幸运护身符。在比赛之前，大多数大学运动员或专业运动员都会习惯性地做一些迷信行为，例如使用特定颜色的鞋带或发带。一些棒球运动员为了打破低潮期或者保持击球率居然会抱着

2010 年 5 月墨西哥湾原油泄漏事故之后，英国石油公司产生了自我服务偏差，大大低估了从损坏的油井泄漏到海湾中的原油量。英国石油公司还高估了自身控制局面的能力，以及阻止原油泄漏和在没有外界帮助下清除泄漏石油的能力。

球棒睡觉。在某种程度上，相信自己能够掌控比赛的信念也能增强取得成功的信心。实际上，人们发现，比赛前做一些自己信奉的仪式行为确实能够帮助选手保持平和的心态。

尽管如此，如果生活中相信自己能够掌控局势的信念太强，反而会扭曲人们的思维，从而做出错误的决定。自我服务偏差以及对我们应对挑战能力的错误判断，可能会损害我们理性的自我利益。例如，在英国石油公司的漏油事件中，英国石油公司损失了数十亿美元以及公众的信心，因为他们一开始就错误地认为局势已经得到控制，不需要外界的帮助。尽管一再发出撤离警告，但仍有成千上万的人在森林大火和飓风中丧生，因为他们认为自己已经控制了局势，能够安然度过风暴。

如果这种错误走向极端，可以用人们经常听到的谚语来形容，"有志者事竟成"。这句话的含义是，只要人们的愿望足够强烈，便能够掌控一切。心灵自助的精神导师们更是因为投合这种自我服务偏差而赚得盆满钵满。朗达·拜恩在她的《秘密》（2006年）一书中声称发现了幸福的秘密，并称之为"吸引力法则"。根据拜恩的说法，我们每个人都能够完全控制生活中的一切。如果拥有积极的心态，你就像一块磁铁，能够吸引任何你想得到的东西，不管是一个停车位、一百万美元、性感的身材还是从癌症中康复。唯一的缺点是，如果没有成功得到想要的，我们只能去责怪自己，责怪自己的想法还不够积极。

在几乎或根本无法掌握局势的情况下，相信自己能够控制全局的强烈信念可能会带来非理性的内疚感，甚至会导致创伤后应激综合征。[25] 在创伤事件中存活下来的人常常认为自己本来应该能够想到，并采取措施去避免性虐待、家庭暴力、挚爱的人死亡，尤其是死于事故或自杀等这些事情的发生。

虽然抑郁受遗传、生理和环境等各方面因素的影响，但是认为自己应当控制生活的信念也是抑郁的重要诱因（参见"行动中的批判性思维：非理性信念与抑郁"）。患抑郁的人可能坚持非理性的信念，这种信念便是生活只有两种选项，不是绝对地控制生活，就是完全失去控制。因为感觉缺少对生活的控制，抑郁者往往把自己的不幸与悲伤归因于他人的行为。这种消极行为的副作用便是与周围的人逐渐疏远，从而强化了抑郁者心中常出现的第二种非理性信念，认为自己毫无价值，不讨人喜欢。因此，他们这种扭曲的期望导致了自我实现的预言，这也是一种认知错误。我们在下一节将对这一概念进行介绍。

第二种自我服务偏差是在与别人比较时过高地估计自己。与他人相处时，大多数人都认为自己处于平均水平之上。显而易见，不可能大多数人都处于平均水平之上，但是这种自我服务偏差能够增强人们的自尊和自信。然而，如果人们忽视这种偏见也可能会出现问题，导致人们拒绝为自己的缺点承担责任。

# 行动中的批判性思维

## 非理性信念与抑郁

阿尔伯特·艾利斯（1913—2007）是理性情绪行为疗法的创始人。他认为，非理性想法是导致个体抑郁、愤怒、能力不足感和自我憎恨的主要原因。这些非理性的信念包括：

- "我必须特别优秀，否则就会毫无价值。"
- "别人必须对我体贴周到，否则就是差劲至极。"
- "世界应当给予我幸福，否则我会死。"
- "事情必须在我的绝对控制之中，否则我便不能享受生活。"
- "因为一些事情曾经对我的生活造成了强烈的影响，所以这些事情会永久地影响我的生活。"

根据艾利斯的说法，抑郁者感到悲伤的原因是，即使他们有能力和正常人表现得一样好，但他们还是错误地认为自己能力不足，被人抛弃。这种疗法的目的是反驳这些非理性信念，让积极、理性的信念取而代之。为了达到这个目的，治疗师会提出类似下面的问题：

- 这种信念有证据支持吗？
- 与这种信念相反的证据是什么？
- 如果你放弃这种信念，最坏的结果是什么？
- 最好的结果是什么？

为了帮助来访者改变非理性的信念，治疗师还会采用其他方法，例如同理心训练、自信心训练以及鼓励他们发展自我管理策略。

### 讨论问题

1. 讨论哪些认知错误会促使非理性信念的产生。列出其他基于认知错误的非理性信念。
2. 你是否有一些非理性信念妨碍了你实现人生目标？如果有的话，有哪些？讨论你如何使用批判性思维技能来克服这些信念。具体说明。

参见 Albert Ellis, *The Essence of Rational Emotive Behavior Therapy.* Ph.D. dissertation, revised, May 1994.

美国皮尤调查中心的一项调查发现，90%的美国人同意大多数美国人体重超标，但是只有39%的美国人认为自己的体重超标，而实际的调查数据是70%的美国人体重超标。[26] 显然，实际的体重超标情况与人们对自己体重的估计之间出现了明显的差异。

自我服务偏差的另外一个例子是，大多数人在成功时将功劳归因于个人，但失败时将责任归咎于外部因素。大学生通常将他们的"A"绩点归功于个人因素——聪明、快速理解能力和良好的学习技巧。相反，成绩不好时他们常常归因于不受控制的外部因素，例如老师判分不公平，考试那天有点感冒。[27] 与此类似的是，当涉及减肥这个问题时，很多人都认为减肥失败的主要原因是新陈代谢的速度太慢，而不是自己的生活方式或其他自己能够控制的因素。然而，当体重超标的人减肥成功时，很少人会将成功归因于活跃的新陈代谢，而是归功于自己坚强的意志和明智的选择。

这种自我服务偏差也可能发生在职场。当办公室雇员在调查中被问到"你是否在工作场所曾遭受过他人的背后中伤、粗鲁或无礼对待"，89%的受访者回答"是"。然而，当回答同一项调查中的另一个问题时，99%的人认为"他们从来没有对同事无礼或引起一场冲突"。[28] 换句话说，在别人做出令人不愉快的行为时，大多数人会立刻抱怨，但却很少有人去想自己的行为也可能是同事之间发生冲突的原因。

社会心理学家卡罗尔·塔夫里斯和艾略特·阿伦森共同撰写了《错不在我：人们为什么会为自己的愚蠢看法、糟糕决策和伤害性行为辩护》一书。书中提到，认识到自我形象与实际行为之间的差异会引起认知失调与心情不愉快。为了减少这种不愉快并维持心目中良好的自我形象，人们会本能地矢口否认自己的行为，或者因为自己的缺点而去责备别人，从而将这种差异减少到最小。然而，这种合理化行为会妨碍人们意识到自己根深蒂固的错误看法和行为并做出改正。[29] 作为批判性思维者，人们需要积极地处理这种认知失调带来的不愉快，并努力克服对自身的错误看法。

第三种自我服务偏差是人们倾向于夸大自己的优点并给予较高的评价，但对自己的弱点却估计不足或视而不见。人们倾向于将自己拥有的个性或能力放到比较重要的位置，例如幽默感、智力和吃苦耐劳等，却贬低自己缺乏或欠缺的能力。在一项针对智力天赋很高但学习成绩一般的男学生的调查中，这些学生非常轻视学习的重要性，反而重视其他的兴趣爱好。[30] 意识到自己拥有对生活而言至关重要的个性和能力，能够增加自身的价值感并更容易达成人生目标。然而，这种倾向也会导致过分自信，拒绝寻求他人的合作，或对他人的技能漠然视之。

本章引言中提到，医生过度自信和过快做出结论已经被认为是错误诊断的关键因素。作为批判性思维者，除非人们愿意对自己做出坦诚的评价，否则不可能采取有效的措施去提升自我和克服缺点。

## 自我实现预言

自我实现预言是指人们夸大或扭曲的期望会影响自身的行为，而这种行为促使了预期事件的发生。期望会对人们的行为造成深远的影响。20世纪30年代初期，世界经济进入了大萧条时期，此时银行即将破产的传言使整个社会陷入了恐慌，人们争相冲入银行以便在其倒闭前取出存款。这一事件导致大量银行破产。因为银行必须将大量用户的存款用于投资而不是存放在保险库里，人们疯狂取款的行为引发了银行体系的崩溃，而这正是人们所恐惧的事情。

下面是另一个自我实现预言的例子。比如，一名文学教授的班上有一个足球运动员，而且还是明星。按照这位教授对大学运动员的（错误）期望，她猜测这位运动员并非真的喜欢这门课程，选修这门课程的原因是大家都认为这门课程比较简单。基于这种想法，她有意降低了对这名运动员的要求，没有给予他任何鼓励，也没有努力让他融入到课堂讨论中来。这位教授认为自己这么做只是不想让这位运动员陷入难堪。

为了维持自己的期望，我们会朝着自己期望的方向来解释模棱两可的数据。例如，我们的这位足球明星在课堂上表现得非常安静和专心。这位教授认为他是在全神贯注地考虑即将到来的比赛，而实际上他是在仔细品味课堂上正在讨论的诗歌。这位足球明星起初对文学和这门课非常感兴趣，而且高中阶段就已经在校报上发表了好几篇诗歌。但是很快他开始对这门课失去兴趣，课程结束时，成绩也仅仅是中等。因此，这位教授错误的期望最终成真，也成了一个自我实现的预言。很明显，维持我们的期望可能会给别人带来损失。

人类天生容易犯下多种认知与知觉错误，包括视错觉、对随机数据的错误知觉、难忘事件错误、概率错误、自我服务偏差以及自我实现预言等。由于这些错误是人类大脑解释世界的方式之一，所以有时人们并不能意识到它们对思维产生的影响。提高自己的批判性思维能力可以帮助人们更好地认识这些错误倾向，并在需要的时候做出调整。

大萧条时期，恐慌的人群正聚集在联邦银行门口等待取款。类似的现象也发生在 2008 年，由于担心股市崩盘，人们纷纷抛售股票，结果导致股市大跌。

## 社会错误与社会偏见

人类是一种高度社会化的动物。正因为这一特点，社会规范和文化期望对人类感知世界的方式产生了强烈的影响，这种影响是如此之大，以至处于群体中的人感知世界的方式与单独一个人时完全不同。群体会使人们收集与解释证据的过程发生系统性的改变。[31]

第 1 章曾提到，种族主义是一种认为自己的群体或文化比其他群体更优越的不合理信念，这种信念也会使人们的思维产生偏差，成为批判性思维的障碍。

### "非我即他"错误

人类的大脑似乎已经被设定好将人们分为"我们"或"他们"。人们总是倾向于尊重与自己相似的人，而猜疑与自己存在差异的人，不论这些差异是来自种族、性别和宗教，还是政党、年龄和国籍。虽然大多数人都声称信奉众生平等，然而在美国的文化中，诸如同性恋法官、女性医生、拉美裔参议员以及唐氏综合征儿童等一些修饰词的使用已经暴露了人们内心深处的看法，那便是任何与标准有差异的事物都应加以特殊化。我们很少听到像异性恋法官、男性医生、欧裔参议员、健全儿童这样的字眼！

偏见会影响我们的行为和观察世界的方式，而这种影响我们自身可能根本没有意识到。在哈佛大学的一项研究中，研究对象被要求快速地将一些褒义或贬义的形容词与一些白人或黑人的面孔联系到一起。虽然参与者都声称自己没有种族歧视，但是10个白种人中有7个"不自觉地表现出对白人的偏爱"。[32]

人们太容易陷入到"我们对他们"的思维模式中，尤其是在感受到威胁时。2014年，警察枪杀了手无寸铁的非洲裔美国青少年迈克尔·布朗，之后密苏里州弗格森爆发了骚乱。在枪击事件发生后，警察对抗议活动的反应是戴上军用作战装备和面罩，与抗议者对峙。这进一步加剧了"我们对他们"的心态以及认为警察要抓黑人的想法。警方因此重新审视了他们对抗议的反应。

这种错误也会导致人们在遇到问题时迅速两极分化为两个阵营。不管是"右翼保守势力"还是"老好人"，只要是"他们"，都是不合理的；与他们争论任何问题都毫无意义。相反，我们的群体占据着道义的绝对制高点，没有中间地带。在总统选举中，美国人迅速将整个国家分裂为两大对立阵营：红色的州是共和党阵营，蓝色的州是民主党阵营，自己阵营中的人都是"正义"与"善良"的，对方阵营中的人全是"错误"与"邪恶"的。

如果人们想要克服这种社会错误，需要时刻在思维中对此保持有意识的警觉，并建立坚固的防线。[33]作为批判性思维者，为了将这种错误减到最小，我们首先应该批判性地评估当前的形势，然后寻找一种更加直接的、更加包容的与他人建立联系的基础，例如我们住在同一间宿舍，我们就读于同一所学校，我们都是美国人，我们都是人类。此外，人们还需要有意识地做出努力，

2014年，警察枪杀了一名手无寸铁的非洲裔美国青少年，引发了密苏里州弗格森的骚乱。

即使是面对那些起初坚信是错误的观点，也能保持多元的视角。

## 社会期望

19 世纪末 20 世纪初，科学技术取得了突破性的进展，人们不断期待着新的发明和革命性的技术出现。1909 年 12 月 13 日，在莱特兄弟史诗般的飞行六年后，《波士顿先驱报》对当地商人华莱士·蒂林哈斯特发明的一艘新飞艇进行了报道。[34] 在随后的几周时间里，新英格兰到纽约地区出现了几百名目击者，这些目击者包括警察、法官和商人，都声称看到了在空中飞行的飞艇。[35] 这些报道出来的目击事件又导致大量的记者开始搜寻飞艇的踪迹。直到故事的真相揭晓，这不过是蒂林哈斯特一手导演的恶作剧，搜寻活动才宣告结束。

社会期望的影响力如此之大，甚至会导致集体错觉。有时，这些社会错误甚至会成为一种制度。[36] 一味地按照社会期望行动，不进行批判的分析，会带来可怕的后果。在马萨诸塞州殖民地时期的塞勒姆女巫审判中，有超过 200 人（主要是年轻女性）被指控使用巫术，其根本原因是 17 世纪的社会期望。生活在 21 世纪的人们可能认为猎巫者是狂热的极端分子。然而，他们的行事方式仅仅是与当时的主流宗教世界观以及那个时代的社会期望保持一致，当时某些不幸事件的发生，比如农作物歉收、瘟疫横行、人口死亡等，这些都被解释为魔鬼和它在人世间的使者——巫师在作祟。

1973 年，十几岁的彼得·赖利被控杀害母亲。案件中负责审讯赖利的警察采用诱导性问题获取了赖利的"供词"，这些警察之所以会这么做，他们的社会期望也起到了一定的作用。赖利的母亲是一位精神虐待狂。社会上一般认为遭到父母虐待的受害者往往具有暴力倾向，报复心强，尽管实际研究已经证明事实并非如此。家庭暴力的直接受害者往往不会发展出暴力倾向，而那些

17 世纪晚期发生在美国马萨诸塞州的塞勒姆猎巫事件，针对的是那些被错误地认为对社会弊病负有责任的人。

目睹家庭暴力实施的孩子才最危险，因为他们已经将暴力看作一种正常现象。[37] 此外，这种残忍的谋杀案常常是由内部家庭成员实施的。因此，警察基于自己的期望，草率地就得出结论，肯定是赖利杀害了自己的母亲。

刻板印象是另一种类型的社会偏见，指的是由于某个人属于某类社会群体，从而对该群体的社会期望便会被强加到此人身上。比如一项研究中，研究者向学生展示了一张图片，图片中是一名黑人正在乘地铁，旁边是一名手持剃刀的白人。后来研究者要求学生回忆这幅图片时，竟然有一半的人认为手持剃刀的是那名黑人。

## 群体压力与服从

从第 1 章介绍的斯坦福监狱实验中我们可以看到，群体压力会促使个体成员采取某些他们自己本来不会支持的立场。一些邪教组织正是充分利用了人们的这一倾向，他们将成员与其家人和朋友分开，避免其受到反对意见的影响。在很多邪教组织中，组织成员吃在一起，住在一起，甚至会为每个人指派一个同伴。

群体压力的影响力非常大，它会改变人们看待世界的方式，甚至导致人们对已经摆在眼前的证据视而不见。20 世纪 50 年代，美国的社会心理学家所罗门·阿施开展了一系列关于从众心理的实验。在实验中，他向参加实验的大学生展示一个屏幕，屏幕左侧是一条标准长度的线段，右侧有三条对比线段。其中有一条线段与标准线段等长，另外两条线段的长度与标准线段有明显的差异。[38] 在每次实验中，一名不知内情的被试加入到一个由 6 名实验者的同谋组成的小组，实验者让这 6 名同谋在实验中给出错误的答案。实验开始后，实验者向小组呈现线段，并问其中一名同谋右侧三条线段中哪条线段与标准线段一样长。这名同谋毫不犹豫地给出了错误的答案，接着其他几名同谋也相继给出了相同的答案。现在，这名不知情的被试开始表现出茫然不解甚至是惊愕。怎么可能 6 个人都错了呢？

在听到 6 个"错误"答案之后，75% 的真被试选择了屈服于群体压力，给出了错误的答案，却没有相信自己思考的证据。更令人感到惊奇的是，当实验结束后再次询问这些真正的被试时，竟然已经有一些人真的相信错误的答案是正确的了。

人们寻求与他人一致的渴望是正常的。然而，这种渴望常常与我们将世界分为"我们"和"他们"的内在倾向结合在一起，从而导致与多数人意见不一

## 分析图片

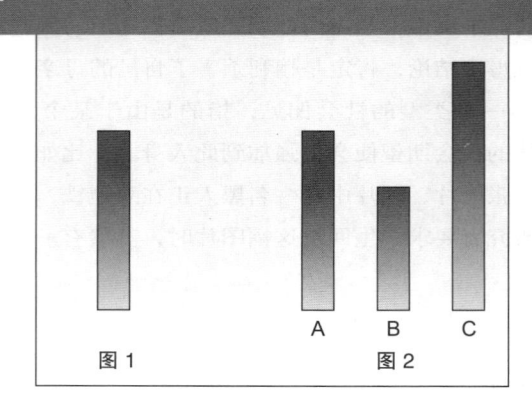

**阿施实验** 在阿施实验中,当被问及图 2 中哪条线段的长度与图 1 中的线段相同时,6 名同谋被试给出了同样的错误答案。在听完他们的答案后,75% 的真被试也给出了同样的错误答案。

**讨论问题**

1. 你认为实验中的真被试当时在想什么?
2. 回忆自己有没有与这名被试相似的经历,你认为自己是正确的,但周围人的想法与你都不一样。对于自己与他人的观念之间的差异,你是如何反应的?

---

致的人遭到排斥。此外,人们更喜欢周围是与自己意见一致的人。在公司或企业中,与主流观点不一致常常给人带来不言而喻的沮丧。与群体成员拥有对立观点的"异类"或不墨守成规的人可能会被上级领导排除在下一步的工作之外,甚至会被开除。[39]

因为我们具有顺应他人想法的内在倾向,所以在了解一致性意见以何种方式和条件达成之前,人们无法确定其一定是正确的。实际上,现在人们在做决策时,强调应达成群体一致并不可靠。在达成一致的过程中,群体中的多数常常能够影响整个群体均认同他们的观点。

跟应对思维中的其他错误一样,我们需要找到有效的策略以识别和消除人类服从群体思维的倾向。例如,在滑冰和跳水比赛中,运动员的成绩是由裁判主观决定的,由于担心裁判在打分时受到其他裁判的影响,所以打分由个人独立完成,而不是群体决策。如果我们一开始在群体决策中发现了群体思维,我们需要在心理上跳出这个群体,仔细评估某一立场的证据,决不能认为被多数人认同的观点就一定是正确的。

## 责任分散

**责任分散**（diffusion of responsibility）是发生在人数超过临界数量的群体中的一种社会现象。如果责任没有明确地指派给每个人，人们往往倾向于认为"这不关我的事"或"这是其他人的事"。例如，与在人群中时相比，当只有我们一个人在场时，我们更可能给予他人帮助。

这种现象也被称为"旁观者冷漠"或"基蒂·基诺维斯综合征"。1964年，在美国纽约的一所公寓外，一名28岁的年轻女子基蒂·基诺维斯被杀害。在袭击期间的半小时里，基诺维斯的很多邻居都听到了她的呼救声，但没有一个人报警。近期还发生了一起类似的事件，2008年6月，在康涅狄格州哈特福德市的一条繁忙街道上，一辆汽车在撞了一位中年男子后逃之夭夭。这名男子躺在街上，头破血流，动弹不得，周围站着一些围观的人，但却没人上前救助。来来往往的汽车从他身旁驶过却没有一辆停下来。最后救护车赶到之前没有一个人施以援手。对于大学生联谊会中欺凌新生的现象，责任分散也会发生，此时没有人去拯救被欺侮的人。

2008年6月，在美国康涅狄格州哈特福德市的一条繁忙街道上，一名男子被汽车撞成重伤，肇事司机逃之夭夭，而伤者躺在路上动弹不得，无人上前帮助，这正是"责任分散"现象的典型写照。受害者安吉尔·托里斯之后不治身亡。

作为社会性的存在，人们很容易犯"非我即他"错误，并受到社会期望和群体从众的影响。人们处在群体环境中时，常常认为一些没有明确指派给自己的事情与自己无关。虽然这些特质有可能促进群体的凝聚力，但却会妨碍有效的批判性思维能力。作为优秀的批判性思维者，人们需要随时对这些倾向保持警惕，并培养独立思考的能力，同时还要考虑其他人的观点。我们思维中的错误也使我们更容易在争论中陷入或使用谬误。在下一章中，我们将学习其中的一些谬误。

# 批判性思维之问

## 关于UFO(不明飞行物)是否存在的不同观点

自古以来,历史上就有很多关于天空中无法解释的现象的记载。然而,直到20世纪40年代末,美国新墨西哥州罗斯威尔发生了著名的"飞碟坠毁"事件之后,有关UFO的报告才如雨后春笋般的出现。显而易见的是,正是追求轰动效应的媒体报道促使了更多UFO目击事件的出现,1909年《波士顿先驱报》上一则关于发明新型飞行器的报道,导致了数百起对根本不存在的飞船的目击事件。

1948年,美国空军开始记录UFO目击事件,这是蓝皮书计划的一部分。截至1969年,蓝皮书计划已经收录了12 618起UFO目击事件,其中90%的UFO目击事件被证实只是天文或天气现象、飞机、气球、探照灯、高温废气和其他自然现象,而其余10%则无从考证。1968年,美国空军授权科罗拉多大学教授爱德华·肯顿开展了一项研究。[40]研究得出结论,根本没有证明UFO存在的任何证据,与其相关的科研工作应该立即中止。正是由于该研究结果,蓝皮书计划也被中止。

尽管官方已经就UFO根本不存在这一事实达成一致意见,但是56%的美国人相信UFO的存在。[41]此外,《国家地理杂志》的一项调查报告称,10%的人声称曾亲眼见过UFO。调查还发现,很多美国人认为美国政府对民众隐瞒了有关UFO和外星生命形式存在的信息。

下面的阅读材料来自美国空军的蓝皮书计划以及罗伊斯顿·佩因特。许多科学家认为UFO并不存在。这些科学家认为,UFO现象都可以用自然原因进行解释,包括陨石、气球、幻觉以及人类思维中的知觉与社会错误。虽然蓝皮书计划对UFO更加持否定态度,但这两篇文章都留下了不明飞行物可能存在的可能性。

## 蓝皮书计划：UFO 分析报告

美国空军

蓝皮书计划总结了美国空军从 1952 年开始对 UFO 进行的一系列研究。下文选自该报告的摘要和结论部分。完整报告请访问 http://www.ufocasebook.com/pdf/specialreport14.pdf。

从迄今收集的数据来得出一个准确的"飞碟"模型是不可能的。这一点非常重要，所以要在此加以强调。在大约 4 000 个自称见过"飞碟"的人当中，只有 12 个人给出了足够详细的描述。从这些描述中挑选出有价值的信息后，仍然不能描绘出"飞碟"的具体样子……

因此，基于上述证据，任何"未知物"都不太可能表示观察到了某种"飞碟"。在一些报告中，有目击者声称观察到了多种可能是"飞碟"的物体；然而却没有证据能够确认其中的哪怕一种，这使真正观察到"飞碟"的可能性更加渺茫。有人指出，一些"已知物"在被鉴别出来之前，其怪异性与 12 种典型"未知物"中的任何一个相比都毫不逊色，而实际上，如果没有确定这些"已知物"的本体，它们也会被归入典型的"未知物"。

当然，这一结论与大多数探讨"飞碟"现象的公开资料相互矛盾……不幸的是，几乎所有关于"飞碟"现象的文章、书籍和新闻故事都是人类撰写的……而且这些人只读过几篇精选的报告。这些出版物通常只引用骇人听闻的报道，从而使人们更加相信"飞碟"现象的存在。如果人们没有这种普遍向往神秘事物的心理倾向，这种问题就不可能存在。

这种报道会误导读者。读者们在阅读几篇报道后，要么相信"飞碟"是真实存在的，要么认为是某种阴险的诡计。随着阅读的报道越来越多，读者对"飞碟"真实存在的感觉会逐渐消失，取而代之的是怀疑。最终，读者对"飞碟"的认识会达到饱和点，此后他们发现这些报道其实压根儿没有任何新的信息，也不再感兴趣。这种"看到吐"的感觉在我们的项目工作人员中普遍存在，他们需要不断有意识地努力保持客观。

### 结 论

人们永远无法证明"飞碟"绝对不存在。即使能够获得每一次目击事件完整的科学测量数据，以及关于目击物的完整的、详尽的描述，结论依然如此。这些数据或许可以证明"飞碟"的存在，当然，前提是它们确实存在。

尽管本研究所参考的报告通常缺乏对每次目击事件特征数据的科学测量，但是运用统计学方法处理这些数据也可以得到某些有效的结论。然而，经过科学的评估和整理，这些数据并没有呈现出任何明显的模式或趋势。数据本身的不准确性以及大多数报告的不完整性，可能掩盖了本来显而易见的模式或趋势。由于缺乏指示性关系，有必要对数据的某些方面进行详尽的研究，才有可能得出有效的结论。

通过对目击事件中重要特征的分布进行批判性的检查，并对被评估为"未知物"的目击事件进行深入研究，我们得出的结论是：由于受各种因素的影响，以及目击报告中物体的飞行轨迹、飞机飞行计划或气球发射记录等补充数据的不足，大多数报告中归类为"未知物"的物体都无法确定为"已知物"。

为寻找一个可验证的"飞碟"目击事件，或

者建立一个或多个可验证的"飞碟"模型（在报告第1页中被定义为"目击者无法解释的任何空中现象或目击物"），有研究者进行了一项深入研究。该研究得出的结论是，利用现有的数据无法实现这两个目标中的任何一个。

需要强调的是，在任何报告UFO的案例中，都完全没有由物质实体构成的有效证据。因此，本研究所涉及的任何"未知物"是"飞碟"的概率非常小。原因有两点：一是即使是从现有数据中得出的最完整和最可靠的报告，在独立研究的情况下也根本无法得到一个粗略的模型，二是数据整体上无法揭示任何明显的模式或趋势。所以，根据对这些信息的评估，我们认为，本研究所考察的所有关于UFO的报告都极不可能被认定为观察到了超出人类现有科学知识水平的技术产物。

### 问 题

1. 蓝皮书计划在评估UFO目击报告时，如何区分"已知物"和"未知物"？
2. 作者如何解释为什么有这么多人相信UFO的存在？
3. 蓝皮书计划的作者对UFO的存在有什么结论？理由是什么？

## 物理证据与UFO

罗伊斯顿·佩因特

罗伊斯顿·佩因特拥有英国萨里大学的材料科学博士学位，目前在加拿大魁北克大学国立科学研究院担任教授。在这篇文章中，佩因特教授写道，有关UFO是否存在和外星人绑架事件的说法应该"按照最严格的科学调查标准"来加以检验。[42] 他认为，如果没有任何实物证据，人们应当对这些说法继续保持怀疑的态度。

对UFO的存在性持怀疑态度的人有时会因为要求出示外星人造访地球的实物证据而受到批评。相信UFO存在的人声称，这是一种不合理的要求，因为外星人既聪明又狡猾，人们不能期望它们会为自己造访地球留下任何物证。

不过，这种争辩恐怕只能说服那些本来就准备相信外星人确实造访过地球的人，正像有些人相信天使存在一样，这些都只是一种信仰行为。但是，一种不容否认的事实是，确实**不存在**确凿的实物证据能够使我们得出外星人正在造访地球的结论。

世界上还没有哪个博物馆展出过外星人的宇宙飞船。实际上，目前地球上还不存在这样的东西，我们可以指着它说："这一定是由外星人制造的。"当然，虽然如此，将外星人造访地球当成一种信仰行为并相信其存在仍然是可能的，但是大多数科学家并不相信，因为还没有得到严格的科学方式的证实。

大众飞碟学中流传着一些非常极端的案例，例如牛碎尸案、麦田怪圈、外星人绑架案等，有些相信UFO存在的人并不相信这些极端说法，他们转而求助于通过信息自由法案获取的政府和军用报告。一个著名的例子来自美国空军的"评估形势"信号计划，该报告于 1948 年对外公布，其结论认为飞碟确实存在并来自外太空。

这份报告的权威性到底有多大？受过科研训练的人在看过这样一份陈述后都会忍不住问道："这个结论是由展示的数据所推理出来的吗？"更确切地说，这样一个结论是不是作为解释这些数据的最经济的方式而强加给人们的？或者说这是草率的分析和臆想的结果？在信号计划的"评估"中，霍伊特·S. 范登堡将军认为，这篇报告中的证据不足以支持其结论，他拒绝接受这份报告。

很多人不愿意将相信外星人造访地球视为一种信仰行为，**实物证据**才是令人们信服的关键。如果地球上真的发现了确系外星人的制造物，我们会选择相信。但是请大家注意，不明飞行物中的"不明"与"确系外星人"绝非同一概念。仅仅是因为无法解释不明飞行物目击事件，并不能推论出一定是一艘外星人飞船。

除了飞碟降落在白宫草坪之外，是否还会有更好的机会获得确系外星人的物品呢？如果我们要相信那些自称曾被外星人绑架的人讲述（或者通过催眠"回忆起"）的故事，那么首先应当把精力集中在从这些人身上找到"外星人的植入物"上。

这么做的风险非常高。如果这些"植入物"被证明确实是由外星人制造的，那么这些人确实曾被外星人绑架过。从另一方面说，如果这些"植入物"无法证实是由外星人制造的，那么人们就必须问一问这些从"被绑架者"身上找到证据的"研究者"了。

由于风险如此之高，所以我们认为，所有这些分析检验过程都应严格按照科学调查的最高标准执行，这是非常必要的。更为重要的是，UFO 研究者们必须为自己声称的发现提供论证。比如有研究者宣称这些"植入物"拥有外星人的痕迹，那么仅是它们拥有"100% 的纯度"，拥有"非同寻常的结构"或者包含无线电发射机中的某些化学元素等这类证据都不足以支持该结论。他们必须证明"外星人制造了它们"。

一种简单的测试方法就足以检验该结论，并得到大多数科学家的信服，那便是对这些"植入物"的组成材料进行同位素分析。既然外星人制作设备的材料来自另外一个星系，那么就很容易推测出这些材料应当拥有与地球上的材料所不同的同位素比例。该测试直接切入了"植入物"相关声明的核心，并能消除所有由"100% 纯度"等类似论断所带来的困惑和夸大。

在此，我们强烈呼吁，所有的 UFO 研究人员在今后进行调查和取证时必须采用合适的科学标准。在支持自己的结论时，必须拥有检验性证据和严格的推理过程，在与怀疑自己结论的人进行对质前，应当找到切实的证据——确系外星人制造的飞船。

资料来源：Royston Paynter, "Physical Evidence and UFOs," 1996. Reprinted with the permission of Royston Paynter.

## 问 题

1. 为什么一些相信 UFO 存在的人坚持认为，对外星人造访地球应当出示证据这样的要求是不合理的？佩因特对这种反驳是如何回应的？
2. 佩因特等科学家认为什么样的证据是做出 UFO 存在论断所必需的？
3. 佩因特认为什么样的证据是证明确实有人被外星人绑架过所必需的？

# 第5章

# 非形式谬误

**要　点**

什么是谬误

歧义谬误

不相关谬误

包含无理假设的谬误

避免谬误的策略

批判性思维之问：关于枪支管控的观点

　　香农·汤森为上大学而感到兴奋不已。她在高中阶段是一名优秀的学生，香农怀揣着将来成为一名物理学家的梦想走进了美国科罗拉多大学的校门。在第一学期末，她取得了优异的成绩，平均学分绩点达到3.9分，而且积极参加各种社会活动。但接下来发生的事情彻底改变了她人生的方向。在第一学年结束的几周前，她突然向父母宣布，她打算辍学去"追随耶稣"。她已经加入了一个流浪的异教团体，也就是著名的吉姆·罗伯茨组织，或者简称为"兄弟会"。该组织信奉与家庭断绝关系，抛弃财产，与社会隔离，到处流浪（他们认为耶稣也是这样做的），劝人入教，寻觅食物。自从香农从大学辍学加入兄弟会，几乎十年过去了，她的家人再也没有见过她或者收到她的来信。[1]

　　香农的故事并非罕见。每年都有成百上千的大学生被招募到具有破坏性的异教团体。这些宗教团体围绕着一系列的信仰和仪式组成，表现为对某个人或某种思想的过分追捧，招募者往往使用操纵性和欺骗性的招募技巧，或利用荒谬的推理——包括模糊的语言——向潜在的成员掩盖真实目的。与家人隔离、来自异教团体的"新"朋友以"爱心炸弹"形式制造的同伴压力——这是异教团体采用的一种技巧，即团体成员对新招募的成员施以无条件的爱，让他们更容易接受新团体所说的话——都会使新成员更容易服从，而且会阻碍他们的批判性思维能力。同时，为了让新成员保持忠诚，破坏性的异教团体也会使用恐吓策略、情感虐待和内疚等手段。

大学生，尤其是那些在适应大学环境上存在困难、离开家人或者是在学业或社会交往方面存在困难的大一新生，更容易加入异教团体。缺乏自信、过于依赖别人、对模棱两可的低容忍度（对复杂的问题总想得出简单的"对"和"错"答案）以及较差的批判性思维技能，都会增加学生屈从于校园异教团体招募者的可能性。[2]

根据临床咨询师和异教团体专家罗恩·伯克斯的建议，避免成为异教团体目标的最佳方法是增加知识储备，不怕问问题。"对策是……批判性思维，"他说道，"异教团体不喜欢总是思考和提问的人。"[3]

识破异教团体招募者使用荒谬证据的能力对我们大有裨益，可以让我们抵御破坏性异教团体和其他错误观点的诱惑。在第 5 章，我们将

- 界定谬误
- 学会如何识别歧义谬误
- 学会识别不相关谬误
- 学会识别论据不足谬误
- 练习识破日常辩论和谈话中的谬误
- 讨论避免谬误的策略

最终，我们将讨论两个截然不同的、关于如何停止枪支暴力的提案，并分析其中的谬误和错误推理。

## 什么是谬误

论证是在某种前提下，通过推理或证据来支持某种主张或结论的过程。在某些方面，论证可能是无力或无效的。你所使用的前提——用于支持某种结论或观点的推理或证据——可能是错误的，也可能是你所提供的证据并不能支持结论。当论证看似正确，但进一步检验却发现是错误的，这时的论证就包含了**谬误**（fallacy）。谬误可能是形式谬误，也可能是非形式谬误。在**形式谬误**（formal fallacy）中，论证本身的逻辑形式是无效的。比如，下面所说的这

一论证就是形式谬误:"有些高中辍学的学生是男性。没有任何一个医生是高中辍学生。因此,没有医生是男性。"尽管前提是真实的,但是结论并不正确,因为论证的逻辑形式是错误的。

**非形式谬误**(informal fallacy)是一种错误推理,是指论证在心理或情绪上具有说服力但在逻辑上却是错误的。因为谬误会导致我们接受不被证据支持的结论,被谬误欺骗会使我们在生活中做出糟糕的决定——正像本章开头所说的香农被破坏性异教团体所欺骗那样。因此,如果能够识别非形式谬误,那么我们被谬误欺骗或在论证时使用谬误的可能性都会减少。

在下面的章节中,我们将研究三种不同的非形式谬误:歧义谬误、不相关谬误和论据不足的谬误。非形式谬误有许多不同类型,本章我们重点介绍较为常见的几种。

## 歧义谬误

在论证时使用有歧义的单词或短语、使用不明确的语法结构,或混淆两个极为相近的概念均会导致**歧义谬误**(fallacy of ambiguity)。语言和沟通技能不足的人更有可能使用这些谬误或者受到这些谬误的欺骗。歧义谬误包括语词歧义、构型歧义、错置重音和分解谬误。

### 语词歧义

如果论证中使用的关键术语有歧义——也就是说关键术语不止一个含义——而且在论证过程中术语的含义发生了变化,那么就会出现**语词歧义**(equivocation)。当语境中本来就有歧义的关键术语含义模糊不清时,最容易发生语词歧义。比如,森林里的一棵树倒下了,而周围没有人,关于这棵树究竟是否发出了"sound"(声音),两个人发生了舌战。而这场舌战的产生正是因为"sound"这个关键术语有歧义。在这个例子中,两个持不同意见的人运用了"sound"的不同定义。

下面是关于语词歧义的另一个例子:

2010年2月23日,福克斯新闻报道,民主党参议员哈里·里德曾说过:"如果你是一个失业的男人,你可能会(may)殴打你的妻子。"由此,福克斯记者得出结论，里德认为，失业的男人殴打妻子是可以的。他们这样认为就犯了模棱两可的谬误，因为"may"一词有不止一种含义。它可以用来表示"允许"，也可以用来表示"可能性"。事实上，参议员里德曾说过："失业的人往往会对他人施虐。我们家的避难所都挤爆了。"他没有允许失业的男人殴打他们的妻子，也没有纵容虐待。

下面再举一个此类谬误的例子：

> 卡尔：患绝症的病人有权利决定自己死亡的方式和时间。
> 胡安：不对。美国法律并没有赋予人安乐死的权利。

在这场争论中，卡尔说的权利是指道德上的权利，而胡安则使用了权利的不同定义——也就是法律上的权利。法律上的权利和道德上的权利是不同的。比如，从法律上讲，我们可能拥有奴隶的所有权，就像美国南北战争之前的美国南方人那样，但不是道德上的所有权（这是今天所有美国人都认可的）。同样，我们也可以拥有一些道德上的权利，比如要对配偶忠贞、诚实，但这并不是法律上的权利。

在我们错误使用一些相关词汇时，比如高、小、强壮、大或者好等词，也会犯语词歧义这类谬误。比如：

> 两岁的凯蒂很高。而她的父亲不算高，仅能算作中等身高。因此凯蒂比她父亲还要高。
>
> 泰格·伍兹是一位好高尔夫球手；因此，他也是一位好丈夫。

在这两个例子中，高和好这两个相关词汇在不同语境中用作了相同的论据。这就像拿苹果与橘子相比较。一个高个子小孩和一个高个子大人是两件完全不同的事情。泰格·伍兹是一位好高尔夫球手，但这并不意味着他也是一位好丈夫。事实证明，在2010年，有报道称他有外遇。不久后，他和妻子艾琳·诺德格伦离婚了。

为了避免出现语词歧义的谬误，在进行论证或讨论之前，你应该清晰地界定任何有歧义的单词或短语。而且，你要避免在同一个论证中使用不同语境下的相关词汇。

泰格·伍兹是一位好高尔夫球手，所以他也是个好丈夫。

## 构型歧义

当一个论证中含有语法错误时会出现**构型歧义**（amphiboly），它将得出不止一个结论。比如：

特瑞·夏沃的母亲和她的丈夫在她的生命问题上持相反的意见。[4]

在这一表述中，涉及的问题是，是否把饲管从脑损伤的特瑞·夏沃身上移除，而含混不清的措辞使得结论不清不楚。究竟是特瑞·夏沃的丈夫，还是她的父亲（也就是她母亲的丈夫）持相反的意见？（在这一案例中，特瑞·夏沃的丈夫要求移除饲管，而她的母亲和父亲则相信她仍然有重新恢复意识的机会，因此坚持保留饲管。）

广告商也许会故意使用此类谬误，希望消费者能解读到比实际表述更多的含义，正像下面倩碧 Happy 香水的广告语。

Wear it and be happy！（喷上它并且快乐起来！）

在这里，并且（and）这个词是有歧义的。"and"可以用来表达两个完全不相关、互为独立的观点，也可以用来表达两种观点之间存在因果联系，比如"喷上这款香水，而且如果你这样做，你会变得开心。"当然，广告商期望我们上当，将广告语理解为第二种解释。然而，如果我们使用了 Happy 这款香水，结果却没有变得更加快乐，从而试图起诉倩碧做了虚假广告时，我们确信，广告商肯定会宣称他们在广告中使用 *and* 这个词，从来没想过用它来暗示因果联系。相反，他们极有可能会说，*and* 仅仅是个连词，用来连接两个毫无关系的观点。而与此同时，我们因为模棱两可的语言而上当受骗，从口袋里掏出了钱，人也变得更加不快乐。

从轻松的一面看，滑稽演员使用构型歧义来娱乐观众，就像下面摘自 1996 年的电影《终极笑探》中的对话：

代理人：先生，我们位于直布罗陀巨岩上的监听站截获了一段令人不安的卫星信号。

主管：它是什么？

代理人：它是西班牙南部海岸一块伸出水面的大岩石。

为了避免构型歧义的谬误，我们应该正确地使用语言和语法，这样我们论证的含义才会清晰明白。当我们对如何理解某个句子感到不确定时，应该让说话的这个人更加清楚地重新表述这个句子。

## 错置重音

**错置重音**（accent）谬误是指根据句中重读或强调的单词或短语的不同，句子的含义发生变化。比如：

> 近乎发狂的母亲：我不是说了吗，"不要玩火柴"？
> 犯错的女儿：但是我没有**玩**这些火柴啊！我在用它们烧掉墨菲先生的厂房。
> 据学校报纸所说，学校管理者正在采取严厉措施，禁止校外饮酒。不过我很高兴听说他们同意在校内饮酒。

在第一个例子中，犯错的女儿通过把重音放在"玩"这个单词上改变了母亲发出警告的含义。在第二个例子中，这个学生通过强调"校外"这一用语，错误地得出学校领导只反对校外饮酒的结论。

### 分析图片

"谢天谢地！学生贷款公司说这是我接到的最后一次通知！"

© WM Hoest Enterprises, Inc. Reprinted with permission.

### 做出糟糕的选择

**讨论问题**

1. 漫画中的学生犯了哪种谬误？请讨论，如果这个学生不能认识到这一谬误，可能导致他做出怎样糟糕的选择？
2. 设想你是漫画中学生的父母。讨论若要提醒他注意自己的错误想法，你会对他说些什么。

当我们从上下文中抽出一段话时也会出现错置重音谬误,这样会改变其原来的含义。比如,"断章取义"就是把经文内容从原来具体的语境中抽出来以证明某一特定的观点。异教团体经常使用断章取义的方法来支持他们神学上的论点。下面这段话摘自钦定版《圣经》,本章开头提到的吉姆·罗伯茨异教团体正是引用了这段译文,来说服新成员不仅必须放弃世俗的私人财物,而且也必须放弃家庭、朋友、学业和职业规划。

> 这样,你们无论什么人,若不撇下一切所有的,就不能作我的门徒。(《路加福音》14:33)

事实上,不管是耶稣还是他的门徒讨论问题都没有放弃或否认与家人以及朋友的关系,通过忽略这一事实,异教团体的领导者犯了错置重音的错误。

如果你不确定某一论点强调或重读的是哪个词语,你可以请这个人重复或解释他想表达的意思。如果你怀疑某个论据是从上下文语境中抽取出来的,你可以回过头去查找原文——在这个例子中就是钦定版的《圣经》。如果把论据放回原文中,其含义发生了变化,那么这些论据就是不合理的。

## 分解谬误

**分解谬误**(fallacy of division)是指将集合或整体的特征不恰当地推论到其中的元素或部分上。如此一来,我们会错误地认定整体的每一部分都具有整体的一般特征。也就是:

> 整体 G 具有特征 C。
> X 是整体 G 的一部分。
> 因此,X 也具有特征 C。

比如:

> 男性比女性高。
> 丹尼·迪维图是一位男性。
> 因此,丹尼·迪维图比一般的女性都高。

显然,这个结论是错误的,因为女性的平均身高为 1.62 米,比丹尼·迪维图高 10 厘米。而且,我们有时仅仅根据某个人或某件事与某一特定群体有关系来判断其好坏。如下面这个例子所表明的:

我听说加拿大人真的是好人。因此，来自萨斯喀彻温省的德里克也肯定是个好人。

尽管加拿大人作为一个群体人很好可能是真实的，但我们不能就此推论每个加拿大人都是好人，比如德里克。

## 合成谬误

**合成谬误**（fallacy of composition）与分解谬误的方向相反。合成谬误是指从部分到整体的错误推论，即从某一群体或某一群体成员的特点出发，得出关于该群体的结论，比如下面这个例子：

这家酒店的房间很小。因此，这家酒店一定很小。

房间（酒店的一部分）小并不意味着酒店（整体）小。事实上，在像纽约这样的大城市里，一些大型酒店的房间往往比一些小城镇的酒店房间要小，虽然更优雅。下面是这个谬误的另一个例子：

钠（Na）和氯（Cl）对人类都是有害的。
因此，食盐（NaCl）作为这两种化学物质的混合物，也是有害的，应该完全避免食用。

然而，钠和氯本身有害的这一事实并不意味着它们结合在一起是有害的。事实上，饮食中适量的盐对我们的健康有益。

## 不相关谬误

**不相关谬误**（fallacy of relevance）是指一个或多个前提在逻辑上与结论不具有相关性。然而，我们之所以会被这类谬误蒙骗，是因为前提与结论从心理上看似存在相关。不相关谬误包括：个人攻击（人身攻击谬误）、诉诸强力（恐吓策略）、诉诸怜悯、诉诸众人、诉诸无知、以偏概全、稻草人谬误和熏青鱼谬误。

## 个人攻击或人身攻击谬误

**个人攻击或人身攻击谬误**（ad hominem fallacy）是指当我们不同意某个人的结论时，不是针对他的观点发表意见，而是攻击这个人本身。2015年，肯塔基州罗文县的办事员金·戴维斯拒绝向同性伴侣发放结婚证，她的一些批评者反驳说："在三次离婚后，很难证明你是在捍卫婚姻的神圣。"他们这样做是在攻击她的人格，而不是为同性婚姻提出合乎逻辑的理由。[5] 我们试图通过这样做来向对手及其观点表达反对意见。此类谬误在拉丁语中被称为"ad hominem"，意思是"攻击这个人"，它有两种形式：（1）辱骂，直接攻击这个人的品质；（2）间接推论，我们反驳某个人的观点或指责某个人虚伪，仅仅是因为这个人的某些特定情况。批判性思维技能差的人很容易被此类谬误所欺骗，因为人类具有将世界划分为"我们"和"他们"的自然倾向。

这种谬误经常在对争议性话题的激烈辩论和政治竞选运动中出现。在2016年美国总统大选中，唐纳德·特朗普利用推特对与他意见相左的人进行了数百次辱骂，包括称他的对手希拉里·克林顿是"骗子"和"彻头彻尾的骗子"，还称参议员伊丽莎白·沃伦是"傻瓜"和"马屁虫"。

那些不遵循广为接受的观点的人可能会成为个人攻击的目标，就像下面这个例子：

> 厄恩斯特·曾德尔是极端主义者的一分子。他认为在南极附近存在UFO的观点简直是疯了。

这个人没有针对曾德尔提出的南极附近存在UFO的观点进行讨论，而是试图败坏曾德尔的名声。试图通过攻击某个人的品质或名誉来反驳他的观点，有时被称为"井里下毒"。这在政治竞选活动中极为常见。

缺乏良好批判性思维技能的人往往会对个人攻击"以牙还牙"，用辱骂的方式来反击对方。

> 帕特：我认为堕胎是错误的，因为它结束了一个活生生的生命。
> 克里斯：你们这些反对堕胎的人都是一群心胸狭隘、反对人有选择权的宗教狂热分子。
> 帕特：哦，是吗？那你就是杀害婴儿的凶手，不比纳粹强。

克里斯没有对帕特反对堕胎的观点进行争论，而是将矛头指向帕特本人，对其进行个人攻击。帕特也没有好到哪里去。他没有做到无视克里斯的侮辱，

## 行动中的批判性思维

### 人际关系中言语攻击的危险

不是所有的个人攻击或人身攻击谬误都是有意的。较差的沟通技能也可能会导致处于亲密关系中的人之间发生此类谬误,不管是朋友之间、家人之间,还是恋人之间。

约翰·格雷是《男人来自火星,女人来自金星》的作者,他在书中写道,在私人关系中,我们会不自觉地攻击对方。他指出,男人往往不是对女人的争论做出回应,而是自视高人一等。男人不把注意力放在女人忧虑的事情上面,而是解释她为什么不应该苦恼或者只是告诉她不必担心。如此一来,他忽视了她的情感,而犯了人身攻击的谬误。结果是,女人变得更加心烦,而男人转而也感觉到女人的不情愿,他也变得心烦意乱,而且责备女人扰乱了自己的心情,要求对方道歉。女人可能会道歉,但却对发生的一切感到疑惑不解。又或者女人在听到男人期望自己道歉时会变得更加愤怒,很快争论就升级为一场战争,夹杂着中伤和指责。

为了避免出现上述场景,格雷十分强调良好的倾听和沟通技能在人际关系中的重要性,这样,我们就能够理解对方为什么烦恼,并且也能够更好地处理。

### 讨论问题

1. 你同意格雷提出的男人和女人之间存在沟通风格差异吗?这类误会在同性之间是否也同样常见?请用具体的例子支持你的观点。
2. 回想自己的经历中你曾经对一个人说过什么话令他感到难过,但你却不理解对方为什么难过的时候。现在再想一个由于某个人不经意忽视了你的担心而让你感到难过的经历。想出一些策略,让你能够少使用言语攻击,更多地做出具有建设性的、理性的回应。

改述自 John Gray, *Men Are from Mars, Women Are from Venus* (New York: HarperCollins Publishers, 1992), p. 155.

将争论的主题拉回正轨，而是卷入了人身攻击的谬误之中，用侮辱来报复对方。作为一名优秀的批判性思维者，我们必须要抑制冲动，不能用"以牙还牙"的方式来回应那些对我们进行人身攻击的人。

如果我们仅仅通过表明某个人所处的特殊情况使其产生了偏见，以此来反驳其观点；或者如果我们坚持认为，对手接受或不接受某一结论仅仅是因为他自身的特殊情况，比如他的生活方式或他是某一特定群体的成员，那么我们也会犯人身攻击谬误。比如：

> 劳尔当然会支持大学入学的平权法案。他是拉丁美洲人，会从这项计划中获益。

然而，劳尔是否会从大学入学平权法案中获益与其支持该法案的论据是否可靠并无逻辑关系。我们应该独立于他的身份来评价其观点。

这种类型的个人攻击也可能会采取因某个人的特殊情况而指责其虚伪的形式。

> 父亲：儿子，你不应该吸烟。吸烟有害健康。
>
> 儿子：看看是谁在说这话。你每天至少要吸一包烟。

在这里，儿子通过指责父亲虚伪来驳斥其观点。但事实上，一个人就算做了自己所反对的事情，比如吸烟，也并不意味着他的观点是不合理的。在这个例子中，父亲的虚伪和言行不一并不能证明吸烟对儿子的身体健康有害这一观点是错误的。

并非所有关于某个人品质的负面表述都包含谬误，正如下面例子中所呈现的：

> 雅各布·罗比达在马萨诸塞州一个同性恋酒吧的休息室打了三个人，在逃窜途中又杀害了两个人，据说他是一个破坏性和暴力倾向很强的少年，在他的卧室里有纳粹标记和一副棺材。

拿着海报的女人对男人的论点不屑一顾，她犯了间接推论形式的人身攻击谬误。男人不能怀孕的事实并不意味着他们不能在堕胎问题上采取立场。海报上还有一个模棱两可的关键词"领导者"。然而，即使定义了这个词，运动领导者的性别也与堕胎应该合法的论点无关。

## 分析图片

**达尔文的类人猿血统**　在非言语交流中也可以使用谬误。在1859年查尔斯·达尔文的《物种起源》出版之后，许多反对达尔文进化论的批评者不是把矛头直接指向达尔文的观点，而是对支持进化论的学者进行人身攻击，就像1870年这幅漫画中所描绘的。生物学家托马斯·赫胥黎（1825—1895）是进化论最坚定的支持者之一，他没有被这种手段所蒙骗。主教塞缪尔·威伯福士问赫胥黎："请问这位宣称自己是猴子后裔的先生，您是通过祖父还是祖母接受猴子血统的呢？"赫胥黎幽默地转移了这一人身攻击。"如果把这个问题放在我身上，"他回答道，"我会毫不犹豫地选择一个可怜的类人猿作为自己的祖先，也不选择一个拥有极高的天赋和巨大的影响，却把嘲讽奚落带进严肃的科学讨论的人作为祖先。"

### 讨论问题

1. 这幅漫画在多大程度上塑造了你或别人对漫画主题产生的感受？赫胥黎在他的回答中使用人身攻击了吗？评价他的回答。如果他犯了某种谬误，描述该谬误，并思考是否存在更好的回应方式，不诉诸谬误，也不利用修辞手法。
2. 既然人们倾向于被这类谬误所欺骗，那么媒体是否有责任避免刊登这类漫画：为了反对某人对某个问题的立场，而利用漫画攻击这个人的品质？讨论一下。

在这个案例中，罗比达的精神状况、以往的暴力史以及家里的纳粹标记都与他是有罪的这一结论有关，而且这些有助于证实他的犯罪动机。

## 诉诸强力（恐吓策略）

**诉诸强力**（appeal to force）谬误或**恐吓策略**（scare tactics）谬误是指我们使用或威胁使用强力——无论是身体上的、心理上的，还是法律上的——试图让别人放弃某种观点或接受我们的结论。如人身攻击谬误一样，使用强力也许会在短期内起作用。但是，恐吓总是会破坏人与人之间的信任，而且具有不良沟通技能和错误推理的特点。下面的两个例子可以用来说明诉诸强力谬误：

> 不要跟我唱反调，记住谁给你交大学学费。
> 不要跟我唱反调，我会扇你的脸！

有时，诉诸强力比上面两个例子所呈现的更加微妙。比如，如果别人不转向我们的思维方式，我们便威胁要收回关爱或支持。像我们在本章开头所讨论的，异教团体所提供的"爱心炸弹"——新成员沐浴在"无条件的爱"的氛围下，而且与团体之外的其他社会支持系统脱离了一切联系——使新成员更容易屈服于这种谬误，因为如果新成员不遵守异教团体的规则，就会遭受失去爱的威胁。

诉诸强力也可能采用恐吓策略而不是公开威胁。比如，一些危言耸听者认为，如果美国国会在 2013 年 3 月 1 日之前不能通过平衡预算，美国就会跌下"财政悬崖"，从而导致大规模裁员，并使美国因军费削减而容易遭受恐怖袭击。

电影制作人也使用恐吓策略来吸引观众。随着人工智能的发展，创造出外表或行为方式像人类的机器人的可能性已经促生了一系列这类电影，包括《2001 太空漫游》《终结者》

一个超速的司机恳求说"不应该给我开罚单，因为每个人都超速了"，或者"请不要给我罚单，我要迟到了"，这些理由都是基于思维谬误，无法说服有逻辑思维的警官。

《银翼杀手》《我，机器人》《人工智能》《星球大战》系列以及《黑客帝国》三部曲，在这些电影中，机器人以智能方式与人类互动。许多电影利用了恐吓策略，将机器人描述为要破坏人类的邪恶敌人。

然而，并不是所有的恐吓策略都是谬误。比如，如果你酒后驾车，那么就很可能会导致一场机动车交通事故。在这种情况下，喝酒与发生机动车事故的可能性增加之间存在逻辑关系。除此之外，也并不是所有的威胁都包含谬误。有些威胁很显然不是谬误。比如，当一个强盗拿枪指着你的脑袋说"把你的钱包和其他值钱的东西交出来"时，你一般会交出钱包。你这么做不是因为强盗说服了你钱包是他的，而是因为你不想吃枪子。

在政治、经济或社会上占有优势资源的人更有可能运用诉诸强力的谬误。尽管我们大多数人都认为自己不会被公然的暴力威胁所蒙骗，但事实上，恐惧确实是一个强有力的激励因素，我们要比想象中的更容易上当。尤其是当弱势群体——比如被虐待的妇女或被压迫的少数群体——开始认同压迫者或者为自己受压迫而自责时，这个问题就会变得非常麻烦。而且，目睹虐待的儿童可能会认为"那也许是对的"，并且认同强权者的行为。相应地，当这些孩子长大成人之后，他们或许也会使用暴力来达成自己的目的。

## 诉诸怜悯

**诉诸怜悯**（appeal to pity）谬误是指我们试图通过唤起别人的同情心使其同意我们的观点，而这种怜悯与结论之间并无关系。比如：

> 警官，请不要给我开超速罚单。我今天真的很倒霉：我发现我的男朋友一直在欺骗我，更重要的是，我刚刚收到了房东下的逐客令。

你刚发现男朋友一直在欺骗自己和收到房东的逐客令确实非常倒霉，但是这些与你开车的速度并没有逻辑上的联系。尽管这位警官可能会同情你的遭遇，但这并不能成为她不给你开超速罚单的好理由。

在前面的章节中，我们讨论过，批判性思维在健康的自尊和自信的沟通技能中起着重要的作用。那些自尊水平低或不能平衡自己和他人需要的人尤其容易受到这类谬误的欺骗。

> 我没有时间把明天早上的课堂作业打印出来，因为我答应贾斯汀今天晚上去看电影。你比任何人都知道言而无信是不对的。所以请你帮我把作业打印出来吧。

如果你不帮我，我这门课就挂了。求求你了，就帮我这一次。

被这种谬误欺骗的人可能会把自己看作是有同情心的、敏感的，他们不愿意对别人说"不"，而且总是为了朋友不辞辛劳。毫无疑问，同情心是一个非常好的品质。但是如果有人提出这样的请求，有时你也需要退一步想想，问问自己同情是否与他们的论据相关。如果没有关系，你可以表达自己的关心，但是不要屈服于他们错误的推理。受诉诸怜悯谬误的欺骗不仅伤害你自己，也纵容了习惯用这种方式来操纵别人的人的不合理行为。

并不是所有的诉诸怜悯都是错误的，有时一个人的遭遇确实需要别人的同情。比如：

> 警官，请您不要给我开超速罚单。我坐在后座的孩子吞了一枚硬币，现在呼吸困难。我不得不赶紧把她送到医院。

在这种情况下，如果这个警官还是给这位父亲开了超速罚单，而没有将他和孩子尽快护送到医院，我们会认为这位警官极其冷酷无情，甚至会认为他犯了罪。许多慈善组织也会利用我们的同情心。重申一遍，如果我们的同情心与求助存在逻辑上的相关，就不存在谬误。

第一章的开头提到过，"批判性"（critical）这个词，也就是批判性思维中的批判性，来自希腊词 *kritikos*，意思是"识别能力"或"判断能力"。能够判断出何时应该对别人的诉诸怜悯做出回应，而不是被别人操纵，需要我们意识到所提及的怜悯之事是否实际上与事件紧密相关。

## 诉诸众人

**诉诸众人**（popular appeal）谬误是指援引流行的观点来支持自己的结论。最普遍的形式是潮流方法（bandwagon approach），即某个结论被认为是正确的，仅仅是因为"每个人"都相信它或者"每个人"都在这样做。下面是运用诉诸众人谬误中潮流方法的一个例子：

> 上帝一定存在。毕竟，大多数人都相信上帝。

这一论证的结论是基于这样的假设：大多数人一定知道什么是对的。然而，大多数人相信上帝存在或其他任何事情并不意味着它就是真实的。毕竟，曾经大多数人也都认为太阳围绕地球转，奴隶制度是正常的，在道德上是可以被接

## 分析图片

**"宝贝儿，你已经取得了长足的进步"** 烟草行业每天都要投入 2 500 万美元广告费，而大多数广告都意在诱发我们的情绪，而不是理性。1968 年，菲利普·莫里斯烟草公司推销一款维珍妮牌女士香烟，并举行了一场"宝贝儿，你已经取得了长足的进步"的广告活动，意在拓展女性市场。这场活动的目的在于利用女性不断增强的独立意识，同时利用讲究派头的诉求，引导女性将吸烟等同于漂亮、苗条以及自由。

尽管广告暗含性别歧视的弦外之音，遭到了一些女权主义者对维珍妮牌女士香烟的抵制，但这个广告还是非常成功地让更多的少女迈入吸烟者的行列。维珍妮牌女士香烟的广告在 1995—1996 年间撤下了"宝贝儿，你已经取得了长足的进步"的标语。

### 讨论问题

1. 讨论该广告中使用的谬误。记下你对上述广告的最初反应。你陷入这个广告中的谬误有多深？为什么？分析为什么这则广告能够成功地让一些年轻女性迈入吸烟者行列。

2. 如果你吸烟或知道某个人吸烟，你或他会给出什么理由来支持继续吸烟？检查或分析其中可能的谬误。

受的，而现在看来这些都是错误的。

诉诸众人也可能使用民意调查来支持某个结论。比如：

> 对学生进行强制性考试是衡量一所学校的学业效率的好方法。一项民意调查发现，在 K-12 年级孩子的家长中，有 71% 的人……支持每年对公立学校的学生进行强制性考试，以此来确定学校的表现。⁶

大多数家长同意强制性考试这一事实本身并不足以支持这样的结论，即强制性考试是衡量学校表现好坏的好方法。相反，我们需要一项有控制的科学研究来确定学生的考试分数与学校表现之间的关系。这个论点也包含一个模棱两可的术语，即"学校表现的好坏"。为了进行一项研究，我们首先需要对"学校表现的好坏"（例如，毕业率）进行操作性定义。如果我们只是简单地使用学生的考试分数，我们就是在进行循环推理，这也被称为窃取论题的谬误（见后文）。

讲究派头的诉求是此类谬误的另一种形式，是指将某种观点与精英群体或流行的形象联系在一起。2013 年超级名模凯特·厄普顿出现在梅赛德斯-奔驰的超级碗广告中，以及流行电视剧《法律与秩序：特殊受害者》中的演员玛莉丝卡·哈吉塔出现在牛奶广告中，都是讲究派头的诉求的例子。事实上，这类谬误在那些我们本不想购买的商品的广告中尤其普遍，比如高档轿车。

作为批判性思考者，我们需要记住，大多数人或精英群体认可的某种观点或结论并不一定是正确的。

广告商在广告中经常使用"讲究派头的诉求"，花钱请名人宣传自己的产品。他们希望消费者能这样想："我想成为维多利亚·贝克汉姆那样的人，所以我会买她拎的那款手提袋。"

# 诉诸无知

**诉诸无知**（appeal to ignorance）谬误并不是指我们愚蠢，而是指我们不知道如何证实或证伪某件事情。当我们仅仅因为没有人能够证明某件事是假的而判断其为真，或没有人能够证明某件事是真的而判断其为假时，我们就犯了这类错误。思考下面这句话：

> UFO 显然不存在。没有人能够证明它们确实存在。

在这个例子中，这个人得出 UFO 不存在这一结论的唯一证据是，迄今尚未有人能够证明它们确实存在。然而，我们不知道该如何证明其存在的事实并不意味着它们确实不存在。UFO 可能存在，也可能不存在——我们只是不知道。

有时，诉诸无知的谬误是隐晦的。教育心理学家阿瑟·詹森用下面的论证来支持自己认为黑人的智力水平天生不如白人的观点：

> 迄今为止，即使对实验条件做了适当控制，比如选取有代表性的黑人样本和白人样本，也没有任何证据表明，通过对环境和教育条件进行统计控制，黑人儿童和白人儿童在智力能力上可以大体相当。[7]

尽管缺乏证据，但这并不能从逻辑上证明"黑人儿童和白人儿童在智力能力上可以（或不可以）大体相当"。再一次申明，我们最多只能说我们不知道。

人们也会试图用这类谬误摆脱污点，正如下面的例子：

> 警官，我没有谋杀亚力克西。你没有任何证据能够证明我昨晚在亚力克西家里。那就证明凶手不是我。

诉诸无知谬误有一个非常重要的例外情况。在法庭上采用的是无罪推定原则，即如果不能证明被告有罪，那么只能认定其无罪，而且举证责任在于原告律师一方，而不是被告。这一法律原则旨在避免对无辜者的惩罚，因为人们觉得冤枉一个无辜者比让一个有罪的人逍遥法外更不公平。除此之外，因为政府的权力远远大于被告个人，所以这一法律原则也有助于提供公平的机会。只是我们要注意："无罪"判决并不一定证明此人无辜。

## 以偏概全

如果使用恰当，概括在自然科学和社会科学中都是非常有用的方法。但是如果我们从一个太小或有偏差的样本来推论总体，就犯了**以偏概全**（hasty generalization）的谬误。

不寻常的事件 ——————➤ 关于总体的奇怪规则
（前提）　　　　　　　　　（结论）

刻板印象经常是在这种谬误的基础上形成的：

> 我的父亲是一个施虐者，我前男友也是。所有男人都不善良。

在这里，说话的人仅仅根据她接触的两位男性的有限经验便推断出所有的男人都"不善良"。

正如我们已经看到的，人们倾向于把世界分为"我们"和"他们"，而且不把有别于"我们"的人视为个体，而是在以偏概全的基础上贴上"他们"的标签。证实偏差，也就是我们只寻找那些能够证实自己的刻板印象的事例，会强化这一倾向。

以偏概全的谬误也会阻碍跨文化交流和新人际关系的建立。有一次我和妹妹乘船旅行，我们的船没有按预定计划停靠在加勒比港口，而是停在了卡塔赫纳港。当导游听到这一变化，他立即将所有人召集在一起，警告我们停港的时候最好待在船上。他还补充道，如果我们确实想上岸，也最好假装成加拿大人。他告诉我们，哥伦比亚人非常讨厌美国人，他们会抢劫、攻击我们，或者因为很小的事情逮捕我们，如果有机会甚至还会杀了我们。然而事实证明，卡塔赫纳是一个美丽的城市，我们遇到的人也非常友好、热情。对哥伦比亚人的刻板印象和以偏概全的谬误阻碍了其他乘客真正认识和了解哥伦比亚人。[8]

如果我们以错误信息为依据形成刻板印象也会导致以偏概全。思考下面的表述：

> 在美国，大学教育是一个很好的平衡器。我能说出几个人的名字，包括脱口秀主持人奥普拉·温弗瑞、星巴克创始人霍华德·舒尔茨和卓越通讯的创始人肯尼·特劳特，他们都来自非常贫困的家庭，上完了大学，然后成为亿万富翁。

这一说法是根据少数过时的事例草率做出的概括。事实上，如今77%来自富裕家庭的年轻人（年收入超过108 669美元的人）能从大学毕业，而来自贫困家庭的年轻人只有9%能获得大学学位，这加剧了目前处于30年高位的贫富差距。这种日益扩大的差距部分是由于当今大学教育成本的迅速上升，导致大学学费高得让许多中低收入的学生望而却步。奥巴马总统提议让所有学生免费上公立社区大学，作为缩小这一差距的一步。

我们在做出概括之前，首先应该确保有足够大且无偏见的样本，当然也要与时俱进。1824年英国诗人拜伦去世之后，一位好奇的医生摘除了他的大脑并称了重量，结果发现，拜伦的大脑比普通人的大脑重25%。这一新发现，当然仅仅是以一个样本为基础得出的，在科学界迅速传播开来，从而引发了关于脑的大小与智力的高低有关的观点。[9]在第7章，我们将更加详细地学习抽样方法与概括的正确使用。

## 稻草人谬误

**稻草人谬误**（straw man fallacy）是指一个人通过歪曲或错误传达对方的观点来击倒或反驳对方。这种策略在充斥着争议性话题的政治修辞中尤其常见，观众也许根本不知道或不关心对方的观点是否被错误传达。

> 我反对同性婚姻合法化。同性婚姻的支持者想破坏传统婚姻，使同性恋者之间的婚姻成为标准。

这是一个错误的论证，因为它错误传达了同性婚姻支持者的观点。同性婚姻的支持者并没有说，同性婚姻是传统婚姻的一种替代或优于传统婚姻。相反，他们只是希望在婚姻问题上，同性恋伴侣能够与异性恋伴侣拥有同样的权利。

下面是稻草人谬误的另一个例子：

> 我不敢相信你认为转基因作物应该受到更严格的监管。如果你不让农民种植转基因作物，这将导致大范围的饥荒和饥饿。

与前面的例子一样，对该观点的评价过于简单。它歪曲了这一观点，建立了一个更容易被打倒的稻草人，因为它认为如果没有转基因作物，人们将会挨饿。但是对方观点从来没有提出要取缔转基因作物，只是提出要加强监管。

为了避免使用此类谬误或被这类谬误所欺骗，在讨论某个观点时，我们应该回过头仔细审视它的原意是什么。问问自己：这个观点是否被改变了措辞或过于简单化，以至于被歪曲了？原观点的关键部分是否被遗漏？关键词汇是否被篡改或误用？

认为同性婚姻合法化将破坏传统婚姻的观点是基于稻草人谬误。

## 转移注意力（熏青鱼谬误）

**熏青鱼**（red herring）谬误是指一个人试图通过提出一个不相干的问题来转移话题。如此一来，争论便会导向不同的结论。因为转移后的话题经常与最初讨论的问题多少有点关系，所以论点的转移也往往不被人们所觉察。原本的讨论甚至完全被抛弃，人们的注意力全部转移到一个新的、不相干的话题上，而当听众意识到发生的这一切时为时已晚。

熏青鱼谬误经常出现在政治辩论中，当候选人想避免回答某个问题或被要求就某个有争议的问题发表评论时，经常使用这种谬误。比如，当一个政客被问及覆盖所有美国人的全国医疗保健计划这个尖锐的问题时，他可能会把话题转移到争议性较小的问题上，比如所有美国人保持健康和接受良好的健康保健服务是多么重要。如此一来，这个政客便避开了回答他支持哪种医疗保险这个问题。

下面是这类谬误的另一个例子：

> 我不明白你为什么如此反感我喝点酒后开车，事情没那么严重。还是看看那些边打电话边开车的人发生的交通事故吧。

在这个例子中，此人把话题转移到了与打电话有关的交通事故上，因此将注意力从他喝酒与开车的问题上引开。

当一个人在讨论道德伦理问题时，将话题从"应该"转移到"会"上面，也会犯熏青鱼谬误。比如：

> 安吉洛：我认为迈克不应该在昨晚做了什么这件事上对罗塞塔撒谎。那是不对的。
>
> 巴特：哦，我不知道。如果我是迈克，可能也会那么做。

在此，巴特将话题从他"应该怎么做"转移到"将会怎么做"上。这样一来，他把一个道德问题变成了一个事实问题。

在下面这篇新闻专栏中，作者试图把民众对阿布格莱布监狱虐囚事件的注意力转移到伊拉克独裁者萨达姆·侯赛因的暴行上：

> 发生在阿布格莱布监狱的恐吓和羞辱事件，诚如美国总统乔治·布什对约旦国王阿卜杜拉所说的："这对我们美国的名声和荣誉是个很大的压力"……但是我们也要辨别这一丑闻不是什么。在阿布格莱布监狱强迫囚犯脱光衣服使其受捉弄，与伊拉克在萨达姆·侯赛因的统治下时常发生的事情是完全不同的。这是一个充

斥着折磨、灭绝人性的屠杀和大量死亡的国家，在美国部队到来之前，这就是这个国家的生活方式。[10]

请注意作者是如何使用恐吓、羞辱和捉弄这些词汇来轻描淡写阿布格莱布监狱虐囚事件的，而且还凭空想象出一幅如大学兄弟会入会仪式般的没有任何伤害的场景。驻扎在伊拉克斯图尔特堡的21岁机械师克里斯·克罗齐这样说道："伊拉克人对我们所做的事情可能完全不同。我们应该教他们如何对待囚犯。"[11] 这才是优秀的批判性思维！

## 包含无理假设的谬误

如果你的论点中包含一个论据不足的假设，包含无理假设的谬误就发生了。包含**无理假设**（unwarranted assumption）的谬误是指论证的前提假设缺乏证据的支持。因为论据不足的假设是未被证明的，因此会削弱整个论点的说服力。包含无理假设的谬误包括以下几种类型：窃取论题、不恰当地诉诸权威、暗设圈套的问题、虚假两难、不合理的因果谬误、滑坡谬误和自然主义谬误。

## 窃取论题

**窃取论题**（begging the question）是指结论仅仅是对前提的重述。我们并非提供证据，而只是做出与前提一样的结论，以此来假定结论是真的。这种谬误也被称为循环论证。

前提 ⇌ 结论

窃取论题的形式可能是将前提中关键术语的定义作为结论。在下面的论证中，结论只是对关键术语死刑的界定，而不是由前提做出的推论：

> 死刑是错误的，因为用死亡来惩罚某种罪行是不道德的。

这种类型的谬误有时很难被察觉。乍看起来，这个人的论点似乎无懈可击，但如果仔细审视，就会很明显地发现：结论和前提实质上说的是一回事。就像下面的论证：

> 圣经是上帝说的话。因此，上帝肯定存在，因为圣经说上帝是存在的。

在这里，"上帝肯定存在"这个结论已经在"圣经是上帝说的话"这一前提中被假定为真。要为上帝存在提供合理的证据，我们不能在前提中假设其已经存在。

如果我们不能识别出窃取论题这种谬误，那么将会经常陷入令人沮丧的境地。因为一旦我们接受了对方的前提，就没有办法能证明他的结论是虚假的。如果你觉得某个论点包含这种谬误，你可以尝试将结论和前提颠倒位置，看看两者是不是一回事。

## 不恰当地诉诸权威

通常情况下，在论证中引用该领域某个权威人士或专家的话是恰当的。但是，如果我们依靠的权威人士或专家不属于该领域，那么我们就犯了**不恰当地诉诸权威**（inappropriate appeal to authority）的谬误。比如，年幼的儿童会把自己的父母视为权威，甚至在父母几乎毫无专业知识的领域也是如此。请看下面的例子：

> 我的牧师说基因工程是不安全的。因此，这个领域所有的实验都应该被叫停。

除非你的牧师恰好是基因工程领域的专家，否则在接受他的观点之前，你应该先问问其观点有没有可靠或权威性的证据。

在利用名人促销商品的广告中，我们经常会发现这类谬误。比如，Lady Gaga和托尼·班尼特联手为巴诺书店拍摄了一则节日广告，而NBA全明星球员布雷克·格里芬出现在了起亚汽车的广告中，奥运会游泳选手迈克尔·菲尔普斯出现在牛奶广告中。在这几个例子中，所有的名

穿上制服有助于增强人们对某人是某领域专家的信念，但该领域也许并不是这个人真正的专长所在。

人都不是他所代言产品的权威人士，然而人们之所以相信他们的话，仅仅因为他们是其他不相关领域的专家。

制服和受人尊敬的头衔，比如医生、教授、主席和中尉，也会强化这种错误观念——某一领域的专家在其他领域也必定知识渊博。这种现象就是著名的晕轮效应（halo effect）。比如，在米尔格拉姆的实验中，大多数参与者遵从了实验者的命令，主要原因在于实验者是哲学博士，而且穿着白色的实验服，而这正是科学权威人士的象征。

为了避免不恰当地诉诸权威，在使用某位专家的证言作为权威证据之前，我们应该先核实这位专家在该领域的资质。

## 暗设圈套的问题

**暗设圈套的问题**（loaded question）是指对另一个没有被询问的问题假定某一特定答案。这类谬误时常发生在法庭上律师要求对某个问题做出肯定或否定的回答时，比如：

> 你是否已经停止殴打你的女友？

但是，我们要了解，这个问题首先做了一个无根据的假设，即认为你已经对前面未被询问的问题"你殴打你的女友了吗？"做了肯定回答。如果你从未打过你的女友，而对"你是否已经停止殴打你的女友？"做了否定回答，那么似乎你仍然在殴打女友。而从另一个角度讲，如果你回答"是"，那就意味着你以前打过女友。

下面的例子也是一个暗设圈套的问题：

> 你认为死刑是不是应该仅适用于18岁及以上的人？

这个问题假设被询问的人赞成死刑，然而实际上他们也许并不赞成。

## 虚假两难

**虚假两难**（false dilemma）的谬误是将对一个复杂问题的回答简化为"不是……就是……"的选择。一般来说，这类谬误把问题的立场两极化，忽视了共有的立场或者其他解决办法。下面这句口号就是这类谬误的典型例子：

> 美国——要么热爱她，要么离开她！如果你不喜欢美国的政策，那么就搬到其他国家去！

这一论点的假设是没有根据的，即不接受美国政策的唯一选择就是搬到其他国家。然而，实际上，还有许多其他可供选择的方案，包括努力改变或改进美国的政策。在这个例子中，错误的推理会受到"我们"和"他们"这种认知错误的强化，这种错误观念使我们倾向于把世界分成对立的两面。再举一个例子，2015年8月，奥巴马总统在美国一所大学的政策晚宴上，就旨在确保伊朗核项目完全和平性质的全面协议（CPOA）发表了以下声明："美国国会拒绝这项协议后，美国政府将坚决致力于防止伊朗通过另一种选择获得核武器，即在中东发动另一场战争。"在发表这一声明时，他假定只有两种选择——要么接受他的计划，要么与伊朗开战。

缺乏批判性思维技能和"非黑即白"的看待世界的倾向会使我们更容易掉进这类谬误的陷阱。我们需要增税或削减医疗服务的观点是基于虚假两难的谬误。我们可以使我们的医疗保健系统更有效率，而不是增加税收。例如，加拿大在人均医疗保健方面的支出远低于美国，但在预期寿命方面却比美国有更好的结果。习惯性地使用这种谬误会限制我们想出创造性方案的能力，不只是在国家政策方面，在个人生活中也是如此。下面的例子说明了这一点：

> 今天是情人节，鲍勃没有像我想象的那样向我求婚。更糟糕的是，他说他想和其他女人交往。我不知道我该怎么办。如果鲍勃不娶我，我最后肯定会成为一个可怜的老处女。

很明显，鲍勃并不是世界上唯一的男性，但当我们被自己喜欢的人抛弃时似乎就是这样。要战胜个人的挫折，我们需要运用批判性思维技能，想出解决问题的方法，而不是陷入错误的思维方式。

在"全或无"的思维方式中，我们总是能够发现这种谬误。比如，贪食症患者认为饮食要么导致发胖，要么就是在暴食之后再吐出来以保持身材苗条。他们就是不把适度饮食视为可行的备选方案。

我们在第4章曾讨论过，那些患抑郁症的人容易陷入这种错误的推理：

> "我要么能够完全掌控自己的生活，要么完全失控。"
> "不是每个人都喜欢我，就是每个人都讨厌我。"

民意调查者可能会不经意地犯这种谬误。问题选项的呈现方式会影响被访者的反应。比如，在一项调查中，人们被问及这样一个问题："法庭对罪犯的处理方式是太过严厉还是不够严厉？"如果只有"太严厉"和"不够严厉"这两个选项，那么6%的被调查者回答"太严厉"，78%的人回答"不够严厉"。但是，如果还有第三个选项——"我所了解的法庭信息不足以作出回答"，那么29%的被调查者会选择该选项，只有60%的人选择"不够严厉"。[12]在第7章，我们会更加详细地学习民意测验的方法。

为了避免虚假两难这种谬误，当你遇到"不是……就是……"这类让你为难的问题时，你要特别当心。如果你对两个选项都不满意，最好是不作任何回答，或者勾选"我不知道"选项，如果提供了这个选项的话。

很多方法既能巩固国民经济，又能减少温室气体的排放，使我们不再依赖进口石油，利用风能就是其中之一。

## 不合理的因果谬误

因为我们的大脑倾向于对看到的事物赋予规则，因此我们可能会"看到"原本并不存在的规则和因果关系。如果一个人在没有充分证据的情况下，假定一件事是另一件事的原因，那么他就犯了**不合理的因果**（questionable cause）谬误。这种谬误是指，我们仅仅因为一件事发生在第二件事之前，就武断地认为它是导致第二件事发生的原因，也称为**假性因果**（post hoc）谬误。

> 这真是托了神的眷顾。我非常热爱瓜达卢佩圣母……在中头奖的时候我向她做了祈祷。圣母真的很眷顾我。[13]
> ——瓜达卢佩·洛佩慈，演员和歌手詹尼弗·洛佩兹的母亲，她在大西洋城赌场老虎机上赢了240万美元。

迷信经常建立在这种谬误的基础上：

> 上周，我穿了一件红色毛衣去考试，结果考试通过了。我想是这件外套给我带来了好运。

上面两个例子也表明，我们可以控制的自我服务偏差是如何使自己更倾向于犯这种谬误的。

我们经常把人们当时的行为看作是未来事件发生的原因，而实际上并不总是那么回事。比如，波士顿红袜棒球队 80 多年来在世界职业棒球大赛中一直失利，很多人都认为这是因为 1920 年伟大的棒球运动员贝比·鲁斯被卖给了美国洋基队，这给红袜队带来了厄运。鲁斯被卖了 10 万美元，由此红袜队的所有者可以为百老汇戏剧筹措资金。[14] 当 2004 年红袜队最终赢得世界职业棒球大赛时，很多球迷将这场胜利归功于"诅咒的结束"，而不只是球队良好的球技。

有时，由于刻板印象或无知，我们假设两个事件是有因果关联的，而实际上并非如此。当风险很高的时候，人们最有可能从事迷信行为。一项研究发现，近 70% 的大学生在考试或体育比赛前，当他们对考试或比赛准备不足或结果非常重要时，他们会有迷信行为，如使用护身符或某种仪式。[15]

瑞恩·怀特是不合理的因果谬误的受害者。他曾经一度被禁止进入公立学校，因为他是艾滋病患者，而人们认为艾滋病会通过偶然接触传染给别人。

为了避免犯这类谬误，我们应该时刻谨慎，不要仅仅因为两件事情在时间上接近就断定两者之间存在因果关系。我们也应该借助精心设计的实验研究来确定两个事件之间是否存在因果关系。要了解更多关于评估证据的信息，请回顾第 4 章。

## 滑坡谬误

根据**滑坡谬误**（Slippery slope），如果我们允许某一行为发生，那么接下来所有这类行为，甚至最极端的情况都会很快出现。换句话说，一旦我们开始下坡或者一只脚迈进门，就不再有退路了。当证据并不支持这些预测的结果时，我们就犯了滑坡谬误，正像下面这两个例子所表明的：

> 你永远都不应该向孩子妥协。如果你妥协了，很快她就会把你控制在她的小手里。你需要保持对孩子的控制。

## 独立思考

**朱迪思·谢恩德林,"朱迪法官"**

朱迪思·谢恩德林(1942—),人称"朱迪法官",可能是美国最著名的家庭法庭法官。她曾就读于美国大学和纽约法学院。她以全班第一的成绩从法学院毕业,当时她是班上唯一的女生。1982年,她被时任纽约市长的艾德·科赫任命为家庭法庭法官。她很快就因直言不讳和思维敏捷而出名。1996年,有人邀请她在一个电视节目中主持案件。

《朱迪法官》节目于1996年首播,很快成为电视上首屈一指的现场法庭真人秀节目。在节目中,朱迪与真正的被告一起对小额索赔案件进行仲裁。这部剧让很多人着迷的地方在于诉讼当事人提出的大量不合逻辑的错误论点。她对诉讼当事人使用谬误和蹩脚的借口的回应,为她赢得了机智、公正和逻辑思考者的声誉。在她的《别尿在我腿上,然后告诉我在下雨:美国最严厉的家庭法庭法官大声疾呼》一书中,她指出,许多人没有为自己的行为承担责任,反而陷入了谬误推理、不断恶化甚至虐待关系的怪圈。"我希望人们学会承担责任,"她说。

《朱迪法官》节目在大学课程中被用来指出错误的逻辑以及如何应对。*

### 讨论问题

1. 观看《朱迪法官》节目。列举诉讼当事人的谬误类型。也请注意朱迪法官如何对谬论的使用做出回应。与全班同学分享你的观察结果。
2. 谢恩德林指出,非理性和错误的想法会让我们陷入受虐待的境地。讨论谬误推理的使用,或无法理性地回应他人对谬误的使用,是如何让你或你认识的人处于有害的处境,无论是个人的还是学校或工作中的。

---

* 例如,在加州大学伯克利分校有一个名为"与朱迪法官辩论"的修辞学研讨会,该研讨会包括识别由诉讼当事人提出的不合逻辑或歪曲标准逻辑的论点,这些论点被反复使用。

> 如果我们允许任何形式的人类克隆，那么在我们明白之前，就会有大批克隆人接管了我们的工作。

在第一个论证中，并没有可靠的证据表明，偶尔对孩子的需求妥协会导致他们控制我们。

第二个关于克隆人影响的论证也是不可信的。许多关于克隆人技术会导致大批克隆人接管世界的担忧都是基于不准确的信息。实际上，克隆一个人的风险非常大，而且很昂贵。纵然我们想大批量生产克隆人，也需要为克隆儿童找到愿意代孕的母亲。而且，像任何儿童一样，每个克隆人在出生后也需要有一个家庭来养育。[16] 第二个例子所描述的场景是不太可能大规模出现的，因为大多数父母更愿意要与自己有血缘关系的孩子。如果克隆合法化，那么它也很可能是主要针对不孕的夫妻，而不是为了大批量地生产相同的人。当然，这并不是说没有很好的论据来反对克隆人，但这种众所周知的滑坡谬误显然不在其列。

有些人反对某些政府政策，理由是它们带来了"道德风险"，就像下面的论点：

> 政府纾困措施将鼓励企业不负责任，并承担荒谬的风险。如果我们允许它们这样做，我们将不得不救助这个国家的每一家企业。

暗指可怕的滑坡效应是一种常见的策略，尤其是在一些保守派中，包括使用恐吓策略（诉诸强力）以及滑坡谬误。对有些事情会失控表示担忧并不总是错误的。某一行动或政策会使我们开始迅速下滑，有时这种预测是有根据的。思考下面这段话：

> 在国际法律标准尚未占统治地位的地方，美国管理着一系列的拘留中心。如果他们为轻微的刑罚开方便之门，那么将会有大量的刑罚大行其道。[17]

这里的假设是，如果我们允许这些情况下的刑罚发生，那么美国对拘留者使用刑罚将会成为通行做法。在美国对政治犯使用酷刑也为他国对美国战俘使用类似酷刑的正当性打开了大门。

为了避免滑坡谬误，我们应该认真地开展调查研究，了解不同的行动和政策可能会带来的结果。我们也应该密切注意任何夸大预测即将发生大灾难的倾向。

### 分析图片

**《星球大战前传 2》中的场景**　在这部科幻电影中，来自外星的克隆人被描绘成邪恶的，是对银河系的威胁。

**讨论问题**

1. 这部电影是基于这样一种假设，即大量生产的克隆体将是邪恶和具有破坏性的。有什么证据（如果有的话）支持这个结论？列出人们可能用来支持这个结论的前提。
2. 批判性地评估你在问题 1 中的论点。找出并讨论这个论点中的任何谬误。

## 自然主义谬误

**自然主义谬误**（naturalistic fallacy）是基于这类无根据的假设：自然的就是好的，或在道德上是可以被接受的，而非自然的就是坏的，或在道德上是不能被接受的。*我们可以在类似的表述中找到这类谬误：人工智能不会带来什么好处，因为人工智能是人造的，是非自然的。

广告商们也会想尽办法让我们相信，只因为他们的产品是自然的，所以就是好的或健康的。比如，一则广告宣称，一款烟草产品是"100% 纯天然的烟草"。但是，这并不能说明这款烟草产品是好的。因为所有的烟草都是自然的，但并不健康。砒霜、艾滋病病毒和海啸也都是"自然的"，但是我们不能认为它们是健康的，是人们想要的。

自然主义谬误既可以用来证明同性恋的正当性（在其他动物中也自然存在），也可以用来论证它是不道德的，看下面的例子：

> 同性恋行为不会有孩子（即繁殖），而这是发生性关系的自然结果。因此，同性恋是不道德的。

同样，一个人也可以用这样的方式为狩猎在道德上是可以接受的进行辩护，因为其他动物也捕食和杀害动物：

> 我不同意我们需要保护大型猫科动物不被捕猎，比如狮子和老虎，我也不同意限制牧场工人保护牧群不受这些掠食者的伤害。我们只是在做这些大型猫科动物正在做的事情。它们是掠食者，人类也是。

但是，其他动物是掠食者的事实并不能证明我们也可以这样做。有些动物会吃掉幼崽，甚至有一些雌性昆虫在交配后会吃掉雄性配偶！但这些自然界发生的事例并不能表明，人类做这些事情在道德上是可以被接受的。不应该以这些行为是否是自然行为作为评价，它们是否符合道德应该有其他标准。

## 避免谬误的策略

一旦你学会如何识别非形式谬误，下一步就是发展避免这些谬误的策略。下面是一些策略，它们能够帮助你成为一名更优秀的批判性思维者：

- 认识你自己。对于良好的批判性思维技能而言，自我知识是最重要的原则。了解你最有可能被哪种谬误欺骗以及你最容易犯哪类谬误，能够减少你在

---

\* 从狭义上讲，自然主义谬误这个术语有时也被用于指元伦理命题，即美德不能被简化为描述性词汇或自然词汇。要更多地了解自然主义谬误这个术语的用法，请参考 G.E. 摩尔的《伦理学原理》。

同性父母经常受到歧视，因为许多人只把"父母"视为父亲和母亲。美国的一些州仍然有法律禁止同性伴侣收养或收留寄养儿童。

批判性思维中的失误。

- 建立你的自信和自尊。提高自信和自尊能够减少你屈服于同伴压力的可能性，尤其是诉诸众人的谬误。在别人使用谬误时，自信的人往往不太可能退却让步，也不太可能变得具有防御性而对别人使用谬误。
- 培养良好的倾听技能。在倾听别人发表观点时，要成为一个有礼貌的倾听者，即便你不同意他的观点。在你听到另一个人的观点之前，不要想该如何做出回应。在别人介绍完自己的观点后，你应该复述一遍以确保理解无误。努力寻求共同之处。如果你注意到别人的观点中存在某种谬误，应该礼貌地指出来。如果别人的论证说服力不强，你应该请求对方提供更有力的证据来支持他的观点，而不是简单地忽视。
- 避免使用有歧义或含糊不清的词汇和错误的语法。培养良好的沟通技能和写作技能。在表达某个观点时，要对关键术语进行明确界定。同时期望别人也这么做。不要担心提出问题。如果你对某个术语的定义或别人表达的意思不确定，可以请对方界定这个词或重述这个句子。
- 不要将论点是否正确与提出该论点的人的品质或所处的状况混为一谈。把注意力集中在提出的论点上，而不是提出论点的这个人身上。如果别人仅仅因为你在某个特定问题上的立场而对你进行攻击或威胁，那么你要能抵挡住反击对方的诱惑。当两个人不把主要精力放在讨论的实际问题上，而是一味地以牙还牙，那么一场争论可能会升级到无法控制的地步，两个人最后都会感觉沮丧和受伤。认为别人使用了谬误或不合逻辑，而自己却可以这么做，这是思维不成熟的表现。如果别人攻击你的人品，你可以退后一步，在做回应之前先深呼吸。

- 了解你的论题。在研究之前不要贸然下结论。了解你的主题可以让你不那么容易因为不能为自己的观点辩护而诉诸谬误。这种策略包括熟悉证据以及乐于向别人学习。在评价新证据时，要保证它的来源可靠。
- 采取怀疑的态度。我们应该保持怀疑精神，而不是对自己不同意的意见完全抗拒，除非有明确的证据表明它是错误的。不要随意相信别人的话，尤其是在所讨论问题的领域并非权威的那些人。除此之外，对自己的观点也要保持怀疑态度，相信自己也有可能犯错，起码自己并未掌握全部事实。
- 留心你的身体语言。谬误并不是必须通过书面语言或口头语言来表现。比如，人身攻击和诉诸强力的谬误可以通过身体语言来传递，比如翻白眼、怒视、眼望他处，甚至在别人说话时走开。
- 不要打定主意"赢"。如果你的目的是赢得一场辩论，而不是弄清问题的真相，那么当你不能理性地为自己的观点辩护时，你更有可能使用谬误和修辞手法。

学会如何识别和避免谬误，可以减少你被错误论点欺骗的可能性，不管这些谬误是来自异教团体征募者、广告商、政客、权威人士、朋友还是家人。在自己的日常生活中识别和避免使用谬误尤其重要，这样可以提升你的批判性思维技能。

习惯性地使用谬误会破坏你的人际关系，让人感到难过和沮丧。通过避免使用谬误，你的人际关系会更加令人满意，你的论证会更加有说服力，更加可信。相应地，这会使你更容易地实现自己的人生目标。

# 批判性思维之问

## 关于枪支管控的观点

美国人均拥有的枪支数量为 1.3 支,比世界上其他任何一个国家都多。美国持枪杀人案的发生率也高于其他任何发达国家。2015 年,美国持枪杀人案的发生率为每 10 万人 10.6 起,而加拿大为 2.2 起,挪威为 1.7 起,日本为 0.06 起。此外,全世界近一半的大规模枪击案都发生在美国。[18] 2015 年,美国年轻人死于枪支的人数首次超过死于车祸的人数。[19]

自 2010 年以来,美国已经发生了 100 多起校园枪击导致死亡的案件。2012 年 12 月,康涅狄格州纽敦市的一所小学发生了一起枪击案,20 岁的亚当·兰扎杀害了 20 名儿童和 6 名成年人。事件发生以后,有人呼吁重新思考美国的枪支法案以及对美国宪法第二修正案的解释。该修正案规定:"一支管理良好的民间军事力量,对自由国家的安全来说是必要的,公民拥有和携带武器的权利不应受到侵犯。"美国国家步枪协会(NRA)对学校枪击事件的回应是,学校可以配备武装警卫,而有人则表示反对,认为更多的枪支只会让孩子们面临更大的危险。

虽然大多数国家对大规模枪击事件采取的措施是严厉执行枪支管制法案,但大多数美国人不赞成对第二修正案进行全面反思。在 2010 年之前,大多数美国人赞成对个人持有枪支实行更严格的管制。然而,自 2010 年之后,在保护枪支所有权和管制枪支所有权孰轻孰重的问题上,美国人几乎分成了两个势均力敌的阵营。[20]

埃里克·吉尔伯特是阿肯色州立大学历史学教授和研究生院副院长。在下文中,他认为限制学生和教职工携枪进入校园对枪支暴力几乎没有什么影响。美国国会前女议员加布里埃尔·吉福兹的丈夫马克·凯利并不同意这种说法。他认为我们需要更严格的枪支管制法律来减少枪支暴力。

## 不要担心教室里的枪支。它们已经在这里了。

《高等教育纪事报》  
埃里克·吉尔伯特

> 埃里克·吉尔伯特是阿肯色州立大学历史学教授和研究生院副院长。在下面的评论中，吉尔伯特认为允许学生和教师在校园隐藏携带枪支对枪支暴力的影响不大。

如果你在得克萨斯州大学工作，对教室里有枪感到担忧，那么请你放松。新通过的《校园携枪法》对改变枪支暴力风险的作用很小。我几乎可以保证，如果你上过几个学期的课，在某个时候，你的教室里肯定会有学生带着枪。如果这些非法携带枪支的学生没有因为你的课程内容或其他同学的言论而走向暴力，那么一群新的合法携带枪支的学生比那些蔑视法律、非法携带枪支的学生更不稳定或更有暴力倾向，这种推论是极不可能成立的。

如果你真的以为，因为有法律禁止在校园里持枪，所以得克萨斯州或其他地方的大学校园里没有枪支，那你就错了。在我自己所在的阿肯色州立大学校园里，尽管有严格的枪支禁令，但在过去十年间，在学生宿舍至少发生过一起枪支意外走火的事件。有几名学生被发现车里有枪，至少有一名教师被发现在其居住的学校教职工宿舍里有枪支。这些人还只是"偶然"持有枪支而已，并没有造成伤害或恶作剧的意图，但是却因为一时鲁莽或不慎持枪而与校警发生冲突。

考虑到这些事件以及我所了解的当地对枪支的普遍态度，我不得不假设，有相当数量的学生，可能还有教师，在校园里经常带枪。其中一部分人可能是有意这样做的，因为他们已经估算过，当需要时拥有枪支所带来的看得见的好处，要比被发现持有非法枪支更重要，而且被发现的风险很小。在我所在的校园里，我怀疑自从去年12月发生枪击事件以来，这类群体的人数有所增加。一切都进行得很顺利。"枪手"并没有真正开枪，也没有人受伤，包括持枪者在内，但还是把人们吓得不轻。

即使在没有经历过枪击事件的校园里，媒体对此类事件的密集报道也让人觉得风险增加了。有些人对这种看法的反应就是应该携带枪支，不管这样做是否合法。

在你的教室里，还有一些携带武器的人是那些忘记自己的背包、钱包或夹克里有枪的人。这听起来有点牵强，但请记住，持枪者和其他人一样，偶尔也会心不在焉。就在一年前，一个孩子在美国国会大厦的厕所里发现了一把上了膛的手枪。那是一名警察不小心丢在那里的。

有人甚至试图带着枪上飞机。几周前，我穿过夏洛特机场的安检迷宫时，看到了至少三条标识提醒乘客，国土安全部在人们的随身行李中发现的大多数枪支都是误放在那里的……如果有些人在准备上飞机时忘记自己带着枪，那么学生们很可能在例行某些公事比如上课时，偶尔忘了自己在车、背包、钱包或夹克里放了一把手枪。

所以，如果你已经教了一段时间的课，你的一些学生（也许还有你的同事）可能已经非法将枪支带入校园和教室。到目前为止，尽管你的身边有枪，但无论你的课程内容多么有争议，都没有人有意或无意地向你或你的学生开枪。当那些合法持有隐蔽持枪许可证的人把枪带进教室时，会有什么变化吗？不会有太大变化。因为持有许可证的人会隐藏枪支，所以你的教室里的任何枪支都像以前一样，依然看不见。

持有隐蔽持枪证的人都是暴力分子吗？并非如此。在得克萨斯州，他们的犯罪率和警察差不多，而且比普通人要低。得克萨斯州要求，持有隐蔽持枪证的人至少应年满21岁，因此，大多数在校本科生没有资格获得许可证，那些比一般学生成熟一些的人才有这个资格。得克萨斯州要求，持有隐蔽持枪证的人申请时需要提交照片和指纹。公共安全部有长达60天的时间对申请人进行背景调查。

人们很容易把那些想带枪进入校园的学生斥为恐惧文化的受害者，这种恐惧文化高估了日常生活的风险以及用枪支来应对这些风险的效用，但这种观点也很容易被反驳。那些对少数通过背景调查的学生携带隐蔽武器进入教室感到恐惧的人，在风险估计上是不理性的，就像那些不愿不带武器出门的人一样。

说到有缺陷的风险估计，有人建议得克萨斯州的教师应该避免教授有争议的话题，他们认为学生热情参与课堂讨论意味着他们愿意用20岁之后的生命（还有不及格的分数）去冒险，用武器来挑战我们的思想。我觉得这完全不可信。当我们谈到学生的参与度时，我们从来都是抱怨他们的缺位……大多数教师都在抱怨我们的学生甚至不读书，而现在我们却又担心他们太投入了，以至于将谨慎抛诸脑后，开始射击？

得克萨斯州的教授们，不要服输！你想教什么就教什么。不要担心你的教室里有合法携带的枪支。如果你要担心，就担心有人非法携带枪支进入校园并意图造成伤害，而不要担心有人为了保护自己免受伤害而合法携带枪支。有些学生会因为你批评他们对简·奥斯汀自以为是的中产阶级观而感到愤怒，但他们很可能只会通过打电话做出回应。而且，不管怎么说，他们太担心自己的成绩了，所以不会向你开枪。

资料来源：Stop Worrying About Guns in the Classroom. They're Already Here. The Chronicle of Higher Education By Erik Gilbert March 17, 2016. The Chronicle of Higher Education.

## 问题

1. 吉尔伯特基于什么理由认为，允许教师和学生携带枪支对校园枪支暴力的发生率几乎没有影响？
2. 吉尔伯特采用了什么证据来支持他的陈述，即许多学生和教师已经在校园内携带隐蔽的武器，即使这样做是违法的？
3. 根据吉尔伯特的说法，为什么有些老师会担心学生在教室里携带枪支？吉尔伯特如何回应他们的担忧？

## 马克·凯利的证词，参议院司法委员会关于 2013 年 1 月 30 日枪支暴力事件的听证会

马克·凯利是一名退休宇航员和美国海军上尉，也是亚利桑那州前议员加布里埃尔·吉福兹的丈夫。2011 年 1 月 8 日，吉福兹在图森市选举活动中讲话时被杰瑞德·李·拉夫纳开枪击中头部。

如你们所知，我的家庭受到了枪支暴力的巨大影响。加贝的语言天赋已成为久远的回忆。她现在走路很吃力，而且部分失明。一年前，她辞去了她热爱的工作，不能再为亚利桑那州人民服务了。

但在过去的两年时间里，我们看到加贝用决心、精神和才智战胜了疾病。今天在这里，我们不是以受害者的身份，而是以一名美国人的身份跟你们交谈的。

我和加贝都是枪支拥有者，我们非常认真地对待这一权利和随之而来的责任。当又一场枪击悲剧发生的消息传来时，我们都惊恐万分。桑迪胡克小学 20 名学生和 6 名老师在教室里被枪杀，我们说："这一次必须有所不同，一定要有所行动了。"我们只是两个通情达理的美国人，心里说"受够了"。

2011 年 1 月 8 日，加贝在图森参加选举活动时，一个年轻人走向她，用枪对准她的头开了一枪。然后，他将枪口朝下继续开枪。15 秒内，他打光了弹匣里的所有子弹，一共 33 颗，加贝身上有 33 处伤口。

……图森枪击案的凶手患有严重的精神疾病，但即便在被认为不符合服兵役的条件并被皮马岛社区学院开除后，他也从未被报告给精神卫生机构。

2010 年 9 月 30 日，他走进一家体育用品商店，通过了背景核查，然后拿着一把半自动手枪走了。尽管他确实有精神疾病，但他从未被法律判定为精神病患者。当时，美国亚利桑那州有超过 121 000 个不合格的精神疾病记录没有提交到系统中。

……美国每年大约有 10 万名枪支暴力受害者，加贝是其中之一。在每个受害者的背后，都隐藏着我们的家庭、社区、价值观，以及社会在贫困、暴力和精神疾病的应对方式上的失败和不足，当然，也隐藏着我们的政治和枪支法律上的缺陷。

我们要传达的信息很简单，尽管枪支暴力非常广泛和复杂，但这绝不是不作为的借口。我们的故事还有另一面，加贝和我都是枪支拥有者。我们拥有枪支的原因和数百万美国人一样，都是为了保护自己，保护家人，也是为了打猎，射中猎物。

我们完全信任第二修正案，它赋予所有美国人拥有枪支用以保护、收集和娱乐的权利。我们非常认真地对待这个权利，永远不会放弃，就像加贝永远不会放弃她的枪，我也永远不会放弃我的枪一样。但是，权利要求承担责任，而这种权利并不适用于恐怖分子，不适用于罪犯，也不适用于精神病患者。

一旦危险的人有了枪，我们在电影院，在教堂，在处理日常事务、会见政府官员时都很容易受到伤害。枪击事件一次又一次发生在学校里，发生在大学校园里，发生在孩子们的教室里。当危险的人有了危险的枪，我们就更容易受到伤害。危险的人拥有专门用来对他人造成最大杀伤力的武器，使我们社会的每一个角落都成为导致大量人员伤亡的屠杀场所。我们的权利是至高无上的，但我们的责任也是严肃的。作为一个国家，我们还没有承担起国父们赋予我们的持枪权利所对应

的责任。

现在，我们对如何承担责任有了一些想法。首先，完善申请人的背景核查。法律漏洞使背景核查制度沦为笑柄……第二，取消对枪支暴力的数据收集和科学研究的限制。制定严格的联邦枪支贩卖法规，这一点非常重要。最后，让我们就允许在这个国家合法买卖的枪支的杀伤力程度，进行一次谨慎而文明的对话。

我和加贝都支持人们可以拥有枪支，但我们也反对枪支暴力，而且我们认为，在这场辩论中，国会不应该着眼于使我们分崩离析的特殊利益和意识形态，而是应该倾向于妥协，让我们团结起来。

我们相信，无论你是支持枪支，还是反对枪支暴力，或者两者兼而有之，你都可以和我们共同努力，通过拯救生命的法律。

## 问　题

1. 凯利说的这句话是什么意思：在每个（枪支暴力）受害者的背后，都隐藏着我们的家庭、社区、价值观和社会中的失败和不足？
2. 凯利对第二修正案的看法是什么？
3. 为什么凯利认为背景核查很重要？
4. 凯利建议在枪支所有权法中做出怎样的妥协？

# 第6章

# 论证的识别、分析和构建

**要　点**

什么是议题

识别论证

拆分和图解论证

评价论证

构建论证

批判性思维之问：关于同性婚姻的观点

在1858年的参议员竞选中，亚伯拉罕·林肯与时任伊利诺伊州参议员的史蒂芬·A.道格拉斯进行了一系列（7场）政治辩论。辩论的主题都是当时最热门的政治问题：奴隶制度是否应该扩大至美国西部地区，州政府是否有权力在本州内实行或废除奴隶制，美国最高法院在1857年斯科特诉桑福德案中裁定奴隶是"最为严格意义上的财产"，并宣称国会在西部地区废除奴隶制的决议违反宪法，这项判决是否明智。道格拉斯主张"人民主权论"，声称美国各州和西部地区的人民有权力决定本州的法律和奴隶政策。而林肯同意奴隶制在已经承认其合法性的各州不应该废除，同时反对将奴隶制扩大至西部地区实行。林肯认为奴隶制是"一种道德错误、社会错误和政治错误"。

虽然林肯在参议员选举中落败，但在这场辩论中他作为一名出色的演讲家和批判性思维者享誉全国。作为美国总统，林肯发表了《解放奴隶宣言》，宣布所有在南部邦联被奴役的人都将获得自由。他在论证和辩论中的技巧，以及在面对无理的反驳时拒绝让步的态度，在1865年通过废除美国奴隶制的第十三条修正案时达到顶峰。

这种识别、构建和分析论证的能力是批判性思维中最基本的技巧之一。对很多人来说，辩论或论证（argument）这个词在脑海中的第一反应是争吵和叫喊。然而在逻辑学与批判性思维中，辩论或论证指的是利用推理和证据去支持一种论断或结论。论证是一种调查方式，通过这种方式人们可以找到接受或反对某一立场的原因，从而针对这一问题形成自己的想法。

在如今这个信息时代，我们每天不停地遭受着来自于网络、电视、报纸、广告、政客以及其他来源的议题辩论的轮番轰炸。作为在民主政治下生活的公民，我们需要培养对辩论进行批判性分析的能力，以及在综合考虑各方观点后，以自己的评价为基础做出决定的能力。

辩论与论证的技巧不仅体现在公共生活中，而且也能够帮助我们在个人选择中做出更好的决策。

在第 6 章，我们将学习如何识别、分析和构建论证。具体内容为：

- 学习如何确定议题
- 学习如何识别论证的各个部分，包括前提、结论以及前提和结论的指示词
- 如何区别论证、解释和条件陈述
- 如何将论证分解为前提和结论
- 图解论证
- 构建自己的论证
- 探索评价论证的基础

本章结尾将讨论关于同性婚姻的问题，并从不同角度分析关于这一争议性问题的各种论证。

## 什么是议题

辩论帮助我们分析议题，并决定在该议题中的某一立场是否合理。**议题**（issue）是由存在争议或不确定性的问题所组成的不明确的复合体。

很多大学生在针对某一议题撰写短评或准备口头报告时经常会遇到的一个问题便是无法对该议题给出清晰的定义。例如，在关于吸烟问题的讨论中，如果没有找到问题的焦点，讨论很可能由吸烟的危害跳跃到二手烟问题，再到吸烟成瘾的问题，然后跳跃到烟草公司的责任感，再到烟草种植户的补贴。这种讨论的最终结果肯定是肤浅的，所有这些与吸烟有关的议题都没有得到更深

层次的剖析。因此，在讨论中首要的事情便是确定议题的核心。

## 识别一个议题

识别一个议题需要清晰的思维能力和良好的沟通技能。大多数人可能都有过类似的经历，发现自己与爱人发生争论的目的完全不同。其中一方认为对方对自己没有表现出足够的爱而感到苦恼，而另一方则把这个议题看作对自己提供能力的攻击。由于不清楚真正的议题是什么，这样的争吵不会有任何结果，只能是双方都感到挫败和不被理解。

有时，我们没有机会通过与对方交谈来弄清楚议题。这种情况通常发生在文字材料所表述的问题中，比如杂志和报纸文章。此时，你可以仔细分析标题或阅读导言来找到作者的主要关注点。例如，苏海尔·H. 哈西米在《解释战争与和平的伊斯兰教伦理》一文的开篇中写道：

> 长期以来，很多理智的穆斯林作家一直试图证明西方社会对**圣战**持有不准确甚至是蓄意曲解的观点。然而，实际上**圣战**（以及战争与和平的一般伦理准则）的思想一直是穆斯林之间发生激烈的多方面辩论的主题。[1]

从这一点上，你可以推测出哈西米提出的议题应该是"对于伊斯兰教义中的圣战观念以及一般意义上的战争与和平的观念，其最好和最准确的解释是什么？"

在布朗诉美国教育部案<sup>\*</sup>判决学校种族隔离政策违反宪法 50 多年之后，很多人认为非裔美国人仍然无法在优质教育方面拥有与白人平等的机会。这个年轻的女孩是"小石城九学生"之一，在布朗诉美国教育部案判决之后，阿肯色州小石城的九名黑人学生由于即将进入白人学校而受到了威胁和恐吓，但他们最终在国民警卫队的护送下，成为首批进入中央高中的黑人学生。

\* 1954 年 5 月，居住在白人区的黑人布朗由于女儿无法去附近的白人学校上学而提起上诉，认为政府这种"隔离但平等"的做法违反了宪法的平等原则。最高法院最终判定当时的公立学校将黑人和白人隔离开来的做法属于非法行为，由此制定出在公立学校废除种族隔离的政策。——译者注

## 询问准确的问题

如何用语言阐述某项议题中的问题，将影响我们如何寻找解决问题的答案。林肯在与道格拉斯参议员（林肯称他为"法官"）进行辩论时，通过重新组织奴隶制这个议题，将这个全国性的公开论战由简单的州统治权问题上升为影响国家生死存亡的迫切问题。在最终辩论中，林肯用以下语言来概括这项议题：

> 这些话前面已经说过，但在此我要重新强调。无论从我讲过的哪一方面来说，如果我们中间仍然有人否认奴隶制是错误的，那么我只能说他站错了地方，不应该站在我们中间。除了眼前的奴隶制以外，还有其他任何事物能够威胁到我们国家的存在吗？这才是真正的议题。即使在道格拉斯法官和我闭上嘴巴保持沉默之后，这个议题仍将在这个国家持续进行下去。[2]

美国最高法院在 1954 年布朗诉教育部案中判决学校的种族隔离政策违反宪法，50 年后的一篇文章在谈到非裔美国儿童缺少优秀的学校可以选择时，记者埃利斯·科斯这样写道："当涉及有色儿童问题时，人们常常提出错误的问题。人们总会问'为什么你会遇到这样的麻烦'，而真正的问题应该是'哪些待遇是中上阶层的白人学生能够享受而你却无法获得的''哪些他们拥有的是你所没有的'。"[3]

再举一个例子，假设你下课回到宿舍后发现自己的钱包不见了。本来你以为把它放到梳妆台上了，但梳妆台上却没有。这时候的议题应该是什么？当问到这个问题时，很多学生的回答是"谁偷了我的钱包"[4] 然而，这个问题的提出是有前提的，就是有人偷了你的钱包，显然这个假设尚未得到证实。也许你把钱包放错了地方，或者丢在上课的路上了，也可能掉到梳妆台后面了。迄今为止，你所获得的信息只是钱包丢了。因此，与做出一个毫无根据的假设相比，最好将议题表述为"我的钱包怎么找不到了"，而不是"谁偷了我的钱包"。切记，优秀的批判性思维者的重要特征之一便是思想开放，很多出色的侦探都拥有这一品质。

## 识别论证

当我们从声明立场开始，而不是讨论一个能够引导人们探索和分析某一议

## 独立思考

### 亚伯拉罕·林肯，美国总统

亚伯拉罕·林肯（1809—1865）是美国的第 16 任总统。尽管是自学成才，但林肯拥有一项技能，那便是面对奴隶制和战争等重要议题时，能够提出正确的问题并仔细审视各方不同的论点，最后才做出结论。

林肯于 1860 年当选为美国总统，南方实行奴隶制的各州因此在 1861 年相继宣布退出联邦，美国内战由此爆发，这场战争耗时 4 年，南北双方共伤亡 60 多万人。虽然林肯长时间以来一直同意蓄奴合法的南方各州保持奴隶制不变，但随着内战的深入，他认为既然奴隶制是不道德的，那么全国的奴隶制都应该是非法的。同时，他也意识到在议题中选择立场不仅是智力的运用，还应该产生现实生活的结果。作为一名坚持原则的实干家，他于 1863 年发表了《奴隶解放宣言》，宣布南方各反叛州的奴隶获得自由。

2012 年的电影《林肯》描述了林肯为结束奴隶制所做的努力。

#### 讨论问题

1. 林肯认为奴隶制应该予以废除，但这一举动会导致内战双方的矛盾进一步升级，你认为这一决定是否明智？从批判性思维的角度来看，有时候在辩论中为避免发生冲突而选择退让是否是最好的策略？用具体的例子来解释。
2. 你是否曾经冒着失去朋友甚至丢掉工作的风险在一个议题上坚持自己的立场？批判性思维能力是否对你坚持自己的立场发挥了作用？讨论你的批判性思维技能是如何帮助你坚持立场的。

题的开放性问题时，就会用到修辞术。很多人常常把修辞术误认为是逻辑论证。因此，首先理解两者之间的区别很重要。

## 区分修辞术与论证

**修辞术**或**修辞学**（rhetoric）也被称为"说服的艺术"，用于宣传某种态度或世界观。在英语课程中，该术语的含义更加狭隘，它专指说服性的写作技巧。修辞术有自己独特的作用，它能够帮助我们更深入地了解议题中的某种立场以及如何阐释该立场。一旦你将某项议题的所有方面都研究透彻，并且已经做出合理的结论，那么在努力使他人相信自己的结论时，说服性写作和辩论技巧的作用便凸显出来了。林肯在与道格拉斯进行辩论时一直力图做到这一点。

当修辞术被用来取代无偏见的研究和逻辑论证时，便会成为一个问题。当修辞术以这种方式出现时，人们只会提出支持自己立场的观点。由于在面对某一论题时，不必先对该论题进行彻底而全面的审视，并对其他观点始终保持包容态度，修辞术最终可能会发展成激烈和过分情绪化的争吵，在这样的争吵中，每个人为了"获胜"都诉诸抗拒和谬误，而不是理性。

修辞术的最终目的是说服他人相信自己认定的事实，而论证的目的则是发现真理。修辞术的目标是"获胜"——使其他人相信自己立场的正确性，而不是批判性地分析某一立场。相反，一个论证的目标是为某一立场或行动方案提供充分的理由，为评估这些理由的正当性进行公开讨论。

良好的论证也应该邀请受众进行反馈，并在反馈的基础上进行进一步分析。当你仔细聆听了各方对该议题的观点，并适时修改自己的论证和观点之后，你就更加接近真相了。

## 论证的类型

**论证**（argument）由两个或更多的命题组成，其中一个命题是结论，其他的命题则是前提，支持作为结论的命题。在一项有效的**演绎论证**（deductive argument）中，结论必须是从前提中得出的，例如第 2 章中提到的四名学生与沃森卡片问题的例子。在**归纳论证**（inductive argument）中，前提可以为结论提供支持，但并非是结论所必需的证据。本书第 7 章和第 8 章将分别针对这两种类型的论证方法做更深入的介绍。

## 命　题

一个论证由一系列的陈述组成，这些陈述被称为命题。**命题**（proposition）是指一个能够表达完整观点的陈述。命题可能是正确的，也可能是错误的。如果无法确定某一陈述是否属于命题，可以试着将"这是正确的"和"这是错误

## 分析图片

**辩论僵局**　美国联邦最高法院在罗伊诉韦德案中确立了女性堕胎的权利。2012年1月23日，在该案的周年纪念日，反对堕胎与支持堕胎的示威者在最高法院外互相辩论。\*

**讨论问题**

1. 如果事先没有对某项议题进行全面的研究与分析，使用修辞术的辩论不但无助于问题的解决，反而可能会加深议题的两极化。你认为图片中的两个人可能在向对方说什么？你认为他们是在进行修辞术的辩论还是论证？假如你是该场景中的一名当地居民，作为批判性思维者的你会对她们说些什么，以小组为单位展开讨论并进行角色扮演。
2. 你是否参加过双方阵营分明的集会？如果参加过，请讨论一下，当你面对来自议题"另外一方"成员的嘲笑和谬误时，你如何进行回应。

---

\* 要获取更多有关罗伊诉韦德案的信息，参见第9章"批判性思维之问：透视堕胎"。

的"放在该陈述的开头，观察句子是否通顺。以下是几个命题的例子：

地球围绕太阳转。
上帝是存在的。
克里斯没有给我足够的关爱。
考试作弊是错误的行为。
多伦多是加拿大的首都。

第一个命题是正确的。目前世界上普遍接受了地球围着太阳转这个事实。而第二个和第三个命题的正确与否就不是那么明显了。这时需要更多的信息，例如第二个命题中对"上帝"的定义以及第三个命题中对"关爱"的解释。第四个命题几乎没有什么争议：包括考试作弊的学生在内的大多数人都会同意"考试作弊是错误的行为"。最后一个命题则是错误的；多伦多并不是加拿大的首都，渥太华才是。

一个句子中可能不止包含一个命题，比如下面的例子：

马库斯这学期选修了四门课程，并且每周在父母的商店里工作20个小时。

这个句子中包含了两个命题：

1. 马库斯这学期选修了四门课程。
2. 马库斯每周在父母的商店里工作20个小时。

再举另一个例子，一个句子中包含多个命题：

卡伦非常聪明，但是学习的积极性不高，也没有努力去尝试找一份能充分发挥自己才能的工作。

这个句子包含了三个命题：

1. 卡伦非常聪明。
2. 卡伦学习的积极性不高。
3. 卡伦没有努力去尝试找一份能充分发挥自己才能的工作。

"地球围绕太阳转"就是一个命题的例子。

并非所有的句子都是命题。一个句子可以是指示性的（"期末考试终于结束了，一起出去庆祝一下"），表达性的（"哇！"），也可以是对信息的请求（"加拿大的首都是哪儿？"）。以上几个句子都没有做出某事正确与否的论断。相反，命题会做出不是正确就是错误的论断。关于语言的不同功能，本书第 3 章已经进行了详细的介绍。

## 前提与结论

论证的**结论**（conclusion）是在其他命题或理由的基础上得到肯定或否定的命题。结论是论证的最终目的，它也可以被称为论断、观点或立场。结论可能出现在论证过程的任意位置。

**前提**（premise）是支持结论或者为结论的成立提供理由的命题。从前提到结论便是推理的过程。

前提 ──────▶ 结论

好的前提并非来自舆论和假设，而是以事实和经验为基础。前提的可信程度越高，论证过程就越完美。我们考虑一些评价第 4 章中证据的方式。结论应当得到前提的支持或者从前提中得出，例如下面这个论证过程：

前提：加拿大只有一个首都。
前提：渥太华是加拿大的首都。
结论：因此，多伦多不是加拿大的首都。

前提可以分为几种类型。第一种是**描述性前提**（descriptive premise），以经验事实为基础。所谓**经验事实**（empirical fact）是指科学的观察以及（或者）我们五官感受到的证据。"渥太华是加拿大的首都"和"丽萨喜欢安东尼奥"都属于描述性前提。

第二种是**规范性前提**（prescriptive premise）。与描述性前提相反，规范性前提包含有价值观的陈述。例如"人们应当致力于实现大学校园里的多样化"或者"在考试中作弊是错误的行为"。与描述性前提不同，规范性前提不能被证明为真或假。

第三种是**类比性前提**（analogical premise）。类比性前提采用类比的形式，通过两个相似事件或事物之间的比较给出信息。在第 2 章中，古希腊哲学家柏拉图将理性与驾驭战车的车夫进行了类比。柏拉图说，正像车夫掌控奔驰的骏马一样，人类的理性也应该牢牢地控制住自己的情绪和激情。

最后一种是**定义性前提**（definitional premise）。定义性前提包含了对关键术语的定义。当关键术语有不同的定义或者容易引起歧义时，定义性前提显得尤为重要，例如"正确"和"多样性"，另一种情况是关键术语需要精确的定义。例如，"平权法案"在词典里被定义为"一种增加妇女和少数群体机会的政策，尤其是就业机会"。[5] 然而，由于没有清晰地给出政策的类型，这个定义对你的论证来说可能并不够精确。为了进一步阐明这一点，可以在前提中给出更加精确的定义。"平权法案这项政策是为了提高妇女和少数群体的社会地位，在就业和入学等方面，相比同等条件的白人男性，给予符合条件的妇女和少数群体优先权。"

## 非论证：解释和条件陈述

有时候，解释和条件陈述会与论证发生混淆。**解释**（explanation）是陈述事物为什么以及如何发展成为现在的状况。通过解释，人们能够了解事情的发生，比如下面这个例子：

> 这只猫嚎叫了一声是因为我踩到了它的尾巴。我不高兴是因为你答应下课之后会与我在学生会见面，但你却没有出现。

在这两个例子中，我们并没有列举证据试图去证明或者说服某人这只猫刚才确实叫了一声或者我很不高兴；而是试图解释这只猫为什么会叫，以及为什么我感到不高兴。

人们也可以通过解释去描述一些事物的用途或目的，例如"iPod具有存储大量音乐的功能"。此外，人们还可以将解释作为一种尝试了解某些事物内在意义的方法，例如"当珍对我微笑的时候，我认为她是想告诉我她喜欢我"。

与论述一样，并非所有的解释都是令人信服的。诸如"我今天没带论文，因为狗把它吃了"之类的解释通常至少会引起一些人的怀疑。而且，从新的证据来看，几个世纪甚至几十年前看似合理的解释可能不再合理。我的一位小学老师向我解释说，著名的女艺术家很少，因为女性是通过生育来实现她们的创造力的。这种解释不再被认为是合理的。

**条件陈述**（conditional statement）也可能被错认为是论证。它一般以"如果……那么……"的形式出现。

如果弗朗索瓦出生于蒙特利尔，那么她应该懂法语。如果 18 岁的青少年已经心智成熟到可以参加战争，那么他们也应该被允许饮酒。

条件陈述本身并不是论证，因为它并没有引出其他论断或结论。在上面的例子中，并没有得出结论说弗朗索瓦懂法语或者 18 岁的青少年应该被允许饮酒。然而，条件陈述可以在论证中作为前提存在。

前提：如果弗朗索瓦出生于蒙特利尔，那么她应该懂法语。
前提：弗朗索瓦出生于蒙特利尔。
结论：弗朗索瓦懂法语。
前提：如果 18 岁的青少年已经心智成熟到可以参加战争，那么他们也应该被允许饮酒。
前提：18 岁的青少年心智还没有成熟到可以参加战争。
结论：18 岁的青少年不应该被允许饮酒。

总结一下，论证由两种命题组成：结论和前提。结论由前提支持。前提可分为描述性前提、规范性前提、类比性前提和定义性前提。与解释和条件陈述不同，论证致力于证明事物的正确性。

## 拆分和图解论证

学会如何识别论证的各个部分，并用图形来说明论证的结构，可以帮助我们更容易地找到理解某个论证的思路。首先，将论证进行拆分，然后使用不同的图表符号代表论证的不同组成部分，从而形象地展现完整的论证、各项命题以及前提与结论之间的关系。

## 将论证拆分为命题

在对论证进行图解之前，首先要将论证拆分为若干命题。下面详细地介绍图解论证的步骤：

1. **为命题添加括号**。在拆分一项论证的时候，首先为每个命题添加中括号，这样你能够清晰地看到每个命题的开始与结尾。记住，一项完整的论证可以被包含在某个句子中，如下面列举的第一个示例，或者也可以包含几个句子和命题，如第二个例子。

［我思］故［我在］。

［坐在教室前排的学生往往能取得更好的成绩］。因此［你应该尽量坐在前排］，因为［我知道你希望提高自己的平均学分绩点］。

2. **识别结论**。拆分论证的第二个步骤是识别哪个命题是该论证的结论。虽然并非所有的论证都如此，但有一些论证确实包含了一些术语，可以作为结论指示词，能够帮助你找出哪一个命题是结论。比如说，诸如"因此""所以""于是"等类型的词语经常作为结论指示词。如果一项论证里存在结论指示词，将这个词语圈起来，并在圈出的词语上面标记字母"CI"（结论指示词的英文缩写）。在下面的两个例子里，"因此"这个词表明后面的是结论。

如果没有结论指示词，可以试着提出问题："这个人想证明什么，或者想说服我相信什么？"如果仍然无法确定哪个命题是结论，试着将"因此"这个词放到你认为可能是结论的命题前面。如果这条论证的语义依然通顺，那么你已经找到了结论。找到结论之后，请在其下方画双划线。

　　　　CI（结论）
［我思］故［我在］。
［坐在教室前排的学生往往能取得更好的成绩］。
　　CI　　　　　（结论）
因此，［你应该尽量坐到前排的座位上去］，因为［我知道你希望提高自己的平均学分绩点］。

3. **识别前提**。拆分一项论证的最后一步是识别论证的前提，或者找出那些能够为结论提供支持的命题。第一个例子在本书的第 1 章中曾经作过介绍，这项著名论证是法国哲学家勒内·笛卡儿（1596—1650）提出的，笛卡儿支持自己的结论（"我在"）的前提是"我思"。换句话说，如果他在思考，那么就可以说他一定存在，因为人类时时刻刻都在思考。在找出的前提下面画单划线。

我们可以在他人身上测试我们的论证，然后根据我们收到的反馈进行修改，从而完善我们的论证。

（前提） CI （结论）
[我思] 故 [我在]。

一些论证包含有前提指示词——标示前提的词语或短语。"因为"和"由于"是最常见的前提指示词。如果论证中存在前提指示词，将这个词语画圈，并在圆圈上面标记上"PI"（前提指示词的英文缩写）。在关于坐在教室前排还是后排的论证中，"因为"这个词指明了句子的最后一部分是一个前提。论证中的第一句话也是一个前提，因为它为结论"你应该尽量坐到前排的座位上"提供了证据。在每个前提的下面画单下划线进行标示。

（前提）
[坐在教室前排的学生往往能取得更好的成绩]。
CI （结论）
因此, [你应该尽量坐到前排的座位上],
PI （前提）
因为 [我知道你希望提高自己的平均学分绩点]。

## 识别复杂论证中的前提与结论

并非所有的论证都像前面列举的示例一样简单易懂。一些论证段落也会包含其他额外的材料，例如背景信息和介绍信息。在下面这封给编辑的信中，第一句话便包含一个简单的论证。开头介绍了作者的身份，结论是"华盛顿州应该有免费的大学教育"。这句话的结尾是一个前提"它只会造福我们的国家和人民"，这句话的前面是一个前提指示词"因为"。第二句包含两个以上的前提。接下来的三句话是支持第一段结论的附加前提。

（结论）
我是哥伦比亚盆地学院的一名学生，我认为 [华盛顿州应该有免费的大学教育]，因为 [它只会造福我们的国家和人民]。
（前提）
[人民的受教育程度越高，成就越大；它越能自我维持。][美国需要在学术上与其他国家齐头并进，而如果人们负担不起进一步的教育，我们就无法做到这一点。]
[上大学的费用对于那些为了上大学而做出巨大牺牲的人来说似乎是令人生畏的，而对于那些负担不起的人来说则是遥不可及的。][6]

诸如"因为"（because）、"由于"（since）、"因此"（therefore）、"所以"（so）等词语有时会作为论证中的前提和结论指示词，但并非总是如此。"因为"和"因此"也会出现在解释句式中，例如下面的例子：

> 因为美国的人口状况和移民方式都在发生变化，今天的大学生毕业后将面临与他们的父辈完全不一样的就业形势。

此外，"*since*"这个词除了表示前提之外，有时也可以用于指示时间。

> 自从（since）2001年"9·11"事件中世贸大厦和五角大楼被袭击之后，对大多数美国人来说，不同文化种族之间的关系已经彻底改变了。

了解如何将一项论证拆分为结论和前提，能够帮助人们更容易地去分析一项论证。虽然诸如"因此"（therefore）和"因为"（because）等词语可以帮助我们进行分析，但是一定要记住，这些词语有时候并不一定是结论或前提的指示词。

## 对论证进行图解

一旦掌握了拆分论证的基本原则，就可以进一步对论证进行图解。有时论证的失败仅仅是因为对方没有遵循我们推理的思路。对论证进行图解能够阐明前提与结论之间的关系，以及各项前提之间的关系，接下来将介绍如何为前提划分种类，进而区分不同的论证结构。

**包含一个前提的论证**。首先将论证拆分为命题，并分别用双划线和单划线在结论和前提的下方进行标示。按照在论证中出现的顺序对所有的命题进行编号，用加圆圈的数字标示在每个命题前方。例如：

①［我思］故②［我在］。

现在图解的所有准备工作已经完成了。首先在页面的下方或空白处写下结论的标号，再把前提的标号写在结论的上方。如果只有一个前提，将前提编号写在结论编号的正上方，并画一个箭头由前提编号指向结论编号。如下：

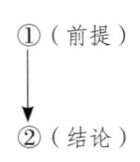

①（前提）
↓
②（结论）

## 分析图片

> 大麻法律将非暴力的美国人关起来，浪费了纳税人的数十亿美元。
>
> 三分之一的美国成年人曾经吸食过大麻，联邦法律能够以非法持有的罪名逮捕和监禁他们中的任何一个。这些法律滥用了我们的司法公正系统，是不公正的。起诉和监禁这些美国人浪费了美国宝贵的资源，将这些资源用于防止发生在街道上的暴力犯罪岂不是更有价值？事实上，已经有成百上千的美国公民因此入狱，而其中很多人根本没有暴力倾向，一贯守法。还有一些人因此被处以罚款，剥夺了选举权，丢掉了工作，失去了奖学金。让我们接受常识和公正，制定更加现实的大麻法规。把监狱留给那些真正的罪犯。
>
> DRUG POLICY ALLIANCE
> ACLU

### 关于大麻的争论

**讨论问题**

1. 识别广告中论证的结论和前提，评价该论证。
2. 这条广告的目的是什么？它是否发挥了预期的效果？广告设计者为了说服读者接受自己的结论采用了哪些策略，是否使用了修辞手法，是否存在谬误，分别指出并进行讨论。

---

在本节中，图示括号内的各个部分（例如前提、结论、相关性前提）是对每个数字编号的解释，这里只是出于教学的目的。然而，在实际应用的论证图示中，只使用数字、直线和箭头。

**包含独立性前提的论证**。接下来要图解的这个论证包含不止一个前提。首先将论证拆分为结论和前提，按照在论证中出现的顺序对所有命题进行编号。

①［<u>每个医生都应该将撒谎当成一门技艺加以培养</u>］……②［<u>很多经验表明病人并不想知道所患疾病的实情</u>］，并且③［<u>了解实情对他们的健康有害无益</u>］。[7]

在这项论证中，结论是第一个命题——"每个医生都应该将撒谎当成一门技艺加以培养"。在图表的最下面写上①。然后检查两个前提，即第二个和第三个命题。可以看出，在这项论证中，每个前提分别从不同的角度对结论进行了支持。一个前提能够独立地为结论提供支持，而不需要其他前提的存在，这样的前提就被称为**独立性前提**（independent premise）。为每个独立性前提分别画出指向结论的箭头。

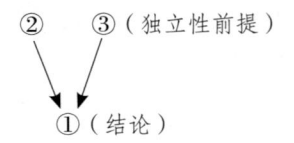

②　　③（独立性前提）
　↓　　↓
　①（结论）

**包含相关性前提的论证**。当只有使用两个或更多的前提才能支持一项结论时，这样的前提就被称为**相关性前提**（dependent premise）。如果无法确定两个前提是独立的还是相关的，可以试着去掉一个前提，然后查看余下的前提是否仍然能够独立地支持结论。如果不能，这项前提就是相关性前提。

在下面这个有关哈利·波特的论证中，前提①③和④是相互关联的。单独拿出任何一个，都不能独立地支持结论。

①［《<u>利未记</u>》19:26 写道："你们不可吃带血的物，不可用法术，也不可观兆。"］因此，②［<u>《哈利·波特》系列小说不适合儿童阅读</u>］，因为③［<u>哈利·波特是个魔法师</u>］，而④［<u>魔法师使用巫术</u>］。

在图示独立性前提时，首先在相关性前提之间画一条线，然后在连线的中间画一条箭头线指向结论。

①——③——④（相关性前提）
　　　↓
　　②（结论）

在上面这项论证中，前提④是定义性前提，可以根据读者的情况选择是否呈现。

有些论证既有相关性前提，又有独立性前提。考虑以下论证：

①[土耳其不应被授予欧盟的正式成员资格。]首先，②[这个国家的大部分位于亚洲，而不是欧洲。]③[土耳其的人权记录也很糟糕。]最后，④[这是一个失业率高的穷国。]⑤[允许它成为欧盟的正式成员可能会引发人们向经济状况较好的欧洲国家大规模移民。]

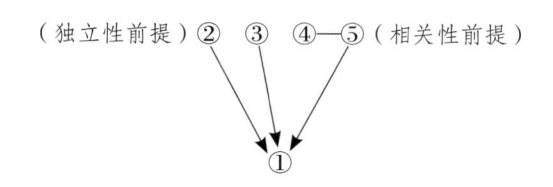

（独立性前提）② ③ ④—⑤（相关性前提）
↓
①

**包含中间结论的论证**。有时一项支持最终结论的前提本身也是一个结论。这种前提被称为**中间结论**（subconclusion）。

①[我的孙女萨拉是一名大学新生。]
②[萨拉可能不会对美国退休人员协会主办的社会保障改革讲座感兴趣。]所以③[应该没有必要去问她愿不愿陪我去。]

在上面这项论证中，前提①为命题②提供支持："我的孙女萨拉是一名大学新生。[因此]萨拉可能不会对美国退休人员协会主办的社会保障改革讲座感兴趣。"然而，命题②除了作为前提①的结论外，还成为支持命题③的前提。在图示包含中间结论（例如命题②就是一项中间结论）的论证时，应当将中间结论放到支持它的前提和它所支持的结论中间。如下图所示：

①（前提）
↓
②（中间结论）
↓
③（结论）

下面是一个关于死刑的论证示例，该论证包含一个中间结论，同时还包含两个独立性前提。

①[死刑并不能减少犯罪，]因为②[罪犯在作案的时候不会想到会被抓获。]同样，由于③[很多罪犯的情绪并不稳定，]④[他们不可能理性地去考虑自己非理性行为的后果。]⁸

在这个例子中，命题②是独立支持最终结论（命题①）的独立性前提。如果这是本论证的所有前提，可以在图示中直接将②写在①的上面，并画一条箭头由②指向结论。

然而，论证中又给出了另外的证据（命题③和命题④），以独立的支持性论证的形式来支持结论（命题①）。因此，在图解的时候应当为其预留空间。在这个例子中，命题④是中间结论，而命题③是该支持性论证的前提。完整的论证图示如下：

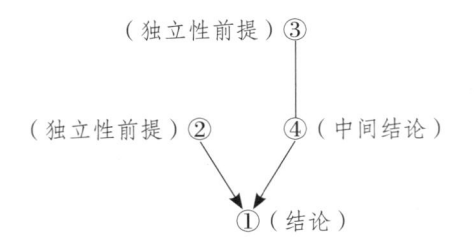

```
                    （独立性前提）③
                              │
                              ▼
      （独立性前提）②    ④（中间结论）
                    ↘   ↙
                    ①（结论）
```

**包含隐性结论的论证**。在一些论证中没有对结论进行明确的说明，而是让读者得出自己的结论。例如下面这项论证有两个前提但是没有结论：

①［有些法律允许公立大学区别对待不同种族和性别的入学申请者，这是违反宪法的。］②［密歇根大学的平权法案政策依据种族和性别进行加分，实际上是对白人男性的歧视。］

这些人正在焚烧《哈利·波特》系列小说。他们基于的结论是：哈利是个魔法师且巫术应该被禁止使用。

在确定隐性结论是什么的时候，可以问问自己：说出这番话的人想证明什么，或者想让大家相信什么？在这个例子中，隐性结论应当是密歇根大学的平权法案政策是违反宪法的。当论证的结论是隐性的时候，将其写在论证的最后并对其标号；在这个例子中，由于这是第三个命题，所以在命题前面标注③。也可以根据需要为隐性结论添加结论指示词。

①[有些法律允许公立大学区别对待不同种族和性别的入学申请者，这是违反宪法的。]②[密歇根大学的平权法案政策依据种族和性别进行加分，实际上是对白人男性的歧视。]因此，③[密歇根大学的平权法案政策是违反宪法的。]

在图解该项论证时，可以明显地发现，这两个前提都无法在缺少另一个前提的情况下独立地支持结论。也就是说这两个前提是相关性前提。当对包含隐性结论的论证进行图解时，结论前的编号用虚线圆圈进行标注，以表明其没有出现在论证的原始文字中。需要再次强调的是，图中加括号的文字（相关性前提和隐性结论）只是为了起到说明的作用。在实际的图示中是不需要添加的。

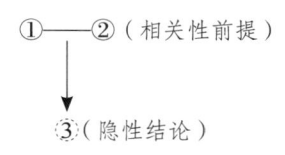

①———②（相关性前提）
　　↓
③（隐性结论）

针对大学入学中平权法案（第 1 章 "批判性思维之问" 讨论的主题）的道德性和合法性，大学生分成了截然对立的两派。

在论证或讨论一项议题时，常常没有时间总结和图解论证。然而，练习拆分并图解论证能够使人们更容易地识别结论，并找出真实论证中结论与前提的关系，为下一节中的主题做好准备。

## 评价论证

了解如何拆分和图解论证能够帮助人们更容易地对论证做出评价。本节将简要介绍评价论证的一些主要标准：清晰性、可靠性、相关性、完整性和合理性。我们在第 7 章和第 8 章中将对本部分内容展开更深入的探讨。

### 清晰性：论证是清晰的还是模糊不清的？

要评价一项论证，首先要确保已经正确地理解这项论证。然后对论证进行拆分，仔细地检查每条前提和结论。所有前提和结论的措辞是否清晰易懂？如果论证的某一部分不清晰，或者某个关键术语的意思存在歧义，应当要求论证者进行澄清。

例如，在一次聚会中，有人对我说："外国移民正在毁灭这个国家！"我立即提出自己的疑问——"你是指所有的外国移民吗"以及"你说的毁灭指的是什么"。他解释说他的意思是指来自中南美洲的移民给美国带来了沉重的财政负担。

### 可靠性：这些前提是否有证据支持？

正像本章前面讲到的，论证是由许多做出对错论断的命题组成。在一项好的论证中，前提是可靠的，并且有证据支持。换句话说，我们有理由相信这些前提是正确的。在评价论证的过程中，应当对每项前提分别进行检查。在检查的过程中需要对那些冒充事实的假设保持警惕，尤其是那些在某种文化里被广泛接受的假设以及由非权威人士提出的假设。

当我的女儿读幼儿园时，她的老师问小朋友们长大以后想成为什么样的人。我的女儿说她想做一名医生。老师听完之后摇摇头说道："男孩可以做医生，女孩只能去做护士。"将这位老师的论证进行拆分并图解如下：

①[你是一个女孩]。
②[男孩可以做医生，女孩只能去做护士。]
因此，③[你不能去做一名医生]。

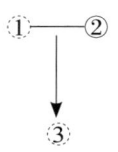

①——②
　↓
　③

几个星期之后我问我的女儿为什么不再玩她的医生玩具了。她告诉我老师说她以后不能做一名医生。幸运的是，我们及时知道了这个老师做出的关于男性和女性应当从事不同医学职业的假设，并且揭示了这个假设的错误性，因为现在有很多医生是女性，而且有很多男性从事护士这个职业。由于该论证中的两个前提是相互依赖的，两者同时存在才能支持最后的结论。现在已经证明了其中一个前提是错误的，那么结论就失去了前提的支持。

一些假设往往没有直接表达出来，因此人们常常忽视这些假设。还有另外一种情况，虽然一些假设和前提明显是错误的，但人们在做出判断之前仍然需要做一些研究。例如刚才提到的对于移民态度的例子，当我问他为什么会对来自中南美洲国家的移民有这样的看法时，他回答："来自中南美洲的移民非常懒惰，习惯于不劳而获，这会给我们国家的社会福利系统带来沉重的负担，这种情况在加利福尼亚等州尤为严重。"他的前提是正确的吗？他的证据有资料来源吗？这些资料来源可靠吗？

我的研究发现了美国移民研究中心的一份关于移民和福利的报告。根据这份报告，大约51%的移民家庭获得至少一种福利，如食品券、免费学校午餐或医疗补助，而只有30%的美国出生的家庭获得福利。这是否意味着移民是"懒惰的"，还是对这种差异有其他的解释？为了找到答案，我们需要继续读下去。这篇文章接着解释说，这种差异部分是因为移民的工资较低，因为他们的技能往往比土生土长的美国工人少。至于移民是"懒惰"的说法，报告指出，87%的移民家庭至少有一个人在工作，而在美国出生的家庭中，这一比例为76%。此外，领取福利的家庭比例的差异只适用于第一代移民。移民的孩子往往和在美国出生的人做得一样好。[9]如果没有花费精力去研究这项前提，并发现它其实毫无事实依据，我可能已经被这个人的"论证"说服了，并且将他的假设接受为"事实"。

## 相关性：前提与结论是否存在相关？

除了正确性之外，前提还应该为支持结论提供相关证据。换句话说，前提应该为结论的成立提供充分的理由。上文引用的移民研究便具有相关性，但它支持的并非"外国移民正在毁灭这个国家"这一结论，而是完全相反的结论："移民往往工作更为努力。"

一项前提可能与结论存在相关，但是却没有为结论的成立提供足够的基础。当我女儿年幼时，大多数医生是男性而大多数护士是女性，这个事实并不能为我女儿的老师提供足够的支持，使她得出结论认为我女儿应该放弃成为医生的梦想。如今，医学院的学生中有一半是女性。

## 完整性：是否存在未阐明的前提与结论？

在评价一项论证时，务必提醒自己："是否存在未阐明的前提？"前提可能由于各种原因而被省略。做出论证的人可能只是没有意识到某些与议题相关的关键信息。片面的研究和证实偏差也可能会使人们忽视某些不符合自己的世界观但又非常重要的信息或前提。在刚才讨论的关于拉美裔移民的论证中，论证者没有提供能支持自己论断的实际数据作为前提。而在一项好的论证中，相关性前提必须是完整的，并且有可靠的来源进行支持。

话虽如此，有时一些前提是显而易见的，这时就不需要进行阐明。例如下面这项论证：

> 联邦教育基金应当按各州面积的大小进行分配。因此，得克萨斯州应该分到比罗得岛州更多的联邦教育经费。

在这项论证中，未阐明的前提是："得克萨斯州比罗得岛州要大。"这是一个大多数美国人都知道的不可辩驳的事实。然而，如果是将这项论证讲述给其他国家的人听，这项前提可能就需要添加上了。

省略一项相关性前提也可能会带来问题，尤其是前提本身具有争议性或者基于未确定的假设，关于移民的论证便存在此类问题。当现有前提的成立需要依赖于未阐明的前提时，问题可能会更为严重。相关性前提的缺失可能导致我们得出基于不完整信息的错误结论。

在一些情况下，一些前提被刻意删去是因为前提本身的争议性，如果陈述该前提反而会使论证者的说服力减弱。考虑：

## 分析图片

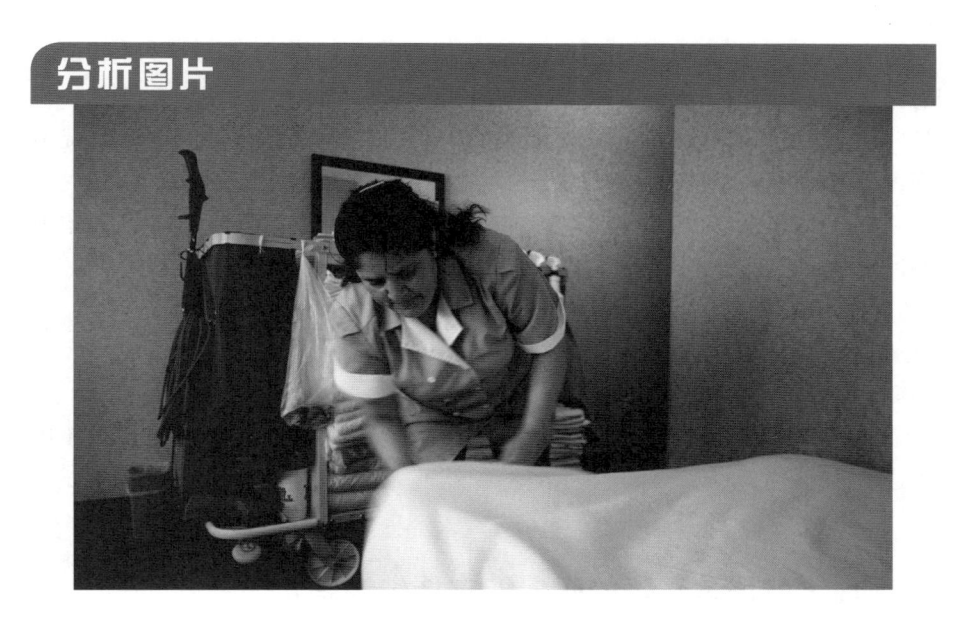

**拉丁裔家庭主妇** 拉丁裔移民往往工作努力,宁愿从事低收入工作,也不愿接受公共援助。在美国,他们在农业、建筑和家政等工作中占劳动力的很大一部分。

**讨论问题**

1. 尽管拉丁裔工人有职业道德,但他们在美国的平均收入只有白人工人的三分之二。这公平吗?为这个问题创建一个前提列表。根据你的前提得出结论。
2. 参考你在前一个问题中提出的论证,在小组中使用本节中列出的标准来评价你的论证。

---

应该继续保持堕胎的合法性。强迫女性去抚养意外怀孕而生下的孩子是不应该的。

拆分并图解上述论证,可得到:

①[应该继续保持堕胎的合法性。]②[强迫女性去抚养意外怀孕而生下的孩子是不应该的。]

②
↓
①

乍看起来，结论好像是由前提推断出的，因为大多数人都会将约定俗成的前提看作是合理的。然而，论证中存在一个未阐明的相关性前提，这项前提就是"谁生下这个孩子，谁就应该抚养这个孩子"。与我们看到的第一项前提不同，这项前提肯定是存在问题的，因为收养也是一种选择。

一旦找到了缺失的相关性前提，就应该将其添加到论证中。然后重新审视并评价这项论证。

①［应该继续保持堕胎的合法性。］②［强迫女性去抚养意外怀孕而生下的孩子是不应该的。］③［谁生下这个孩子，谁就应该抚养这个孩子。］

在这项论证中，隐性前提③削弱了论证本身的说服力，因为很多人并不接受这项前提。

## 合理性：前提是正确的吗？能支持结论吗？

最后，论证的推理过程应当是合理的。合理是指论证中的前提本身是正确的，并且能够为结论提供支持。在上面的论证中，"移民是懒惰的吃白食者，给我们的公共福利系统增加了负担"的前提是错误的；因此，这个论证是站不住脚的。前提和结论之间的联系应该基于理性而不应诉诸谬误。

从另一方面来说，当结论没有得到前提支持时不能简单地判定其一定是错误的。这时你能说的仅仅是该结论是否正确暂时无法判断。一些议题很可能无法通过逻辑论证证明其正确与否，例如上帝是否存在以及他人（或机器）是否存在意识。

我在 10 或 11 岁的时候发生了最严重的一次哲学上的创伤经历，当时我意识到自己无法证明世界上除了自己以外其他任何人或事物的存在性。大约有一周的时间，我一直徘徊在痛苦的唯我主义（认为我是世界上唯一存在的事物）迷雾中，刻意疏远要好的伙伴。然而最终我还是做出了决定，为了自己的快乐和幸福，接受世界上其他事物的存在性。这段经历也教育了我不要因为事物无法通过论证进行证明便否定其正确性。如果草率地做出这一论断，那就犯了无知的谬误。

我们将在第 7 章和第 8 章中介绍评价特定类型的论证所使用的其他准则。

## 构建论证

迄今为止，我们已经学习了如何识别、拆分和评价论证，现在你可以开始构建自己的论证了。下面介绍构建论证的一系列步骤，帮助你完成这个过程。

### 构建论证的步骤

构建一项论证可分为八个步骤，分别是：(1) 陈述论题；(2) 建立前提列表；(3) 删去缺乏说服力或不相关的前提；(4) 确立结论；(5) 组织论证；(6) 尝试向他人介绍论证；(7) 修正论证；(8) 将结论或解决方案付诸行动。

**1. 陈述议题。** 你想要处理什么问题或议题？首先应当对议题有清晰的认识，这样可以使你的论证过程不脱离正确的轨道。尽量使用中性的词语表达议题。例如，"美国是否应当执行更为严格的枪支管制条例？"不能表述成"政府是否应该做出更多的实际行动以阻止枪支落入屡教不改的罪犯手中？"

**2. 建立前提列表。** 在寻找潜在的前提时，避免将个人观点掺杂其中。同时应该清醒地认识到，议题并非只有两面性，观点不一定非对即错。从"两面"看待问题已经渐渐成为美国文化的准则，这时辩论成为解决问题的方式，直到一方胜利而另一方失败。

在建立前提列表时，应当尽可能地保持客观性和开放性。要尽量挖掘议题的各个方面，而不是只选择那些支持自己世界观的前提。与他人进行头脑风暴是开拓思路的好方法，这时应当让思想自由地流动，不断地创新，而前提的好坏、表达的准确与否则暂时不用考虑。在进行的过程中将每个前提都记录下来。如果可能的话为其添加参考文献以方便以后的查找和核对。

你的前提应该相对没有争议。同时当心不具支持性的解释或假设。始终保持怀疑的态度。如果你根本不确定一项前提是否正确，一定要仔细核对。随着研究的进行，必须确保自己使用的资料来源全部可靠，同时继续对问题进行全方位的考虑。

有时一些与文化有关的世界观在人们心中根深蒂固，人们都认为它们是正确的并很少提出质疑。约瑟夫·科林斯医生在 1927 年写道："每个医生都应该将撒谎当成一门技艺加以培养。"这个前提多年来一直是医学界的广泛共识。了解病情会伤害病人这项假设从未受到过质疑，因为一直以来大家都是这么认为的。直到 1961 年才有人开始检验这项前提，结果发现事实并非如此，大多

在对允许在公共场所吸烟等有争议的法律议题得出结论之前，我们首先需要确定我们的前提是基于事实的。

数癌症患者知悉自己的病情会更有助于治疗的效果。[10]

一旦建立了初步的前提列表，立即从头开始逐项进行核对。每项前提都应当表述清晰、令人信服和内容完整。还要确保自己对该议题有彻底的认识。你肯定不希望在论证过程中面对一些人突然提出的质疑和反驳时，自己由于猝不及防而乱了阵脚。你是否遗漏了一些重要前提？例如，你的议题如果是学生宿舍内是否允许吸烟，一定要去查阅美国该州的法律。该州是否已经立法规定不允许在公共场所吸烟，如果是，该校的学生宿舍楼（尤其当你上的是一所州立大学时）是否被认定为公共场所？

如果你发现收集的前提已经足够支持自己开始这个练习前所持有的观点，这时应当重新回到议题，并花费更多的时间去审视支持议题其他观点的前提。

**3. 删去缺乏说服力或不相关的前提。** 在完成前提列表之后，再检查一次，删去任何缺乏说服力或与论题不相关的前提。就像格言中所说的锁链一样，最薄弱的一环（前提）会摧毁你的整项论证。与此同时，你可能会想删去与自己支持的观点不契合的前提，请务必抵挡住这种诱惑。

列表中最终保留的前提一定是与论题相关的。如果论题是"大麻是否应该合法化"，那么可能出现的干扰性前提包括如何证明一些反对大麻合法化的议员其实是伪君子，他们自己在大学时期也曾使用过大麻，此时应当避免受这些前提影响而偏离了论证的方向。坚守在大麻合法化这个主题上。此外还应删去一些多余的前提，这些前提的核心与其他前提一样，只是换了一种表达方式。

然后，将紧密相关的前提编排成组。例如，前提"事实证明服用大麻会降低反应时间"应当与前提"研究表明长期服用大麻不会对大脑功能产生任何副作用"编到同一组中；而前提"服用大麻已经被路德教认定为邪恶的行为"显然属于另外一组。虽然前两项前提在论题中所代表的立场不同，但是它们都以科学研究为基础，而与道德和宗教评判无关，所以归属同一类。此外，还应在所有前提中寻找是否存在相关性前提。一项前提初看起来没有说服力，可能只是因为它需要与另外一项（相关性）前提配对。

如果前提列表仍然太长，在决定哪项前提应当删去或保留时应当考虑受众的身份。如果是撰写课程论文，那么受众是你的老师。如果是在课堂上做口头报告，那么受众是课堂上的学生。你的受众还可能是你的朋友、伙伴、亲戚或者报纸和网站的读者。

除非某一前提对于你的受众来说过于明显而无须陈述，否则不要删去相关性前提。如果对这一点尚存疑虑，那么最好将其保留，因为贸然假设受众知晓这一前提是不明智的。另一方面，如果给你做论证陈述的时间不多，那么就应留下最具说服力的前提。然而，其他前提也应预先准备，在你被要求对论证进行扩展或进一步阐明时可以随时使用。

接下来检查所有保留下来的前提的措词。每个前提都应当措词清晰，不应存在模糊不清或容易混淆的词语，语言中也不应带有任何情绪。为前提中所有可能引起歧义的关键术语添加定义。确保在整个论证过程中你对这些词语的使用前后一致。

**4. 确立结论**。只有在对前提列表满意的情况下才能够开始确立结论。确立结论之前应当检查所有保留下来的前提。记住在推导结论的过程中务必保持思想的开放性。在问自己"由这些前提能够得出什么样的结论"的时候，一定要避免将议题视为对

与他人合作，共同找出论证中薄弱或片面的前提，能够使你的论证更具说服力。

立的两面。仔细审视最终列表中的所有前提，考虑如何做出结论才能顾及尽可能多的前提。

例如，关于医生协助自杀的议题常常成为两极化严重、非此即彼或者非黑即白的争论。然而，即使在那些强烈反对医生协助自杀合法化的人中间，有人仍然会认为应当在考虑具体情形的前提下对医生协助自杀进行评判。与其将论题分为对立的两面，不如考虑如何制定能够顾及所有派别共有前提的政策或法律。

还需小心的是，在确立结论时切勿操之过急。如果你将先入为主的观点带到论证中去，并在分析支持自己结论的证据时心存偏见，则很容易出现这种情况。因此，在没有仔细分析所有的前提并且确保你已经审视过与议题相关的不同观点之前，不要轻易做出结论。此外还应确保结论与前提之间的联系是合理的，不是基于自己的情感诉求或非形式谬误。

最后，做出的结论必须得到前提的支持，绝对不能超出前提的支持范围。例如下面这个例子便超出了前提所能支持的范围：

> 本校的大多数新生都拥有自己的私家车。校园里的停车场无法提供足够的停车位来容纳所有的汽车。因此学校应该再建一座停车场。

上述例子的结论是学校应该再建一座停车场，这条结论并不能由这些前提推出。一方面，我们并不了解有多少新生开车往返于学校，有多少学生将车停在校园里。而另一方面我们还有其他可供选择的方案来解决停车位短缺的问题，例如公共交通、拼车出行或者在校园与校外停车点之间加开班车。

**5. 组织论证**。组织论证可采用多种方式。例如，你可以首先列出所有的前提和结论或用图表进行表示，也可以采用书面或口头的方式进行论证。如果是以书面或口头的形式进行论证，应当在论文的第一段或演讲的开始对论题进行清晰的陈述。这样才能够让你的听众很容易地确定你的议题是什么。（见"行动中的批判性思维：撰写一篇基于逻辑论证的论文"。）

论证的结论也常常出现在论文的第一段或者口头报告的开始。在论文中，这样的结论常常被称为"主题陈述"。如果可能，尽量将主题陈述精简为一句话。在开篇段落中也可以向读者介绍这篇文章将如何组织论证并为结论辩护。当然，也可以用一两句话简要介绍议题的重要性以引起读者的兴趣。

以下摘自詹姆斯·雷切尔的《主动与被动安乐死》一书中的论证，这是一个开篇段落的好例子：

> 主动还是被动安乐死在医学伦理上至关重要。具体来说，在一些特殊情况下，

## 行动中的批判性思维

### 撰写一篇基于逻辑论证的论文

许多课程要求学生使用逻辑论证来写一篇论文。这些论文通常组织如下:

1. **识别论题**。在介绍性段落中包括对这个论题的简要说明以及关键术语的定义。你论证的结论也可以写在第一段。
2. **提出前提**。这部分将构成你论文的主要部分。列出并解释支持你结论的前提。使用的前提应该是完整的,表述清晰,有可靠的证据支持,没有谬误,逻辑上有说服力。
3. **提出并处理反面论证**。提出并回应每一个极具说服力的与你观点相反的反面论证。
4. **结论和总结**。在最后一段,重述问题并简要总结你的论证和结论。
5. **参考文献**。包括你在论证中使用的事实和证据涉及的参考文献列表。

### 讨论问题

1. 选择一个论题。就这个论题写一篇两页纸的草稿或提纲,使用逻辑论证。与班上的其他同学分享你的草稿或大纲,以获得对你的论证的反馈。根据收到的反馈修改草稿。
2. 在杂志或报纸上找到一篇表达某个论证的文章。在文中找出上面列出的五个步骤。评估论证的力度。讨论你如何改进论证及其表达。

> 放弃治疗让病人自然死去是允许的,但是采取任何杀死病人的直接行动则被绝对禁止。这项原则似乎得到了大多数医生的认可……然而有充分的案例可以证明这项原则是错误的。接下来我将进行一系列相关的论证,强烈要求医生重新考虑他们在这件事情上的看法。[11]

如果有多项前提需要介绍,可以在文章开头为每个独立性前提分配一个单独的段落。相关性前提可以放在一个段落中进行讨论。然而,如果你写的是短文,例如写给编辑的一封信,也可以将几组独立性前提放到一个段落里。不管何种情况,在你介绍一项新的前提之前,都应让读者清楚地知道。这时,可以使用一些前提指示词,例如"因为"和"第二个原因是"。雷切尔在论证的第二段以一个病人的例子开头,这名病人"身患已经无法治愈的喉癌,忍受着巨大的痛苦,各种治疗手段已经无法缓解他的痛苦"。他通过这个例子来阐述自己的第一个前提:

> 我的论点之一是"自然死去"的过程可能会非常缓慢,这无疑给病人带来了巨大的痛苦,而采用注射致死的方法相对更快,病人承受的痛苦也更少。

在论文或口头报告中，我们也应当陈述与结论相反的论证，针对每个反面论证展开讨论，并解释为何自己的前提更具说服力。你可以在提出支持自己结论的前提后，再介绍反面论证，也可以将其与支持性前提放到同一段落中进行讨论。例如，在提出自己的前提之后，雷切尔对自己的论证进行了概括，然后提出了反面论证：

> 我已经证明了被杀死本身不比等死更恶劣；如果我的论点是正确的，那么就可以推论，主动安乐死不比被动安乐死更恶劣。什么论证可能会对此提出反对？我认为其中最常见的是下面这一个：主动与被动安乐死之间最重要的区别在于，在被动安乐死的过程中，医生并没有采取任何行动造成病人死亡……然而在主动安乐死中，病人是由于医生的行为才死亡的：医生杀死了病人。

论文的结尾应当介绍在贯彻你的结论或实施议题的解决方案时人们应该采取哪些行动。雷切尔以下列建议对自己的论证进行了总结：

> 所以，鉴于医生受到法律的约束不得不区别对待主动安乐死和被动安乐死，除此以外他们不能再做更多。尤为重要的是，他们不应该将这种差别写入医学伦理的正式文件中去，从而为这种区别赋予更多的权威性和重要性。

**6. 尝试向他人介绍论证**。一旦确信自己的论证已经足够有说服力，便可以开始向他人尝试介绍论证。在进行尝试论证时，应当时刻提醒，作为批判性思维者，要保持思想的开放性，并虚心聆听他人的意见。如果在这个过程中发现自己的论证不够有说服力，或者结论与前提的关联不强，应当立即对论证进行修正。

**7. 修正论证**。根据你收到的反馈，必要时修正你的论证。如果有的反面论证非常令人信服，那么理智的做法便是虚心地接受这一论证，并在其基础上修改自己的观点。例如，我的伦理学课上有一名学生参与了关于死刑的小组讨论，在讨论结束后，要求一位学生阐述立场。这名学生回答道："参与讨论之后，我意识到死刑达不到预期的目的，支持死刑的论证全都苍白无力。"但他接着说道："但是，我仍然支持死刑。"对于这名学生来说，这是非常糟糕的批判性思维过程。当面对完全相反的证据时，依然固执地支持某一立场绝非可取的品质。

**8. 将结论或解决方案付诸行动**。如果有可能的话，将自己的结论或解决方案付诸行动。行动是良好的批判性思维中不可分割的一部分，其中包括采取关键性的行动。例如，如果你给州参议员写一封信，阐述在你家乡的社区强化毒品意识的必要性，那么就应当提出切实可行的解决方案，并为方案的实施提供帮助。

对于批判性思维者来说，了解如何构建并介绍论证是非常重要的技巧。它不仅能够使你更有效地介绍论证，还有助于你解决生活中的议题。

## 在现实生活中做决定时使用论证

在现实生活中做决定时，论证是一项非常有用的工具，尤其是当你面临的情境中，冲突双方立场不相上下，很难判断谁的观点更具说服力之时。批判性思维能力较差的人常常直到形势失去控制时才意识到冲突的存在，并且无法对冲突双方进行评估以得到解决问题的有效方案。

相反，熟练的批判性思维者能够更敏锐地察觉到冲突的存在。当冲突出现时，优秀的批判性思维者并不急于下结论，而是从各种角度全面地审视议题，在出现相反的论据时进行必要的评估，最终得出自己的结论。

考虑下面这个例子：

> 艾米正在纠结于这个暑假是和家人一起赴中国旅游，还是参加暑期学校以便如期修完大学课程。她已经与一家电脑软件公司达成了工作意向，6月份毕业后就入职。不幸的是，暑期课程的时间与旅行计划发生了冲突。她应该怎么做？

如果遇到这种情况，你应该做的第一件事情便是列出所有可能影响最终决定的前提或原因。在做决定之前，艾米首先列出下列前提：

- 爷爷奶奶在中国生活多年，日益老迈。这可能是我去探望他们的最后一次机会了。
- 父母将承担这次旅行的费用，所以我在经济上不存在负担。
- 我需要参加一次暑期课程才能在明年顺利毕业。
- 我已经与一家电脑软件公司达成了工作意向，将在6月份毕业后入职。
- 我们学校的暑期课程安排与我的旅行计划有冲突。

在制订前提列表时，应积极向其他人寻求良好的建议。或许存在其他你没有想到的但非常合理的行动方案。另外，认真地研究每项前提，确保它们都是正确的。在艾米的例子中，她的一个朋友建议她去教务处进行咨询，看看是否有其他可供选择的课程能够避开去中国的这段时间。结果发现，她可以选修《当代中国商业文化》的实习课程以拿到毕业所需要的学分。艾米将这项前提（或者称为选项）添加到了前提列表中：

# 行动中的批判性思维

## 草率得出结论的危险

过于草率地得出结论可能会带来影响深远的不良后果。在我读高一期间，我们全家搬到了一个新的学区。来到新学校后，第一堂英语课的作业是按照经典史诗的格式写一首叙事诗。为了给老师留下好的第一印象，况且我从9岁便开始在写第一本"书"，我全身心地投入了这项工作。我的母亲一直鼓励我的写作热情，写完后我还特意读给她听。

我满怀热情地交上了作业。第二天，我的老师，一位刚从大学毕业的年轻女性，当着全班同学的面朗读了我的诗。读完之后，她带着责难的目光不断逼问我是如何写出这首诗的，根本没有给我留下辩解的机会。然后，她宣称这首诗写得太好，不可能出自一名学生之手，指责我不应该抄袭，并把我的诗撕成了碎片。然后整整一年她都将我安排在教室的最后一排，并且在期末成绩中给我打了最低的"F"。我就这样进了英语补习班。直到高三时，我才获得了申请大学英语预备课程的机会。这次经历给我的心灵造成了创伤，我甚至不敢向母亲或任何人提起这件事。之后很多年，我都没有再从事任何形式的写作，读大学时也没有选修英语或写作课程。

我的老师既没有分析她对我的作业（那确实是一首非常好的诗）的解释，也没有考虑任何其他的可能，就这样草率地做出结论，认定我肯定是从其他某个地方抄来了这首诗。这样草率的结论既违背了论证的原则，也缺乏良好的批判性思维技巧。

### 讨论问题

1. 假设你是这所学校的一名老师，你从其他学生那儿听说了这件事情。构建一个论证并提交给老师，鼓励她重新考虑她草率的归纳，并得出一个更合理的结论。两人为一组扮演这个场景中的角色。两到三分钟后停下来，评估一下你的论证的有效性和你的沟通技巧。
2. 回忆自己是否有过类似的经历，你的老师或者其他权威人士对你或你完成的工作匆忙地做出结论。这样的事件给你的人生目标和决策带来了哪些影响？讨论良好的批判性思维技巧能够在哪些方面帮助你正确地看待这样的事件。

- 我在中国期间可以完成大学的实习课程。

在完成了前提列表之后，重新回顾每项前提。标出相关度最高的前提，删去不相关的前提。然后在做结论之前再次回顾前提列表。你是否有所遗漏？通常在做完研究工作和列出各种选项之后，你就能够发现冲突已经完全不是问题了，就像艾米遇到的情况一样。

最后，将做出的决定或结论付诸行动。最终结果是，艾米既可以和家人一起赴中国旅游，也能够如期完成大学学业。

论证为我们在生活中分析问题和做出决定提供了强有力的工具。作为批判性思维者，我们在任何时候都不应该草率地得出结论，相反，在确定立场和做出重要的决定之前，必须仔细地从不同的角度审视所有的选项。此外，必须保持开放的心态以听取新的证据，并根据新证据及时修正自己的立场。尝试去了解为什么有的人立场与自己不同，能够帮助我们更好地理解冲突的根源，甚至解决冲突。

# 批判性思维之问

## 关于同性婚姻的观点

同性婚姻合法化的议题已经在美国引起了一段时间的分歧。同性婚姻的支持率正在上升,2015年的一项民意调查显示,60%的美国人同意同性婚姻应该合法化。女性和年轻人最有可能支持同性婚姻。公众舆论和法律的变化非常迅速。美国联邦最高法院在2003年劳伦斯诉得克萨斯州案中宣判,禁止同性之间发生性行为的法律违反了美国宪法,而实际上,在此之前,一些州立法明令禁止同性之间发生性行为,最严重的甚至可判处25年有期徒刑。

1996年,在比尔·克林顿执掌美国政府期间,国会通过了《婚姻保护法》。法案中规定"'婚姻'这个词只意味着一名男性和一名女性分别作为丈夫和妻子的合法结合",从而禁止联邦政府承认同性婚姻。2004年,国会收到了一项提案,该提案要求在美国宪法内增加婚姻保护修正案,内容包括将婚姻定义为仅限于一名男性与一名女性之间的关系,并禁止各州的法律和法院承认同性婚姻。这项提案最终未能获得通过。2013年6月26日,美国最高法院裁定《婚姻保护法》第3条违反宪法,同性已婚伴侣有权享受联邦福利。

2015年,美国最高法院在奥贝格费尔诉霍奇斯一案中将同性婚姻合法化,支持同性婚姻的法官认为,婚姻是一项基本人权,一个人不应该因为他或她的性取向而被剥夺这项权利。同性婚姻在其他21个国家已经合法化,包括加拿大、英国、比利时、荷兰、西班牙和南非。此外,同性伴侣在许多其他欧洲国家拥有完全的法律权利。

在第一篇阅读材料中,安东尼·肯尼迪法官在2015年奥贝格费尔诉霍奇斯案中认为，同性伴侣享有宪法赋予的结婚权利。在第二篇阅读材料中，首席大法官约翰·G. 罗伯茨认为，为了将同性伴侣之间的婚姻包含在内而重新定义婚姻，从根本上改变了婚姻的本质和目的。

## 奥贝格费尔诉霍奇斯案（2015）

大法官安东尼·肯尼迪，多数意见

> 奥贝格费尔诉霍奇斯案是美国最高法院裁决同性婚姻合法化的具有里程碑意义的案件。在下面的文章中，安东尼·肯尼迪大法官提出了支持该裁决的多数意见。

肯尼迪大法官执笔本院意见。

宪法保障受其管辖的所有人的自由，这种自由包含了每个人在法律领域界定和表达自己身份的特定自由。对这些案件中的上诉人而言，他们实现这种自由的方式是与同性结婚，并使其婚姻受到与异性婚姻同等的法律对待。

从古至今，婚姻在人类的发展历史中具有至高无上的重要性。无论在生活中的地位如何，男女的终身结合总是会让所有人获得高贵和尊严。对于信仰宗教的人而言，婚姻是神圣的；对于在世俗世界中寻找意义的人而言，婚姻提供了独特的满足感。婚姻使两个人获得一个人独处不可能有的生活体验，因为婚姻的结合比单纯的两个人更伟大。婚姻源自人类最基本的需求，对我们内心最深处的希望和渴求是必不可少的。

正是因为婚姻在人类生活中的中心地位，婚姻制度也就理所当然地在不同的文明中延续了数千年。

婚姻的中心地位虽然亘古未变，但它并没有孤立于法律和社会的发展之外。婚姻的历史既是连续的，也是变化的。婚姻制度——仅限于异性之间的关系——随着时间的推移已经发展了。

比如，婚姻曾经一度被看作是由男女双方家长基于政治、宗教、经济方面的考虑而一手包办的；而到美国建国时，人们已经认识到，婚姻是由一男一女自愿缔结的契约。在过去的几个世纪里，婚姻制度的种种发展并不仅仅是表面的变化。相反，婚姻结构已经发生了深刻的变革，影响了许多人长期以来认为至关重要的方方面面。

不公正的一个特质是，在我们所处的时代，我们并不总是能发现它。起草和通过权利法案和第十四条修正案的几代人，未曾自认为了解自由的所有维度。因此，他们留给子孙后代一份宪章，以保护所有人享有自由的权利。当新的见解揭示出宪法核心保护的内容与公认的法律限制之间发生冲突时，应当保护的是自由。

根据这些既定的原则，法院认为结婚的权利应该受到宪法的保护。在1967年的拉文诉弗吉尼亚州案中，法院判决跨种族婚姻的禁令无效，认为婚姻是"自由人有序追求幸福所必需的一项重要个人权利"。

法院有关判例的首要前提是，个人对婚姻的选择权是个人自治概念所固有的。就像避孕、家庭关系、生育和育儿等所有受宪法保护的选择一样，关于婚姻的选择也是一个人可以做出的最为私密的决定之一。事实上，法院已经注意到，"承认与家庭生活有关的其他事务的隐私权,而不承认作为整个社会家庭基础的组成婚姻关系的隐私权",这是自相矛盾的。

本法院判例中的第二个原则是,婚姻权利是一项基本权利,因为它支持两人的结合,对忠诚的人而言,其重要性是任何其他权利所无法比拟的。

婚姻回应了人们对孤独的普遍恐惧:当孤独的人大声疾呼时,却发现身边没有人。婚姻提供了陪伴和理解的希望,而且保证只要两人都还健在,就可以互相照顾。

保护婚姻权利的第三个基础是,婚姻是儿童和家庭的保障,对于抚养、生育和教育等相关权利意义重大。在一些州的法律中,婚姻对儿童和家庭的保护至关重要。婚姻还能带来更深远的益处。婚姻对父母关系的认可和法律架构,使孩子能够"认识到自己家庭的完整性和亲密性及其与社区和日常生活中其他家庭之间的和谐"。

正如各方所同意的,许多同性伴侣为他们的孩子(无论是亲生的还是领养的)提供了充满关爱的家庭氛围。成千上万的儿童都是由这样的夫妇抚养长大的。

因此,将同性伴侣排除在婚姻之外与婚姻权利的核心前提是相冲突的。没有婚姻所提供的确定性、稳定性和可预见性,孩子就会因为知道自己的家庭并不完整而感到耻辱。由未婚父母抚养长大的孩子还要承受巨大的物质成本,过着更加艰辛、更不确定的家庭生活,而这并不是他们的过错。因此,当前的婚姻法伤害和羞辱了同性伴侣的孩子。

这并不是说,婚姻权利对那些没有或不能生育的人没有意义。在任何州,生育的能力、意愿或承诺从来都不是有效婚姻的先决条件。

第四,也是最后一点,本法院的案件和本国的传统都清楚地表明,婚姻是我们社会秩序的基石。

因此,正如一对夫妇发誓要互相支持一样,社会也要承诺支持这些夫妇,给予象征性的认可和物质利益来保护和滋养他们的婚姻。事实上,虽然各州一般可以自由改变给予所有已婚夫妇的福利,但纵观历史,各州一直把婚姻作为不断增加的政府权力、福利和责任的基础。婚姻状态的这些方面包括:税收,继承和财产权,无遗嘱继承规则,证据法中的配偶特权,医疗探视权,医疗决策权,收养权,遗属的权利和福利,出生和死亡证明,职业伦理规则,竞选资金限制,员工补偿福利,医疗保险,以及孩子的监护、抚养和探视规则。

然而,由于同性伴侣被排除在婚姻制度之外,他们被剥夺了各州赋予婚姻的诸多利益。这种伤害造成的不仅仅是物质上的负担。同性伴侣被迫处于一种不稳定的关系中,这种不稳定是许多异性伴侣在生活中无法忍受的。将同性恋者排除在本国社会的中心制度之外,是对他们的贬低。同性伴侣也渴望婚姻的超然目标,并寻求实现婚姻的最高意义。

把婚姻限定在异性伴侣之间,似乎长期以来被视为是自然和正当的。但是,这与结婚这一基本权利的核心含义之间的矛盾已然显而易见。我们必须认识到,将同性伴侣排除在婚姻权利之外的法律,会使他们受到侮辱和伤害,而这正是我们的基本宪章所禁止的。

根据宪法,同性伴侣有权利在婚姻中寻求与异性伴侣相同的法律待遇。如果剥夺他们的这项权利,就会贬低他们的选择,贬损他们的人格。

同性伴侣的婚姻权属于第十四条修正案所承诺的自由的范畴。

事实上,在解释平等保护条款时,法院已经

认识到，新的社会见解和认识可以揭示我们国家最基本的制度中不合理的不平等，这种不平等一度被忽视，也未曾引起质疑。

在劳伦斯案中，最高法院承认，在同性恋者的法律待遇方面，这些宪法保障是相互关联的。

这一机制同样适用于同性婚姻。很明显，这些受到质疑的法律限制了同性伴侣的自由，而且必须进一步承认，这些法律有违平等的核心准则。在本案中，被告实施的婚姻法在本质上是不平等的：同性伴侣被剥夺了异性伴侣所享有的所有利益，也被禁止行使一项基本权利。

考虑到这些因素，我们可以得出结论：结婚权是人身自由所固有的一项基本权利，根据第十四条修正案的正当程序和平等保护条款，不得剥夺同性伴侣的这一权利和自由。本院现在判决，同性伴侣可以行使结婚的基本权利。

任何人与人的结合都无法与婚姻相提并论，因为婚姻蕴含了爱、忠诚、奉献、牺牲和家庭的至高理念。在建立婚姻关系的过程中，两个人会成为超越自我的存在。正如这些案件中的一些起诉人所证明的那样，婚姻所包含的爱情甚至可以超越死亡。认为同性恋者不尊重婚姻的真谛，这是对他们的误解。他们的请求是真的尊重婚姻，从心底尊重婚姻，因此自己努力去实现婚姻。他们不希望被世人指责，孤独终老，被排斥在最古老的文明制度之外。他们要求在法律上享有平等的尊严。宪法赋予了他们这样的权利。

特此判决。

### 问 题

1. 肯尼迪基于什么理由主张婚姻是人类生活的中心？
2. 肯尼迪是如何利用1967年拉文诉弗吉尼亚州案的判决来支持他的结论的？
3. 肯尼迪用来支持同性婚姻应该合法化这一结论的四个原则或前提是什么？
4. 根据肯尼迪的观点，婚姻享有哪些政府福利？为什么否认同性伴侣享有这些福利就违反了第十四条修正案中的平等保护条款？

## 奥贝格费尔诉霍奇斯案（2015）

*首席大法官约翰·G. 罗伯茨，不同意见*

以下摘自最高法院的不同意见，首席大法官约翰·罗伯茨提出了反对最高法院将同性婚姻合法化的观点。

首席大法官罗伯茨持不同意见，大法官斯卡利亚和托马斯附议。

起诉人基于社会政策和公平的考虑提出了强有力的论点。他们主张，应该允许同性伴侣像异性伴侣一样通过婚姻来肯定他们的爱和承诺。不可否认，这一立场具有很强的吸引力；过去6年来，11个州和哥伦比亚特区的选民和立法者修改了他们的法律，允许同性婚姻。

但法院不是立法机关。同性婚姻是否是个好主意与我们无关。根据宪法，法官有权利说明法律是什么，而没有权利说它应该是什么。

尽管支持将婚姻扩大到同性伴侣的政策论据

可能令人信服，但它的法律论据却并非如此。结婚的基本权利不包括让某个州改变婚姻定义的权利。简而言之，就是我们的宪法没有制定任何一种婚姻理论。某个州的人民可以自由地扩大婚姻的范畴，将同性伴侣包括在内，也可以保留历史上的定义。

然而，今天，最高法院采取了非同寻常的举措，命令各州批准并承认同性婚姻。同性婚姻的支持者已经通过民主程序成功地说服了他们的同胞接受他们的观点。今天到此为止了。5名律师结束了辩论，并将他们自己对婚姻的看法作为宪法的一项内容予以实施。对很多人来说，从民众那里窃取这个议题会给同性婚姻蒙上一层阴影，让这个巨大的社会变革更加让人难以接受。

多数派的决定是基于他们的意愿，而不是法律判断。这个决定所宣布的权利在宪法或本法院的判例中找不到依据。多数派明确否认司法上的"谨慎"，甚至连一种假装的谦卑都没有，公开根据自己对"不公正的本质"的"新见解"来改造社会。结果，法院宣布一半以上国家的婚姻法无效，并命令对喀拉哈里的布须曼人、迦太基人和阿兹特克人中几千年来构成人类社会基础的社会制度进行改革。我们以为自己是谁？

今天，多数派忽视了司法是一种受限的概念。多数派抓住了宪法留给人民的问题，而当下人民正就这个问题进行激烈的辩论。多数派回答了这个问题，但并不是基于宪法中立的原则，而是基于自身"对自由是什么和必须成为什么的理解"。我别无选择，只能持不同意见。

好好理解这种不同意见的含义：依我看来，这并不是关于是否应该改变婚姻制度，将同性伴侣包括在内的问题。相反，问题在于，在我们民主共和国，这一决定是应该由人民选举出的代表做出的，还是由碰巧得到委员会授权依法解决争议的5名律师做出的？宪法明确给出了答案。

起诉人和他们的临时法律顾问把论点建立在"结婚的权利"和"婚姻平等"的必要性上。根据我们的判例，宪法保护结婚的权利，并要求各州平等地应用婚姻法，这没有大的争议。在这些案件中，真正的问题是什么构成了"婚姻"，或者更确切地说，由谁决定什么构成"婚姻"。

多数派基本上忽略了这些问题，把人类很长时间对婚姻的经历用一两段草草带过。

把婚姻普遍定义为一男一女的结合并不是历史上的巧合。它从本质上是为了满足一个至关重要的需求：确保孩子由父母在稳定的终生关系中抚养长大。

支持这种婚姻概念的前提是如此基本，以至于几乎不需要阐明。人类必须生育才能生存。生育是通过男女之间的性关系实现的。当性关系导致怀孕时，如果父母生活在一起，而不是分开，孩子的前景通常会更好。因此，为了孩子和社会的利益，导致生育的性关系只能发生在承诺要建立持久关系的男女之间。

社会已经承认这种关系就是婚姻。通过给予已婚夫妇受人尊重的地位和物质利益，社会鼓励男女在婚姻内发生性关系，而不是婚外。

正如多数派所指出的那样，婚姻的某些方面随着时间的推移已经发生了变化。包办婚姻在很大程度上已经被基于浪漫爱情的结合所取代。国家已经用尊重每个参与者的独立身份的法律取代了已婚男女是单独的法律实体的原则。许多州废除了婚姻的种族限制，这种限制"产生于奴隶制"，旨在促进"白人至上主义"，最终也被最高法院推翻。

多数派认为，婚姻的发展"不仅仅是表面的变化"，而是其结构"发生了深刻的改变"。然而，婚姻是男女之间结合的核心结构并没有改变。

多数派声称,在本法院的正当程序判例中有四项"原则和传统"支持同性伴侣结婚的基本权利。然而,实际上,多数派的做法除了毫无原则的司法决策传统之外,没有任何原则或传统的基础,而这正是洛克纳诉纽约市案这类案件的判决广受质疑的特征。作为法官,我认为多数派的立场在宪法上是站不住脚的。

当然,要正确地依赖历史和传统,就必须超越受到质疑的个别法律,这样对自由的每一项限制都无法提供其自身的宪法正当性。法院在这一点上是正确的。但是鉴于"在这个不合规则的领域几乎没有负责任的决策指南"和"基于历史的方法对司法施加的限制比任何基于抽象公式的方法都更有意义"这两点,急剧地扩大一项权利,可能需要从根本上将其破坏。

多数派的理由是,婚姻是令人向往的,起诉人渴望得到它。这种观点描述了婚姻"超乎寻常的重要性",并一再坚持起诉人不试图"贬低""诋毁"或"不尊重"这一制度。没有人对这些观点提出异议。事实上,许多美国人之所以转而支持允许同性伴侣结婚,起诉人以及像他们一样的人所做的令人信服的个人陈述可能是主要原因。但是,作为一个宪法问题,起诉人愿望的诚意其实是无关紧要的。

当多数派诉诸法律时,他们主要依赖于讨论基本"婚姻权"的判例。当然,这些案件并不意味着任何想结婚的人都享有相应的宪法权利。相反,他们需要州按照人们对婚姻制度的一贯理解,为婚姻的障碍提供正当理由。在拉文一案中,法院认为婚姻权的种族限制缺乏令人信服的理由。

这些案件中有争议的法律都没有试图改变婚姻的核心定义,即男女之间的结合。因此,消除婚姻的种族障碍并不会改变婚姻的本质,就像整合学校并不会改变学校的本质一样。正如多数派承认的那样,在这些案件中讨论的"婚姻"制度都被"假定是一种涉及异性伴侣的关系"。

与禁止避孕和鸡奸的刑法不同,这里讨论的婚姻法并不涉及政府的干预。他们不会成为罪犯,也不会被施加惩罚。同性伴侣仍然可以自由地生活在一起,做出亲密的行为,按照他们认为合适的方式组建家庭。没有人会因为这些案件所挑战的法律而"注定孤独终老"——没有人。

总而言之,有关隐私的判例并不支持多数派的立场,因为起诉人并不寻求隐私。恰恰相反,他们寻求公众对其同性恋关系的认可,以及由此带来的政府福利。

多数派的立场会立即引起一个问题,那就是各州是否可以保留婚姻是两个人之间结合的定义。尽管多数派在很多地方随意插入"两个"这个数量词,但他们完全没有解释为什么婚姻的核心定义中的"两人"可以保留,而"男女"却不能保留。事实上,从历史和传统的角度来看,从异性婚姻到同性婚姻的跨越比从两人结合到多人结合要大得多,毕竟后者在世界各地的某些文化中都有很深的根基。如果多数派愿意迈出这一大步,很难看出他们怎么会不愿意迈出较小的一步。

令人惊讶的是,多数派的理由同样适用于主张群婚的基本权利。如果同性伴侣拥有宪法赋予的婚姻权,是因为他们的孩子会"因得知自己的家庭不够完整而蒙受耻辱",那么,为什么同样的理由不能适用于三个或更多的人共同抚养孩子的家庭呢?如果没有结婚的机会是对同性恋伴侣的"不尊重和蔑视",那么,"这种剥夺"对那些在多角恋关系中获得满足的人,是否也是一种不尊重和蔑视呢?

坚持隐含的基本权利必须植根于人民的历史和传统,其目的在于确保当非选举产生的法官推翻民主制定的法律时,他们依据的不仅仅是自己的信仰。今天，本法院不仅忽视了我们国家的整个历史和传统，而且还积极地否定它，似乎只愿活在这个令人陶醉的日子里。我同意多数派的观点，即"不公正的本质是，我们在自己的时代可能并不总是能看到它"。但是，对历史视而不见的做法却是既傲慢又不明智的。

最高法院的权力积累不是在真空中进行的，而是以牺牲人民为代价的。他们知道这一点。国内外的人们都在就同性婚姻问题进行严肃而深入的公开辩论。

当通过民主手段做出决定时，有些人必然会对结果感到失望。但那些观点不占上风的人至少知道，他们已经发表了自己的意见，因此，在我们的政治文化传统中，他们会对一场公平和诚实的辩论结果表示妥协。此外，他们可以在以后重提这个问题，希望说服足够多的获胜方重新考虑。"这正是我们的政府体系应该运作的方式。"

但今天，法院叫停了这一切。法院根据宪法对这个问题做出裁决，将其排除在民主决定的范围之外。在如此具有深远的公众意义的问题上关闭政治程序将会产生严重的后果。终结辩论往往带来闭塞的思想。对于一个通常不该由法院裁决的问题，被剥夺发言权的人更不可能接受法院的裁决。

如果你是支持将婚姻扩展至同性之间的美国人中的一员，无论你的性取向是什么，你一定要庆祝今天的决定。庆祝你所期望的目标的实现。但不要庆祝宪法。这和宪法毫无关系。

我持不同意见。

我们的宪法——就像之前的《独立宣言》一样——是基于这样一个简单的事实：一个人的自由是需要保护的，更不用说他的尊严了——但不是由国家来提供保护的。法院今天的决定把这个事实抛在一边。在急于达到期望结果的过程中，多数派误用了"正当程序"条款来提供实质性的权利，但是却忽视了对该条款所保护的"自由"加以最合理的理解，并歪曲了这个国家赖以建立的原则。它的决定将对我们的宪法和社会产生不可估量的影响。再强调一次，我持不同意见。

## 问 题

1. 罗伯茨基于什么理由认为同性婚姻与最高法院的法官"无关"？
2. 根据罗伯茨的观点，婚姻的根本目的是什么？
3. 为什么罗伯茨拒绝在多数裁决中使用跨种族婚姻合法化和同性婚姻合法化之间的类比？
4. 罗伯茨如何回应多数派提出的支持他们裁决的四项"原则和传统"？

# 第7章

# 归纳论证

**要　点**

什么是归纳论证
概括
类比
因果论证
批判性思维之问：透视大麻合法化

如今的大学生与他们的父辈相比发生了哪些变化？其中最大的一个不同应该来自于妇女运动的影响。包括科学、中学教育和商业在内的几个专业中，原本存在的性别差异已经消失。除此之外，在1967年的调查中，54%的男大学生和42%的女大学生同意"足不出户、照顾家人是已婚妇女最好的生活方式"，而35年之后，只有28%的男大学生和16%的女大学生同意这种观点。[1]

两代人之间另一个显著差异表现在，现在的学生在制定人生目标时所遵循的基本价值观发生了变化。在20世纪60年代和70年代早期，超过80%的学生认为"建立有意义的人生哲学"是"必不可少"或"非常重要"的目标。而到了2015年，"能够找到更好的工作"已经成为上大学最重要的原因之一，仅次于"学习我感兴趣的东西"。

此外，今天的大学生倾向于自由主义，他们的政治倾向更像他们父母那一代，而不是他们的哥哥姐姐们。1970年，大约有40%的大学新生把自己视

为自由主义者或极左派，而 2009 年这一比例为 35%，他们更倾向于中间路线（45%）。²

我们是如何了解这些关于大学生的信息的？这正是对几千名美国大学新生的信息进行归纳推理的结果。这项年度调查是由高等教育研究机构（CIRP）于 1966 年发起的，调查结果被广泛应用于高校招生、入学、项目开发和大学生活中其他各方面的决策。

CIRP 的新生调查只是使用归纳推理的一个例子。本章将介绍不同类型的归纳论证及其在人们日常生活中的使用。此外，我们还将介绍如何评价归纳论证。概括来讲，第 7 章将主要介绍：

- 区分演绎论证和归纳论证
- 识别归纳论证的特征
- 学习如何识别和评价基于概括的论证
- 审视民意测验和抽样调查方法
- 学习类比的各种应用
- 学习如何识别和评价类比论证
- 学习如何识别和评价因果论证
- 辨别相关与因果关系

本章最后将介绍关于美国大麻合法化的不同论证。

## 什么是归纳论证

论证有两种基本类型：演绎论证和归纳论证。在演绎论证（deductive arguments）中，结论必然是从前提中推理出来的。如果前提为真，推理过程有效，那么结论一定为真。例如下面这个例子：

> 狗不可能成为猫。明迪是一只狗。因此，明迪不是猫。

本书将在第 8 章深入介绍演绎论证。

归纳论证（inductive arguments）与演绎论证相反，其结论可能是从前提推理出来的。因此，归纳论证只能表示强与弱，不能代表真或假。

> 大多数柯基犬都很会看家护院。明迪是一只柯基犬。因此，明迪很可能成为一只优秀的看家狗。

在判断某项论证是否属于归纳论证时，可以寻找一些指示性词语，这些词语提示结论与前提之间是存在必然性还是可能性的联系。这些词汇或短语包括：可能（probably）、非常可能（most likely）、有可能是（chances are that）、有理由假设（it is reasonable to suppose that）、可以预期的是（we can expect that）、看起来可能是（it seems probable that）。但是，并非所有的归纳论证都包含指示词。如果没有指示词，可以尝试提出问题：前提是否一定能够推出此结论。如果结论仅仅是可能成立，那么该论证很可能是归纳论证。

## 日常生活中对归纳论证的运用

我们几乎每天都在使用归纳推理，因为在生活中我们总是不断地遇到不熟悉的情境，这时就需要根据已有的知识和经验去推断。比如，你想为孩子选择一家托儿所，三个朋友分别向你推荐了同一家，他们的孩子都在这家托儿所上学，感觉很不错，那么就可以推断自己的孩子可能也会喜欢这家托儿所。在2014年的联邦选举中，只有19.9%的18~29岁选民投了票，是所有联邦选举中投票率最低的，美国参议院的一名候选人根据这一发现得出结论，现在大学校园里的年轻人参与中期选举的可能性不大，因此她调整了自己的竞选计划，将主要精力投入到吸引年龄较大的选民上。

因为归纳逻辑的基础是可能性，而不是必然性，所以总有出现错误的可能。你的孩子可能不喜欢朋友推荐的那家托儿所，参与投票的大学生数量也许会大大超出预期。此外，由于人类的思维很容易出现天生的认知错误，谁也不能保证人们的思维或行动能够始终保持前后一致或逻辑连贯。而掌握归纳逻辑的原则能够帮助你少犯思维错误。

在后面的章节中，我们将会介绍三种最常见的归纳论证：概括、类比和因果论证。

## 概　括

**概括**（generalization）是以总体的一个样本为基础，将从样本中抽取出来的属性推广到该总体的过程。例如，每次和室友的猫、女友的猫和艾伯特叔叔的那两只猫（你的样本）待在一起时，你都会打喷嚏。在这些经历的基础上，你能够合理地推出结论，那就是所有的猫（总体）都有可能让你打喷嚏。

```
                        概括
        样本的特征 ————————→ 总体事物的特征
```

科学家经常使用概括的论证方法。例如，斯坦利·米尔格拉姆在有关服从的实验中发现，65% 的被试服从了权威者的命令。即使他们认为这会严重伤害甚至杀死学习者，依然会继续服从命令。[3] 从实验结果中，米尔格拉姆得出结论，人们通常很容易在权威者的引导下卷入破坏性活动。在得出该结论的过程中，米尔格拉姆使用了概括的方法，即从实验被试者（样本）的行为中概括出人类总体的特征。

## 使用民意测验、普通调查和抽样调查的方法进行概括

诸如大学新生调查等民意测验和调查采用的也是归纳性的概括方法。**民意测验**（polls）这种调查方法是采集样本人群针对某项主题的观点或信息并用于分析。

民意测验为人们了解大众的想法和感受打开了一扇窗户。很少有市场公司或公共政策制定者会在不参考民意测验结果的情况下做出重大的行动决策。民意测验在美国这样的民主国家中发挥着尤为重要的作用，美国宪法明确规定，政府必须在"获取被统治者的同意"的基础上运行。政治家在做出承诺之前都会查看公众的民意测验结果，以查明公众的想法，尤其是在选举之年。在某个州或城市进行竞选活动时，政治家们甚至要根据民意测验的结果来决定应该穿什么样式的衬衫（例如短夹克衫、Polo 衫还是白色衬衫）。

**抽样方法**。为了确保关于某一总体的概括是可靠的，民意测验者在面对数量庞大且类型多样的总体时，会采用抽样的方法。这样，可以避免花费大量的时间和金钱等成本。**抽样**（sampling）需要从某一类别或群体中选择少量的成员，然后在这些成员特征的基础上概括出总体特征。例如，在 2014 年秋季进行的大学新生调查中，研究者没有对总数超过 100 万人的美国大学一年级全日制学生进行全体调查，而是只邀请美国实行四年制的学院或大学的学生来

你在民意测验中的参与有助于提供对特定人群或总体人群的准确描述。

参与，共有来自 227 所院校的 153045 名新生参与了此项调查。如果选取的样本对总体有足够的代表性，这一样本量已经远远超过了正常需要的数量。

**代表性样本**（representative sample）是指在相关方面与总体相似的样本。为了获得有代表性的样本，大多数专业的民意测验者会采用**随机抽样**（random sampling）的方法。如果总体中的每个成员都有均等的机会被抽中成为样本，那么这个样本就是随机的。比如，彩票的中奖号码是从所有可能中奖的号码组合中随机抽取产生的，其原理是相同的。盖洛普民意调查的样本数量保持在 1500 至 2000 个，但却非常具有代表性，这是它能够一直准确预测美国人态度的基础。[4]

如果很难获取随机样本，另外一种保证样本代表性的方法是对调查结果进行加权。大学新生调查便采用了这种方法。如果某年某一类学校样本数量不足（比如历史上的黑人学校或天主教学校），可以对来自这一类学校的调查结果进行加权，以增加其在最终结果中的重要性，从而保证最终结果能够有效地代表美国大学新生这个总体。[5] 比如，在所有的大学新生中有 20% 的学生就读于天主教学校，而在调查中却只有 10% 的被访者来自于天主教学校，那么这些被访者的结果应该进行双倍加权。运用这种抽样方法，研究者能够对美国所有大学新生这一总体的特征做出相对准确的概括。

对某一总体做出可靠概括所需要的样本量大小在一定程度上依赖于总体的大小。一般原则是，样本量越大，我们越能够确信做出的概括是准确的。样本大小也取决于总体内变异量的多少。总体的变异量越多，得到准确结果所需要的样本量也越大。

如果总体特征相对稳定，那么样本数量可以相应地减少。例如，你最近感到身体虚弱，比较容易疲惫，所以去看内科医生。医生从你身上抽取了少量的血进行化验，化验结果显示，血样中的血红蛋白数量较少，你患了贫血。医生抽取的血样与你身体里全部的血液相比只是非常少的一部分。你是否应该要求医生从你身上的其他部位再抽一些血样，以保证血样具有代表性？在这个例子中，答案当然是否定的。因为我们身体里的血液是完全一样的，至少血红蛋白含量不会改变，医生非常确信抽取的血样能够代表你身体里的所有血液。

并不是所有的民意测验和普通调查都使用随机抽样和其他校正偏差的方法。网络调查和电视调查就可能出现偏差或缺乏代表性，因为这些调查仅仅依赖于自己的观众或用户提供的数据，例如《美国偶像》和 CNN（美国有线电视新闻网）等电视节目和电视台发起的调查。街头调查和电话调查也可能出现偏差，因为并不是每个人都愿意停下来接受民意测验员的访问或者接电话。在这样的情况下，样本被称为**自我选择的样本**（self-selected sample）。换句话说，

# 2015 CIRP Freshman Survey

PLEASE PRINT IN ALL CAPS YOUR NAME AND PERMANENT/HOME ADDRESS (one letter or number per box).

NAME: FIRST / MI / LAST

ADDRESS:

CITY: / STATE: / ZIP: / PHONE:

STUDENT ID# (as instructed):   EMAIL (print letters carefully):

When were you born? Month (01-12) / Day (01-31) / Year

SERIAL #

### MARKING DIRECTIONS
- Use a black or blue pen.
- Fill in your response completely. Mark out any answer you wish to change with an "X".

CORRECT MARK    INCORRECT MARKS

Group Code: A / B

**1. Your sex:** ○ Male  ○ Female

**2. How old will you be on December 31 of this year?** (Mark one)
- 16 or younger ○
- 17 ○
- 18 ○
- 19 ○
- 20 ○
- 21-24 ○
- 25-29 ○
- 30-39 ○
- 40-54 ○
- 55 or older ○

**3. Is English your native language?**
○ Yes  ○ No

**4. In what year did you graduate from high school?** (Mark one)
- 2015 ○
- 2014 ○
- 2013 ○
- 2012 or earlier ○
- Did not graduate but passed G.E.D. test ○
- Never completed high school ○

**5. Are you enrolled (or enrolling) as a:** (Mark one)
- Full-time student ○
- Part-time student ○

**6. How many miles is this college from your permanent home?** (Mark one)
- 5 or less ○
- 6-10 ○
- 11-50 ○
- 51-100 ○
- 101-500 ○
- Over 500 ○

**7. What was your average grade in high school?** (Mark one)
- A or A+ ○
- A− ○
- B+ ○
- B ○
- B− ○
- C+ ○
- C ○
- D ○

**8. What were your scores on the SAT I and/or ACT?**
- SAT Critical Reading _____
- SAT Mathematics _____
- SAT Writing _____
- ACT Composite _____

**9. From what kind of high school did you graduate?** (Mark one)
- ○ Public school (not charter or magnet)
- ○ Public charter school
- ○ Public magnet school
- ○ Private religious/parochial school
- ○ Private independent college-prep school
- ○ Home school

**10. Prior to this term, have you ever taken courses for credit at this institution?**
○ Yes  ○ No

**11. Since leaving high school, have you ever taken courses, whether for credit or not for credit, at any other institution (university, 4- or 2-year college, technical, vocational, or business school)?**
○ Yes  ○ No

**12. Where do you plan to live during the fall term?** (Mark one)
- ○ With my family or other relatives
- ○ Other private home, apartment, or room
- ○ College residence hall
- ○ Fraternity or sorority house
- ○ Other campus student housing
- ○ Other

**13. To how many colleges other than this one did you apply for admission this year?**
- None ○
- 1 ○
- 2 ○
- 3 ○
- 4 ○
- 5 ○
- 6 ○
- 7-8 ○
- 9-10 ○
- 11 or more ○

**14. Were you accepted by your first choice college?**
○ Yes  ○ No

**15. Is this college your:** (Mark one)
- First choice ○
- Second choice ○
- Third choice ○
- Less than third choice ○

**16. Citizenship status:** (Mark one)
- ○ U.S. citizen
- ○ Permanent resident (green card)
- ○ International student (F-1 or M-1 visa)
- ○ None of the above

**17. Please mark which of the following courses you have completed:**
- (Y)(N) Algebra II
- (Y)(N) Pre-calculus/Trigonometry
- (Y)(N) Probability & Statistics
- (Y)(N) Calculus
- (Y)(N) AP Probability & Statistics
- (Y)(N) AP Calculus

**18. How many weeks this summer did you participate in a bridge program at this institution?**
- ○ 0
- ○ 1-2
- ○ 3-4
- ○ 5-6
- ○ 7+

**19. Have you had, or do you feel you will need, any special tutoring or remedial work in any of the following subjects?** (Mark all that apply)

| | Have Had | Will Need |
|---|---|---|
| English | ○ | ○ |
| Reading | ○ | ○ |
| Mathematics | ○ | ○ |
| Social Studies | ○ | ○ |
| Science | ○ | ○ |
| Foreign Language | ○ | ○ |
| Writing | ○ | ○ |

**20. How many Advanced Placement/International Baccalaureate courses or exams did you take in high school?** (Mark one for each row)

| | Not offered at my high school | None | 1-4 | 5-9 | 10-14 | 15+ |
|---|---|---|---|---|---|---|
| AP Courses | ○ | ○ | ○ | ○ | ○ | ○ |
| AP Exams | ○ | ○ | ○ | ○ | ○ | ○ |
| IB Courses | ○ | ○ | ○ | ○ | ○ | ○ |
| IB Exams | ○ | ○ | ○ | ○ | ○ | ○ |

**21. At this institution, which course placement tests have you taken in the following subject areas?**
- (Y)(N) English
- (Y)(N) Reading
- (Y)(N) Mathematics
- (Y)(N) Writing

**22. Please mark the sex of your parent(s) or guardian(s).**

| | Male | Female |
|---|---|---|
| Parent/Guardian 1 | ○ | ○ |
| Parent/Guardian 2 | ○ | ○ |

**23. Are your parents:** (Mark one)
- Both alive and living with each other ○
- Both alive, divorced or living apart ○
- One or both deceased ○

**24. Do you consider yourself:** (Mark Yes or No for each item)

| | Yes | No |
|---|---|---|
| Pre-Med | ○ | ○ |
| Pre-Law | ○ | ○ |

**25. Please indicate your intended major using the codes provided on the attached fold out.** _____

只有那些对调查感兴趣的人才会花费时间参与调查。

即使是专业化的调查，也会因为不正确的方法而导致偏差。1936年，《文学摘要》杂志为了预测富兰克林·德拉诺·罗斯福与阿尔夫·兰登两人谁会在总统大选中胜出而进行了一项大规模的调查，调查的组织人员从杂志的订阅名单、电话簿和汽车登记名单中抽取被访者并寄发问卷，最后收回了大约230万份问卷。问卷结果预测，兰登会赢得总统大选。而结果却是，罗斯福赢得了60%的选票，他也成为美国历史上得票率最高的总统。错误出在哪儿呢？首先，《文学摘要》杂志的读者群主要是受过良好教育的人，因此调查便出现了偏差。其次，在1936年，许多人还没有安装电话或拥有汽车，所以抽取的样本进一步偏向了富裕人群。

尼克·法迪亚尼（中间）被宣布为2015年美国偶像大赛的获胜者。获胜者是根据选民的电话投票，这是一个自我选择的样本。

**调查问题的措词对被访者反应的影响**。调查问题的措词和表达方式也可能导致结果的偏差。1980年，有一项针对美国堕胎权行动联盟（自2003年以后更名为美国自由选择堕胎权保护组织）的民意测验，试图通过下面两种不同的提问方式来研究不同的措辞是否会影响被访者的回答：

- 你认为是否应该在宪法中加入修正条款以禁止女性堕胎？
- 你认为是否应该在宪法中加入修正条款以保护胎儿生命？

当调查中使用"禁止女性堕胎"来提问时，29%的被访者对修正宪法表示支持；然而，当调查中使用"保护胎儿生命"这样的措辞进行询问时，50%的被访者对修正宪法表示支持。在这个例子中，第二种提问被称为**倾向性问题**（slanted question），这是一种诱导特定答案的问题。

人们也应该小心提防**导向性民意测验**（push polls），这种调查在提出问题之前，民意测验者首先提出自己的观点。由于事先表明了自己的观点，所以无论提出的问题采用多么恰当的措辞，调查结果都会出现明显的倾向性，因为人

# 独立思考

## 乔治·盖勒普，意见寻求者

乔治·盖勒普于 1901 年出生于艾奥瓦州杰斐逊，1984 年逝世，他求学于艾奥瓦大学，期间曾担任校报的编辑。他还获得了艾奥瓦大学的新闻学博士学位。

毕业后，盖勒普首先找到了一份在广告公司担任访问员的工作。他对其他人的想法以及为什么这么想产生了极大的兴趣，于是他发展了一项令人震惊的技术，不是简单的猜测，也不是仅仅问认识的人，而是真正地面对阅读整份报纸的读者样本，询问他们读了哪部分内容，喜欢或不喜欢故事的哪些方面。

1934 年，盖勒普在普林斯顿大学创办了盖勒普民意测验，在那儿他成为第一个利用科学方法获取大众观点的人。他的民意测验方法起初被应用于倾听国家的政治脉搏。盖勒普还发明了市场研究，被描述为"顾客最后的救世主"。他的工作在今天仍被认为是认知科学最伟大的实际应用范例之一。盖勒普曾经说过："教会人们为自己思考是这个世界上需要做的最重要的事情。"[*]在盖勒普看来，消息灵通的大众对民主国家而言是必不可少的。他彻底改变了美国，使普通民众有权力表达自己的观点，而让权威人物告诫人们应该相信什么和做什么变得更加困难。

### 讨论问题

1. 大多数大学的图书馆都收录了盖勒普民意测验。请查阅最新的盖勒普民意测验。讨论民意测验中的提问和回答，在哪些方面能够帮助你成为更优秀的批判性思维者，并在面对重大抉择时做出更加有效的决定。
2. 使用盖勒普民意测验检索目录，选择你认为重要的议题。仔细分析这些问题，有多少美国人与你的看法相同？查看民调结果是否有利于开拓你对该问题的思路？给出答案并说明理由。

[*] 要查询更多关于盖勒普民意测验的资料，请登录 http://www.gallup.com。

们总是习惯于不加批判地接受来自于所谓专家的观点。

除此之外，民意测验中使用的问题应该尽量简单易懂，并且只涉及一个主题。**暗设圈套的问题**（loaded questions）与暗设圈套的问题谬误一样，包含了不止一个问题，但却只允许一个答案。美国民主党全国委员会发布的一份总统调查要求受访者将以下目标（以及其他 4 个目标）按照优先级从 1 到 5 进行打分：

  ____反对共和党的阻挠战术

然而，这是一个暗设圈套的问题。这一目标的措辞假定我们对以下问题的回答是肯定的："你认为国会中的共和党人正在采取蓄意阻挠的战术吗？"事实上，我们可能认为共和党人不是蓄意阻挠，而是有充分的理由不支持民主党议员提出的一些法案。这个调查问题也运用了人身攻击谬误，使用了情绪性术语"蓄意阻挠者"来制造对共和党人的负面感受。类似地，"战术"这个常与战争联系在一起的术语也是为了制造一种"我们/他们"的心态，共和党人就是"他们"。

与此类似，民意测验中的问题也应该避免出现这种虚假两难谬误，即将一个复杂问题的答案简化为两个简单的选项。

  州立大学目前正面临着财政危机。你觉得我们学校应该提高学生的学费，还是扩大班级规模？

这个问题就犯了虚假两难谬误，因为除了提高学生学费和扩大班级规模之外，还有其他解决资金困难的方法。例如，学校发展办公室可以发动有钱的校友为学校募捐资金。

自我服务偏差也会导致调查结果失真。民意测验的真实性依赖于被访者是否真实作答。正像本书在第 4 章中提到的，大多数人认为自己是公平和善良的（无论是否属实）。如果在调查中向被访者提问"你是一个种族主义者吗？"，几乎所有人，甚至包括 3K 党成员在内都会做出否定回答。为了避免出现这类错误，所提问题的措辞不应该让被访者感到自我形象受到威胁。

人们也倾向于给出符合社会主流观点的回答，或者根据主观猜测给出民意测验者希望得到的答案。比如，许多男性认为，性生活频繁和多性伴侣是男子气概的象征；而对于女性来说，如果她们有相同的行为就会被贴上"荡妇"的标签。因此，在民意测验中，男性倾向于夸大自己发生性行为的次数，而女性则恰恰相反，倾向于隐瞒自己邂逅情人的次数。调查结果显示，男性和女性的答案之间存在非常显著的差异，双方不可能都如实回答了该问题。

## 将概括运用到具体个案中

当对某一类群体中的成员进行论证时,对该总体的概括可以用作论证的前提。

关于总体的概括 ──────→ 关于群体成员的表述
（前提）　　　　　　　（结论）

将关于总体的概括正确运用到具体个案中是一种能力,它有助于人们在生活和个人关系中做出更好的决定。比如下面的例子:

> 我本来打算送给妻子一个新的浴室秤作为情人节礼物,但后来我读到一篇文章,说大多数女人更喜欢出去吃一顿浪漫的晚餐。所以,我决定改请她去里兹饭店吃晚餐。与浴室秤相比,她应该更喜欢这个礼物。

将这一论证分解并用图形表示如下:

①[我本来打算送给妻子一个浴室秤作为情人节礼物,]但后来我读到一篇文章,②[说大多数女人更喜欢出去吃一顿浪漫的晚餐。]③[与浴室秤相比,她应该更喜欢这个礼物。]

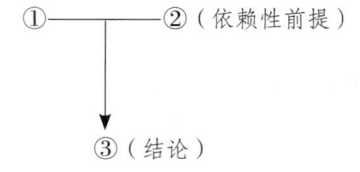

①────②（依赖性前提）
　　↓
　　③（结论）

前提 2 是基于对总体（全部女性）的概括。在这个例子中,丈夫在这项前提的基础上得出结论,妻子（作为总体的成员之一）也应该更喜欢以出去吃晚餐的方式度过情人节。

将对总体的概括运用到个体成员身上时,常常利用统计学知识考察总体中某一特征的普遍程度。总体所具备的某项特征的普遍程度越高,个体与该项特征符合的可能性就越大。

> 研究表明,公司高级行政人员的身高总是明显高于普通职员。因此,安娜·盖伯尔,时尚电子公司的首席执行官,很可能高于美国女性的平均身高——162 厘米。

这种概括也适用于总统。在 23 次总统选举中,只有 5 次较矮的候选人获胜。在运用概括前,首先应该确定自己是否清楚最初做出的概括适用于哪些人

| 年份 | 当选者 | 身高(cm) | 竞争者(根据公众选票数量) | 身高(cm) | 差距(cm) |
|---|---|---|---|---|---|
| 2012 | 巴拉克·奥巴马 | 184 | 米特·罗姆尼 | 188 | -4 |
| 2008 | 巴拉克·奥巴马 | 184 | 约翰·麦凯恩 | 170 | 14 |
| 2004 | 乔治·沃克·布什 | 180 | 约翰·克里 | 193 | 13 |
| 2000 | 乔治·沃克·布什 | 180 | 艾尔·戈尔 | 184 | 4 |
| 1996 | 比尔·克林顿 | 189 | 鲍勃·科尔 | 183 | 6 |
| 1992 | 比尔·克林顿 | 189 | 乔治·赫伯特·沃克·布什 | 188 | 1 |
| 1988 | 乔治·赫伯特·沃克·布什 | 188 | 迈克尔·杜卡基斯 | 168 | 20 |
| 1984 | 罗纳德·里根 | 185 | 沃尔特·蒙代尔 | 180 | 5 |
| 1980 | 罗纳德·里根 | 185 | 吉米·卡特 | 175 | 10 |
| 1976 | 吉米·卡特 | 175 | 杰拉尔德·福特 | 185 | 10 |
| 1972 | 理查德·尼克松 | 181 | 乔治·麦戈文 | 185 | 4 |
| 1968 | 理查德·尼克松 | 181 | 休伯特·汉弗莱 | 180 | 1 |
| 1964 | 林登·约翰逊 | 192 | 贝利·高华德 | 183 | 9 |
| 1960 | 约翰·菲茨杰拉德·肯尼迪 | 183 | 理查德·尼克松 | 182 | 1 |
| 1956 | 德怀特·戴维·艾森豪威尔 | 179 | 阿德莱·史蒂文森 | 178 | 1 |
| 1952 | 德怀特·戴维·艾森豪威尔 | 179 | 阿德莱·史蒂文森 | 178 | 1 |
| 1948 | 哈里·杜鲁门 | 175 | 托马斯·杜威 | 173 | 2 |
| 1944 | 富兰克林·德拉诺·罗斯福 | 188 | 托马斯·杜威 | 173 | 15 |
| 1940 | 富兰克林·德拉诺·罗斯福 | 188 | 温德尔·威尔基 | 185 | 3 |
| 1936 | 富兰克林·德拉诺·罗斯福 | 188 | 阿尔弗雷德·兰登 | 173 | 15 |
| 1932 | 富兰克林·德拉诺·罗斯福 | 188 | 赫伯特·胡佛 | 180 | 8 |
| 1928 | 赫伯特·胡佛 | 182 | 艾尔·史密斯 | 168 | 14 |

**美国总统候选人身高比较**

群。在下面这个例子中,说话者错误地运用了对多发性硬化症(MS)患者总体的概括,得出了关于普通人群的结论。

> 被诊断患有多发性硬化症的人,大多数是 20 岁至 30 岁之间的女性。你是一名女性,刚刚年满 20 岁。因此,在你 30 岁之前,你很可能患上多发性硬化症。

在这个例子中,第一次表现出多发性硬化症状的病人,大都是 20 岁至 30 岁的女性,这个事实并不一定意味着大多数女性在 20 岁至 30 岁之间会患上多发性硬化症。实际上,从世界范围来看,女性患上多发性硬化症的比例只有 0.3%(平均每 1000 名女性中有 3 名患者)。因此,无论女性处在哪个年龄段,患上多发性硬化症的可能性都是非常低的。

## 评价运用概括的归纳论证

正如所有的归纳论证,概括没有正确与错误之分,只有强弱之别。下面这一节将重点介绍评价使用概括论证的五个不同标准。

**1. 前提是正确的**。可靠的证据是保证前提正确的基础。如果研究设计存在缺陷，前提就可能出现错误，比如1936年《文学文摘》进行的总统大选调查。如果前提是基于公众的误解与偏见，而不是事实的证据，前提也有可能出现错误。例如下面这个例子：

> 没有什么能永生。尼科尔声称有些海洋动物是永生的，这显然是错误的。

在这个例子中，"没有什么能永生"这个前提是错误的。有一些动物，包括某些水母、珊瑚和水螅，可以通过克隆或再生新的部分来无限期地"返老还童"。正如我们在第1章中所提到的，好的批判性思考者在得出结论之前要确保他们的信息是准确的，来源是可靠的。

**2. 样本量足够大**。样本的容量越大，结论的可靠性越高，这是一条一般性的规律。当样本容量非常小时，就容易出现以偏概全谬误（fallacy of hasty generalization）。例如，美国一名高中学生获悉，自己的三名同学刚刚被美国一流的四年制大学录取。而巧合的是，这三位同学的父母都是拥有研究生学位的专业人员。从这三个小样本中，这名学生草率得出结论，她没有必要再花费精力去申请这所大学了，因为自己的父母只是从来没有上过大学的个体工商户。而实际上，大多数大学生（55%）来自父母双方都没有大学学位的家庭。[6]

**3. 样本具有代表性**。样本应当对研究的对象具有代表性。如果样本的代表性不强，论证的说服力就会下降（参见"分析图片：盲人摸象"）。样本容量大并不意味着一定具有代表性。例如，在20世纪80年代以前，几乎所有的药物临床实验只针对男性，女性则被完全排除在外。究其原因，不仅是因为担心女性可能在实验期间怀孕，而且还因为男性是人类标准的文化假设。由于这种错误的假设，临床药物有时并不适用于女性，导致女性患者有时难以得到良好的治疗。

其他原因也可能导致样本缺乏代表

在美国，女性是否能够参与战斗任务长期以来一直饱受争议，但是人们表示支持或反对的理由是否正确呢？2015年，美国国防部长阿什·卡特向女性开放了所有战斗岗位。

## 分析图片

**盲人摸象** 佛经里有一则寓言,几个盲人来到一头大象跟前。其中一个盲人摸了摸象鼻子说道:"大象像蛇。""不对,"第二个盲人回答道,他用手臂抱住了大象的腿,"大象的形状应该像树干。""胡说八道,"第三个盲人打断了两人的谈话,他正在用手上下抚摸大象的尾巴,"它们更像绳子。"

**讨论问题**

1. 在讨论大象的形状时,为什么每个盲人都给出了截然不同的答案?他们该如何使用批判性思维技巧以得出更合理的结论?
2. 你是否曾基于有限的经验而做出概括,并因此与人发生争论?描述你的经历。

资料来源:James Pritchett Cartoon, "It's an elephant!" www.pritchettcartoons.com/blindmen.htm Reprinted by permission.

---

性。例如,在做民意测验时,人们倾向于将易于受访的人群作为调查对象。在实施电话调查时,访问员应该保证大多数人都处于工作时间,所以往往选择在每周的某天或者每天的某个时间段进行访问。此外,年轻人因为更习惯使用手机也被排除在受访对象之外,因为手机号码不在电话簿列表之内。

**4. 样本及时更新**。样本可能会由于过时而失去代表性。长期以来,人们一直认为由于海洋足够广阔,潮汐能够清理掉所有进入河流和海湾的污染,这个结论的依据是几十年前从美国沿海海湾取得的海水样本。

多年来，由于检测海水纯净度的样本数据一直未进行更新，海湾中日益严重的污染问题未得到美国人的重视。当以往的样本有助于分析事物的变化趋势时，可以使用这些数据帮助人们对现在的总体进行概括，但务必保持小心谨慎。

**5. 前提支持结论**。结论应该与前提保持逻辑上的一致性，不应当超出前提所涉及的范围。例如下面这个例子：

> 由于男性一般比女性更强壮，所以女性不应该在军队中执行战斗任务。

在这个例子中，结论与前提并不一致，因为在战斗中身体是否强壮并非是必要因素或者非常重要的影响因素。此外，即使是，有些女性也比某些男性更强壮。

如果得到正确使用，概括是一种非常有用的归纳逻辑方法。在做出概括时，保证前提的正确性是非常重要的。此外，样本容量应该足够大，有充分的代表性并且是最新的。

# 类 比

**类比**（analogy）是以两种或更多事物之间的比较为基础的论证方法。类比中经常包含好像（like）、如同（as）、相似（similarly）、相比（compared to）等词语。朱迪思·贾维斯·汤姆森在她的文章《对堕胎的辩护》中，将孕妇与好撒玛利亚人进行了类比，她认为胎儿与女性之间的关系就像一个撒玛利亚人与路边需要帮助的人之间的关系一样。汤姆森用这个类比得出结论：要做一个最低限度的、体面的撒玛利亚人，我们需要在付出的成本很小（比如，打电话给警察）时去帮助那些需要帮助的人，"体面"则要求一个怀孕最后几个月的妇女怀孕到足月。然而，我们并没有被要求在需要付出很大代价（例如，怀胎九个月）时去帮助那些需要帮助的人。

## 类比的运用

注意到事物之间的相似性是人类从经验中学习的主要方式之一。孩子在被蜡烛烧到手后会永远记得与篝火保持距离，因为两者之间具有相似性。再来看一个例子，许多早期的建筑很容易被暴风雨摧毁，因为这些建筑刚性太强。后来建筑师们注意到，大树由于本身的弹性能够在强风过后恢复原状，便将这种方法应用于防风结构的设计上。将心脏与机械水泵进行比较也帮助人们更好地了解了心脏的工作原理。

在描述性手法中类比也可以单独存在，例如"她就像一头冲进瓷器商店的牛"以及"在通勤停车场里寻找自己的车就像寻找落在干草垛里的一根针"。类比还常常被用作一种阐述论点的方法，例如下面的句子：

> 吸烟导致人类死亡的人数要比一年中每天都有三架大型飞机失事而死亡的人数还要多。[7]

> 正如一个人在扔掉旧衣服后会换上新衣服一样，生命的本源（灵魂）在抛弃旧的躯体之后会获得一个新的躯体。

第一项类比被用于向人们阐明论点：吸烟远比乘坐飞机更加致命。第二项类比引自于印度圣书中的《薄伽梵歌》（2:22），用于阐明死亡的概念和灵魂的轮回。

**隐喻**（metaphors）是一种描述性的类比，常见于文学作品。莎士比亚在《麦克白》第 5 幕里的一段话中将生命比作了舞台剧。

> 人生不过是一个行走的影子，一个在舞台上高谈阔论的可怜演员，无声无息地悄然下场。

有时无法明显地看出文章是使用了隐喻的手法，还是使用字面本身的意思。在解释古老的经文时，这种问题尤为突出，语言使用中的文化差异以及翻译过程都使人们无法准确地把握作者的意图。

## 基于类比的论证

除了可以独立使用之外，类比还可以用作论证中的前提。基于类比的论证认为，如果两个事物在某一个或者几个方面具有相似性，那么它们在其他方面也很可能相同。

前提：甲（熟悉的事物）拥有特征一、特征二和特征三。
前提：乙（不熟悉的事物）拥有特征一和特征二。
结论：因此，乙也很可能拥有特征三。

为了进一步说明上述模型，假设你（甲）在塞拉俱乐部（美国的一个环保组织）举行的校园活动中认识了一个人（乙）。这个人非常讨人喜欢，并且似乎对你也很感兴趣。你想确定是否应该和此人开始一段恋爱关系。然而，在决定开始正式的恋爱关系之前，你首先收集更多关于此人的信息，包括两个人有哪些共同特点。你已经知道两人都热衷于环保议题（特征一）。在简短的交谈中，你了解到他与自己一样也喜欢徒步旅行（特征二）。在简短的接触之后，你得出结论，既然两人在环保与徒步旅行方面都有着共同的爱好，那么乙也很可能拥有另外一项和自己一样的爱好，那便是健康饮食（特征三）。回到家后，你拨通了乙的电话，邀请乙去当地一家健康食品餐馆共进晚餐。

基于类比的论证在很多领域中得到了广泛的应用，包括法律、宗教、政治和军事等领域。例如，肖尼人的领袖特库姆塞（1768—1813）在说服自己与周边部落的居民联合起来组成美国土著联盟来抵抗不断侵占自己土地的白人时，就使用了类比方法。他认为，部落之间组成联盟就像结成辫子的头发。一缕头发很容易被扯断，但是几缕头发编结在一起就很难被扯断。

**设计论证**（argument from design）是基于类比的最著名的论证之一。这项论证已经有好几百年的历史，是证明上帝存在的最流行的"证据"之一。最近在智能设计理论与进化论的论战中，这项论证又重新浮出水面。本书将在第 12 章结尾深入介绍智能设计理论与进化论之间的论战。

设计论证的出现是由于人们注意到宇宙和其他自然物体（例如人的眼睛）与人工制造的物体（例如手表）之间拥有相似性。组织性和目的性是自然物体与人工物体共有的高度相似的特征。手表的组织性和目的性是钟表工匠制作的直接结果，而钟表工匠是一位拥有智慧和理性的创造者。

接下来的论证与此相似，组织性与目的性更强的自然也一定是由一位拥有智慧和理性的创造者制作出来的。这项类比可以概括如下：

设计论证认为，上帝必须存在，因为世界显示出目的性。

前提：手表拥有以下特征：（1）组织性；（2）目的性；（3）由拥有智慧和理性的创造者制作。

前提：宇宙（或人的眼睛）也表现出以下特征：（1）组织性；（2）目的性。

结论：因此，根据类比的原则，宇宙（或人的眼睛）也应该（3）由拥有智慧和理性的创造者制作，这位创造者就是上帝。

使用类比的论证也常常应用在科学研究当中。科学家们以人类和其他动物之间的相似性为基础，通过在大鼠等其他动物身上做实验，对人类在药物或特殊刺激的作用下表现出的效果提出假设。天文学家则以星系中的其他星球和地球之间的相似性为基础，对这些星球的特征做出预测。

在法律领域，法庭在做出判决之前常常会参考以前相似案件的审判过程。本书将在第 13 章对法律判例原则进行研究。

一些类比方法会使用能够给人带来强烈情绪刺激的图片或影像，以达到让听众接受某一结论的目的。1941 年 6 月 22 日，德国入侵苏联的第二天，英国首相温斯顿·丘吉尔在向英国人民发表的演讲中使用了类比的手法，使人们意识到希特勒及其军队的危险性。在演讲中，丘吉尔将希特勒比作"一头邪恶的怪物，嗜血如命且贪得无厌"，将纳粹军队比做"不停绞碎人类生命的战争机器"，而将德国士兵比做"一大群爬行的蝗虫"。[8]

## 将类比用作驳斥论证的工具

类比本身也用于驳斥那些包含不准确和不恰当类比的论证。在对这样的论证进行驳斥时，第一种方式是针对其中的错误类比提出一项全新的类比进行回应。在使用新的类比时，可以使用"你也可以说"或"那就像是说"等语句作为开始。新的类比往往与旧的类比拥有相同的句法和结构，就像下面摘自路易斯·卡罗尔的《爱丽丝梦游仙境》中的段落，当爱丽丝论证她所说的就是自己心里所想的时，三月兔和睡鼠利用类比进行了驳斥：

"我说的就是我心里所想的，"爱丽丝匆匆回答道，"至少——至少我心里想的是我说的——这是同样的事情，你懂的。"

"一点儿也不一样！"帽匠说道，"你还不如说'我看到我吃的食物'与'我吃我看到的食物'是同样的事情！"

"你还不如说，"三月兔也说道，"'我喜欢我得到的东西'与'我得到我喜欢的东西'是同样的事情！"

"你还不如说，"睡鼠补充说道，它好像在说梦话，"'我睡觉时呼吸'和'我呼吸时睡觉'是一回事。"

对包含不准确和不恰当类比的论证进行驳斥的第二种方法，便是将论证中使用的类比进行延伸。例如哲学家大卫·休谟（1711—1776）在驳斥神创论时，将钟表工匠与上帝之间的类比进行了延伸。[9]他注意到，制作手表的工匠可以是几个人。另外，手表的质量也有好有坏。在制作手表时，工匠可能已经老眼昏花或者敷衍了事。休谟进一步对类比进行延伸，他认为，当人们得到一块手表时，甚至不能假定制作手表的工匠还活着。因此，即使上帝和钟表工匠之间的类比能够为人们所接受，也无法通过类比来证明善良的或完美的上帝存在，或者曾经存在过。

在《爱丽丝梦游仙境》中，三月兔和睡鼠用类比的方法来反驳爱丽丝的论点。

## 对基于类比的归纳论证进行评价

有些类比具有更强的说服力。使用类比方法的论证是否具有说服力，取决于对比的两个事物之间相似点与相异点的类型与程度。下列是评价类比论证的详细步骤。

**1. 识别比较的对象**。写一个简短的比较总结。例如，数百万人看过在一则电视广告中，煎锅里的鸡蛋被用来代表"嗑药的大脑"。在这则广告中，大脑被比作生鸡蛋，药物被比作热煎锅。这则广告于1987年首次播出，是我们这个时代最有影响力的广告之一。

**2. 列出相似点**。列出比较的两个事物之间在哪些特定方面具有相似性。这些相似性是否足以支持结论？一般来说，相似程度越高，类比就越具说服力。例如，在"嗑药的大脑"的类比中，热煎锅与毒品的相似之处在于都会极大改变和破坏有机物质；另一个相似点在于大脑和生鸡蛋都是圆的和湿软的。

在列出所有的相似点之后，划掉其中与论证没有关系的相似点。在这个例子中，大脑和鸡蛋在形状和质地方面的相似性与毒品会伤害大脑的论证无关。

在一项好的类比中，具有相关性的其余相似点应该在支持结论时具有足够的说服力。

**3. 列出相异点**。在列出相似点之后，列出所有的相异点。这些相异点或差异是否会在某些方面对论证造成影响？相异点越多，论证的说服力往往会越差。毒品真的像热煎锅吗？服用毒品，尤其是剂量较小时，并不会像往热煎锅打入生鸡蛋那样产生如此迅速且惨重的后果（参见本章末尾"批判性思维之问：透视大麻合法化"）。

因为人工智能并非有机体而认为它们缺乏意识和情感的主张是基于不相关的差异性。

一些相异点可能与论证没有相关性。正像本书前面指出的那样，人们正是通过类比推理得出结论，其他人拥有与我们同样的感受和意识。因为与其他人类相比，电脑或机器人和我们有着太多的不同之处，所以很难将这种推理应用于人工智能（AI）形式的存在。人工智能是基于硅的，而人类是碳基生命，人工智能是被人类创造和编程出来的，而人类是自然出生的，如果由此得出结论，认为人工智能永远无法获得意识或者拥有与人类相同的情感，那么这种结论就是基于无关的相异点。而实际上据人们现在所能够了解的，制作材料与能否获得意识和情感无关。这种存在是否是由人类创造的也与此无关，因为人类也是被其他人类通过两个细胞创造的，并且由 DNA 和环境进行编程。当然，这并非意味着人类和人工智能之间不存在其他相关的相异点。

**4. 比较相似点与相异点的列表**。相似点是否足以支持推理的结果？相异点是否对结论产生了重要的影响？休谟通过指出类比之间的相异点驳斥了设计论证。虽然诸如眼睛等自然物体与手表之间在组织性和目的性等方面存在相似性，但这些相似性并不足以支持上帝创造世界的结论，因为上帝与钟表工匠之间的差异实在是太大了。

**5. 检查是否可能存在反面类比**。反面类比是否更具说服力？在《为堕胎辩护》中，朱迪斯·贾维斯·汤姆森使用了好撒玛利亚人（孕妇）遇到一个痛苦的人（胎儿）躺在路边的类比。汤姆森的结论是，如果这样做会让我们付出巨大的代价，道德上并不要求我们去帮助这个人。对她的类比的一个批评是，路边的人完全是陌生人，而胎儿和我们是有血缘关系的。如果我们以遇到孩子或其他亲戚作为反面类比，从道德的角度来看，我们会被期待停下来去帮助我们的亲戚，即使这对我们自己有相当大的风险。[10]

**6. 判断类比是否支持结论。** 在比较相关的相似点与相异点并寻找可能的反面论证之后，就该决定论证的好坏了。切记，基于类比的论证并不提供确凿的证据，而仅仅提供具有不同说服力的论证。

在论证时，类比能够清晰地阐明关键论点，是一项有效的工具。但从另一方面来说，类比的说服力也可能是欺骗性的，因为这种方法主要依赖于人们的想象力。由于类比拥有塑造人们世界观的能力，学习如何识别并评价包含类比的论证尤为重要。

# 因果论证

原因（cause）是带来变化或产生效果的事件。**因果论证**（causal arguments）是指提出一些事物是（或不是）其他一些事物的原因的论证。下面是一个因果论证的例子：

前提1（原因）：[你吃了太多法式炸薯条]，并且
前提2（原因）：[你还不去锻炼]。
结论（效果）：[如果再不改变自己的生活方式你会变胖的。]

在这个例子中，这个人提出一项论证：吃太多的法式炸薯条和缺乏锻炼会导致体重增加。与其他归纳论证一样，因果论证的结论也不是百分之百确定的。即使你吃了太多的法式炸薯条，也没有进行锻炼，但是如果你患有新陈代谢障碍或者肠内有寄生虫，你的体重可能也不会增加。

## 因果关系

在英语中，"*because*"是常用的前提指示词，其中的"*cause*"是论证中重要因果关系的标志。人们日常生活中的很多决策都依赖于这种归纳推理过程。如果我们希望掌控自己的生活，那就需要更深刻地理解因果关系。

一些因果关系是众所周知的，例如结冰与温度之间的关系以及疟疾与蚊子传播寄生性疟原虫之间的关系。然而，在很多情况下，确定因果关系并不像最初看起来的那样简单。当事件持续进行或循环进行时，人们很难弄清楚哪个事件最先发生，从而可能混淆原因与结果。比如说，我们是由于压力太大而头痛，还是由于头痛而感到压力太大？是观看暴力影片诱导人们出现暴力倾向，还是本身具有暴力倾向的人更喜欢观看此类影片？

连环杀人犯泰德·邦迪为自己所做的谋杀辩护是一个典型的错误归因范例。与其他很多性侵犯者一样，泰德·邦迪被逮捕后将自己所犯之罪归咎于色情作品。然而，科学家们也仍然无法确定到底是色情作品诱导人们发生性暴力行为，还是本身具有性暴力倾向的人对色情作品更感兴趣。

比如，亚当·兰扎对玩暴力电子游戏的痴迷，是 2012 年桑迪胡克小学枪击案的一个因果因素吗？见下文的分析图片。

当原因与结果或假设混淆在一起，没有充分的证据能够证明某个事物是另一个事物的原因时，就容易出现错误归因谬误。本书第 5 章曾提到，人们容易出现此类谬误，在因果关系实际上根本不存在的情况下，人们倾向于在随机事件之间找到因果关系和固定模式。此外，人们还倾向于相信自己能够控制事件或原因，而其实它们却在自己的控制之外。由于这些天生的认知错误，我们在做出两个事件之间存在因果关系的结论时，务必保持谨慎。

大多数因果关系并不像结冰与温度之间的关系那样直接。相反，可能存在若干个导致事件发生的因素。一些事件或条件只有在其他条件满足的情况下才能构成原因。其他条件也会导致特定结果的产生，例如，读高中时取得优异的成绩可以有助于你获得常春藤联盟大学的青睐，但是并不能保证你一定能被录取。

## 相 关

当两个事件同时发生的几率高于可能发生的概率时，这种关系称为**相关**

### 分析图片

**暴力电子游戏和桑迪胡克小学枪击案** 暴力电子游戏会增加攻击行为的风险吗？2012年12月，20岁的亚当·兰扎在康涅狄格州纽顿市的桑迪胡克小学开枪打死26人，其中包括20名儿童。同年早些时候，詹姆斯·霍姆斯在科罗拉多州奥罗拉电影院开枪，造成12人死亡，58人受伤。1999年，科罗拉多州科伦拜恩高中的两名高中生开枪造成13人死亡，21人受伤，之后开枪自杀。参与这些屠杀的四名年轻人至少有一个共同点：他们都玩暴力电子游戏。上面的照片来自《黑色行动》，这是一款非常暴力的幻想游戏，亚当·兰扎经常玩，有时一天玩几个小时。

研究发现，暴力电子游戏与青少年的攻击行为之间存在正相关关系。* 美国步枪协会（NRA）的首席执行官韦恩·拉皮埃尔也指责"恶毒的电子游戏"造成了这个国家大部分的枪支暴力。然而，问题仍然存在：已经有暴力倾向的人更有可能玩暴力电子游戏，还是暴力电子游戏实际上导致或促成了暴力行为？

**讨论问题**

1. 暴力电子游戏和暴力行为之间有因果关系吗？对该主题进行研究并批判性地评价研究。讨论一下你如何设计一项研究来确定暴力电子游戏和暴力行为之间是否存在因果关系或只是存在相关。**
2. 如果能够证明玩暴力电子游戏和参与暴力行为之间存在因果关系，那么禁止这些游戏或限制它们的销售是否合理？用论证来支持你的观点。
3. 当你看到上面这张来自《黑色行动》的图片时，你有什么感受？讨论一下培养你的批判性思维技能如何帮助你克服或正确看待玩这些游戏时可能产生的攻击情绪。

* Teena Willoughby, Paul Adachi, and Marie Good, "A Longitudinal Study of the Association Between Violent Video Game Play and Aggression Among Adolescents," *Developmental Psychology*, Vol. 48(4), July 2012, pp. 1044–1057.
** 关于设计和评价研究的更多内容见第12章。

（correlation）。如果当某一事件发生的概率增加，另一事件发生的概率也会相应增加，那么两者之间存在**正相关**（positive correlation）。例如，每天吸烟的数量与肺癌的风险之间存在正相关。当某一事件发生的概率增加，而另一事件发生的概率随之下降时，两者之间存在**负相关**（negative correlation）。超过18岁以后，人们的年龄与是否吸烟存在负相关关系。年龄越大，吸烟的可能性就越低。

尽管相关性有时暗示因果关系，例如在吸烟与肺癌关系的例子中，吸烟是导致肺癌的原因，但并非总是如此。比如，在下面这个例子中，两者之间存在相关性，但是否存在因果关系是无法确定的：

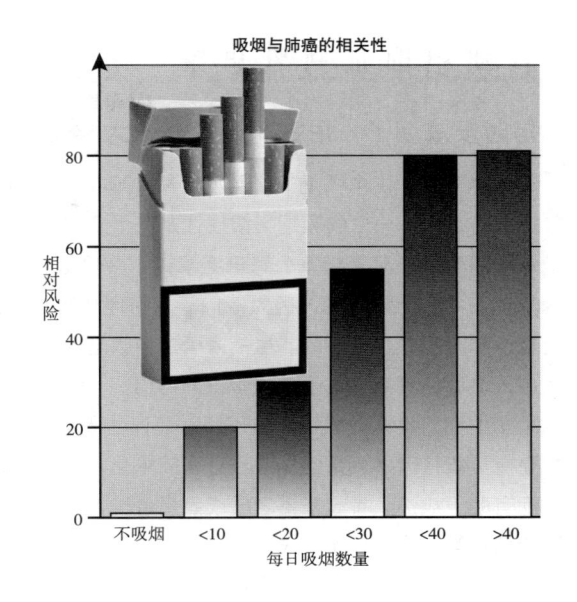

> 你坐在教室中的位置离讲台越远，你的期末考试成绩可能越差。

在这项论证中，学生的期末成绩和学生所坐位置与讲台之间的距离存在负相关的关系。然而，从这个相关性我们不能推断出，坐在教室的后排会导致学生取得较差的成绩。原因和结果可能是相反的，可能是学习差的学生喜欢坐在教室的后面，又或者是老师更容易注意到坐在前排的学生的表现，给他们打更高的分数。

## 构建因果关系

相关常常可以作为判断是否存在因果关系的起点。但是，也可能存在其他因素或干扰变量造成相关或因果的出现，这些因素或变量也可能是结果产生的原因，科学家们一般采用**控制实验**（controlled experiments）以检验其是否存在。

在控制实验中，研究样本被随机分成两组：实验组和控制组。对实验组采取正常的实验手段，其实验结果可以用于科学研究；而控制组又称为对照组，它们并不接受实验处理。例如，在一项药物实验中，实验组可能被要求服用某种胶囊，胶囊内包含需要研究的药物，而控制组服用的则是无毒的安慰剂，例如糖丸，其中不包含有效的药物成分。两个小组都不知道自己服用的药丸是否含有药物。

## 行动中的批判性思维

### 是时候戒烟了：尼古丁概论——大学生与吸烟现象

尽管大学生中吸烟的比例已经从2002年的20%下降到2014年的12.9%，* 但吸烟仍然会对健康造成威胁，因为一生的吸烟习惯往往是在十几岁或二十出头的时候养成的。大学新生吸烟的比例要高于三四年级的学生。尽管烟草公司已经承诺不会投放针对儿童的广告，但是大部分的香烟广告仍然是为吸引24岁以下的人而设计的，因为他们不太可能具有抵抗吸烟的批判性思维能力。实际上，90%的烟民都是在青少年时期开始吸烟的。虽然大学生中吸烟的人数比例比社会总体水平高，但没有上大学的年轻人中吸烟的人数比例更高，几乎是大学生的两倍。** 吸烟比例之所以会出现年龄和教育水平方面的差异，部分原因是学生们的批判性思维能力不同，在评估吸烟带来的影响时存在差异。在批判性推理方面缺乏经验的人，更有可能将因果关系的复杂性过度简单化，甚至忽略。例如，吸烟的大学生往往只顾眼前的因果关系：吸烟有助于放松，看起来更老成或者更合群，却忽视了吸烟有可能带来的长期影响，例如癌症、心脏病和寿命缩短等。除了目光短浅，只顾暂时满足眼前的需要之外，不善于批判性思维的人更倾向于夸大自己对某些事物的控制力，他们认为自己能够避免患上癌症或者其他与吸烟有关的疾病。

### 讨论问题

1. 当看到图片中吸烟的女学生时，你有何感想？讨论她们吸烟的行为在多大程度上影响了你对她们的看法。
2. 批判性地分析一些香烟广告。这些广告试图在读者的心中建立什么因果关系？讨论广告在实现这个目标方面有多有效，以及你可以使用哪些策略来让自己不那么容易被这些广告和类似广告中使用的谬误和不正确的推理所误导。

* Ariana Eujung Cha, "Why College Students Are Now Smoking More Pot than Cigarettes," *The Washington Post*, September 2, 2015.

** 参见 American Legacy Foundation, "Tracking Tobacco Industry Marketing to College Youth," Project 2030 Internship Final Report, 2002.

## 公共政策和日常生活决策中的因果论证

制定有效的公共政策和良好的人生规划都依赖于对因果关系的正确推断。批判性思维也要求人们能够识别出可以引起特定结果发生的因果关系类型。例如，为什么非裔美国人比欧裔美国人更容易在大学期间退学？为什么在现在的调查中，报告自己经常对学习感到厌倦的大学新生的比例，远远高于1990年代的学生？为什么我最近两次恋爱都以失败告终？人们只有理解了这些事件发生的原因，才能够提出有效的解决方案。

当以因果论证作为基础进行决策时，必须确保所获得的信息是最新的，这一点非常重要。在某个时期成立的事实，随时间变化可能已经发生了改变。例如下面这项论证：

> 人们应当确保自己的孩子在看电视时坐在至少离电视1.8米远的地方。坐得太近会伤害孩子的眼睛。

电视是20世纪30年代开始在美国出现的。如果收看的电视机是20世纪50年代之前生产的，且总是坐在离屏幕太近的地方长时间观看，那么其释放的辐射水平确实可能会导致一些人的眼睛出现问题。然而，现在这种因果关系已经不存在了。如今的电视机都配有防护装置，能够有效地控制辐射量。

大多数的决策过程都不是那么清晰和明确。当某一项行动或政策利弊并存时，就需要决策者反复权衡两者之间孰轻孰重。在公共政策中，这一过程被称为**成本效益分析**（cost-benefit analysis）。例如，本章结尾处引用了关于大麻合法化的论证，围绕大麻合法化可能带来的效益以及成本和危害进行了反复的论证和权衡。在你的日常生活中，这种分析也非常有用。例如，当你需要选择职业道路时，是去读8年大学，带来一身债务，并且推迟结婚成家的时间，还是去从事要求较低的专业和职业，以便为个人和家庭生活留出更多的精力？

对原因的错误认识常常导致归咎的对象是错的，或者伤害性行为和态度持续存在。43%的大学女生报告说她们在约会中经历过暴力和虐待行为。[11]大多数情况下是男性攻击女性。约会暴力产生的原因是什么？大多数的大学生认为在于施暴者本身的性格，例如难以控制的坏脾气或者小时候的受虐史。甚至更常见的是，他们将受害人的行为视为攻击产生的主要原因——"她惹我生气""是她要求的""她穿的太撩人了"以及"我这么做是因为她和其他男生打情骂俏"。

那些认为女性本身的行为是导致肇事者做出攻击行为最主要原因的人，忽略了一个重要的潜在原因——男性和女性在文化上的权力不平衡。然而，不幸的是，很多用于防止校园约会暴力的项目完全没有考虑到这种权力不公平，相反却使用性别中立的材料。这些预防项目在减少约会暴力方面收效甚微。

## 评价因果论证

了解如何评价因果论证能够帮助你在个人生活和公民生活中做出更好的决策。下面给出了评价因果论证的四条准则：

**1. 因果关系的证据应当具有说服力**。在进行仔细研究之前，不要匆忙下结论认为事物之间存在确定的因果关系。证明因果关系存在的证据越多，论证的说服力越强。对轶事证据持怀疑态度。控制实验是确定事物之间存在因果关系还是相关关系的最佳方法之一。

**2. 论证不应当包含谬误**。一些非形式谬误常常不经意地出现在因果论证中，其中最常见的当属错误归因谬误，这种谬误是指人们观察到某一事件在另一事件之前发生，就将该事件确定为另一事件的原因。

另外一个常见的谬误是无知谬误，它是指人们仅仅因为无法证明某一事物不是原因，就认定该事物是原因，或者因为无法证明某一事物是原因，就认定该事物不是原因。第三种可能出现在因果论证中的谬误是滑坡谬误，当论证者过高估计了某一原因的影响，认为其产生了特定的结果时，就会出现这种谬误。回顾这些谬误可参见本书第 5 章。

**3. 数据是当前最新的**。在基于因果关系接受某项论证或做出决策时，应当首先保证所获信息是当前最新的。因为某个因果关系可能曾经正确，但现在已不再有效，这时结论就可能出现错误。

**4. 结论不应超出前提支持的范围**。当我们把相关关系错认为是因果关系，或者过高估计了因果关系中原因事件的影响，就可能出现结论超出前提支持范围的错误，比如赌徒谬误。除非在前提中陈述的是足够充分的原因，否则都应当在结论中使用"可能"（probably）或相似的修饰词。

在批判性思维中，识别和分析因果关系是一项重要的能力。与其他归纳论证一样，因果论证的结论也不是百分之百确定的。然而，确定某一事件可以产生多大程度的影响，能够帮助人们更好地评价因果论证并在生活中做出更明智的决定。

# 批判性思维之问

## 透视大麻合法化

目前,医用大麻在美国 23 个州和华盛顿哥伦比亚特区以某种形式合法存在。俄勒冈州、华盛顿州、阿拉斯加州和科罗拉多州也将娱乐性大麻合法化,还有几个州也将持有少量大麻合法化。在 2015 年的盖洛普民意测验中,58% 的美国人支持大麻合法化,高于 2005 年的 36%。

使用大麻在美国全日制大学生中呈上升趋势。根据美国药物滥用研究所的数据,大学生每天吸食大麻的比例从 1994 年的 1.8% 上升到 2015 年的 5.9%。

大麻是由学名为 *Cannabis sativa* 的植物大麻的叶子和花经干燥后制成的,吸食之后能改变意识,包括轻微的兴奋、放松和敏锐的感官意识。但是,吸食大麻也可能导致记忆中断、偏执和焦虑、幻觉、运动能力和认知表现下降、易激惹,并且会上瘾。在医学上,大麻常被用于辅助艾滋病和一些癌症的治疗,可以增进食欲,减轻疼痛。

美国针对大麻的政策开始于 1937 年的大麻税法,随着时间的推移,美国对大麻的限制也越来越严格。20 世纪 60 年代和 70 年代,几乎所有的州都降低了对持有大麻的处罚力度。1996 年,加利福尼亚州投票通过了第 215 号修正案,特许使用治疗法案,该法案规定医用大麻合法,病人可以持医生开具的处方购买大麻以治疗青光眼或者癌症、多发性硬化症等严重病症引起的疼痛。之后陆续有其他州将医用大麻合法化或非罪化。

加拿大于 2001 年将医用大麻合法化,并于两年后将持有大麻无罪化,这样小剂量使用大麻的人将不必再受到监禁或留下犯罪记录。这一举动使加拿大与美国之间的关系变得紧张，因为在美国即使持有很少数量的大麻也可能被判处最高1年的监禁。目前，美国正在采取行动，将大麻合法化，并对其进行监管和征税。大麻合法化的立法在几个尚未合法化的州悬而未决。

在下面的文章中，凯伦·唐迪支持现有的限制大麻使用的法律，而乔·梅瑟利主张大麻应该合法化。

## 维持大麻的非法性*

凯伦·唐迪

凯伦·唐迪于2003~2007年任美国缉毒署署长，毕业于得克萨斯理工大学法学院。唐迪在文章中强调应当维持大麻的非法性。

大麻不仅是个人的自由选择，还是一种颇具疗效的药品，能包治百病。这种观念已经散播到了美国青少年中间。我在访问美国各地的中学，与学生们交谈时，随处都可以听到这种声音……看看我从学生口中都听到了什么："大麻是从地里生长出来的，所以是纯天然的，对你一定有好处""大麻肯定是药品，因为它让我感觉更好""每个人都说大麻是药品，那它肯定是"……

这种谎言如果任其发展，人们就会认为既然大麻是药品，那么偶尔尝试一下作为消遣也未尝不可……

**谎言：大麻是一种药品**
**现实：吸食大麻不是治疗手段**

科学和医学界已经得出了明确的结论，吸食大麻对人体健康有害，不能作为治疗手段。至今没有医学证据表明，吸食大麻能改善病人的病情。实际上，美国食品及药品管理局（FDA）已经做出明确规定，没有药品是吸食的，主要原因在于，吸食是一种非常差的药物吸收方式。例如，吗啡已经被证明是一种非常有医学价值的药物，但是美国食品及药品管理局却没有批准吸食性的鸦片和海洛因……

……实际上，IOM（医学研究所）的研究明确表明大麻不是药品，并对病人吸食大麻表示担忧，因为吸食是一种有害的药物吸收手段。该研究还进一步指出，没有科学证据表明吸食大麻具有医学价值，即使对慢性病来说也是如此。研究结论认为，"未来几乎不可能在医学上批准吸食大麻为药物"。实际上，开展研究的科学家针对艾滋病虚损综合征、帕金森症和癫痫等运动障碍、青光眼等多种疾病进行了实验，结果表明，大麻对任何疾病而言都不具有医学价值……

**谎言：大麻合法化在其他国家已取得成功**
**现实：其他放宽大麻管制的国家往往导致危险药物使用率的上升**

在过去十年中，世界上的一些其他国家，尤其是欧洲国家的大麻政策已经发生重大改变，朝着逐渐放宽的方向发展但却带来了失败的结果。例如，荷兰政府已经根据本国的经验重新考虑本

* 摘自 "Marijuana: The Myths Are Killing Us," *Police Chief Magazine*, March 2005.

国的合法化进程。在大麻使用合法化之后，18至20岁的年轻人中大麻的消费量激增了三倍。随着荷兰民众对大麻危害的认识逐渐增强，荷兰大麻咖啡馆的数量在过去6年中下降了36%，几乎所有的荷兰城镇都制定了大麻限制政策，其中73%对大麻咖啡馆采取了零容忍政策。

1987年，瑞士政府尝试在苏黎世的一家公园里允许使用毒品，这座公园迅速获得了一个绰号：毒品公园。瑞士成了全世界吸毒者向往的乐土。仅仅5年时间，公园内的固定吸毒者数量就已经由最初的几百人迅速扩大到2万人，公园及其周边区域犯罪频发，以致最终公园被迫关闭，实验宣告失败。

**谎言：大麻没有危害**
**现实：大麻对使用者而言非常危险**

使用大麻对人体健康、社区治安、社会稳定、科学进步、经济发展和个体行为都会产生有害的影响。其中，儿童最易受到大麻的伤害。因为大麻是美国使用最广泛的非法药物，即使儿童也有机会获得。与此同时，更严重的问题是，今天的大麻已经不是人们在30年前婴儿出生潮时期吸食的大麻了。如今，大麻中的四氢大麻酚平均含量已经从20世纪70年代中期的不到1%上升到了2004年的8%以上……

吸食大麻可能会产生依赖性和药物滥用。在2002年美国收容的所有戒毒人员中，大麻是第二常见的毒品，远远高于处在第三位的高纯度可卡因。而令许多人感到震惊的是，在青少年中每年因为大麻依赖而接受治疗的人数，比酒精或其他非法药物加起来的总和还要多……

大麻是一种入门级的毒品。在禁毒执法过程中，大多数海洛因或可卡因的成瘾者，都是从使用大麻开始的……第一次使用大麻的年龄越小，这个人继续使用可卡因和海洛因的可能性就越大，成年后对毒品产生依赖的可能性也更大。一项研究发现，在15岁之前第一次吸食过大麻的成年人之中，有62%的人会继续吸食可卡因。相反，在没有尝试过大麻的人中，只有1%或者更少的人去吸食海洛因或可卡因。

吸食大麻会导致严重的健康问题。大麻包含超过400种化学物质，其中60种是大麻素。每吸一支大麻烟，沉积到肺中的焦油量是一支过滤嘴香烟的3至5倍。所以，经常吸食大麻的人，会遭受与普通吸烟者一样的健康问题，例如慢性咳嗽、哮喘、支气管炎和慢性支气管炎。实际上，研究表明，每天吸食3至4支大麻烟卷对呼吸系统造成的伤害，至少相当于每天吸食一整包香烟所造成的伤害。大麻烟中含有的致癌性烃比普通香烟高50%至70%，这种致癌性烃能刺激人体产生更高水平的一种酶，而这种酶能将某些烃转化成癌细胞。

此外，吸食大麻还会导致焦虑、惊恐发作、抑郁、社交退缩以及其他精神疾病，这种情况在青少年身上尤为突出。研究表明，12岁至17岁的青少年中，每周吸食大麻的青少年出现自杀想法的概率比从未吸食大麻的青少年高出三倍。吸食大麻还会导致认知障碍，包括诸如感知扭曲、记忆丧失、思考困难和无力解决问题等短期影响。平均成绩在D及以下的学生，曾经吸食大麻的概率要比平均成绩是A的学生高出四倍。对于青少年来说，他们的大脑仍处在发育阶段，所以大麻对青少年的影响最为严重，将危害他们充分发挥自身潜能的能力。

**谎言：大麻只危害吸食者**
**现实：大麻对非使用者而言也有危害**

我们需要打消这样的想法，即认为存在所谓

"孤立的吸毒者"，一个人的习惯只影响他自己。使用毒品包括使用大麻并非是对他人无害的犯罪行为。社会上的一些人可能会抵制参与到大麻问题中，因为他们认为其他人使用毒品并不会伤害到自己。但是这种"事不关己"的思维方式是极其不明智的……

例如，吸食大麻会对交通安全带来灾难性的后果。根据美国国家公路交通安全管理局（NHTSA）的记录："来自交通拘捕和死亡的流行病学数据表明，在最常检出的精神活性物质中，大麻位列第二，仅次于酒精。"大麻能够导致驾驶者的操控能力下降，反应时间变长，对时间和距离的估计发生扭曲，昏昏欲睡，运动技能受损，难以集中注意力。

大麻危害驾驶这一问题的严重程度是令人震惊的。根据美国国家药物控制政策办公室（ONDCP）2003年9月份发布的评估，六分之一（约60万）的高中生会在大麻的作用下驾驶汽车，这几乎与酒后驾驶的学生人数一样多。有一项研究专门统计了因鲁莽驾驶而被要求靠边停车的驾驶者，结果显示，除去受酒精影响的驾驶者之外，45%的人大麻检测呈阳性……

**让公众认清大麻的真面目**

拆穿这些谎言并向青少年和家长们提供事实的真相能够产生积极的效果，这一点已经得到证明……

资料来源：Keep Marijuana Illegal by Karen P. Tandy from "Marijuana: The Myths Are Killing Us" from Police Chief (March 2005) (1760 words) from Karen P. Tandy, excerpts from "Marijuana: The Myths Are Killing Us" from Police Chief (March 2005). Copyright © by the International Association of Chiefs of Police. Reprinted with the permission of the International Association of Chiefs of Police.

**问　题**

1. 为什么如此多的美国学生认为，以吸食大麻作为消遣方式是安全的？
2. 唐迪在支持自己"吸食大麻并非医学治疗手段"的结论时使用了哪些证据？
3. 根据唐迪的说法，实行大麻合法化的国家产生了哪些相应的后果？
4. 大麻不但对吸食者有害，对周围的人也有危害，这具体表现在哪些方面？

## 大麻在任何情况下都应该合法化吗？

乔·梅瑟利

乔·梅瑟利（Joe Messerli）是 Balancedpolitics.org 网站的撰稿者和创建者。他毕业于威斯康星大学，同时也是网络和数据库管理方面的技术顾问。在以下摘录中，梅瑟利概述了支持大麻合法化的论据。

**是**

1. **如果适度使用，这种药物的危害一般不会比酒精或烟草大**……对大麻危害的研究没有定论且相互矛盾。大多数医生会同意，如果使用适度，它并不是很有害。只有当你滥用药物时，问题才开始出现。但是，滥用几乎任何有害物质不都是问题吗？如果你滥用酒精、咖啡因、麻黄、香烟甚至比萨，健康问题肯定会随之而来。你想要政府限制你喝多少咖啡或吃多少芝士蛋糕吗？大多数医生认为，大麻不会比酒精或烟草更容易上瘾。

2. **限制药物的使用侵犯了个人自由。** 即使药物被证明是有害的，难道不是每个人都有权选择伤害自己的药物吗？吸食大麻通常被认为是一种"无受害者的犯罪"，因为只有吸食大麻的人会受到伤害。当人们对什么是"道德"有不同意见时，你就不能为道德立法。

3. **合法化意味着价格更低，因此与之相关的犯罪（如盗窃）将会减少。** 非法毒品的生产、运输和销售风险较大，因此价格较高。当人们养成吸毒的习惯或上瘾时，他们必须想方设法弄到钱来满足欲望。除非一个人很富有，否则他必须经常通过抢劫或其他犯罪来赚取购买毒品所需的钱。合法化将降低风险，从而降低价格。因此，为筹钱进行次生犯罪的必要性就减少了。

4. **医疗上的好处，比如对癌症患者的好处……** 大麻有许多医疗上的好处，最显著的是治疗正在接受化疗的病人。其他人认为它有助于治疗抑郁。某些州比如加利福尼亚州已经提出了大麻合法化的倡议，至少是出于医疗目的。

5. **与毒品纠纷有关的街头审判将会减少。** 目前来说，如果有人在毒品交易中骗了你，你无法报警，也无法委托律师提起诉讼。你必须自己解决争端。这常常导致报复性暴力的循环。合法化将为解决争端创造适当的途径。

6. **它可以成为额外税收收入的一个来源。** 政府通过对酒、烟以及其他"罪恶之物"进行征税筹集了大量的资金。大麻合法化将产生另一个可征税的项目……

7. **警察和法庭资源将被释放出来，用于处理更严重的犯罪。** 许多人认为，禁毒战争是一场代价高昂的失败之举。缉毒局、联邦调查局和边境安全部门的资源只是冰山一角。你必须把警察、法官、公共辩护律师、检察官、陪审团、法庭记者、监狱看守等等的成本算进去。大麻合法化可以解放这些人，让他们把精力集中在更重要的事情上，比如恐怖主义、毒品、强奸、谋杀，等等。此外，已经不堪重负的民事法庭备审案件将得到缓解；因此，其他合法法庭案件的等待时间将缩短。

8. **毒贩（包括一些恐怖分子）将失去大部分或全部生意。** 也许毒品合法化最大的反对者是毒贩自己。他们之所以能赚到巨额的钱，是因为一方面缺乏竞争，另一方面风险增加造成街头价格高得离谱。合法化将降低价格和开放竞争；因此，贩毒集团（可能包括恐怖分子）将失去全部或部分生意。

9. **美国食品及药品管理局或其他机构可以监管药物的质量和安全。** 许多吸毒者生病或死亡是因为产品的制备很差。毕竟，缺乏相关机构监管出售的大麻，消费者无法就产品责任起诉任何人。通过将大麻引入合法的商业世界，就可以监督生产，管理销售。

10. **对某些人来说，大麻就像性、酒精或香烟一样，是生活中的一个小乐趣。** 我们都有自己罪恶的快感。它们是让生命有价值的一部分。这些小的快乐——咖啡、性、酒精、香烟等等——如果被滥用，可能是有害的。即使是像比萨和甜甜圈这样合法的食物，如果不适量食用，也可能对人体有害。你想在余生中放弃所有这些东西吗？当受到影响的只是你的身体时，你希望别人告诉你什么能吃什么不能吃吗？

11. **除了作为娱乐性的药物使用，大麻还有多种工业和商业用途，因为这种作物可制成 25 000 多种产品。** 用于制造大麻的植物有大量的其他用途，包括生产建筑和隔热材料、纸张、土工织物、炸药、汽车复合材料和驱虫剂。早在1938年,《大众机械师》就把它称为"价值数十亿美元的新作物",因为它可以制成25 000多种产品。不幸的是,由于在美国和其他国家缺乏合法性,这些产品的增长和发展受到阻碍。我们不应该因为其中一种用途被某些人反对就限制这种多样化产品的使用。

12. **年轻人经常被缉毒行动困在一个有缺陷的系统中,使他们成为终身犯罪分子。** 想象一下,一个易受影响的青少年厌倦了挣最低工资,讨厌住在贫民区,或者需要为上大学攒钱。他有机会赚到一些像样的钱,只需带着一些毒品穿过镇子。然后他就被抓了。作为强制性判决的一部分,他被投入监狱。在那里,他虚度了时间,并与许多其他罪犯成为朋友。他在监狱里变得更加刻薄,因为他必须在粗鲁的人群当中保护自己。当他出狱后,因为重罪记录和/或学业中断,他的工作和大学前途也会受到严重打击。这只会让恢复正常的无犯罪生活变得更加困难。由于手头拮据,他和一些新朋友一起犯下了更严重的罪行,比如抢劫。突然之间,这个人就开始走上了终身犯罪的道路。这个故事似乎有些牵强,但对某些人来说太真实了。大麻合法化将消除一种诱惑,而这种诱惑可能会把易受影响的年轻人引向歧途。

资料来源:Joe Messerli, "Should Marijuana be Legalized under any Circumstances?" Balancedpolitics.org August 6, 2011. Used with permission.

## 问题

1. 梅瑟利基于什么理由认为,虽然已有证据表明大麻可能会对使用者造成伤害,但是它也应该是合法的?
2. 根据梅瑟利的观点,大麻合法化的积极结果是什么?
3. 在梅瑟利看来,保持大麻使用的非法性如何增加年轻人成为终身罪犯的机会?

# 第 8 章

# 演绎论证

**要　点**

什么是演绎论证
演绎论证的类型
假言三段论
直言三段论
将普通论证转换为标准形式
批判性思维之问：透视死刑

在阿瑟·柯南·道尔爵士的侦探故事《银色马》中，大侦探夏洛克·福尔摩斯运用他异于常人的逻辑推理能力破获了一起关于一匹银色赛马失踪，赛马驯养师约翰·斯特拉克被杀的悬疑案件。赛马"银色火焰"被圈养在金斯皮兰马厩，在它失踪后，人们在离马厩400米远的地方找到了负责它的驯养师斯特拉克的尸体，斯特拉克的头骨被巨力砸碎。案件发生后，当地警局为了找到失踪的赛马，在周围的荒野和附近的梅普里通马厩进行了大范围搜查，结果一无所获。

在与此案有关的所有人员进行谈话并收集所有证据后，福尔摩斯断言"银色火焰"还活着，而且就藏在梅普里通马厩，尽管之前的搜查并没有发现什么线索。

"是这样的，华生，"福尔摩斯最后说道……"现在，假设在悲剧发生的当时或者在悲剧发生后，这匹马脱缰逃跑，它能跑到什么地方去呢？马是群居性动物。依照其天性，它要么回到金斯皮兰马厩，要么跑到梅普里通马厩去了。

它怎么会在荒原上乱跑呢？即便真的如此，它一定会被人看到的……它不是在金斯皮兰就是在梅普里通。现在不在金斯皮兰，那一定在梅普里通。"[1]

结果证明，福尔摩斯的推断是正确的。失踪的赛马果然在梅普里通，它鼻子上的银斑被掩盖住了，从而躲过了上一次的搜查。

夏洛克·福尔摩斯还通过演绎推理破获了驯马师的"谋杀"案。他从马厩的工人那儿得知，在银色马被"偷走"的时候，负责看门的狗并没有叫。福尔摩斯由此推断，带走银色马的一定是看门狗非常熟悉的人。这就排除了陌生人作案的可能。福尔摩斯又对剩下的人进行了调查，并逐一排除每个人的嫌疑，最后只剩下了那匹马。正像福尔摩斯在另一个故事里提到的那样："当你排除了所有的不可能，不论剩下的是什么，即使看起来有多么的不可能，也一定是真相。"[2] 他推断银色马的驯马师斯特拉克其实是个坏蛋，在他手中发现的那把精致手术刀其实是他用来伤害赛马的工具，他在马的后踝骨肌腱上轻轻地划一道，使马出现轻微跛足，从而输掉接下来的比赛。结果在他行使卑鄙勾当时发生了意外，被马踢死了。"斯特拉克将马牵到一个坑穴里，"福尔摩斯向他的朋友华生解释道，"到了坑穴，他走到马的后面，点起了蜡烛；可是突然一亮，马受到了惊吓，出于动物的特异本能预感到有人要加害于它，于是便猛烈地尥起蹶子来，铁蹄子正踢在了斯特拉克的额头上。"[3]

对于历代的侦探小说爱好者来说，福尔摩斯已经成为熟练推理家的代名词。本章将介绍如何评价演绎论证，如何将福尔摩斯和其他擅长演绎推理的人所使用的一些策略运用到实际中去。第 8 章的主要内容包括：

- 识别演绎论证的本质特征
- 区分演绎论证中的有效性、无效性和合理性
- 学习如何识别和评价排除法论证、数学法论证和定义法论证
- 研究不同类型的假言三段论，包括肯定前件式、否定后件式和连锁论证
- 学习如何识别直言三段论的标准形式
- 使用维恩图重新评价直言三段论
- 练习将普通论证转换为标准形式

最后，我们将分析有关死刑这种刑罚是否公正的不同论证。

## 什么是演绎论证

在归纳论证中，前提仅能支持结论，却无法为结论提供证据。与此不同的

是，在一个有效的演绎论证中，结论必然源于前提。演绎论证有时会包含此类词或短语：千真万确（certainly）、无可否认（definitely）、不容置疑（absolutely）、理所当然（conclusively）、必定（must be）、自然而然（it necessarily follows that）。例如：

> 玛丽莲不是游泳队的一员，这一点无可否认，因为游泳队不招收一年级的学生，而玛丽莲今年刚上大一。

## 演绎推理和三段论

演绎论证常常以**三段论**（syllogisms）的形式出现，当然并非都是如此。三段论包含有两个支持性前提和一个结论。为了便于对论证进行更好的分析，本章将三段论中的前提与结论逐行分别列出，其中最后一行是结论。

1. 前提：人终有一死。
2. 前提：父亲也是人。
3. 结论：因此，父亲也终有一死。

根据第 6 章介绍的准则，也可以将演绎论证进行图解。在三段论里面，两项前提一般存在相互依赖的关系：

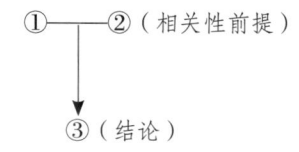

①———②（相关性前提）
　　　↓
　　③（结论）

某些演绎论证比较复杂，可能拥有多个相关性前提和分结论。

## 有效论证和无效论证

在演绎论证中，如果前提正确，那么结论一定正确，则说明该论证是**有效的**（valid）。论证的**形式**（form）由前提和结论的布局或推理方式决定。在上面的例子中，论证形式可以表示为：

X（人）都是 Y（终有一死）。

Z（父亲）都是 X（人）。

因此，Z（父亲）都是 Y（终有一死）。

不管 X、Y 和 Z 代表什么，这项论证都是有效的形式。即使其中出现了错误的前提，论证的形式仍然是有效的。如果将其他内容代替论证中的"人""终有一死"和"父亲"，由于形式本身是有效的，只要前提仍然正确，结论就一定是正确的，比如下面这个例子：

猫科动物（X）都是哺乳动物（Y）。
老虎（Z）也是猫科动物（X）。
因此，老虎（X）都是哺乳动物（Y）。

错误的结论并非意味着论证的过程是无效的。在上面给出的两个例子中，因为前提是正确的，而且形式是有效的，所以结论都是正确的。然而在论证形式有效时，当且仅当前提正确时，结论才必定是正确的。当且仅当存在错误的前提时，有效论证中的结论才可能是错误的。在下面这个例子中，论证的形式与前两项论证相同，但是却得出了错误的结论：

所有的男人都很高。
汤姆·克鲁斯是一个男人。
因此，汤姆·克鲁斯很高。

该论证得出的结论是错误的，其原因不在于论证形式无效，而仅仅是因为其中存在错误的前提。第一个前提"所有的男人都很高"显然是错误的。

但是如果论证中的两项前提都是正确的，但却得出了错误的结论，那么就可以肯定地说，论证是无效的。例如：

狗都是哺乳动物。
一些哺乳动物不是宠物狗。
因此，一些宠物狗不是狗。

当前提正确，而结论只是有可能正确的时候，论证也可能是无效的。例如：

大二学生不是新生。
所有的新生都是大学生。
因此，一些大学生是大二学生。

在这项论证中，前提和结论都是正确的。然而，这些前提并不能为结论提供逻辑支持。将大二学生、新生和大学生替换为不同的内容，可以验证该论证形式的无效性。如果在相同形式的新论证中，前提都是正确的，但结论是错误的，那么该论证形式便是无效的。例如将论证中的内容做如下替换：

> 鱼类不是狗。
> 狗都是哺乳动物。
> 因此，一些哺乳动物是鱼。

## 合理论证和不合理论证

如果能够满足下列两项条件：(1) 论证形式有效；(2) 前提是正确的，那么论证就是**合理的**（sound）。上文关于父亲终有一死的论证就是合理的，因为其形式是有效的，前提是正确的。从另一方面来说，尽管上文关于汤姆·克鲁斯论证的形式是有效的，但是由于第一项前提是错误的，所以该论证仍然不能算是合理的论证。而无效的论证，由于无法满足第一项条件，所以都是不合理的。

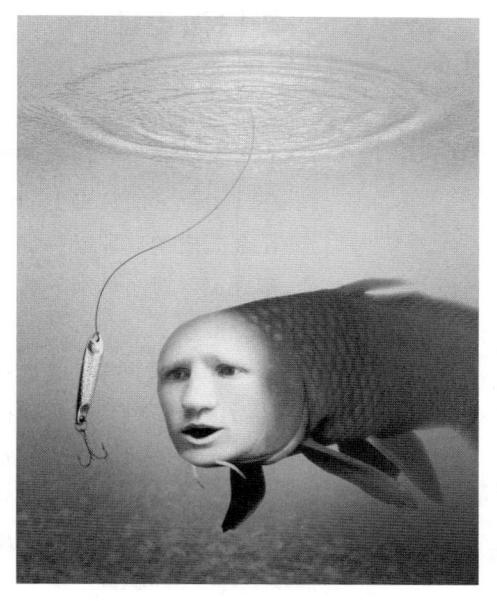

"一些哺乳动物是鱼"是错误结论的一个例子。

逻辑性是决定论证是否有效的首要因素。作为批判性思维者，我们也关注论证的合理性以及前提是否得到了可靠论证和良好推理的支持。在前面的章节中，我们已经讨论了如何保证前提准确可靠的准则。而本章则主要介绍如何识别演绎论证的不同类型，以及如何利用维恩图评估这些论证的有效性。

## 演绎论证的类型

演绎论证的类型有许多种。本节将主要介绍日常推理中常用的三种演绎论证类型：

- 排除法论证
- 数学法论证
- 定义法论证

## 排除法论证

**排除法论证**（argument by elimination）是指排除不同方面的可能性，直至剩下最后一个。在本章的引言部分，夏洛克·福尔摩斯利用排除法解开了发生在"银色火焰"身上的谜团。他推理出，马一定就在这两个马厩里。既然它不在金斯皮兰，那就一定在梅普里通。下页的专栏"独立思考：波·迪特尔，警察之王"对纽约市一名著名侦探的生平进行了简要介绍，他非常擅长运用此类演绎推理。

与侦探一样，医生在进行演绎逻辑推理时也非常擅长使用排除法。在对疾病做出诊断时，医生往往从一系列的身体检查和有序的化验开始。如果检查和化验结果排除了病人症状的最常见原因，那么医生便会进一步检查病人是否患有比较罕见的疾病，直到找出病因为止。实际上，亚瑟·柯南·道尔爵士创作夏洛克·福尔摩斯这个角色的灵感正是源于他就读爱丁堡大学医学院时的教授之一——约瑟夫·贝尔医生。

排除法论证在日常生活中也经常被使用。例如，假设在学校开学的第一天，你在距离上课还有10分钟的时候到达学校。你拿出课表，看到自己的第一堂课——"心理学导论"的上课地点在温思罗普大厅。然而，由于课表被弄脏了，上面的房间号变得模糊不清。你该怎么做？去寻找一份新的课表显然已经来不及了。你只好直奔温思罗普大厅，查询该楼的楼层索引。你发现该楼一共有12个房间，其中9个是行政办公室，所以这9个房间被排除掉了。剩余的三个房间分别是教室A、B和C。你赶到A教室询问教室内的学生他们在等待上哪门课，得到的答案是"英国文学"。然后你继续到教室B去询问，得到的答案是"商务统计学"。等到达C教室的时候，你没有继续询问，而是直接走进去找了一个座位坐下来。你是如何确定这就是要找的教室呢？显然是使用了排除法论证。假设你的前提是正确的（你上心理学课的教室是温思罗普大厅的某个房间），第三个教室必然是你寻找的教室。

我上课的教室是房间A、B和C中的一个。
我上课的教室不是房间A。
我上课的教室不是房间B。
因此，我上课的教室肯定是房间C。

一只老鼠通过排除法的演绎过程找到了迷宫尽头的奖品。

## 独立思考

### 波·迪特尔，警察之王

波·迪特尔于1950年出生在纽约市的皇后区，被人们称为现代的福尔摩斯。迪特尔一直希望找一份能够真正改善人们生活的工作，当听说警察学院的招生考试正在进行时，他决定去尝试一下。

迪特尔是纽约市警察局历史上最负盛名的侦探之一。在其职业生涯中，他参与了无数备受关注的谋杀案和重大刑事案件的侦破工作，通过调查、走访和其他侦查技巧来获取证据。他将自己成功破获1500多起重大案件的秘诀归于自己的"第六感——优秀的侦探在侦破案件时拥有的一种无形的感觉"。*

迪特尔侦破的最著名的案件之一是1981年发生在东哈莱姆区修道院的一桩修女被强奸和虐待致死案。迪特尔从手头的证据推断出，这应该是一起犯案过程中出现意外的盗窃案，而不是强奸案，从而将目标锁定在有偷窃前科的罪犯之中。他还通过目击者的证词了解到，其中一名犯罪嫌疑人个子比较高，而另一名嫌疑人则有些跛脚。几天后他得到线报，两名犯罪嫌疑人居住在哈莱姆区第125街的某处。然而，这片街区有几百座建筑和几千人口。在排查工作的初期，迪特尔首先将重心放在了当地的流氓窝点以及人口众多的公寓楼内，他挨家挨户地敲门，向居民简短地描述嫌疑人的特征并询问一些相关问题。整个排查过程中他分发出去了几百张名片。迪特尔的努力没有白费，两个嫌疑人最终落网并受到了法律的制裁。

1998年上映的电影《勇探本色》正是根据迪特尔的同名自传改编的。他还在2013年的电影《华尔街之狼》中出演了自己。此外，他还出现在几档广播和电视节目中，包括《乔恩·斯图尔特秀》和《奥莱利实情》。

### 讨论问题

1. 讨论迪特尔在侦破东哈莱姆区的修女谋杀案中使用的方法如何体现排除法演绎推理的过程。

2. 在第2章中，我们了解到大多数推理过程是在无意识情况下自动做出的，科学家、数学家以及杰出的侦探常常不用刻意思考就能解决复杂的问题。然而，他们也是经过多年有意识的解决问题和推敲解决方案后才培养出的这种能力。回忆自己在生活中解决哪种类型的问题时能够不假思索地信手拈来。讨论哪些因素如对问题的熟悉程度和丰富的处理经验，能帮助你轻松地解决此类问题。

* Conversation with Bo Dietl on August 8, 2005.

在前一个例子中，有三个可供选择的选项。如果仅有两个选项，论证就被称为**选言三段论**（disjunctive syllogism）。选言三段论有如下两种形式：

非 A 即 B。　　　　非 A 即 B。
不是 A。　　　　　不是 B。
因此，是 B。　　　因此，是 A。

在确定"银色火焰"的行踪时，夏洛克·福尔摩斯便采用了选言三段论：

"银色火焰"不是在金斯皮兰马厩，就是在梅普里通马厩。
"银色火焰"不在金斯皮兰马厩。
因此，"银色火焰"在梅普里通马厩。

再来看另外一个选言三段论的例子：

把自己的房间打扫干净，否则今晚留在家中不准出门。
你今晚没有留在家中。
因此，你将自己的房间打扫干净了。

在选言三段论中，在第一项前提中给出的两个可供选择的选项，即打扫房间或留在家中，必须是仅有的两种可能性。如果还存在其他未列出的第三种可能，论证中就会出现假两难谬误。例如：

我们要么保留奥巴马医改，要么平衡预算。
我们保留奥巴马医改。
因此，我们不会有一个平衡的预算。

在这项论证中，第一项前提的两个选项并没有列出所有的可能性。我们可以削减联邦预算的许多领域，而不仅仅是医疗开支。因为这个论证犯了假两难的谬误，所以它不是一个合理的论证。

## 数学法论证

在**数学法论证**（argument based on mathematics）中，结论取决于数学或几何计算。例如：

我的宿舍是长方形的。

其中一条边的长度是 3 米，另外一条边的长度是 4 米。

因此，我的房间面积为 12 平方米。

通过这种类型的演绎推理，你也可以在与新室友克里斯见面之前对他做出推论。你在与克里斯的电子邮件交流中了解到，他正在准备篮球队的选拔赛，身高 1.88 米。因为你的身高是 1.68 米，所以你可以得到结论（假设克里斯提供的信息是正确的），克里斯比自己高 0.2 米。

这是一些相对简单的例子。基于数学的论证可能会非常复杂并需要专业的数学技能。例如，美国宇航局（NASA）的科学家需要计算出两艘火星探测漫游者（地质考察机器人）的最佳发射时间，这样它们就能在火星与地球距离最近时到达这颗红色星球。地球围绕太阳公转一周需要 365 天，而火星需要 687 天。此外，由于运行轨道不同以及火星的轨道存在轻微的偏心，地球与火星之间的距离变化非常大，从不到 5500 万公里到大约 4.01 亿公里不等。2003 年的夏天，这两艘探测器于佛罗里达州的卡纳维拉尔角发射，并于 2004 年的 1 月到达火星表面。正是归功于美国宇航局科学家们精确的演绎推理工作，此次降落过程才非常平稳。美国宇航局在 2011 年失去了与"勇气号"探测器的联系，大约一年前它陷入了一个沙坑。"机遇号"仍在向地球传回科学数据。

了解数学法论证能够帮助人们做出更明智的决定。例如，计算去墨西哥坎昆旅游需要多少费用，决定采用哪种支付手段来支付自己的大学学费更为划算。比方说，与使用信用卡支付学费相比，申请学生助学贷款可以省下几千美元（参见"行动中的批判性思维：记在我的账上：使用信用卡支付大学学费是否明智？"）。

并非所有利用数学方法进行的论证都是演绎论证。就像在第 7 章中介绍的那样，诸如概括等依赖于概率的统计学论证属于归纳论证，因为从这些论证中人们只能推断出某些事物可能正确，而不是一定正确（参见第 7 章）。

## 定义法论证

在**定义法论证**（argument from definition）中，结论是正确的，因为它的基础是定义中给出的关键术语或者基本特征。例如：

保罗是一位父亲。
父亲都是男性。
因此，保罗是一名男性。

## 行动中的批判性思维

**记在我的账上:使用信用卡支付大学学费是否明智?**

你是否想过为什么信用卡公司如此热心地为大学生办理信用卡?根据信用追踪网站CreditKarma.com的数据,在所有年龄组中,18至29岁的人的信用评级最低。实际上,信用卡公司的大部分盈利来自那些不能每月还清债务的人,而这其中80%的人是大学生。很多学生和家长认为,信用卡是支付学费的一种便捷方式。然而,如果你认为信用卡欠款或者用信用卡支付大学的花费是一项明智之举的话,请仔细阅读下面这项基于数学的论证:

你的信用卡账单总额是1 900美元。其中1 300美元用于支付你读大学的学杂费,550美元用于支付这两个学期的书费。为了节省开支,你决定不再透支信用卡以免背负更多债务。信用卡的每月最小还款额度是4%,也就是说第一个月你将支付75美元。之后你将如实地按照每月最小还款额度偿还欠款。

按照这个比率,偿清大学第一学年的花费需要多长时间?如果信用卡的年利率是17.999%,那么你将用7年的时间来还清所有款项!除了本金(从信用卡中透支的数目)之外,你总共需要支付924.29美元的利息。这意味着,你实际支付的第一年的大学费用总共是2 824美元!

如果是使用助学贷款来支付呢?美国国家助学贷款的年利率是8%。如果每月拿出75美元用于偿还贷款,那么仅需要2年零4个月就可以全部还清。此外,在上学期间你可以不必还款,等到大学毕业之后再开始偿还。所以,如果使用助学贷款而不是信用卡来支付学费,在读大学的两年时间里,你可以不用考虑任何债务问题。即使从毕业后开始还款,与偿还信用卡相比,你也能提前3年还清所有贷款,并且需要支付的利息总额只有188美元。换句话说,在大学第一年缴纳学杂费和书费时,你为了"便利"而额外支付了736美元。将这一数额乘以2甚至4(年),可以得出仅支付利息的总额就达到了几千美元,而这仅仅是因为在决定如何支付大学费用时,你没有利用自己的批判性思维和逻辑思维能力。

**讨论问题**

1. 一些学校,比如塔夫斯大学、波士顿学院、莎拉·劳伦斯学院和亚利桑那州立大学已经停止了信用卡支付学费的业务。部分原因是由于信用卡公司在每笔支付中向大学收取1%至2%的费用,而这最终将转嫁到学生的学费里面。你所在的大学采取什么样的收费政策?你是否赞成这一政策?给出答案并说明理由。
2. 检查自己的信用卡记录。讨论如何使用演绎推理来养成更经济的消费习惯。

根据定义，父亲是"男性家长"，所以结论必然是正确的。"男性"是父亲这个定义的一项基本特征。

正像本书在第 3 章中讨论的那样，语言是动态的，定义可能会随着时间而改变。例如下面这个例子：

> 玛丽莲和杰西卡不可能结婚，因为婚姻是一名男性和一名女性之间的结合。

该项论证的结论一度肯定是正确的，但自从马萨诸塞州、康涅狄格州和加利福尼亚州宣布同性婚姻合法化后，这一结论就未必正确了。现在，由于婚姻在法律上的定义正在发生变化，所以上述论证可能不再合理。

排除法论证、数学法论证以及定义法论证仅仅是演绎论证的三种类型。在逻辑学中，演绎论证常常被写成三段论的形式，例如本节介绍的选言三段论。在下一节中，我们将主要介绍其他两种三段论——假言三段论和直言三段论，并学习如何评价采用这些形式的论证。

## 假言三段论

假设性思维涉及"如果……那么……"的推理形式。根据一些心理学家的说法，大脑内部构建了假设性思维的心理模型，能够帮助人们理解规则并预测自己行为的结果。[4] 本书将在第 9 章进一步介绍假设推理在伦理方面的应用。假言论证同时还是计算机程序的基本组成模块。

**假言三段论**（hypothetical syllogism）是演绎论证的一种形式，包含两个前提，至少有一个前提含有"如果……那么……"句型的假设或条件陈述。

假言三段论可分为三种基本形式：肯定前件式、否定后件式和连锁论证。

## 肯定前件式

**肯定前件式**（modus ponens）论证中第一个前提是条件从句，第二个前提指出第一个前提中的前件，也就是"如果"部分是正确的，而结论则由此断言第一个前提中的后件，也就是"那么"部分的正确性。例如：

> 前提 1：如果我在工作中能获得加薪的话，那么我就能够还清信用卡的账单。
> 前提 2：我在工作中获得了加薪。
> 结论：因此，我能够还清信用卡的账单。

这个例子是一个有效的肯定前件式论证，而有效的肯定前件式论证一般有如下两种形式：

> 如果 A（前件），那么 B（后件）。
> A。
> 因此，B。

有时，条件性前提的第二部分，也就是后件中的术语"那么"可以省略不用：

> 如果飓风袭击了佛罗里达群岛，人们就应当撤离。
> 飓风袭击了佛罗里达群岛。
> 所以，人们应当撤离。

无论以什么内容代替模型中的 A 和 B，肯定前件式论证都是一种有效的演绎推理形式。换句话说，如果前提是正确的，那么结论就一定是正确的。例如：

> 如果巴拉克·奥巴马是美国总统，那么他必须是在美国本土出生的。
> 巴拉克·奥巴马是美国总统。
> 所以，他是在美国本土出生的。

在这个例子中，第一个前提是正确的。因为美国宪法规定总统必须是"美国本土出生的公民"。因此，上述论证是一项合理的论证。

在肯定前件式论证中，不偏离这种形式是非常重要的。如果第二个前提对后件（B）而不是前件（A）进行了肯定，那么论证就是无效的，即使前提是正确的，结论也可能是错误的。

> 如果奥普拉·温弗瑞是美国总统，那么她必须是在美国本土出生的。
> 奥普拉·温弗瑞是在美国本土出生的。
> 所以，奥普拉·温弗瑞是美国总统。

但是众所周知，奥普拉·温弗瑞不是美国总统。这个偏离正确形式的演绎推理被称为肯定结果的谬误。

## 否定后件式

在**否定后件式**（modus tollens）论证中，第二个前提否定后件，结论则否定前件的正确性：

> **演绎推理与计算机编程**
>
> 在计算机编程中，特定的计算机语言被用于创建编码的字符串，这些字符串几乎全部是由演绎逻辑组成的。常用的编程语言有 C++、Java、JavaScript、Visual Basic 和 HTML。还有许多在特殊领域内使用的专门语言。在下面这个用 C++ 编写的程序中，作者用条件语句创建了一个游戏：
>
> ```
> int main()
> {int number = 5}
>         int guess;
>         cout << "I am thinking of a number between 1 and 10" << endl;
>         cout << "Enter your guess, please";
>         cin >> guess;
>         if (guess == number)
>                 {cout << "Incredible, you are correct" << endl;}
>         else if (guess < number)
>                 {cout << "Higher, try again" << endl;}
>         else // guess must be too high
>                 {cout << "Lower, try again" << endl;}
>         return 0;}
> ```
>
> 在这个游戏中，电脑让用户猜一个 1 至 10 之间的数字。如果用户猜"5"（正确的答案），电脑就会向用户发送一条信息表示祝贺，"太棒了，你猜对了"。否则电脑就会提示用户猜测的数字是太大还是太小。

　　如果 A（前件），那么 B（后件）。

　　没有 B。

　　因此，没有 A。

下面是一个否定后件式的例子：

　　如果摩根是一名医生，那么她一定读过大学。

　　摩根没有读过大学。

　　所以，摩根不是一名医生。

　　与肯定前件式一样，否定后件式也是一种有效的演绎论证形式。无论将什么内容代入前件（A）和后件（B）中，只要前提是正确的，结论就一定是正确的。如果我们改变形式，把第一个前提改为"如果不是 A，那就是 B"，我们就犯了否定先行词的谬误。

## 连锁论证

　　**连锁论证**（chain arguments）由三项连接在一起的条件陈述组成，其中两项条件陈述是前提，最后一项是结论。连锁论证是一种不完全的假言三段论，因为它可以包含三个以上的命题。

> 如果 A，那么 B。
> 如果 B，那么 C。
> 所以，如果 A，那么 C。

下面是一个连锁论证的例子：

> 如果明天下雨，那么沙滩派对就会取消。
> 如果沙滩派对被取消，我们就在瑞切尔的家里开派对。
> 所以，如果明天下雨，我们就在瑞切尔的家里开派对。

正如有些排除法论证是三段论而有些不是一样，如果构建的连锁论证中条件陈述的数目多于三个，那么它仍然属于演绎论证，但不再是三段论，因为它的前提超过了两个。例如：

> 如果 A，那么 B。
> 如果 B，那么 C。
> 如果 C，那么 D。
> 所以，如果 A，那么 D。

下面是具有三项前提的连锁论证的例子：

> 如果你不去上课，那么你就无法通过期末考试。
> 如果你无法通过期末考试，那么你就无法完成本学期的课程。
> 如果你无法完成本学期的课程，那么你今年就不能顺利毕业。
> 所以，如果你不去上课，你今年就不能顺利毕业。

如果一项连锁论证符合以下形式，那么它就是有效的：使用上一项前提中的后件作为下一项前提中的前件，依次往下进行，而结论则使用第一项前提（A）的前件和最后一项前提（D）的后件。

## 评价假言三段论的有效性

并非所有的假言三段论是按照标准的三段论形式来表述的，尤其是日常对话中的假言三段论。如果一项论证没有采用标准形式，首先应先将其转化为标准形式，将假设性前提放到前面，结论放到最后。而在连锁论证中，则需要将包含结论中前件的前提作为各项前提的第一项。1758年，本·富兰克林在他著名的箴言集《穷人理查德年鉴》中向人们展现了这种智慧：

> 因为少了一个马掌钉而掉落了马掌；
> 因为缺少了马掌所以马无法前行；
> 因为胯下少了马而损失了一名骑士。

现在将富兰克林的论证写成假言三段论的形式以检验其有效性，我们得到的是连锁论证：

> 如果缺少马掌钉（A），那么马掌就会脱落（B）。
> 如果马掌脱落（B），那么就会损失一名骑士（C）。
> 如果缺少马掌钉（A），那么就会损失一名骑士（C）。

将这一段文字改写为假言三段论之后，我们可以明显地看出该论证是有效的。在一些情况下，我们很难像重新表述富兰克林的论证那样，将每项前件和后件逐字逐句地照搬过来。此时，只要保证原意不改变，就可以使用日常生活中的语言。否则论证就可能出现歧义谬误，即在论证过程中关键术语的意义发生变化。

如果假言三段论符合本章介绍的三种形式——肯定前件式、否定后件式或连锁论证——中的一种，它便是一项有效的论证。当你无法确定一项假言三段论是否有效时，也可以尝试将论证中的词语进行替换。

并非所有的有效论证都是合理的。正像本书前面所提到的，一项演绎论证由于本身的形式所以是有效的，但是由于其中某项前提的错误仍然是不合理的。按照假言三段论的形式改写日常语言中的论证能够帮助人们找到错误的前提。假设你想购买一台新手机，发现有两款比较适合自己，一款是三星，一款是摩托罗拉。两款手机拥有相似的功能，但是三星的价格要更高一些。你可能会这样想：三星手机价格更高，所以这款产品应该更好。我想还是买三星吧。将你的这项论证转换为假言三段论的形式，可以得到：

> 如果一款产品价格高，那么这款产品肯定好。
> 这一品牌的手机价格高。
> 所以，这款手机肯定好。

然而，第一项前提就是错误的。并非所有价格高的产品都好，也并非所有便宜的产品就一定差。所以，这是一项不合理的论证。然而不幸的是，很多顾客都喜欢按这种逻辑进行推理。实际上，一些狡猾的商家已经发现，如果将某些商品的价格提高，例如珠宝或衣服，反而能卖得更好！

将一项论证转换成假言三段论的形式也能够帮助人们更快地找到问题的关键所在。例如下面这项关于堕胎的论证：

> 如果这一生物是人（A），那么除非出于自卫，否则将其杀死在道德上就是错误的（B）。
> 胎儿是人（A）。
> 所以，除非出于自卫，否则杀死胎儿在道德上就是错误的（B）。

朱迪思·贾维斯·汤姆森在她的文章《对堕胎的辩护》中，认识到了这类演绎论证的力量，承认自己如果肯定了前提的正确性，就必须接受结论。她同时还认识到，由于这是一项有效论证，所以驳斥该论证的唯一办法就是，指出其中一项前提是错误的，进而证明该论证是不合理的。否则，她就必须接受"堕胎是错误的"这一结论。因为她无法证明胎儿不是人，所以暂时先认为第二项前提是正确的。她转而质疑第一项前提，提出除了正当防卫之外，还有可能出现其他条件导致人们去杀死另外一个人。

假言论证在日常推理中非常普遍。除了在许诺和最后通牒中，假言论证还可以阐明你在生活中做出抉择后的结果，例如从大学毕业或者继续攻读研究生所需的必要前提。

## 直言三段论

**直言三段论**（categorical syllogisms）是另外一种演绎论证类型。直言三段论将事物按照不同的特征进行分类，例如哺乳动物、学生或国家。一项直言三段论由一个结论和两个前提组成，其中包括三条词项，每条词项在三项命题的两项中出现两次。在下面这项直言三段论中包含的类别或词项是"哺乳动物""猫科动物"和"老虎"，每条词项出现在两个命题中。

> 所有的老虎都是猫科动物。
> 有些哺乳动物不是猫科动物。
> 所以，有些哺乳动物不是老虎。

## 直言三段论的标准形式

当直言三段论转换为标准形式后，用符号表示结论中的两条词项，其中 $S$ 表示结论的**主项**（subject term），$P$ 表示结论的**谓项**（predicate term）。只在两项前提中出现而在结论中不出现的词项用 $M$ 表示，代表**中间项**（middle term）。包含结论谓项的前提写在第一列，包含主项的前提写在第二列。由于出现在第一个前提中，谓项也被称为**大项**（major term），而包含大项的前提被称为**大前提**（major premise）。而主项也被称为**小项**（minor term），包含小项的前提被称为**小前提**（minor premise）。此外，标准直言三段论使用的动词一般是"是"或者"不是"。根据这些准则，前面的论证可以转换为以下标准形式：

> 所有的老虎（$P$）都是猫科动物（$M$）。
> 有些哺乳动物（$S$）不是猫科动物（$M$）。
> 所以，有些哺乳动物（$S$）不是老虎（$P$）。

换句话说：

> 所有的 $P$ 都是 $M$。
> 有些 $S$ 不是 $M$。
> 有些 $S$ 不是 $P$。

如同假言三段论一样，如果直言三段论的形式是有效的，无论用什么内容代替 $S$、$P$ 和 $M$，论证都将是有效的。上述论证便是一项有效的直言三段论。如果形式有效并且前提为真，结论就必然是正确的。

## 数量和性质

在一项标准形式的直言三段论中，所有命题都可以被写成四种形式中的一种，具体哪一种形式取决于命题的**数量**（quantity）（全称的或特称的）和**限定词**（qualifier）（肯定或否定）。如果一项命题适用于这一类别的每个成员，那么在数量上就是全称的。"所有 $S$ 是 $P$"和"所有 $S$ 不是 $P$"都是全称命题。如果一项命题只适用于这一类别的某些成员，那么数量上就是特称的。"有些 $S$ 是 $P$"和"有些 $S$ 不是 $P$"都是特称命题。一项命题的**性质**（quality）是指肯定还是否定。"所有 $S$ 不是 $P$"和"有些 $S$ 不是 $P$"都是否定命题。

命题的数量和性质是由本身的形式决定的,而与哪条词项($S$、$P$ 和 $M$)作主词和谓词无关。例如,"所有 $P$ 是 $M$" 和 "所有 $M$ 不是 $S$" 都是全称命题。

**标准形式命题的数量和性质**
全称肯定:所有 $S$ 是 $P$(例如:所有的橡树都是植物)。
全称否定:所有 $S$ 不是 $P$(例如:所有松鼠都不是鱼类)。
特称肯定:有些 $S$ 是 $P$(例如:有些美国人是穆斯林)。
特称否定:有些 $S$ 不是 $P$(例如:有些护士不是女性)。

## 利用维恩图图解命题

这四种命题都可以使用**维恩图**(Venn diagram)来表示。在维恩图中,每条词项用一个圆圈表示。例如类别 $S$ 可以用下图表示:

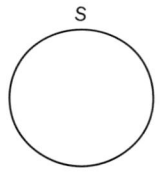

如果类别 $S$ 中没有成员($S = 0$),则在圆圈内加上阴影。下图中用词项 $S$ 表示"独角兽",该类别中不存在任何成员。

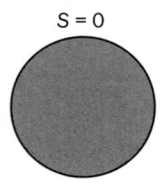

如果类别 $S$ 中至少存在一个成员($S \neq 0$),则在圆圈内添加字母 $X$。例如在图解"狗"这个类别时,应当在其中添加 $X$,因为世界上至少存在一只狗。

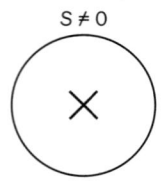

你可以按照相同的步骤对三段论中出现的其他类别进行图解。通过这种方

法，可以使用重叠的两个圆圈将直言三段论中四种不同类型的命题分别表示出来，两个圆圈分别代表命题中的两个词项。$S$ 和 $P$ 两个类别相交的部分是类别 $SP$，包含所有既属于类别 $S$ 又属于类别 $P$ 的成员。

全称命题使用阴影来表示。例如，可以将"所有 $S$ 是 $P$"的基本含义表达为"不存在属于类别 $S$ 而不属于类别 $P$ 的成员"。为了表达这一含义，可以将圆圈 $S$ 内与圆圈 $P$ 不相交的部分加上阴影。

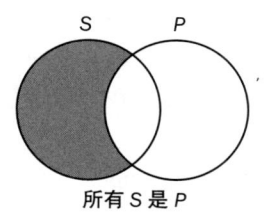

所有 $S$ 是 $P$

命题"所有 $S$ 不是 $P$"说明类别 $SP$ 为空，或者 $SP = 0$。为了表示这个命题，可以将两个圆圈相交的部分加上阴影。

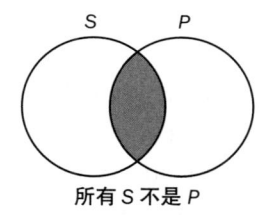

所有 $S$ 不是 $P$

特称命题通过符号"$X$"来表示。命题"有些 $S$ 是 $P$"表示在类别 $S$ 中至少存在一个同时也是类别 $P$ 的成员。为了表示这一命题，可以在两个圆圈相交的部分添加"$X$"。

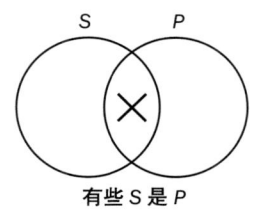

有些 $S$ 是 $P$

命题"有些 $S$ 不是 $P$"表示类别 $S$ 中至少存在一个成员不属于类别 $P$。为了表示这一命题，可以在圆圈 $S$ 中不与圆圈 $P$ 相交的部分添加"$X$"。

如果命题陈述为"有些 $P$ 不是 $S$"，就应当将"$X$"放在圆圈 $P$ 内不与圆圈 $S$ 相关的部分。

$$\text{有些 } S \text{ 不是 } P$$

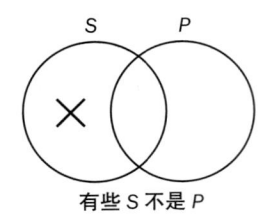

只有特称命题的维恩图表示某一类别中存在成员。而全称命题的维恩图则恰恰相反，只表示某一类别中不存在成员。例如，当人们说"所有暴龙都是恐龙"时，并非意味着暴龙实际上依然存在，只是指现在或以前不存在不是恐龙的暴龙。

维恩图充分利用了人们的空间推理能力，使人们能够更清楚地认清不同事物类别之间的关系。

## 利用维恩图评价直言三段论

维恩图可以被用来评价一项直言三段论的有效性。正如前面所介绍的，维恩图使用相交的圆圈表示命题中的词项。由于三段论中存在三个词项（$S$、$P$ 和 $M$），所以在评价三段论时需要使用三个相交的圆圈，每个圆圈代表一个词项。绘制维恩图时，首先画出两个相交的圆圈，分别代表词项 $S$ 和 $P$，然后再在下方画出一个代表词项 $M$ 的圆圈，与圆圈 $S$ 和圆圈 $P$ 分别相交。圆圈 $S$ 和圆圈 $P$ 相交的部分组成了类别 $SP$，圆圈 $S$ 和圆圈 $M$ 相交的部分组成了类别 $SM$，圆圈 $P$ 和圆圈 $M$ 相交的部分组成了类别 $PM$。三个圆圈共同相交的部分则是类别 $SPM$。

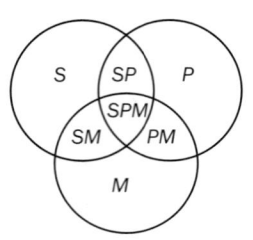

在对一项三段论进行图解之前，首先需要找出每项命题中的词项。切记，应首先寻找结论中的词项。结论中出现的第一个词项记为 $S$，第二个记为 $P$。

$\quad\quad\quad P\quad\quad M$
所有（狗）不是（猫）。
$\quad\quad\quad S\quad\quad M$
有些（哺乳动物）是（猫）。
$\quad\quad\quad\quad S\quad\quad P$
所以，有些（哺乳动物）不是（狗）。

接下来使用第 7 章介绍的技巧，图解论证中的两项前提。如果其中一项前提是全称命题，则首先从这项前提开始图解。在这个例子中，第一个前提"所有 $P$ 不是 $M$"是一项全称命题。在图解这项命题时，只需要用到维恩图中的圆圈 $P$ 和 $M$。命题"所有 $P$ 不是 $M$"是指，类别 $PM$——类别 $P$（狗）和类别 $M$（猫）相交的区域——是空项。也就是说，类别 $PM$ 中没有任何成员，具体到这个例子中是指不存在既是狗又是猫的事物。为了图解这一命题，将圆圈 $P$ 和 $M$ 相交的部分加上阴影。

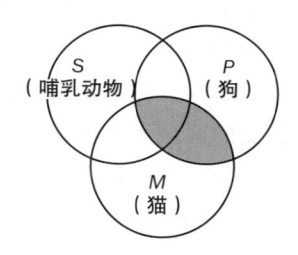

然后，图解第二项前提"有些 $S$ 是 $M$"。这项命题说明类别 $SM$ 中至少存在一个成员。也就是说，至少存在一个 $S$（哺乳动物）同时也是 $M$（猫）。由于特称陈述具有存在内涵，所以使用"$X$"表示类别中至少存在一个成员。为了图解这一前提，在圆圈 $S$ 和 $M$ 相交的区域 $SM$ 内加上"$X$"。

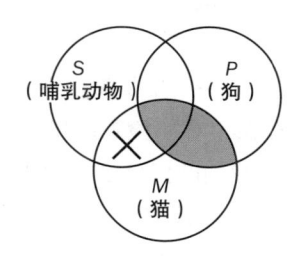

最后检查图中是否包含能代表结论的部分。在这个例子中，结论是"有些 $S$ 不是 $P$"。这表明至少存在一个 $S$（猫）不是类别 $P$（狗）中的成员。图解后就意味着，在圆圈 $S$ 中存在一个"$X$"但是不包含在圆圈 $P$ 中。通过核对前提图，我们可以发现，在这个区域内确实存在着一个"$X$"。因此，这项论证和其他相同形式的三段论都是有效的。也就是说，只要三段论中的第一项前提是全称否定，第二项前提是特称肯定，结论是特称否定，中项词在两项前提中都是作为谓词出现，三段论就是有效的。

下面这个三段论已经分解为三个词项：

$$M \qquad\qquad P$$
有些（大学生）是（重度游戏沉迷者）。
$$S \qquad\qquad M$$
全部（大一新生）是（大学生）。
$$S \qquad\qquad\qquad P$$
所以，有些（大一新生）是（重度游戏沉迷者）。

在这一项三段论中，第一项前提是特称命题，第二项前提是全称命题。因此，首先应从第二项前提开始图解。前提"所有的 $S$ 是 $M$"说明类别 $S$ 中不存在不属于类别 $M$ 的成员。在维恩图中绘制圆圈 $S$ 和 $M$，将圆圈 $S$ 中没有与 $M$ 相交的区域内加上阴影，表明不存在不是大学生的大一新生。

然后，图解另外一项论证"有些 $M$ 是 $P$"，此时仅需处理圆圈 $M$ 和 $P$ 之间的关系。在圆圈 $M$ 与 $P$ 相交的区域 $MP$ 内添加"$X$"。由于圆圈 $S$ 的边界将 $MP$ 分成了两部分，所以应将"$X$"标在 $S$ 的边界线上以表明属于类别 $P$（重度游戏沉迷者）的 $M$ 项（大学生）在边界线的两边都有可能出现。

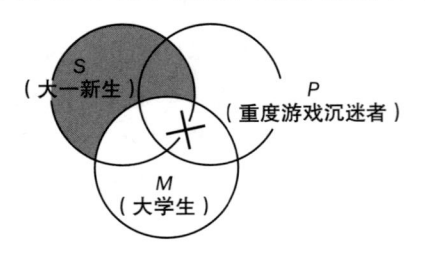

这项论证的结论是"有些大一新生是重度游戏沉迷者"。也就是说，在圆圈 $S$ 和 $P$ 相交的区域 $SP$ 中存在"$X$"。检查前提图可以发现结论并没有包含在前提之中。因为前提能够告诉我们的仅仅是类别 $MP$ 中存在成员项，但是这些成员项可能属于，也可能不属于类别 $SP$。由于前提中的"$X$"位于 $S$ 的边界线上，它可能出现在 $SP$ 区域，也可能只出现在 $P$ 区域。所以重度沉迷游戏的大一新生是可能的，但是并不确定。所以，这项论证以及采用此形式的所有三段论都是无效的。

当使用维恩图去判断具有两个全称或两个特称前提的三段论的有效性时，可以任意选择其中一项前提开始图解。下面这项论证具有两个全称前提。首先为论证中的词项添加标号：

$$\overset{P\qquad\quad M}{\text{所有（美国人）都是（人类）}}。$$

$$\overset{S\qquad\quad M}{\text{没有（外星人）是（人类）}}。$$

$$\overset{\qquad\quad S\qquad\qquad P}{\text{所以，没有（外星人）是（美国人）}}。$$

第一项前提指出类别 $P$（美国人）中不存在不属于类别 $M$（人类）的成员。图解这项前提应将圆圈 $P$ 与圆圈 $M$ 不相交的区域加上阴影。第二项前提指出类别 $S$（外星人）中不存在类别 $M$（人类）的成员。所以，$SM$ 区域（人类外星人）是一个空类。图解这项前提应将圆圈 $S$ 与 $M$ 相交的部分加上阴影，如下图所示：

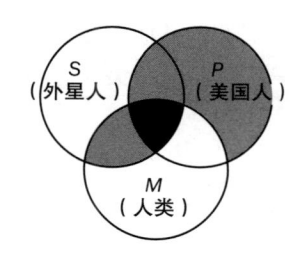

该论证的结论是类别 $SP$（美国外星人）中不存在成员项。如果这项三段论是有效的，那么前提图中的类别 $SP$ 必须为空。实际上，$SP$ 区域是阴影部分。所以这项论证以及采用此形式的所有三段论都是有效的。

最后再来看一项两项前提全部是特称句型的三段论。

$$\overset{M\qquad\qquad P}{\text{有些（农场主）不是（马匹爱好者）}}。$$

$$\overset{S\qquad\qquad\quad M}{\text{有些（得克萨斯人）是（农场主）}}。$$

$$\overset{\qquad\quad S\qquad\qquad\qquad P}{\text{所以，有些（得克萨斯人）不是（马匹爱好者）}}。$$

第一项前提指出至少存在一位农场主不是马匹爱好者。图解这项前提应当在圆圈 $M$ 与 $P$ 不相交的区域添加 "$X$"。由于从前提中无法推断农场主是否是得克萨斯人，所以一定要注意圆圈 $S$ 中与 $M$ 相交的部分处于 "$X$" 的范围内。第二项前提指出至少存在一个得克萨斯人（$S$）是农场主。但是由于前提中没有说明这位得克萨斯人是否是马匹爱好者，我们无法得知得克萨斯人属于圆圈 $P$ 的哪一侧，所以应当将"$X$"添加至圆圈 $S$ 内圆圈 $P$ 与 $M$ 的相交线上。

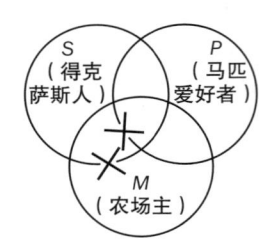

这两项前提能否支持结论？对结论进行图解，应当在类别 $S$ 与 $P$ 不相交的区域添加"$X$"，由于"$X$"是否属于 $M$ 未知，所以应当标注在类别 $M$ 的边界线上。由于两项前提中提供的"$X$"有可能只出现在圆圈 $P$ 和 $M$ 内，所以这项论证是无效的，其他使用此种形式的所有论证也一样是无效的。

将论证转换为直言三段论的形式能够让人们更方便地检查论证中是否存在形式谬误和绘制该论证的维恩图，从而更容易地评价其有效性。很多日常论证可以转换为标准形式的直言三段论，相关内容将在下节中进行介绍。

## 将普通论证转换为标准形式

我们在日常生活中听到或读到的演绎论证，大多数都不是以标准三段论的形式来表述的。例如，你和室友正在讨论计划中的野餐，应该购买牛肉汉堡还是素食汉堡。室友想买素食汉堡，她提出"食用有理性的动物如牛的肉是错误的"。这是否是一个有效论证？为了回答这一问题，你首先要将她的论证转变为拥有三项命题的标准形式的直言三段论。

### 将日常命题改写为标准形式

在通常情况下，最容易着手的部分是，找出论证中的结论并将其改写为标准形式。在你室友的论证中，她试图使你相信食用有理性的动物的肉是错误的。为了将其转变为标准形式的命题，首先提出问题："这条陈述的数量（全称还是特称）和性质（肯定还是否定）是什么？"由于她的结论只涉及某些肉类，所以数量上应该是特称。而其结论的性质应该是肯定的，因为她说吃肉是错误的，与"不是"相反。所以她的结论可以表述为："有些食肉行为是错误的。"

然而，这仍然不是标准形式的命题。标准形式的命题应当拥有一项主词和一项谓词，并且主词和谓词都应当是名词或名词从句，两者之间以动词"是"连接。在这个例子中，谓词"错误的"是一个形容词。此时，可以将形容词改写为名词短语，重述为"一种错误的做法"。于是，结论就被改写为标准形式的命题：

$$\quad\quad\quad S \quad\quad\quad P$$
有些（食肉行为）是（错误的做法）。

判断一项命题的数量和性质并非总是像上个例子中那样简单。在有些情况下，你需要仔细检查命题的语境才能判断出其性质。考虑下面两项陈述：

青少年会发生更多的撞车事故。
袋鼠是有袋类哺乳动物。

在第一个例子中，说话者指的是所有青少年还是有些青少年？在大多数情况下，说话者指的应该是有些青少年。将陈述转变为标准形式的命题，可以得到：

有些（青少年）是（撞车事故发生率高于平均水平的人）。

如果有人试图将这类命题看作全称命题，或将其解释为全部青少年，那他们就犯了以偏概全谬误。我们不能将对有些青少年鲁莽驾驶习惯的陈述概括到所有青少年的身上，因为有些青少年是非常优秀的司机，而有些年长的驾驶员却往往是马路杀手。

在第二个例子中，说话者的陈述是针对所有袋鼠做出的，因为顾名思义，袋鼠都是有袋类哺乳动物。所以，这项命题可以转变为全称肯定（A）命题：

所有袋鼠都是有袋类哺乳动物。

在日常语言中，提示命题是全称命题的表达方式有以下几种：

每个 $S$ 都是 $P$。　　　　各个 $S$ 都是 $P$。
只有 $P$ 是 $S$。　　　　　$S$ 全都是 $P$。
全部 $P$ 都不是 $S$。　　　只要是 $S$ 的都是 $P$。
任何 $S$ 都是 $P$。　　　　如果任何事物是 $S$，那么它就是 $P$。

提示命题是特称命题的表达方式如下：

| | |
|---|---|
| 有些 S 是 P。 | 少量 S 是 P。 |
| 很多 S 是 P。 | 大多数 S 不是 P。 |
| 并非所有的 S 都是 P。 | 除了少数例外，S 是 P。 |

相比于数量而言，命题的性质（肯定或否定）往往更容易进行判断。在英语中，当命题的性质是否定时，下列词语总是出现在原始命题中：no（没有）、nothing（没有任何东西）、not（不是）、none（没有一个）等。但是这并非一成不变的规则。"No"也可能出现在全称肯定命题中，如下所示：

No valid syllogisms are syllogisms with two negative premises.
（没有有效的三段论是包含两个否定前提的三段论。）

将其写成标准形式，该命题可以转变为一项全称肯定命题：

All syllogisms with negative premises are invalid syllogisms.
（所有包含两个否定前提的三段论都是无效的三段论。）

因此，将一项陈述转变为标准形式命题的时候，应当仔细、反复地进行检查，以确保两者之间表达的意思相同。

## 找出论证中的三个词项

将日常语言中的论证转变为标准形式直言三段论的第二个步骤，是找出论证中的三个词项。如果结论已经转变为标准形式的命题，那么就已经找到了其中的两个词项。

在本节开头关于购买素食汉堡还是牛肉汉堡的论证中，结论已经改写为标准形式："有些（食肉行为）是（错误的做法）。"这时，你可以发现在原始论证中还有一个未出现在结论中的词项："有理性的动物如牛。"这个词项就是论证的中项（$M$）。有些日常论证并没有明确地表述所有的命题。在本例中，缺省的前提可以写成："食用有理性的动物是错误的。"可以看出，这是一项全称肯定命题，将其改写为标准形式：

所有（杀死有理性的动物如牛）都是（错误的做法）。

第二项前提可以写成特称肯定命题的形式，因为室友只是说特定类型的食肉行为，而不是所有的食肉行为是错误的。

有些（食肉行为）是（杀死有理性的动物如牛）。

虽然在英语中，使用动词"*involve*"更符合英语的表达习惯，但是不要忘记三段论中的动词必须使用 be 动词。虽然这项前提的措辞不够得体，但不会影响对整个论证的评价。

在一项日常论证中有时会出现三个以上的词项，这就需要对多余的词项进行删减。你可以采用多种策略来完成这一步。如果有两个词项是同义词，则可合并为一项。如果有两个词项是反义词，或者意思相互对立，则可以通过在反义词前添加"不是"的方法将其删减为一项。如果存在与论证本身关系不大的词项，可以直接将其删去。例如，下面这项论证：

并非所有的鸟类都要迁徙。例如，斑胸金莺常年栖息在佛罗里达的东海岸。

本项论证中一共出现了四个词项：鸟类、迁徙物种、斑胸金莺和常年栖息在佛罗里达东海岸的物种。在这个论证中，你可以将第二个词项和第四个词项进行合并。比如，将常年栖息在佛罗里达东海岸的物种改写为不迁徙的物种。常年栖息在佛罗里达这一事实与论证本身的关系不大，所以可以将其删去。此时论证只剩下了三个词项：

没有（斑胸金莺）是（迁徙物种）。
所有（斑胸金莺）都是（鸟类）。
所以，有些（鸟类）不是（迁徙物种）。

## 将论证改写成标准形式

在找出三个词项，并将所有命题转变成标准形式后，便可以将论证改写为标准形式的直言三段论。大前提放在第一列，小前提放在第二列，结论放在最后。回到本节开始的论证，将其改写为：

所有（杀死有理性的动物如牛）都是（错误的做法）。
有些（食肉行为）是（杀死有理性的动物如牛）。
所以，有些（食肉行为）是（错误的做法）。

一旦你将论证转变为标准的三段论，便可以使用维恩图判断论证的有效性。在这个例子中，这是一种有效的三段论形式。也就是说，如果你同意论证的前提，就必须接受论证的结论。然而，即使论证是有效的，你也可以选择不同意该结论，但是你必须证明其中至少一项前提是错误的，从而说明论证是不合理的。例如，你可以质疑第二项前提，指出只有人类具有理性，所以，供人类食用的肉食动物都不具有理性。但是，同时也需要为自己提出的命题提供证据。

识别和评价演绎论证是日常决策过程中非常重要的一项能力。使用数学法论证、排除法论证、定义法论证、假言三段论和连锁论证，人们可以通过已知的信息发现确凿的未知信息。此外，人们还可以将他人提出的日常论证转变为标准形式，进而分析其有效性和合理性。第 9 章将主要介绍如何在道德决策和伦理议题中使用批判性思维。

# 批判性思维之问

## 透视死刑

2015 年，世界范围内所有记录在案的死刑执行案例中有 95% 发生在 5 个国家。美国是西方民主社会中唯一保留死刑的国家。超过三分之二的国家已经在法律或实践中废除了死刑，包括大多数拉丁美洲和非洲国家。欧盟和联合国也都表示希望在世界范围内废除死刑。

美国最高法院于 1972 年宣布废除死刑，认为它是"残忍和不同寻常的"处罚，因为判决程序过于武断，并且判决时常常受到种族歧视的影响。[5] 但在 1976 年美国最高法院判决格雷诉佐治亚州案时又重新恢复了死刑。从那时起，已经有超过一千名罪犯被执行了死刑，包括 2015 年的 28 名罪犯。这一数字低于 2014 年的 36 例和 1991 年的 98 例，1991 年是执行死刑最多的一年。种族偏见仍然是一个问题，陪审团建议对黑人判处死刑的几率要高得多。[6] 尽管截至 2015 年，死刑在美国 32 个州是合法的，但实际上只有 6 个州执行死刑，其中加利福尼亚州、佛罗里达州和得克萨斯州是执行死刑最多的州。截至 2015 年 7 月，美国有 2 984 名死囚，其中包括 56 名女性。

虽然其他西方国家反对死刑的声音依然强烈，但近来美国人却广泛支持死刑。2015 年的盖洛普民意调查发现，61% 的美国人支持死刑，高于 1965 年的 47%。反对死刑最多的是女性和少数族裔。

在美国，大多数死刑现在已经采用注射的方法执行。由于上诉过程和罪犯等待执行的时间过于漫长，每一起死刑案件的花费高达数百万美元。根据美国公民自由联盟的说法，在执行死刑前将一名囚犯关押在死囚牢房的费用是将一名囚犯判处无期徒刑的费用的三倍之多。

在下面的阅读材料中,塞恩·罗森鲍姆提出了支持死刑的论点,而贾斯汀·E.H.史密斯则反对使用死刑。

## 以眼还眼:为复仇辩护

塞恩·罗森鲍姆

塞恩·罗森鲍姆是一名小说家,也是福特汉姆大学的法学教授。2016年他的《以眼还眼:为复仇辩护》(*Payback: The Case for Revenge*)一书,由芝加哥大学出版社出版。

一个人要想建立道德优越感——在我们的社会以及大多数西方国家——万无一失的方法就是放弃任何复仇的兴趣。不管造成了多大的伤害,行为有多恶劣,或者损失有多大,大多数人都会反射性地拒绝任何他们想要复仇的暗示。事实上,他们会愤怒地否认自己有复仇的倾向,似乎没有什么比想要了结一桩宿怨更可耻的了。你可以随便挑出一些格言:"我不应该复仇""我不是来复仇的,我只是想确保这种事不会发生在别人身上""我只关心正义,不关心复仇"……

但是,把正义和复仇区分开来是错误的。正义的呼唤正是复仇的呐喊。那些有正当理由看到罪犯受到惩罚的人虽然相信法律,但并不拒绝复仇。如果有什么的话,那就是他们想要通过法律来复仇。不管他们说什么,受害者并没有选择正义而不是复仇;他们只是屈从于文化禁忌,明知文明社会的礼仪是拒绝复仇。但别搞错了:当涉及作为受害者的内心体验时,复仇和正义是一回事。

每个人都应该有类似的感觉。毕竟,只有当受害者相信错误已经得到纠正、荣誉已经得到恢复时,他们才会感到报仇了,否则就没有正义可言。如果复仇与受到的伤害不成比例,复仇就不可能是公正的——如果报复超过了应有的程度,那就

以牙还牙。的确,复仇不是非理性的(这是对复仇的常见批评)——复仇是合理的,完全是人类的正常行为。当受害者真的想要复仇时,坚持正义就足够了,这种想法既不忠实于理智,也不符合事实。此外,在不允许私刑的现代社会,我们都在某种程度上合理地相信,只有借助法律——让法律制度成为我们的代理人——才能真正实现复仇……

如果没有了复仇的清除债务、补偿和修复等功能,人们就会失去对人类的信心,世界也就没有意义了。当人们感叹"世界上没有正义"时,正是这个意思——一个犯下杀人罪的人逍遥法外,所有在道德上和情感上依赖于复仇的人都会感到无助、茫然和愤怒。我们在个人生活中经常被剥夺的那种复仇,可以在电影中间接体验到。

因此,如果正义和复仇在本质上是一样的,我们为什么不能更坦然地看待复仇在生活中的作用呢?

是时候通过恢复复仇的真面目来促使正义人性化了。这样做并不是鼓励人们无法无天,而是要求法律必须像正义的复仇者一样,以同样的道德权利和同样的人类实现精神来采取行动。

复仇与人类本身一样古老。它是我们的本能,是情感的核心;事实上,这是我们人类进化

史的副产品。人类的生存很大程度上依赖于说服邻近的氏族、部落和国家,让他们相信任何攻击或精神伤害都会得到报应。报应是没有商量余地的,也无法自我调节。恢复名誉不是出于偶然的愤怒。复仇是为了伸张正义,而伸张正义就必须要复仇……

同态复仇法是关于复仇的法律,起源于《旧约》和《汉谟拉比法典》,它规定了复仇的权利,并提出了对道德伤害做出对等反应的基本构想,即一报还一报。"以眼还眼",被误解为嗜血者的口头禅,落下了野蛮的名声。但它有着完全不同的含义。如果有什么区别的话,"以眼还眼"是对过激行为的遏制。它要求严格,不能容忍不计后果的行为。让别人失去一只眼睛的不法之徒,自己也必须失去一只眼睛——不多也不少。这不是出于纯粹的仇恨,而是按照该有的方式……

我们都想要相互对等,我们想与商业伙伴、亲密伙伴保持账目平衡。的确,这是我们所期待的。那些坚持原则、要求公平回报的人——坚持精确度,对代价总是不灵活——被认为是公正的。然而,当涉及最沉重的债务、根本无法承受的损失、真正关乎生死的伤害时,比如所爱的人被谋杀或强奸,大规模的人类苦难,个人尊严受到如此严重的践踏,以至于很难恢复名誉,我们的计算技能突然失效了,我们变得不愿意支持等价的惩罚。一种新的计算方法诞生了,但这种方法并不符合逻辑。

因此,我们容忍这样一个法律体系的存在:95%以上的案件都是通过认罪协商来解决的,这大大减少了违法犯罪者应得的惩罚。这意味着我们很少要求罪犯真正偿还其对社会犯下的债务。更糟糕的是,这种计算恐惧症还会将罪犯欠受害者的债务大打折扣,受害者被严重亏待了,令人悲哀……

辩诉交易及其讨价还价的基本原理,体现了我们的法律制度对受害者的尊重太少,更不重视必须伸张正义的道德责任。在我们的法律制度下,同态复仇最重要的原则似乎只是一个可选项。一个承认对受害者负有责任的司法系统不会如此依赖这种随意歪曲真相、轻视补救措施的解决方法……

只有当罪犯得到相应的惩罚,受害者的声音得到倾听,损失得到补偿,正义才会得以实现。复仇的情感因素非常重要。法庭去除了这些情感因素,却没有在道德上提供宽慰。由于法律上的错误结果和违背承诺,公众对法律失去了信心。复仇和正义的面孔终究互为镜像,彼此凝视,占据着同一尺度,一报还一报。

资料来源:"Eye for an Eye: The Case for Revenge" by Thane Rosenbaum The Chronicle Review, March 26, 2013. Used with permission of The Chronicle of Higher Education Copyright © 2016. All rights reserved.

### 问 题

1. 为什么大多数人反对复仇?
2. 罗森鲍姆基于什么理由质疑正义和复仇之间的通常区别?
3. 为什么正义和对等的道德原则要求对谋杀判处死刑?
4. 根据罗森鲍姆的观点,为什么辩诉交易不尊重受害者的权利,违反道德义务?

## 这里有血，很多血，非常红的血

贾斯汀·E.H. 史密斯

> 贾斯汀·E.H. 史密斯是巴黎狄德罗大学的历史和哲学教授。在下面的文章中，史密斯认为死刑是不道德的，而且就其本质而言，这是一种残忍和非同寻常的惩罚。

要诚实地列举一份真实的死刑装置和方式清单，可以包括电椅、毒气室和断头台，但也可以包括铜牛烹、车裂和象踩。后面几种死刑的设计是为了最大限度地增加受害者的痛苦，并将旁观者的体验提高到崇高的奇观水平。埃德蒙·伯克在法国大革命前几十年就曾推测，欧洲的戏迷们在观看一出扣人心弦的悲剧时，一旦听到外面有公开处决，他们立刻就会抛弃悲剧里的人物，去一睹真实的悲剧。人们都是看客，尤其喜欢看他人受苦。然而，就在伯克写作之时，欧洲执行死刑的方式正在发生转变：地点从公共广场转移到了监狱，远离普通公众的视线。这种转移在一定程度上反映了社会对公开残酷行为的容忍度发生了较大的转变；同一时代，动物屠宰也从露天市场退回到封闭的屠宰场……

我们正在目睹各种形式的暴力死灰复燃，这些暴力在我们看来极其不现代，比如仪式化的斩首和石刑。而这些暴力惩罚的罪行之所以被算作犯罪，往往只是因为某个封闭的社会对其大惊小怪，比如叛教、通奸等等……

现代社会拒绝将死亡视为奇观，而民众必须监督一个国家以其国民的名义所做的事情，这两者之间存在基本矛盾。

两种形式的暴力——国家和非政府，死刑和恐怖主义——是相互关联的，而对后者的恐惧一直被用来强化前者。在美国，使用死刑作为惩罚卑鄙罪行的常规工具似乎已经面临危机，但是恐怖主义的幽灵几乎确保了死刑不会消失。在这方面，美国继续跨越了欧洲的自由民主国家与世界各地的各种专制政权之间明显的分界线……

现代死刑的矛盾在法国大革命结束之前就已经充分显现出来了。处决方式上的一个相对较小的改变，都会被认为在某种程度上彻底改变了杀害人类的道德意义、政治价值，甚至是科学效用……

美国已经经历过数次意在净化死刑的机器。方法上的改变通常伴随着一些技术革新。

诞生于启蒙运动乐观主义的断头台，最终以恶心和羞愧告终。法国在大革命后适用死刑的187年间一直沿用这种工具。相比之下，美国则经历过数次意在使死刑现代化和净化的机器……现在注射死刑受到了威胁，各州监狱的官员们正在努力寻找有效的鸡尾酒毒药以及能够执行并愿意执行这种死刑的人。

现在，我们是否已经看够了从一种方法到另一种方法的颠簸之路？我们是否终于明白，每一种新的方法都将经历与其祖先完全相同的循环，并像它们一样以耻辱告终呢？

在欧洲，死刑的减少在很大程度上与第二次世界大战带来的创伤有关，也与遵守有助于确保类似世界大战这样的事件不再发生的标准的压力有关。死刑被认为与纳粹的种族灭绝有些共同之处，这需要政治文化发生转变，从罪犯被判处死刑是其罪有应得（这种看法在美国依然普遍），转变为认为死刑的适用方式往往对某一特定群体不公平。事实仍然是，无论受害者是政治示威者还是被定罪的杀人犯，针对这两种情况，国家都是通过暴力手段来应对被边缘化和受到鄙视的少数群体成员。

显然，对受迫害的社群过度使用死刑是全世

界的常态……

在美国，非裔美国人在死囚中所占的比例过高。这种比例失调既是相对于他们在总人口中的比例而言，也与相对于杀人犯的人群而言。最有可能被判处死刑的是黑人被告被指控谋杀白人受害者的审判。截至4月，41.67%的死刑犯是黑人，42.77%是白人，而美国黑人约占总人口的12.2%……

监狱－工业综合体及其在维持美国种族不平等方面的作用，还没有显示出衰退的迹象。然而，从某些方面来看，死刑似乎正在减少。这种做法的合法性正在一点点地被削弱，矛盾也被激化到几乎荒谬的地步。

死刑面临的主要挑战是某种特定的处决方式是残忍的、不寻常的。因此，各国一直在追求不可能的事情：一种可以合理地被视为人道的方法……

美国最近这一时期的死刑看起来就像近年来众多拙劣死刑的一个大规模版本：骇人听闻、自相矛盾、不可维持。许多人会说，这是系统正常工作的结果。美国正在向国际准则迈进……

然而，在死刑问题上，美国政府主要遵守的是其公开的敌人所承认和重视的国际准则……

今年6月，美国最高法院以5比4的投票结果裁定，去年执行了三次拙劣死刑的镇静剂咪达唑仑没有违反第八修正案中禁止残忍和非常规刑罚的规定。该判决是废除死刑的一次重大挫折，但该案只涉及咪达唑仑带来的影响这一狭隘问题。法官斯蒂芬·布雷耶和鲁斯·巴德·金斯伯格提出异议，认为死刑本身是违宪的。我们预期会有更多的质疑。

尽管法院做出了这样的判决，但很明显，死刑正处于危机之中，我们可能会问，为什么现在会出现这种情况？美国是否在不知不觉中正与世界上的专制政权拉开距离，并与自由民主国家重新结盟？

令我惊讶的是，有些记者，作为其工作的一部分，参加了死刑的执行。当然，他们是在见证和做证，这很重要。但在我看来，他们也常常是教唆犯。

在俄克拉荷马城炸弹袭击者蒂莫西·麦克维被执行死刑的几个月前，有人呼吁在电视上播出这一事件，可能需要付费观看。最终的折中方案是通过闭路电视只对死者的亲人播放。美国就像伊朗一样，尽管死刑已经转移到监狱的高墙后面，远离了城市广场，但它们并没有完全失去那种壮观的氛围……

波士顿马拉松爆炸案嫌犯焦哈尔·萨纳耶夫的死刑是否可以在网上观看？

如果萨纳耶夫被杀，那将是在严厉打击恐怖主义的名义下进行的，但这也可能给这种奄奄一息的做法带来新的生机……

死刑可能会在州一级被废除，但上级政府仍然可以强制执行。在死刑问题上，美国政府主要遵守的是其公开的敌人所承认和重视的国际准则。美国站在军阀一边，而军阀的统治依赖于定期展示掌控人们生死的权力。

资料来源：There Is Blood, a Lot of Blood, Very Red Blood' The death penalty in crisis by Justin E.H. Smith, 2013. Used with permission of The Chronicle of Higher Education Copyright © 2016. All rights reserved.

### 问　题

1. 史密斯提到的两种暴力形式是什么？它们与死刑有什么关系？
2. 什么事件导致了欧洲死刑的减少？
3. 根据史密斯的观点，为什么死刑在美国面临危机？
4. 史密斯基于什么理由反对处决蒂莫西·麦克维和焦哈尔·萨纳耶夫？

# 第 9 章

# 伦理与道德决策

**要　点**

什么是道德推理
道德推理的发展
道德理论：道德是相对的
道德理论：道德是普遍的
道德论证
批判性思维之问：透视堕胎

使用药物来提高运动成绩在职业运动员和奥运会运动员中非常普遍。近年来，在大学的运动员中也有使用这类药物的趋势。根据美国食品药品监督管理局的数据，大约 5% 的高中男生和 2.4% 的女生使用一种叫作合成代谢类固醇的药物来增强肌肉。[1]

合成代谢类固醇是一种合成的睾丸激素，用于刺激肌肉生长和增加力量，帮助运动员在锻炼或比赛之间恢复。然而，使用这些类固醇也会增加心脏病和中风的风险，并可能导致使用者患上肝脏疾病。此外，一些科学家认为使用类固醇可能导致抑郁、偏执和攻击性行为。2007 年，职业摔跤手克里斯·贝诺伊特勒死了妻子，闷死了 7 岁的儿子，然后把自己吊死在地下室健身房的滑轮上。他的尸检显示他体内有高浓度的类固醇。[2]

在没有有效处方的情况下拥有或出售合成代谢类固醇是违法的。大多数职业体育联盟、国际奥委会（IOC）和美国大学生体育协会（NCAA）都禁止使用合成代谢类固醇。

假设你是本校篮球队队长或明星球员，自己的球队打入了最终的决赛。一位非常有钱的企业家，他是你的校友兼狂热的篮球迷，承诺如果你的球队赢得了决赛将会为学校捐献 6000 万美元。学校正面临严重的财政危机，甚至不得不暂时解雇教职员工并减少学术研究项目，因而非常需要这笔钱。

在临近比赛的前几周，这位企业家向你提供了能提高比赛成绩的违禁药物四氢孕三烯酮（又称 THG，一种新研发的类固醇药物）。由于学校有时会对运动员的状态进行抽检，所以你对服用药物有些担忧，但是他向你保证这种药物不可能被发现，因为已经对 THG 进行了掩盖，常规药物检测根本无法检查出来。他还承诺，如果你在接下来的两周时间里服用这一药物并且在比赛时竭尽全力，即使输掉比赛，他也会为学校捐献承诺数额的十分之一，也就是 600 万美元。你所在的球队已经连续三年赢得了决赛。

你应该怎么做？你的学校非常需要这笔钱，如果服用这种药物，你可以为学校带来一笔丰厚的收益。从另一方面来说，这种类固醇会给自己带来哪些身体上的伤害？此外，如果你由于服用违禁药物而获益，对其他球队和球迷来说是否公平？

这种情境便是一个道德冲突的例子，需要你运用道德推理来解决。我们每天都会在生活中遇到道德决策的情境。所幸的是，这些决策过程大多数情况下比较简单。大部分人都会信守承诺，即使身边有无人看护的笔记本电脑或钱包也不会动觊觎之心，会按秩序排队，能够克制情绪不去伤害激怒自己的人，对遇到困难的人伸出援助之手，对朋友和家人亲切友善。虽然人们可能没有觉察到，自己曾有意识地去做出这些决策，但我们确实进行了道德推理。

除了对于存在争议的道德问题，例如死刑或堕胎之外，人们可能很少在其他问题上如此地热衷争辩和抗拒。批判性思维技巧能够帮助我们全面评价道德问题，打破其抗拒模式。在本章中，我们将学习如何在日常生活中做出道德决策以及如何思考和讨论存在争议的道德问题。在第 9 章，我们将：

- 审视道德与幸福之间的关系
- 辨别道德价值与非道德价值
- 学习良知和道德情操在道德决策中的作用
- 学习道德推理发展的各阶段
- 考察大学生的道德推理水平
- 评价不同的道德理论
- 学习如何识别和构建道德论证
- 掌握解决道德困境问题的策略

最后，我们将阅读和评价关于堕胎道德性的论证以及可能的解决方案。

## 什么是道德推理

当人们决定应该做什么或不应该做什么，什么是解决某一问题的最合理或最公正的立场和政策时，就用到了**道德推理**（moral reasoning）。能否做出有效的道德决策取决于良好的批判性思维能力、对基本道德价值观的熟悉程度以及道德情操的驱动力。

## 道德价值观与幸福

古希腊哲学家亚里士多德认为，道德是我们的理性的人类本性最基本的表达。他提出，讲求道德使人类获得最大的快乐。道德与快乐和幸福感之间的联系在世界各地的道德哲学中普遍存在。

研究也表明，如果人们将道德价值观置于非道德考量之上，就会拥有更加强烈的幸福感和自我实现感。[3] **道德价值观**（moral values）是指能使自己和他人获益且其本身就是值得的一组信念和看法。道德价值观包括无私、同情、宽容、宽恕和公正。**非道德价值观（工具价值观）**[nonmoral (instrumental) values]是目标导向的。它们是人们想要达成某种结果的方法（或工具）。非道德价值观包括独立、威望、名声、人气和财富。我们之所以渴望这些东西，绝大部分原因是我们认为它们能给自己带来更大的快乐。

当购买汽车的时候，一个将非道德价值观置于道德价值观之上的人，可能会在做决策的时候更加注重款式、价格、舒适度以及能否给别人留下深刻的印象。相反，一个将道德价值观置于非道德价值观之上的人，可能会将注意力放在燃油效率和环境友好性方面，而不会太在乎价格等因素。虽然很多美国人将诸如事业成功、经济富足和纸醉金迷等非道德价值看作是获取幸福的手段，但实际上财富或薪资水平与幸福之间几乎没有相关，除非是对于那些生活在社会最底层的人。

亚里士多德（左）告诉人们，道德是人类理性最基本的表达，只有将道德价值观置于非道德价值观之上，人们才能得到最大的幸福。

## 分析图片

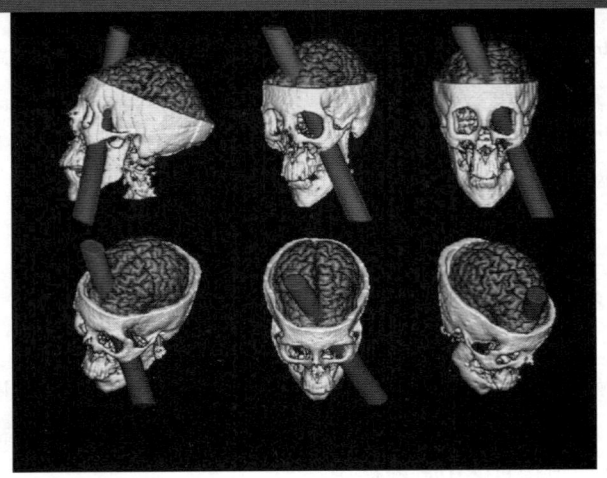

**大脑与道德推理：菲尼亚斯·盖奇案例** 大脑中的额叶皮质在道德决策过程中起着关键的作用。关于大脑与道德之间的关系，最经典的一个研究是由一个科学家团队对19世纪铁路工人菲尼亚斯·盖奇的颅骨进行的研究。1848年，当爆炸发生时，盖奇正在佛蒙特州的铁路工地上工作。巨大的气浪使一根长金属棒从他的左眼正后方刺穿了颅骨。金属棒穿透了他大脑的额叶部分，落在了身前20多米远的地方。这张由电脑模拟制作的图片，显示了金属棒穿透盖奇颅骨时最可能的路径。

盖奇奇迹般地从这场意外中生还以后，人们发现他的智力和体力都没有受到影响。然而，他却从此丧失了道德推理的能力。在这场事故发生之前，盖奇是一位对人和气、彬彬有礼、讨人喜欢的工人，但之后他却变得反复无常、粗俗无礼，甚至连最简单的道德决策都无法做出。

**讨论问题**

1. 神经病学家乔纳森·平卡斯进行了一项研究，研究对象为14名等待死刑的囚犯（这些囚犯第一次杀人时都不满18岁）以及119名来自少年管教所的青少年。他发现，暴力犯罪与大脑中的精神病学异常有很强的相关。如果人们从事道德推理的能力取决于大脑的结构，那么盖奇和有些额叶受损或异常的罪犯是否应该为他们的伤害性行为担负道德上的责任或者接受相应的惩罚。如果不应该，对于那些缺少道德观念、伤害他人却毫不感到内疚的人，我们应该做出怎样的反应。

2. 我们期待人们的行为是道德的。当有人不这样做时,我们通常会非常吃惊。回忆一下，你是否曾经因缺乏道德观念的人做出的事而震惊。你是如何做出回应的？讨论你当时为何做出那样的反应。

另一方面，道德推理水平与批判性思维技能之间存在正相关。[4] 这并不令人惊奇，因为有效的批判性思维能力不仅需要人们了解自己的价值观，还要求人们时刻保持开放的心态，愿意对他人所关心的事物表示尊重。

当人们未能采取适当的道德行动，或者做出有效的道德决策，以至于后来悔之不及时，就犯下了所谓的**道德悲剧**（moral tragedy）。在米尔格拉姆的服从实验中（参见本书第1章），大多数实验参与者即使已经认识到自己的所作所为是不道德的，仍然继续"电击"实验中的"学习者"。然而，他们只是缺乏必要的批判性思维技能来帮助他们提出一个有效的反面论证，以此对抗研究者提出的："实验要求你必须继续进行下去。"

蒙哥马利公交车抵制运动始于对公交车上不公正的种族隔离的抗议，最后以美国最高法院宣布公交车上的种族隔离为非法而告终。

## 良知和道德情操

对大多数人来说，良心或良知是道德生活中的本质。在英语中，"良知"这个词来源于拉丁语"*com*"和"*scire*"。一个拥有**良知**（conscience）的人能够知道什么是对，什么是错。就像拥有内在结构的语言一样，良知是由家庭、宗教和文化共同培育（或忽略）和塑造的。

良知具有一种**情感**（affective）（情绪的）元素，它能够促使人们基于"对与错"的理解去行动。在第2章中，我们了解到，健康的情感发展能够使人们更容易做出更好的决策。除了认知或推理，有效的道德推理需要人们听从良知中让人感动的一面。实际上，研究表明，在面对道德困境问题时，具有变态人格的人能够在理智上识别对与错。然而，他们之所以还是选择采取暴力行为，是因为缺乏同情与内疚的情感。[5]

**道德情操**（moral sentiments）是一些促使人们在道德情境中保持警觉，并激发人们做正确事情的情感。除此之外，道德情操还包括"助人者的快感"、同理心、慈悲、道德义愤、忿恨和内疚感。

当你帮助其他人的时候，自己也获得了快乐和好心情。这种情况被人们称为**"助人者的快感"**（helper's high）。这种快感往往伴随着内啡肽的分泌或者其浓度水平的升高。内啡肽是人体内自然分泌的一种类似吗啡的化学物质，它

德国总理默克尔被《时代》杂志评选为2015年度人物，她是世界上最受尊敬的领导人之一。她被描述为富有同情心、慷慨大方、心胸宽广，尽管遭到相当大的反对，她还是开放了德国的边境，接纳了成千上万逃离中东压迫的寻求庇护者和难民。

的分泌会在一定时期内带给人持续的放松和自尊的提高，正如我们在第1章所介绍的，这能够提高人的批判性思维。

同理心是一种想象他人感受的能力与倾向。这种道德情操的表现是：为他人的幸福感到高兴，为他人的绝望感到忧伤。**慈悲**（compassion）是行动中的同情心，涉及采取措施缓解他人的不幸。虽然大多数人会对与自己相似的人产生同情和同理心，但人们往往拥有一种将世界分为"我们"和"他们"的倾向（正如第4章中介绍的）。为了对抗人类思维中的这种错误，人们需要有意识地培养慈悲之心，并以此对待尽可能多的人。

并非所有道德情操都是热情和温馨的。当人们目睹不公正的事情或有人违反道德礼仪时，**道德义愤**（moral outrage）又称为道德愤慨便会出现。道德义愤要求伸张正义，改变不公平的环境。**忿恨**（resentment）是一种道德义愤，当我们自己受到不公正的待遇时忿恨便会发生。例如，罗莎·帕克的忿恨以及她非凡的勇气，激励她拒绝在公交车上为白人让座。而她的行动又引发了1955—1956年美国亚拉巴马州蒙哥马利市的公交车抵制运动，这一运动最终成为当代美国人为公民权利而斗争的关键转折点之一。

当道德义愤唤起公众对不公正事件的注意并激励人们采取行动时，如果缺乏有效的道德推理和批判性思维技巧，人们可能无法行动或者做出有效的反应。缺乏道德推理指导的道德义愤或忿恨可能退化为悲痛、责备或无助等情绪。

**内疚**（guilt）可以提醒并鼓励人们去改正已经犯下的错误。从一定程度上来说，内疚感与疼痛非常相似。当人们不小心弄伤自己时，会感觉到受伤的部位非常疼痛。这种疼痛促使人们在伤口感染和化脓之前采取行动对其进行治疗。内疚也会促使人们避免伤害他人和自己。人们会努力忍住不在考试中作弊，即使周围没有人也不会偷取别人钱包或手提电脑，正是因为考虑到如果这么做会使自己感到内疚。

在我们这个让人感觉幸福美满的社会中，内疚常常被认为是通向个人自由和幸福道路上的障碍。因此，很多人对内疚抱有抵制的态度，或者试图完全忽略这种感觉，或者对"使"自己感到内疚的人心生气愤。但是与此同时，人们通常又会认为缺乏内疚感的人，例如反社会的人，是没有人性的怪物。这种对内疚本质的不确定性部分来源于对内疚与羞愧的混淆。

在广义的定义中，内疚包含了羞愧的意思。然而，这两个概念是有差别的。当人们做出的事情有违道德或者触犯了道德准则时，内疚便会产生。另一方面，**羞愧**（shame）则是违反社会规范或者辜负他人期望的结果。例如，身为同性恋或双性恋的青少年可能会感觉到羞愧，因为自己辜负了家人、宗教和社会的期望——但是他们一般不会在道德上感到内疚。羞愧不会激励我们更加努力，它带给我们的只有自卑、尴尬和羞辱。作为优秀的批判性思维者，学习如何辨别内疚与羞愧是非常重要的。

良知既拥有认知的属性，也拥有情感的特征，能够在人们做道德决策时提供帮助。道德情操属于良知的情感方面，它能够激励人们采取行动。在下一节中，我们将介绍良知的认知和推理的一面。

# 道德推理的发展

许多心理学家认为，人类在一生中将经历不同的道德发展阶段。本节将介绍道德发展理论和针对大学生的道德发展研究。

## 劳伦斯·柯尔伯格的道德发展阶段理论

根据哈佛大学心理学家劳伦斯·柯尔伯格（1927—1987）的理论，人类道德推理能力的发展要经历几个不同的阶段。这些阶段具有跨文化性，即在世界任何文化的人类发展过程中，这些阶段是普遍存在的。[6] 每个新阶段都标志着批判性思维能力的进一步提高和对个人道德决策的更大满足。

柯尔伯格将道德发展分为三个水平，每个水平包含两个不同的阶段。柯尔伯格将前两个阶段称为**前习俗阶段**（preconventional stages），道德具有以自我为中心的特点。处于这个水平的个体希望别人对待自己时遵守道德，但他们对待别人时却一般不会考虑道德的约束，除非能给自己带来好处。大多数人（但不是所有人）会在高中时超越前习俗道德推理阶段。大多数罪犯都处在这个阶段。几乎一半的犯罪行为都是 15 岁到 24 岁的年轻人所为。[7]

处于**习俗阶段**（conventional stages）的人会向他人寻求道德指导，并需要他人肯定自己所做的事情是正确的。道德发展的第三阶段是习俗推理的第一个阶段，对处于该阶段的人来说，得到他人的赞同和遵守同伴群体的准则尤为重要。例如，琳迪·英格兰守卫是伊拉克阿布·哈里卜监狱丑闻中的一名当事人，她在军事法庭上为自己辩护时声称自己"选择去做朋友们希望自己去做的事情"。法官驳回了她的这一借口。

大多数高三学生和大一新生处于道德发展第三阶段（好男孩/好女孩）。该阶段与大学生认知发展的第一阶段有着紧密的联系。在认知发展的第一阶段，人们往往认为答案存在正确和错误之分，权威人士知道正确的答案是什么。

习俗道德推理的下一个阶段包括用更广泛的文化标准和法律取代同伴群体规范。这种类型的道德推理也被称为文化相对论。大多数美国成年人处于这一阶段。他们宁愿采取盛行的观点，而不是对道德事件的决策作透彻的思考。对处于该阶段的人来说，只要"每个人"与自己观点一致，就足以使他们认为自己一定是正确的。

在道德推理的**后习俗阶段**（postconventional stages），人们能够意识到社会习俗应该是合理的。某件事情符合法律规定并不一定意味着合乎道德或公平公正。相反，道德决策应该建立在普遍道德原则之上，而且要考虑公平、同情和互相尊重。

一个人的道德发展阶段与其行为相互关联。研究发现，只有9%处于第二阶段（自我中心主义）的人和38%处于第四阶段（维持社会秩序）的人会向受到药物副作用伤害的人提供帮助；而处于第六阶段的人则全部伸出了援助之手。[8] 只有不到10%的美国成年人达到道德推理的后习俗水平。[9]

道德推理水平较低的人往往倾向于采用过分简单化的解决方案。当这些方案毫无作用或事与愿违时，他们便会感到困惑不已。

当人们在生活中遇到更加复杂的问题和事件，而旧的思维方式无力解决这些问题时，便会放弃旧的思维方式。向更高阶段的提升常常源于一次不同寻常的经历，或由与自己世界观相冲突的新观点所触发。

## 卡罗尔·吉利根关于女性道德推理的观点

柯尔伯格的研究仅仅以男性为实验对象。心理学家卡罗尔·吉利根提出，女性道德发展往往遵循另外一条不同的路线。她认为，男性思维往往以责任和原则为导向，称为**公正取向**（justice perspective）。相反，女性则更多地以事件情景为导向，并从人们之间的相互关系和关怀的角度观察世界。她称之为**关怀取向**（care perspective）。

吉利根将女性的道德推理发展概括为三个阶段或水平。与男孩一样，处于

## 自我评价问卷：道德推理*

**案例1：手持突击步枪的男人**

一天下午，卡洛斯正走在去上课的路上，他突然注意到一个挥舞着突击步枪的男人朝大讲堂奔去，嘴里还在低声地咒骂。卡洛斯一直希望毕业后能够从事执法工作，此时他刚刚练习完射击从射击场回来。但是，他忘记了将放有手枪的包放回家。虽然拥有持枪许可证，但他所在的大学不允许将任何枪支带入校园。除他以外，没有其他人注意到这个手持步枪的男人。卡洛斯是否应该使用自己携带的枪射击这位袭击者？

下面列出了人们在做决定时可能会考虑的事，请确定哪一项对你来说是最重要的。另外，要确定各项考虑是否（1）涉及个人利益，（2）维护了行为规范，或者（3）涉及道德理想或原则。最后讨论，在你做决定时，还有哪些因素和论证是值得考虑的。

a. 挺身阻止潜在的袭击者和遵守学校的禁枪令，哪一个对卡洛斯以后成为执法者的职业规划更有利
b. 学校的禁枪令是否公正，是否对保护手无寸铁的学生的生命权造成了障碍
c. 卡洛斯在学校使用自带枪支是否会激怒社会公众，并且给自己的学校带来坏名声
d. 卡洛斯更应该对谁负责，是制定学校禁枪令的领导，还是生命受到威胁的学生
e. 卡洛斯是否愿意承担被学校开除或被逮捕入狱的风险
f. 指导人们如何对待彼此的最基本的价值标准是什么
g. 由于给学生带来的威胁，挥舞突击步枪的男人是否应该被射杀

**案例2：从网上购买代写论文**

詹妮弗是一名大三学生，为了达到平均4.0的学分绩点，以便能够进入一所较好的法律学院并成为一名民权律师，她本学期选修了5门课程，同时还在一所公司做实习生。在通宵达旦完成了一份长达15页的学期论文后，詹妮弗突然想起自己忘了完成选修课《英国文学》布置的作业，一份4页纸的心得报告。时间已经来不及了，但是又不想影响该课程的成绩，她想起班上一位同学曾经告诉自己一个出售论文的网站。她登录这个网站并找到了一篇符合作业要求的论文。詹妮弗是否应该买下这篇论文并将其据为己有呢？

下面列出了人们在决定时可能会考虑的事，确定哪一项对你来说是最重要的。另外确定各项考虑是否（1）涉及个人利益，（2）维护了行为规范，或者（3）涉及道德理想或原则。最后讨论在你做决定时，还有哪些因素和论证是值得考虑的。

a. 学校是否应当考虑制定处罚抄袭行为的条例
b. 如果詹妮弗被抓到，她面临的风险有多大
c. 如果詹妮弗上交了抄袭来的论文但没有被抓到，并因此挤掉了其他的竞争者获得了进入法律学院的机会，对于其他申请者来说是否公平
d. 其他选修这门课程的学生也在抄袭
e. 对她的未来职业规划而言，上交网上抄袭来的论文是否是最好的选择
f. 上交抄袭来的论文是否侵犯了本课程教师和其他同学的权利
g. 该问题的出现是否是因为教师给学生施加了太多的学业压力

*每个答案所代表的道德推理阶段：

案例1
a. 前习俗阶段（利己主义）　b. 后习俗阶段（普遍道德原则）　c. 习俗阶段（好男孩/好女孩）　d. 后习俗阶段（社会契约）　e. 前习俗阶段（自我中心主义）　f. 后习俗阶段（普遍道德原则）　g. 习俗阶段（律法主义）

案例2
a. 习俗阶段（律法主义）　b. 前习俗阶段（自我中心主义）　c. 后习俗阶段（普遍道德原则）　d. 前习俗阶段（自我中心主义）　e. 前习俗阶段（自我中心主义）　f. 后习俗阶段（普遍道德原则）　g. 习俗阶段（好男孩/好女孩）

前习俗阶段的女孩也是以自我为中心，将自己的需求放在首位。相反，达到道德推理习俗阶段的女性往往愿意做出自我牺牲，将他人的需求和利益放在自己的需求和利益之上。发展到最终，达到后习俗阶段的女性已经能够平衡自身和他人的需求，吉利根称之为**成熟的关怀伦理**（mature care ethics）。

虽然有些研究支持吉利根的结论，但是其他研究则发现，道德发展之间的性别差异并不显著。[10] 很多女性也有非常强烈的正义感，而有些男性也更倾向于从关怀的视角思考问题。此外，大多数人在道德推理时往往同时从两种视角出发。正像认知与情感共同作用一样，道德推理的两种类型也常常互为补充，帮助人们做出更好的决策。

## 独立思考

### 格洛丽亚·斯泰纳姆，女权主义者和作家

格洛里亚·斯泰纳姆（1934—）是一位女权主义者，同时也是一位作家，她乐于接受挑战，是创造性解决问题的典范。当年斯泰纳姆29岁，是一位十分敬业的新闻记者，她想把"花花公子俱乐部"贬低女性的真相公之于众。但是，她没有只是简单地写一篇文章，而是创造性地独辟蹊径，伪装成"花花公子的兔女郎"进行秘密调查。斯泰纳姆的坚持和冒险使花花公子俱乐部的行径得以曝光，这也是导致该俱乐部最终关闭的重要因素之一。

如今已经80岁出头的斯泰纳姆继续为社会公正而努力。作为《MS》杂志的创始人，她还就强烈自尊在女性个人发展中的重要性撰写文章和发表演讲。

#### 讨论问题

1. 讨论斯泰纳姆伪装成花花公子兔女郎的行为如何与柯尔伯格和吉利根所解释的道德发展的后习俗阶段相关联。
2. 想想发生在校园、社会或世界上与你相关的不公正事件。想一个你有可能采取的创造性方法，让更多的人认识到这一不公正事件或者改变公共政策。与班上其他同学分享并评估你的行动计划。讨论与他人合作如何帮助你想出更好的计划。如果合适的话，根据你收到的反馈修改你的计划。

## 独立思考

**莫罕达斯·甘地，非暴力活动家**

莫罕达斯·甘地（1869—1948）出生于印度，在世界上享有很高的声誉，人们称其为"圣雄甘地"或"伟大的灵魂"。作为一名年轻的律师，甘地处处受到英国种族隔离传统的限制，乘火车时他不能坐在自己想坐的座位上，走路时他不能走在"非有色人种"的朋友旁边。更糟糕的是，他目睹了处于社会底层的人民受欧洲人和印度上流社会人士的蔑视和侮辱。他没有在这种文化规范前保持沉默，也没有将怨恨和不满藏在心底，而是理智地表达了自己的道德义愤。

他的回应唤醒了民众，导致了世界历史上最有效的非暴力道德改革运动。在1919年的阿姆利则大屠杀中，几百名手无寸铁的印度平民被英国军队开枪射杀，甘地随之提出了"非暴力不合作"政策以反抗英国对印度的统治。在他的不断努力下，印度最终在1947年获得独立。

甘地还为废除印度残暴的等级制度做出了不懈的努力。他尊重所有人的平等和尊严，使用非暴力抵抗作为政治和社会改革手段，这些做法给以后的人权运动带来了深远的影响，其中就包括20世纪60年代发生在美国的人权运动。

**讨论问题**

1. 讨论甘地面对生活中的道德问题提出的解决方案如何反映出柯尔伯格和吉利根后习俗阶段的思维过程。
2. 回忆自己的经历，在面对暴力（言语上或身体上）时是否曾经想要或者使用过暴力进行对抗。讨论一个处在后习俗道德推理水平的人最可能做出怎样的回应，其推理是如何使用批判性思维的。

## 大学生的道德推理发展

大学教育与道德发展有着明显的正相关。许多年轻人在离开家庭进入大学后会经历一个危机期，有时被称为"认知不平衡期"。面对原来世界观的改变，他们最初的反应可能是顺从，并且很容易受到同伴文化的影响。一些大学新生很容易在同伴的怂恿下参与自我破坏的行为，例如吸烟、酗酒狂欢和鲁莽驾驶等，这种倾向只不过是顺从的一种反映。

正如本书前面所介绍的那样，大学新生的思维模式往往是"非黑即白"的。在一项研究中，研究者向大学生讲述关于"乔"的虚构案例，进而了解他们的道德推理水平。[11] 多年来，乔一直是个模范市民，直到有一天，一个邻居发现他其实是一名通缉犯。然后，研究者问学生："这位邻居是否应当向当局举报乔？"大学新生的答案更倾向于"是"，原因是这符合法律规定；他们认为如果让罪犯逍遥法外，可能会带来新的犯罪。大学生到了四年级的时候，仍然关注法律条文；然而，他们也会质疑在这个案例中遵循法律是否公平。达到后习俗水平的人则希望能够进一步了解乔，确定他是否真的已经改过自新。他们也会考虑哪种选择——向当局告发还是不告发——对社会更有利。

在大学里，同伴关系对道德推理发展起着非常重要的作用。与形形色色的人保持各种各样友谊的学生往往有更大的收获。[12] 在课堂中讨论道德问题时，学生的思想会受到挑战并需要自己去论证结论。这个过程也有可能提升道德推理水平。[13]

虽然受到这些积极影响的推动，但大多数大学生还是无法从习俗道德阶段提升至自主的后习俗道德推理阶段。大学通常能够将学生从遵循同伴文化，转变到遵循更广泛的社会规范这一较高的习俗推理阶段。

道德推理在人们的日常决策中发挥着至关重要的作用。一个人的道德推理水平影响其人生的各个方面，既包括个人生活，也包括工作和事业。道德推理水平与自尊、心理健康、职业目标满意度、诚实和利他主义行为表现出正相关。[14] 下一节将主要介绍指导个人思维的道德理论。

## 道德理论：道德是相对的

道德理论为理解和解释为什么某一行为正确或错误提供了框架。此外，道德理论还能够帮助人们澄清日常生活中的道德事件所涉及的道德考量，并对其进行批判性地分析和分类。道德理论可分为两个基本类别：道德相对主义和道德普遍主义。道德相对主义者认为，人创造了道德，并不存在适用于所有人的普遍或共有的道德原则。相反，道德普遍主义者则认为存在对所有人都适用的普遍道德原则。

很多美国人无法在一些诸如堕胎和死刑的事件上做出普遍的道德判断，这为美国广泛存在的一种观点起到了推波助澜的作用，即人们在道德事件中的立场仅仅是个人观点，当个人观点存在差异时，就没有多少余地可供讨论了。然而，对不同的道德理论进行批判性评估，可以很快弄清楚哪些理论在解释道德和提供解决方案方面更好。

## 伦理主观主义

根据**伦理主观主义者**（ethical subjectivist）的理论，道德不过是个人的观点或感受。如果一个人感到某件事是正确的，那么对这个人来说这件事在任何时候都是正确的。例如，已经92岁高龄的J.L.亨特·朗特里（又称"红色"朗特里），2004年死于密苏里州监狱。他是一名退休的商业大亨，曾建立起自己的机械公司。第一次实施银行抢劫时他已经86岁了。他说道："抢劫让感觉良好，好极了。"[15]抢劫银行使朗特里"感觉良好"，这一事实是否能够在道德上证明他的所作所为是正确和合理的？伦理主观主义者认为确实如此。如果朗特里对抢劫银行感到"好极了"，那么他的行为在道德上就是正确的，正像连环杀手将折磨和杀死受害者当成了一种享受。

不要将伦理主观主义与人们信仰不同的道德价值观混淆在一起。伦理主观主义已经超出了不同道德价值的范围，他们认为，只要一个人真心实意地认为或感到某件事情是对的，那么这件事对其个人来说就是对的。对你来说，抢劫银行、折磨并杀死他人可能是不正确的，但在伦理主观主义者看来，这些行为对朗特里和连环杀手来说在道德上却是正确的。由于个人的感觉是评价其行为对错的唯一标准，所以一个人永远不可能是错误的。

此外，不要将伦理主观主义与宽容混淆在一起。伦理主观主义不鼓励宽容，它允许一个人剥削和胁迫弱者，只要行为实施者相信这么做是正确的。

伦理主观主义是最不具说服力的道德理论之一。拥有按照自己意愿行事的权利并非意味着所有的主张都是同样合理的。实际上，在其他人的伤害行为给自己带来直接且不利的影响时，支持伦理主观主义的大多数人往往就会有了不一样的感受。

介绍演绎推理的前一章中曾提到，假设推理能够提供审视某一理论后果的方法，从而对该道德理论进行分析。考虑下面这项论证：

前提一：如果伦理主观主义是正确的，那么我按照个人意愿和观点行事时在道德上就一定是正确的，包括折磨和强奸年幼儿童。

前提二：伦理主观主义是正确的。

结论：因此，我按照个人意愿和观点行事，包括折磨和强奸年幼儿童在道德上总是正确的。

在上面这项有效的假言三段论中，如果不愿意接受结论是正确的，那么我们必须舍弃错误的前提："伦理主观主义是正确的。"如果细细考察就会发现，伦理主观主义是一种非常危险的理论。它不仅使每个人陷于孤立，还允许人们无需证明其行为的正当性和做出判断，就可肆意剥削和伤害他人。

## 文化相对主义

**文化相对主义**（cultural relativism）是道德相对主义的第二种形式。文化相对主义认为道德标准依赖的不是个人意见，而是社会舆论和习俗。创造道德价值观的不是个人，而是文化。根据文化相对主义的观点，适用于不同文化和不同人群的普遍道德原则或标准是不存在的。相反，道德只不过是获得社会认可的习俗。在某种文化中被认为有悖于道德的事情，例如一夫多妻制、奴隶制、家庭暴力或同性恋，在另外一种文化中却可能是道德中立的，甚至值得称赞。

如果你是文化相对主义者，那么你只需要问一问，自己所在的文化或社会当下的习俗或规定是什么，就可以知道在这个问题上什么是对的，什么是错的。150 年前，美国南部各州的奴隶制在道德上是可以接受的；而今天，各个地区的美国人都认为奴隶制是非常不道德的。文化相对主义者并不只是说美国人曾经相信奴隶制在道德上是可以接受的，他们还声称，奴隶制在 1863 年《解放奴隶宣言》宣布其不合法之前确实是符合道德的。实际上，根据文化相对主义者的观点，不道德的非但不是那些奴隶主，反而是废奴主义者，因为他们违反了那个时代的道德标准。

文化相对主义可以使对某些群体的压迫合法化，并使种族优越感这种错误观念得以延续（参见"分析图片：1930 年发生在印第安纳州的三 K 党私刑"）。固执地认为来自于其他文化的人群与自己不可能拥有相同的基本道德标准，这会导致

奴隶正在被拍卖。奴隶制曾经被文化相对主义者证明是道德的，即便它明显违反了人权。

## 分析图片

**1930 年发生在印第安纳州的三 K 党私刑**　　三 K 党成员基于其亚文化中"白人至上"的价值观来做出道德判断。这些价值观的表现方式是出于仇恨的犯罪，三 K 党仇视非裔和拉美裔美国人、犹太人、穆斯林、非法移民和同性恋者等所有在三 K 党看来对美国生活方式构成威胁的人。

　　三 K 党于 1866 年成立于美国南部，1869 年被正式取缔。但在 1915 年得到了重建。到了 20 世纪 20 年代中期，三 K 党已经拥有了 500 多万名会员，并将恐怖活动的实施范围延伸到了北方各州。在 20 世纪 20 年代，包括州长、参议员和国会议员在内的不少著名政治家都是三 K 党的成员。在 20 世纪 50 年代至 70 年代对美国人权运动的对抗过程中，三 K 党迎来了又一次的巅峰期。到 1975 年，在一些大学校园中出现了三 K 党团体。20 世纪 80 年代，其成员数量再次减少，但在奥巴马总统当选后经历了短暂的复苏。目前全美大约只有 3 000~5 000 名三 K 党成员。

**讨论问题**

1. 文化相对主义者把道德等同于自己文化或亚文化中的价值观。然而，当主流文化的价值观与其亚文化的价值观发生冲突时，又该如何判断？三 K 党奉行的白人至上主义在美国政府和大多数美国人看来是不符合道德的，这一事实是否对道德判定至关重要？如果大多数美国人支持三 K 党，那么他们的价值观和行为是否在道德上值得赞赏？给出你的答案并说明理由。
2. 讨论当你第一眼看到这张图片时，你作何反应。你体验到怎样的道德情操？讨论你的回答在多大程度上受到了文化价值观的影响，在多大程度上受到了与文化无关的价值观的影响。将你的答案与文化相对主义理论联系起来。

相互之间的不信任。根据文化相对主义的理论，如果两种文化对于某件事是否符合道德产生了分歧，那么双方便无法基于理性进行讨论或达成一致，因为根本不存在共同的道德价值观。如果一种文化感受到另一种文化的冒犯或威胁，唯一的解决方法就是孤立或者战争。

文化相对主义对应的是道德推理中的习俗阶段。与伦理主观主义一样，文化相对主义也不是帮助人们做出道德决策的正确理论。但实际上，人们却常常基于自己的文化去进行道德判断，无论判断的对象是某场战争、堕胎、同性婚姻还是死刑。

## 道德理论：道德是普遍的

大多数道德哲学家认为道德是普遍的或普适的，道德原则适用于所有人，无论他们的个人意愿、文化或宗教是什么。在本节中，我们将介绍四种类型的普遍道德理论：功利主义（以结果为基础的道德规范）、义务论（以责任为基础的道德规范）、自然权利伦理（以权利为基础的道德规范）和美德伦理（以品格为基础的道德规范）。与相对主义理论不同，普遍道德理论之间并不互相排斥，而是相互借鉴，互为补充。

### 功利主义（以结果为基础的道德规范）

**功利主义理论**（utilitarianism）根据行为产生的结果来评价行为。在功利主义者看来，个人对幸福的追求是普遍的。最道义的行为是那些给大多数人带来最大幸福或快乐和最少痛苦的行为。这就是人们了解的**功利原则**（principle of utility），又被称为**最大幸福原则**（greatest happiness principle）：

> 愈是有助于提升幸福的行为就愈加正确，而倾向于带来与幸福相反结果的行为则是错误的。[16]

在做出道德决策时，人们需要衡量某一行为的利弊（成本）。英国哲学家和社会改革家杰里米·边沁（1748—1832）提出了"功利计算"作为一种决定某种行为或政策在道德上是否可取的方法。在使用**功利计算**（utilitarian calculus）时，每种潜在的行为都可以从强度性、延续性、确定性、远近性、繁衍性、纯粹性和广度性等方面分别被赋予一定的数量值，例如从 1 到 10 或者任何你选择的数值范围。当计算某种行为导致的快乐或痛苦总量时,分别考虑这些因素。快乐程度越强,被分配的正值就越高;痛苦程度越强,数值就越低。

在使用功利计算方法时,如果提出的政策或行动与其他选项相比拥有更高的总正值,那就说明它是一项更好的政策。在本章开始提到的是否服用类固醇的例子中,快乐的纯粹性可能会受到其他因素的影响而降低,例如,其他球队输掉比赛而感到的痛苦和药物可能让你体验到短期的身体疼痛。这些痛苦在强度性、延续性和广度性等方面超越了这种行为为你所在大学带来的愉悦和快乐。

在制定有限资源的分配政策时,功利成本与效益分析尤其有用。1962 年,肾脏透析机的供给紧张,无法满足病人的需求。西雅图人工肾脏中心(现已更名为美国西北地区肾脏中心)便任命了一个七人委员会(即所谓的伦理顾问团),该委员会负责决定哪个病人可以接受肾脏透析治疗,判定的标准是每个病人给社会带来的效益。选择程序考虑到了多个方面,例如年龄、工作经历、教育水平、个人成就、家属人数以及社会参与程度。这个案例指出了功利计算的一个弱点。一个人可能认为诗人或艺术家的贡献对社会有很大的价值,但另一个人可能只根据他们创造了多少钱或物质产品来判断一个人的价值。

功利主义者杰里米·边沁将自己的财产捐赠给了伦敦大学,条件是他的遗体(放置在玻璃橱窗中,其中头部由蜡制作)出席所有的学校董事会会议。

在确定最好的政策时,功利主义者并不会简单地附和大多数人的想法,因为人们并非总是能够对所有情况都了如指掌,或者考虑到所有人的福祉。幸福也不是简单地服从个人的喜好和感觉。例如,虽然花一个晚上的时间参加聚会,可能会带给你和你的朋友短暂的快乐,但是如果你花一个晚上的时间学习,准备第二天的考试,从而取得更好的成绩,顺利毕业,找到一份薪水更高的工作,那么你可能获得更持久的快乐。

功利主义理论的优势之一便是要求人们充分了解自己的行动(或不行动)可能导致的结果。诸如"我没有打算伤害任何人"和"别怪我,这件事不是我做的,我只是个旁观者"等借口不会被功利主义者所接受。

但从另一方面来说,功利主义对个体的完整性和个人权利没有给予足够的重视。为了息事宁人，逮捕并处决一名无辜者可能会给大多数人带来最大的幸福。然而，这种解决方案虽然符合社会的总体利益，但却是极其错误的，因为将人当作一种手段是无法被人们接受的。

功利主义理论或许不够全面，但却没有原则性的错误。它主要的不足并不在于它认为结果是重要的，而是宣称只有结果在道德决策中才是重要的。

## 义务论（以责任为基础的道德规范）

**义务论**（deontology）主张责任是一切道德的基础。一些行为虽然不会产生好的结果，但却是在道德上应尽的义务。每个人都应当发自善意地尽自己的义务，而不是因为奖励或惩罚，或者任何其他可能的结果。"我的道德义务是什么？"是唯一需要考虑的问题。

根据德国哲学家伊曼努尔·康德（1724—1804）的理论，最基本的道德原则是**绝对命令**（categorical imperative，也译作定言命令）。康德在其名言中是这样描述绝对命令的：

> 只按照你同时认为也能成为普遍规律的准则去行动。[17]

康德提出，人们的道德决策过程必须由绝对命令来指导。例如，主张其他人撒谎是错误的，但自己撒谎就无关紧要，这就犯了前后不一的错误。例如，人们对孩子们撒谎说圣诞老人是一个真正的人，这是错误的，即使这个谎言是为了好玩，他们并没有想到会带来任何伤害。如果撒谎是错误的，那么它对每个人来说都是错误的。道德原则或义务无关乎个人态度或文化差异，适用于每一个人。

康德认为，所有理性的生物都能够将绝对命令看作普遍的约束。赋予我们道德价值的是人类的推理能力。由于人类和其他理性的生物都拥有内在的道德价值或尊严，他们永远不应该被当作可以被牺牲的物品来对待，而在功利主义理论下他们却有可能被当作牺牲品。根据康德的说法，正是因为每个人都拥有内在的道德价值，所以人们最重要的义务是自重或者适当的自尊：如果我们不尊重自己、善待自己，就不会去善待别人。这种尊重人类尊严，包括我们自己尊严的理念，被概括在康德的第二个绝对命令的公

伊曼努尔·康德被认为是最伟大的道德哲学家之一。

式化表述中：

> 你的行动，要把你自己身上的人性，和其他人身上的人性，在任何时候都同样当作目的，永远不能只当作手段。[18]

在全世界各种道德哲学和宗教伦理中，我们都可以发现这种道德义务（参见"行动中的批判性思维：黄金定律：互惠是世界上各宗教的道德基础"）。宗教伦理与哲学伦理有时被认为是不同的，但两者认可的一般道德原则却是一样的。

康德认为，道德义务的普遍化需要这些义务在所有的情况下都拥有绝对的约束力，例如不说谎的义务。大多数义务论者虽然赞同道德义务是普遍的，但却不同意康德的这种说法，因为他们注意到在有些情形下，道德义务也可能产生冲突。

苏格兰哲学家 W.D. 罗斯（1877—1971）根据绝对命令提出了七项义务。这些义务包括功利主义的展望未来（考虑结果）的义务（仁慈，不行恶）；基于过去承诺的义务（忠诚，守信，感恩）；以及正在进行的义务（自我改进，正义）。罗斯主张，这些义务是显而易见的，也就是说，除非被其他道德义务推翻，否则这些**初定义务**（prima facie duty）就必须履行。

下面来看一个例子。你向一位朋友借了一些钱，并答应在某一天归还。通常情况下，你应当履行忠诚的义务，将钱还给朋友。在约定的那天，你的朋友来到你家，由于化学老师没有让他通过考试，他看上去怒不可遏，声称要炸掉学校的科技楼。他随身带着一些制作炸弹的零件，但是还缺少一些炸药，他要求你将钱还给他以便买炸药。你是否应该还给他钱？恐怕不应该。在这种情形下，你需要决定哪种道德义务是最具说服力的。这个例子中，不伤害他人即阻止对他人的严重伤害优先于你还钱的义务。

义务论是一种强有力的道德理论，尤其是在它吸收了功利主义的精华之后。由于义务论专注于道德原则和义务，它的局限之一便是没有充分考虑情绪和关怀伦理在道德决策过程中的作用。从另一方面来说，义务论为以权利为基础的伦理提供了一个牢固的基础和论证，有关基于权利的伦理知识将在下一节具体介绍。

## 以权利为基础的伦理

在文化相对主义理论中，道德权利与法定权利是不同的，同样在以权利

## 行动中的批判性思维

### 黄金定律：互惠是世界上各宗教的道德基础

**佛教**："以己喻彼命，是故不害人。"《法集要颂经》5:18

**基督教**："你们愿意人怎样待你们，你们也要怎样待人。"《马太福音》7:12

**儒教**："己所不欲，勿施于人。"《论语》15:23

**印度教**："这是达摩律法（义务）的总和：令你感到痛苦的事情，你也不要对别人做。"《摩诃婆罗多》5:1517

**犹太教**："……要爱人如己。"《利未记》19:18

**美国原住民神话**："尊重所有生命是一切的基础。"《和平的伟大法则》

#### 讨论问题

1. 义务论者认为绝对命令（互惠法则）是道德规范的普遍和基本原则，讨论这种观点是否正确。如果你信仰某种宗教，讨论这一基本的道德原则在你所信仰的宗教里面有何体现。
2. 大多数人在小时候都接受过各种形式的有关互惠义务的教育。讨论这种义务在你日常的道德推理和行为中起到了多大的影响作用，用具体事例加以说明。

---

为基础的伦理中，两者也不完全相同。由于人们拥有道德权利，所以其他人有义务去尊重这些权利。但拥有道德权利并不意味着可以做任何自己想做的事情。在不受到他人干预的情况下追求自己利益的权利，被限制在我们的**法定权益**（legitimate interests）之内，也就是说，人们在追求自己利益的同时不应侵犯他人相同或类似的利益。

道德权利通常可分为福利权利和自由权利。**福利权利**（welfare rights）是指接受特定的社会服务的权利，例如教育、紧急救助、医疗保健、警察治安和消防安全，这些服务对人们的幸福和健康来说必不可少。《平价医疗法案》（Affordable Care Act），通常被称为奥巴马医改，其核心是一种信念，即医疗保健是一项福利权利。如果没有福利权利，人们不可能有效实现自身的法定权利，所以福利权利至关重要。

**自由权利**（liberty rights）是指个人不受任何干预地追求自己的法定权益。例如，一名仇视女性的男人可能认为应该禁止女性进入工作场所，但是这并不意味着他有权利这么做，因为这侵犯了女性享有平等机会的权利，而平等机会是一项自由权利，所以这名仇视女性的男人的想法并非一项正当权益。言论自由、宗教自由、选择专业和职业规划的自由、隐私权和财产权都是自由权利的组成部分。

权利伦理是综合道德理论的一项重要组成部分，因为权利保护着人类的平等和尊严。与义务相同，权利之间也可能产生冲突，或者与其他义务产生冲突。当这种情况发生时，人们需要决定哪种道德权利或义务更具说服力。

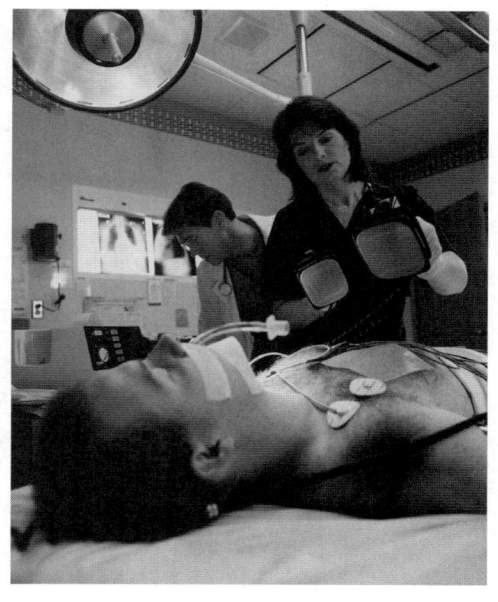

福利权利包括接受紧急医疗救助的权利，不管病人是否具备支付能力。

## 美德伦理

**美德伦理**（virtue ethics）强调个人的品质比正确的行为更重要。人们的品质构成了其道德生活的核心。美德伦理与强调正确行为的功利主义和义务论并不相互排斥。相反，美德伦理与正确行为理论互为补充。

美德是指令人赞赏的品格或特质，拥有美德的人通常以有益于他人和自己的方式行事。他们的行为是出于对他人和自己幸福的一种尊重和关怀。同情、勇气、慷慨、忠诚和正直都是美德的具体体现。由于品德高尚的人更容易做出道德行为，所以美德伦理与其他的普遍道德理论有着密切的关系。萨克拉门托州立大学四年级学生安东尼·萨德勒和他的朋友，美国飞行员斯宾塞·斯通和国民警卫队士兵阿莱克·斯卡拉托斯当时正在一辆拥挤的法国火车上，一名携带AK-47的恐怖分子登上火车并开枪。这三个朋友立即行动起来，制服了恐怖分子。虽然流了很多血，斯通还是立刻对一名严重受伤的乘客进行了急救，然后再为自己的伤势接受帮助。

成为一个品德高尚的人需要培养道德敏感性。**道德敏感性**（moral sensitivity）是指一个人能够觉察到自己的行为给其他人造成的影响。道德敏感的人更容易受到良知的影响，当伤害他人时更容易感到内疚，当目睹不公正的事情发生时更容易激起道德义愤。

## 分析图片

橄榄球运动员之间的正面碰撞会导致长期的脑损伤。研究发现，三分之一的前职业橄榄球大联盟球员患有长期的脑损伤，包括早发性痴呆，这是头部受伤的结果。

**讨论问题**

1. 橄榄球运动员是否有道德上的责任避免参加可能导致脑损伤的比赛，还是他们有接受风险的自由权利？如果球员是职业运动员，或者是大学生或高中生，情况会有所不同吗？为你的答案提供支持。讨论功利主义者、义务论者和权利伦理学家如何回答上述问题。
2. 鉴于职业橄榄球的收入依赖于观众，我们有道德义务不去参加或观看橄榄球比赛吗？为你的答案提供支持。
3. 作为父母，你应该让你的孩子打橄榄球吗？讨论为什么或为什么不。

---

道德理论并非以抽象的概念存在。它们指导和激励着我们的现实生活决策和行动，帮助人们定义自己以及自己与大众和社会的关系。全面掌握这些普遍道德理论，吸取各理论的精华，人们就可以在分析和构建道德论证以及解决道德冲突时更加得心应手。

# 道德论证

道德理论为道德论证及其在现实生活中的应用提供了基础。

## 识别道德论证

道德论证与其他论证一样，由前提和结论组成。然而，与其他论证不同的是，道德论证中至少有一个前提是规范性前提，也就是说，必须有一个前提，陈述什么在道德上是正确的、什么是错误的，在这种情况下应该做什么。道德论证还应包含关于世界和人性的描述性前提。在下面这项论证中，第一个前提是规范性前提，第二个前提是描述性前提（又称为事实前提）。

> 规范性前提：将不必要的痛苦强加于人是错误的。
> 描述性前提：监禁限制了囚犯的人身自由，给他们带来了不必要的痛苦。
> 结论：因此，对人进行监禁是错误的。

道德论证还可能包含对关键术语或者容易引起歧义的词语进行定义的前提。在上面这个例子中，如果论证对容易引起歧义的术语不必要的痛苦提供一个定义，论证将会更有说服力。不必要的痛苦可以被定义为"为了达到某一特定目的而遭受的并非绝对必要的痛苦"。在这个例子中，如果人们的目的是防止罪犯给社会带来更多伤害，监禁是否是唯一保证这些人不再进一步伤害社会的方法，或者说，监禁是否构成了"不必要的痛苦"。

在构建一项道德论证时，人们应当首先直接获取事实。不正确的事实或者假设可能导致错误的结论。例如，直到最近，大多数医生仍然会对濒临死亡的病人撒谎，因为他们认为说出真相会令病人感到沮丧，并会加速病人的死亡。直到20世纪60年代，一项关于告知真相所产生影响的研究表明，对于癌症晚期患者来说，如果得知自己身体状况的真实情况，他们反而会表现得更好，活的时间更长。[19]换句话说，良好的意图并不足以做出正确的道德决策。如果人们做出了没有事实根据的假设，或者没有事先检查事实，最终很可能好心办坏事。

## 构建道德论证

构建道德论证与构建其他论证几乎一样，但有一点不同，即至少应当拥有一项规范性前提。在开始构建道德论证时，首先应像其他论证那样清晰地识别问题。下面通过一个简单的例子来阐述道德论证的构建。假设你和一个朋友开车去上课。在停车场倒车入库的时候，朋友的车剐蹭了另外一辆车的挡泥板。假设她赶紧把车开出来，离开事故现场。你应该怎么做？你可以什么都不说，但是如果那样的话，你在朋友逃避事故责任的决策中就扮演了同谋的角色。

在决定自己应该说什么之后，你就应该构思一系列的规范性和描述性前提。在这种情况下，其中一项描述性前提就是真实地描述发生了什么事情：你的朋友在将车倒入停车位时损坏了旁边一辆车的挡泥板。有些时候，现实情况可能会更加复杂，你可能需要更多的前提。但是在这个例子中，我们先假设旁边那辆车的停靠是合法的，当时没有移动，并且旁边除了你和朋友之外没有他人目睹事故的发生。

为了提出一系列的道德前提，你应当首先问自己："在这种情况下，与这个问题相关的道德义务、权利和价值分别是什么？"在这种情况下，最应当考虑的是补偿原则；如果我们造成了伤害，不论是故意而为，还是不小心为之，在道德上都有义务去弥补受害者。在这个例子中，由于伤害而应当得到补偿的那个人则获得了相应的权利。实际上，这也是人们需要购买汽车保险的原因之一，如果我们造成了一起自己应当负责任的事故，就必须尊重其他人获得赔偿的权利。

如果你正在与处于道德推理后习俗水平的人交谈，那么这些前提可能已经足够了，你的朋友应该能够得出结论，自己应该采取措施赔偿另外一辆车的损失。然而，如果她说"我不在乎"，或者"如果我这么做了，父母就会知道，他们会很生我的气"，这时又该怎么办？如果出现这种情况，你在构建道德论证的过程中需要坚持以一种尊重你朋友的方式进行。你有两项义务，一项是关心他人，还有一项是对朋友忠诚。这可能需要你收集更多的信息。比如说，为什么她会如此担心父母的反应？

你可能会增加一个包含互惠原则应用的道德前提，这时你可以问她："如果有人撞了你已经停放好的车，并且从现场逃逸，你会怎么想？我打赌你会感到非常沮丧，肯定会的。"此时，你应切记在陈述前提的时候不要使用一种指责的语气，那意味着你会犯下秽言谬误或者人身攻击谬误。这种谬误往往会让别人感到疏远，导致你们无法达成令人满意的道德结论或解决方案。

该问题和前提可以概括如下：

> 问题：你的朋友在停车场剐蹭了一辆停放好的车。她应该怎么办，你应该怎么办？

> 描述性前提：
> - 你朋友在停车场泊车时撞坏了旁边一辆车的挡泥板。
> - 你朋友开的是她父母的车。
> - 你朋友非常担心父母知道这起事故后会责骂她。

规范性前提：
- 对曾经给别人造成的伤害，人们有道德义务去弥补（守信义务）。
- 被你朋友撞坏车的车主有权利为遭受的损失获得赔偿（福利权利）。
- 我有义务善待并关心我的朋友（仁慈义务）。
- 我有义务对我的朋友忠诚（忠诚义务）。
- 希望别人怎么对待自己，我们就应该怎么对待别人（互惠法则）。

在构建道德论证时，重点并不是要证明你比别人更高尚，而是得到一个能够指导具体行为或政策的结论，并且结论应该合情合理，符合道德价值观。在制定出一系列你俩都同意的相关前提之前，不要急于得出结论。不要先入为主，要懂得变通。在确保尽量减少受到父母责骂的同时，帮助她寻找能够鼓励自己做出正确决定的策略。将这些前提考虑在内，你能够得到下面的结论或解决方案：

结论：你的朋友应当在被损坏的车上留下一张写有自己名字和手机号码的便条，解释发生的事情；你应当陪着朋友一起向她的父母解释这起事故。

这是一项相对简单的道德论证，将所有相关的道德原则考虑在内之后得到了一个解决方案。在下一节中，我们将学习面临道德困境问题时，以及道德原则和道德考量之间出现冲突时如何解决问题的策略。

## 评价道德论证

在评价道德论证时，首先要确保论证的完整性，没有遗漏重要的前提。在有些道德论证中，道德前提并没有明确列出。被省略的原因可能是太过明显或者没有争议。例如下面这个例子：

我太生气了！我的平均绩点很高，但是却没有拿到学校的奖学金，原因仅仅是我是一个年幼孩子的妈妈。另外他们还说，我的位置应该是在家里。那绝对是不正确的！[20]

在这项论证中，未明确说明的前提便是公正义务：学校有义务给予每一个学生平等的待遇。在这个例子中，唯一需要考虑的相关标准应该基于学生的平均学分绩点，而不是学生为人父母的身份。

在一些道德论证中，尚存争议或有疑问的规范性前提有可能被删去。考虑下面这项论证：

> 描述性前提：美国宪法第二修正案保护公民"拥有并携带武器"的权利。
> 结论：我有道德权利去拥有一把手枪。

在这项论证中，未明确说明的规范性前提是"如果一种行为或政策符合宪法，那么它在道德上就是正确的。"换句话说，这项论证假设文化相对主义是正确的。然而，像本书前面提到的那样，这是一个有疑问的前提，因为至少在1865年美国第十三修正案正式获得批准，宣布奴隶制不合法之前，拥有奴隶是一项合法权利，甚至是一项被美国宪法默许的权利。但是无论是现在还是在1865年之前，大多数人并不认可这项道德权利。同样，在这项关于手枪的论证里，虽然最终结论可能是正确的，但是论证的前提并不支持该结论。

前提也应该是正确的。只要有一项前提是错误的，论证也是无效的。例如，有些人支持同居，其根据是结婚前住在一起的人拥有成功婚姻的概率更高。然而，实际研究结果并不支持这一论断：在结婚或订婚前就同居的夫妻中，离婚率明显高于平均值。

此外，道德论证应当尽量避免非形式谬误。例如：

> 克隆人类是错误的，因为它不符合自然规律。因此，应当立法禁止人类克隆。

在这项论证中，论证者提出了一个没有根据的假设，认为凡是不符合自然规律的事物在道德上就是错误的，因此犯下了自然主义谬误。如果"不道德"与"非自然"是同义词，那么使用抗生素、佩戴眼镜，甚至穿衣服（至少在温暖气候下）都是不道德的。

另外一种经常在道德论证中出现的谬误是诉诸大众的谬误。在文化相对主义者和处于习俗道德推理水平的人中最容易出现这种谬误。还有一种是以偏概全谬误，文化相对主义者在为文化成见做辩护和拒绝给予某一群体平等待遇的时候，也会使用这种谬误。

最后一种谬误是滑坡谬误，当人们在道德论证中反对某种实践，但却没有足够的证据支持自己的立场时，常常会辩解说，如果我们允许人们这么做，就不得不允许其他类似的行为，这时就容易出现滑坡谬误。这种谬误在关于新技术或新应用的论证中最经常出现，例如对基因工程、同性婚姻和安乐死的论证，因为这时候人们并不十分确定这些技术或应用在未来会给社会带来什么样的后果。

这些只是可能出现在道德论证中的谬误的一小部分。想要更全面地了解各种非形式谬误，可参见第5章的内容。

## 解决道德困境问题

在一些情境中，道德价值之间会出现冲突，这就是所谓的**道德困境**（moral dilemma）问题。在道德困境问题中，无论你选择何种解决方案，都会做错一些事情。如果冲突是发生在道德价值和非道德价值之间，例如流行性或者经济上的成功，我们便不会面临道德困境问题。解决道德困境问题没有对与错之分，只有更好或者是更糟。

在解决道德困境问题时，非常重要的一点是要学会抵制从一开始就提出一种"解决方案"的诱惑，然后通过只选择支持这种方案的事实或原则作为依据，进而将这种解决方案合理化。相反，应当以一种系统的方法来解决道德困境问题。

下面是一个经典的道德困境问题：

> 1894年5月19日，"木樨草号"游艇从英格兰出发驶向澳大利亚的悉尼，在那儿它将迎接自己的新主人。船上共有四名船员：船长达德利、大副斯蒂芬、船员布鲁克斯和17岁的服务生兼实习船员帕克。游艇驶到南大西洋时因为遇到了风暴而不幸沉没，但是四人侥幸通过一艘13英尺长的救生艇逃生。他们在小敞篷船上漂流了20多天，在这段日子里，由于没有淡水，他们只能靠雨水为生。在最后12天，他们没有吃一点食物，身体极度虚弱，濒临死亡的边缘。船长把四人叫到一起，要为他们的命运做出一个决定。他们应该怎么办？

解决道德困境问题的第一步是清晰地描述事实，包括为所有缺失信息寻找结果。在"木樨草号"全体船员面临的这个问题中，你可能想知道他们能不能捕鱼吃（答案是不可能）；他们还能坚持多长时间（已经有一个人即将死亡）；他们是否靠近船运航线（没有）。你可能还想知道这四个人的不同状况：家中是否有人等他们，年龄多大等等。

接下来，要列出所有相关的道德原则和道德考量。人们拥有尊重生命和不伤害他人的义务，不伤害他人包括不造成伤害和将伤害最小化。在这个例子中，相关的义务还包括平等对待所有的船员和公正义务。挑出某个船员，将其杀死供其他人食用是不公平的。每个船员都拥有不被干预和杀害的自由权利，除非他妨碍了其他人平等的生命权。从另一方面来说，船长对自己的船员应当履行忠诚义务，在一定程度上，他有责任牺牲生命来拯救自己的船员。

一旦你已经收集了所有的事实并列出了相关的道德原则，便可以列出可能的行动方案。现在是需要集思广益并及时给出反馈的时候。将所有能够想到并且具有可行性的方案列出来。在这个道德困境问题中，可能的方案包括以下几种：

- 船员们可以等待，寄希望于获得救援。
- 大家一起饿死。
- 大家一起自杀。
- 船员们可以吃掉第一个饿死的人。
- 船员们可以杀死最虚弱的人并吃掉他。
- 船员们可以杀死对社会贡献最小的人并吃掉他。
- 有人自愿牺牲，为大家提供食物。
- 大家抽签决定谁将成为食物。

下一步是制订行动计划。船员们已经尝试了第一条行动路线，但是似乎没有获救的希望了，每个人都濒临死亡。他们现在只能从剩下的选项中选择。为了评估其余的行动计划，你应当根据道德原则列表依次进行检查。在理想的情况下，道德困境问题的最佳解决方案是尽可能多地贯彻道德原则的方案。

不伤害他人的原则要求将伤害降到最小，具体到这个例子中则是将船员的死亡数量控制在最少。由于在第二项和第三项行动计划中没有人能够存活下来，所以它们不是最佳选择。从另一方面说，在没有得到允许的情况下，杀死一个人侵犯了其自由的权利，对于被杀的人来说也是不公平的。吃掉第一个死去的人虽然很野蛮，但却没有违反道德原则，当然由于同类相食是人类社会的禁忌，文化相对主义者可能不会赞同这么做。但在这种情况下，这可能是最好的解决方案，因为它符合最多数的道德原则。可是如果没有人先死亡，而每个人都走到了死亡边缘，又该怎么办呢？最后两种解决方案都避免了不公正的问题，可能成为最后的办法。

最后一步是将行动计划付诸实施。为了防止第一个行动方案失败，事先选取一个备选方案也是很好的策略。在一些道德困境问题中，人们可能对论证的前提没有异议，但是仍然得到了不同的结论，因为他们考虑相关道德义务和道德考量的优先次序不同。例如，船长可能会优先考虑功利主义理论，更重视强壮的船员所能发挥的作用。按照这种推理方式，他会希望留下强壮的船员，杀死最虚弱的船员，增加至少一个人能够活下去的机会。而船上的服务员缺乏经验并且身体已经极度虚弱，但他可能会更看重船长的忠诚义务，认为船长牺牲自己来保护船员是其义不容辞的责任，因为船长对大家陷入险境负有主要负责。从另一方面来说，处于后习俗道德推理水平的人倾向于从公正的角度来看待问题，他们可能会更愿意选择最后一种行动方案：抽签决定谁成为食物，因为这是最公平公正的解决方法。

而在现实中，最终的结果是船长和其他两位船员杀死了帕克并吃掉了他。三位幸存者最后被一艘瑞士船救起并返回了英格兰。在英格兰，三人遭到了谋杀罪的指控。法院认为，当时的情况不属于正当防卫，杀死帕克是不合法的，所以判定三人犯了谋杀罪。这起判决成为航海法中的法律判例并沿用至今。

根据本节的内容，我们可以看出，除了必须包含一项规范性前提之外，道德论证与其他论证基本相同。在试图找到最好的道德立场和行动方案之前，应当首先列出所有的前提。就像在其他论证中应当做的那样，你必须仔细检查描述性前提的准确性。如果使用正确，道德推理将成为你在日常生活中阐明并解决问题的一项强有力的工具。

# 批判性思维之问

## 透视堕胎

在 20 世纪 60 年代之前，很少有人支持改革自 19 世纪初便存在的关于限制堕胎的法律，甚至连当代计划生育的奠基人玛格丽特·桑格也对堕胎持反对态度，她认为，只有在极个别的情况下才能"夺走一个已经开始的婴儿生命"（1963 年计划生育宣传手册）。相反，她一直提倡将生育控制（避孕）作为堕胎的替代选择。

1962 年，一位非常受欢迎的儿童节目明星谢莉·芬克宾发现自己在怀孕第一个月内服用过沙利度胺（一种镇静药物）。医学上刚刚证实，如果在怀孕早期服用沙利度胺，会导致婴儿出现严重缺陷。经过认真考虑之后，芬克宾夫妇认为最好的办法是堕胎，但是这在当时是非法的。即便向公众解释了自己的困境，但亚利桑那州仍然禁止芬克宾进行堕胎手术。最后，她只好选择在瑞士进行手术。事实证明，婴儿确实出现了非常严重的畸形。芬克宾的案例激励一些人发起了改革美国反堕胎法律的运动。

1973 年 1 月，美国联邦最高法院在罗伊诉韦德案中宣判，堕胎在美国全境都是合法的。法院裁定，美国宪法中的个人隐私权包括做出堕胎的决定。因此，堕胎应继续不受国家管制，至少在怀孕前三个月是如此。但这次判决并没有使堕胎问题得到彻底解决，各执己见的美国人在此问题上陷入了更深的分裂之中。

在 2015 年进行的盖洛普民意调查中，29% 的美国人认为，不管出于什么原因，在妊娠期内堕胎都应当是合法的。51% 的美国人认为，只有在特定的条件下堕胎才是合法的，而 19% 的人则认为，无论在什么情况下，堕胎都是非法的。虽然在大多数人的印象中，女权主义一直是和"支持妇女自己选择是否堕胎"联系在一起的，但是女权主义者在这一问题上也出现了截然对立的两派。

自 1973 年以来，已经有多起案例向罗伊诉韦德案发起质疑。大多数州出台了限制堕胎的法律，包括实行未成年人父母告知法，在堕胎者首次去诊所与最终堕胎之间设置等候期限等。最近一次是美国最高法院 2016 年审理的案件——妇女健康诉科尔案——涉及对得克萨斯州一项法律的挑战，该法律对堕胎诊所施加了某些限制，并迫使许多诊所关闭。

在下面的阅读材料中，我们从法律和道德两方面来审视堕胎问题。在罗伊诉韦德案多数意见的摘录中，布莱克门法官认为，基于妇女的隐私权，堕胎应该是合法的。神父克利福德·史蒂文斯不同意这种说法。他认为堕胎是违宪的，是对胎儿权利的侵犯。

## 罗伊诉韦德案：多数意见摘录

哈里·布莱克门法官

在下面的阅读材料中，美国最高法院在其具有里程碑意义的"罗伊诉韦德案"判决中，将隐私权扩展到妇女堕胎的权利。

显然，与美国现行的大多数法令相比，在制定宪法的时代以及在 19 世纪的大部分时间里，按照普通法，堕胎并没有遭到如此强烈的反对……

如果从历史的角度来解释 19 世纪刑事堕胎法案的立法过程，并证明这些法案继续存在的合理性，可以提出以下三条理由：

（首先，）有时会有人提出，这些法律是维多利亚时代特别关注制止不正当性行为的产物。然而，得州在本案中并没有提出这个理由，而且似乎没有一个法院的评论员认真对待这个论点……

第二个原因是担心堕胎的医疗过程。当大多数反堕胎的刑事法律首次获得通过的时候，堕胎对女性来说还存在着相当大的风险……现代医疗技术已经改变了这种状况……因此，国家在保护妇女免受天生危险的程序伤害方面的任何利益，除非当放弃这种利益对她来说同样危险的时候，基本上都消失了……

第三个原因是国家对未出生的生命权益进行保护——有些人将其表述为义务……只有当怀孕母亲自己的生命受到威胁时，才能对体内携带的生命进行权衡，胚胎或婴儿的利益才允许被放到第二位。在该领域，国家对某项利益的合法保护不应该建立在某种结论上，也就是说，不能简单地认为生命起源于受孕或出生前的其他某个时间点。在评估国家利益时，除了要保护受孕妇女之外，对于只要有可能存在的生命，都要考虑在内。

对州堕胎法提出异议的各方在一些法庭上对这一论点进行了激烈的争论。这些法律颁布的目的是保护胎儿的生命。异议方指出，缺乏立法的历史来支持这一论点，他们声称，大多数州的法律只是为了保护妇女……在 19 世纪末和 20 世纪初，少数几个州法院被要求解释它们的法律，但它们确实把国家利益的重点放在了保护妇女健康上，而不是保护胚胎和胎儿……

宪法没有明确提到任何隐私权问题……（早期最高法院）的决议明确指出，只有那些被认为是"基本的"或"隐含在法定自由的概念中"……的个人权利，才会被纳入个人隐私的保障范围。显然，这一权利还涵盖了有关婚姻的活动……（和）生育……

隐私权，无论是建立在第十四修正案的个人自由的概念之上，还是对国家行动的限制上，正如我们所认为的那样……足以包含妇女是否终止妊娠的决定。国家显然完全否定这一选择，这将对孕妇造成损害……

因此，我们得出结论，个人隐私权包括决定是否堕胎，但是这一权利并不是无条件的，它必须以国家重要利益为前提。

……（没有）案例可以引用来支持第十四修正案中表明胎儿是一个"人"……通过对19世纪合法堕胎案例的考察，我们发现，那时候人们对待堕胎远没有今天这样严苛，所有这些都使我们相信，第十四修正案中的"人"并不包括未出生者……

一直以来，"生命开始于胎儿平安出生后"这一观点都受到了广泛支持……关于什么时候才能算作"生命"，医生和科学界……的注意力集中在受孕期，或者胎儿平安出生的时期，或者胎儿脱离母体后无须特殊护理"能存活的"过渡时期。胎儿脱离母体可以存活的时期一般是怀孕的7个月（28周）以后，有时会早一些，甚至是24周……

根据目前的医学研究，涉及孕妇健康的关键时间点接近于怀孕头三个月的月末，因为到此时为止，堕胎的死亡率通常低于正常分娩的死亡率。而在此时间点之后，堕胎的危险程度就会提高，一些州采取措施规范堕胎程序、保护孕妇健康是合情合理的。各州对堕胎的管理措施有很多。例如，对执业医生资格进行严格审核，对堕胎手术器械严格检查……

州政府对胚胎的保护从逻辑学和生物学上来讲都是正当的。因此，如果州政府旨在保护胎儿生命的话，完全可以规定在该时间段（获得成活力之后）禁止堕胎，除非为保护母亲的生命和健康不得不堕胎。

总结和结论如下：……我们认为，这种观点与医学和法律历史上的教训及例子中所涉及的各自利益的相对重要性相一致，与普通法的宽容相一致，与当今深刻问题的要求相一致。这一决定使该州可以随着怀孕期的延长，自由地对堕胎施加越来越多的限制，只要这些限制符合公认的国家利益。

### 问　题

1. 在19世纪的大部分时间里实施刑事堕胎法有哪三个理由？
2. 法院根据什么理由得出结论，认为将堕胎定为犯罪的大多数理由已不再适用？
3. 在美国宪法中，什么是隐私权？法院如何将这一权利运用于堕胎问题？
4. 根据法院的说法，生命什么时候开始？这如何影响法院的最终裁决？

## 胎儿的权利

克利福德·史蒂文斯神父

> 克利福德·史蒂文斯是内布拉斯加州奥马哈市的一名牧师，著有多本关于宗教、宗教史和道德的书籍。在下文中，史蒂文斯提出罗伊诉韦德案的判决没有考虑未出生的胎儿所拥有的基本道德和宪法权利，是一个有缺陷的判决。

反对堕胎的法律要赢得胜利不能仅靠一两个案件，而只能通过不断诉诸法院。因为堕胎的做法受到了新数据的挑战，这些数据表明堕胎违反了宪法权利。随着这些案件的审理，司法上将发展出新的事实和原则，即胚胎的法律。

罗伊诉韦德案的判决开启了这一发展，正如普莱西诉弗格森案开启了公民权利问题，洛克纳诉纽约案开启了劳工权利问题，哈默诉达根哈特案开启儿童权利问题。

任何在法庭和公共领域反对堕胎的行为都必须是宪法上的反对，其依据是美国宪法所规定的原则、宪法的先例以及宪法旨在保障和保护的权利。

在这个争论的裁决阶段，人们只听到了这个问题的一面，即那些支持堕胎者的观点。关于这个问题唯一进行过考察和澄清的只有堕胎法律的历史，而且从中得出了错误的结论。

关于终止未出生胎儿的生命即堕胎是否符合宪法的问题，法院从来没有正视过。事实上，法院拒绝考虑这个问题，就像德雷德·斯科特案的判决拒绝面对非洲黑人被带到美国的方式以及他们受到非人道奴役的问题。这是因为罗伊诉韦德案是作为一项促进基本宪法权利的法律判例被提出的，其本身不构成基本宪法权利。那些为此案辩护的人们确保了法院永远不会面对未出生的生命及其毁灭方式的问题。

在罗伊诉韦德案中，可以说没有判例可循，其参考的判例——格里斯沃尔德诉康涅狄格案并不涉及未出生的胎儿。该案件与堕胎问题的唯一联系在于，两个案件都与两性关系和生育问题有关。将堕胎问题与宪法判例联系起来的工作如此艰难，以致根本无法完成。

在罗伊诉韦德案中，堕胎被视为标准的医疗手段，就像在洛克纳诉纽约州政府案中，低工资、恶劣的工作条件和工人的极度贫困被看作是标准的契约行为。在这两起案件中，法官将权力赋予了对他人行使权力的人，让他们对自身的行为进行法律判决。在堕胎案中，法官拒绝审查堕胎这一手术操作的"医学"结果，也拒绝审查医学界提出的堕胎程序仅仅是医学问题这一论断。病人的意志和医生的意愿是判决时考虑的全部因素。正像在德雷德·斯科特案中，人们没有认识到，对被绑架的黑人施加压迫、剥削和暴力的黑奴制才是违背宪法的根源，在罗伊诉韦德案中，人们也显然没有认识到，堕胎需要对未出生的胎儿生命进行暴力毁灭才是真正的违宪之处。

在审判罗伊诉韦德案时，根本的程序性错误是将判决视为对一项基本权利的促进，而不是其是否正当，这是因为法官们过于依赖美国堕胎权行动联盟（NARAL）提交的简报，他们认为，制定堕胎法仅仅是为了保护妇女免受不安全手术的危害。因此，堕胎问题没有出现在保障宪法权利的法律进程中，而未出生胎儿的问题被视为本案的次要问题。如同奴隶制、种族隔离、剥削工人和使用童工一样，宪法问题得到了法律保证，成为争议的焦点和形成多数意见的决定性因素。只有在未来的诉讼中，真正的宪法问题才可能出现……

正如契约自由被用作对工人严重不公的法律掩护，掩盖了对工人宪法权利的侵犯，隐私权在堕胎问题上也被用作对未出生胎儿暴力死亡的法律掩护。同样，正如法院最终认识到契约自由并非无所限制，可以被用来剥削他人，因此必须说服法院，隐私权也有其局限性，不能被用来对暴力行为进行合法掩护……

与罗伊诉韦德案的判决有关联的不仅仅是堕胎法案本身，还有这些法案的形成、目的和废除。做出该判决的基础是无效的历史假设和错误的医学信息。由于当时原始、危险的手术方法，这些法律是纯粹的医学问题，因此，对该问题的判决是一个医学判决，也就是在任何特定情况下，是否需要进行堕胎应该是由医生来决定的。

过去没有直接与堕胎有关的判决。堕胎问题无疑有着更深层次的背景，正如奴隶制和种族隔离问题一样，必须被看作是宪法赋予的各个阶层的人权的一部分……

毋庸置疑，堕胎问题是提交给最高法院的最棘手的宪法问题，但它绝不是最困难或最史无前例的问题。奴隶制是一个更激烈的问题，在法律判例中更加根深蒂固，长期以来得到实在法的支持。种族隔离则以宪法先例为掩护，体现在最高法院的无数判决中，并得到政治家和宪法律师们的保护，从而深深扎根于社会公众的公共和私人生活习惯中。雇佣童工是被广泛接受的经济行为的一部分，也是无数家庭和雇主维持生计的手段，甚至联邦政府取缔这一做法的企图也被法院驳回。在堕胎问题上并没有长期存在的判例，当然也没有像契约自由这样长期存在的判例，后者作为工人权利的判例存在了近50年，也没有像1896年普莱西案"隔离但平等"那样的判例，支持种族隔离法长达58年之久。

资料来源：The Rights of the Unborn: A Constitutional and Legal Challenge to Roe v. Wade" by Father Clifford Stevens. Reprinted with permission.

问 题

1. 史蒂文斯认为堕胎侵犯了宪法权利的理由是什么？
2. 根据史蒂文斯的说法，最高法院关于奴隶制和堕胎的判决在法律和道德上有哪些相似之处？
3. 为什么史蒂文斯反对在罗伊诉韦德案中将隐私权作为堕胎合法化的基础？
4. 为什么史蒂文斯主张罗伊诉韦德案的判决是基于"无效的历史假设和错误的医学信息"？

# 第10章

# 市场营销与广告

**要 点**

消费文化中的营销

营销策略

广告与媒体

广告评价

批判性思维之问:透视广告与儿童

"15分钟可以为你在汽车保险上节省15%或更多的钱。"很多人都很熟悉盖可车险的幽默广告,里面有一只带着英国口音的壁虎。以不落俗套的广告著称的盖可公司仅在2014年便投入了10亿多美元用于广告支出。盖可的成功很大程度上得益于其众多的电视、广告牌、网络和广播广告,这些广告中包含了令人难忘的、古怪的角色。自1998年以来,随着以穴居人和盖可壁虎等令人难忘而又古怪的角色为特色的广告的推出,盖可在汽车保险市场上的份额已经从第六位上升到第二位。[1]

为什么盖可公司在销售和广告上取得了如此大的成功?本章将主要介绍商业中的市场研究和营销策略,包括盖可公司采用的策略。此外,本章还将介绍如何使用批判性思维技巧去识别和评价我们在日常生活中遇到的营销策略和广告。具体内容包括:

- 学习营销在商业中的重要性
- 学习市场研究和营销策略

- 将SWOT模型应用于营销策略
- 考虑营销与广告对消费者的影响
- 审视大企业、广告宣传与大众媒体之间的关系
- 考察谬误推理与夸张修辞手法在广告中的使用

## 消费文化中的营销

在消费文化中，推销某一产品或服务是经营企业的基本组成部分，在美国这一点尤为明显。**企业**（business）是通过提供顾客需要的商品和服务以寻求利润的组织。[**利润**（profit）是销售收入扣除所有支出后的余额。]一个企业成功与否，取决于它能否为顾客提供想要的产品，并以合理的价格出售。为了保持竞争优势，企业需要制订和实施有效的营销策略，并且为产品和服务做广告。

### 市场研究

确定产品和服务的目标市场并查明其是否符合顾客需求的过程被称为**市场研究**（marketing research，也译作市场调研），营销专业人士将这一过程称为发现消费者的"敏感按钮"。

时尚设计师和原涂鸦艺术家马克·艾克（Marc Ecko）在20岁时成功引入了一款新的都市服装，目标群体为喜欢玩滑板和嘻哈音乐的青年男性。他创建的红犀牛无限（Ecko Unlimited）品牌以喷枪修饰的T恤衫和宽松下垂的牛仔裤为主，很快便聚拢了一大批忠诚的追随者。艾克的成功之处在于找到了目标群体的敏感按钮。在这个案例中，这些年轻人希望找到一款能够表现自己另类生活方式的服装。

市场研究包括调查、观察和实验等多种方法，每种方法都需要熟练的批判性思维能力和归纳逻辑能力。调查研究用于收

马克·艾克在推广他的新都市服装系列时取得了成功，其中部分原因在于他首先仔细研究了目标群体的"敏感按钮"。

集对某一产品的反馈信息和评价意见，可以在购物中心进行现场调查，也可采用信件、邮件、网络或电话等方式进行调查。此外，还可以引入非正式调查和集体讨论会的形式。例如，美国西南航空公司通过焦点小组的形式，与顾客沟通并提出维持和改进公司在市场中地位的方法。[2]

市场观察是指直接监测顾客的购买习惯。市场研究人员可以直接观察并记录顾客的购买行为，也可以使用条形码存货清单等销售数据来收集信息。例如美国的尼尔森媒体研究就是通过一个安装在电视机上的小装置，观察具有代表性的样本数据，进而追踪美国人的收视习惯。本章随后将对广告和大众传媒的关系展开更详细的介绍。

实验则是另外一种市场研究方法，这种方法主要是测量产品或服务的销量与所选变量之间的因果关系，经常考察的变量包括包装、广告标识和价格等。在研究中，研究者改变这些变量以测定这些改变如何影响顾客的反应。这三种方法都使用了归纳逻辑，它们只能提供什么产品在市场中最可能成功的信息，但并不能确保成功。

## 避免思维中的证实偏差和其他错误

像个体一样，一家企业可能没有做研究或没有考虑某些证据，因为它假定它的信念是正确的，而实际上可能是错的。信息可能会因为认知或社会错误而被曲解，例如证实偏差、概率错误、"我们/他们"错误等。如果企业最开始的假设有问题，可能导致人们做出不正确的预测，采取不恰当的行为，最终得到糟糕的结果，这个过程有时被称为"厄运循环"。[3]

20世纪60年代，日本汽车制造商在美国市场陷入了"厄运循环"，它们向美国市场推出1000cc排量的小型汽车，而当时美国产的小汽车主流排量都在1500cc或1600cc左右，远远高于日本产的小型汽车。考虑到当时日本的路况非常差，汽车速度提升不起来，1000cc排量的汽车在日本本土已经足够，但是在美国高速路上，这种小排量汽车马力不足的缺点就充分暴露出来。片山丰于1960年来到美国，担任达特桑（即现在的日产）的市场经理，他对公司的假设提出了质疑，指出1000cc排量的汽车投放美国市场并不合适。然而，日本总部的高层却为了保全自己的颜面，拒绝了他的建议。片山丰足足花了将近十年的时间才改变了达特桑公司的偏见。而此时，改变经营策略的本田公司于1972年推出的思域汽车排量达到了1169cc，并且在随后几年里不断提高发动机马力，已经在美国小型汽车市场占据了相当可观的市场份额。

苹果公司在宣传 iPod 时，把它描绘成一个简单、时尚、迷人的电子设备。

达特桑公司所犯下的错误正是证实偏差，这类问题在企业中一直存在。营销人员很可能会误解或曲解可获得的信息，将研究局限在支持自己观点的资源上，或者将反面证据作为非正常数据删除。达特桑/日产并非唯一一家在市场调研中没有考虑关键证据的汽车制造商。

证实偏差也可能会导致市场调研人员过度使用某一特定的反应，而不是探索其他选项，这在商界被称为**承诺升级**（escalation of commitment）或**损失规避**（loss aversion）。如果一家公司在营销某种产品时持续执行错误的行动路线，而不是尝试改变路线或者努力减少损失，这时便出现了承诺升级现象。例如，当录像技术在20世纪70年代成为主流的时候，两种相互竞争却又相互排斥的记录系统同时被推向市场，其中一种是日本索尼公司生产的盒式磁带（Betamax），另一种是日本胜利公司生产的家用录像系统（VHS）。即使事实已经非常清楚地显示，消费者更喜欢便宜的家用录像系统，索尼仍然继续生产磁带录像机。直到1988年，索尼为扭转自己的财务亏损，才最终决定转而生产家用录像系统。销售商的损失规避心理也影响了2008年次贷危机的发生，地产经销商在面临不断下滑的房地产市场时，仍然选择拒绝降低房屋的价格。在乐高，主题公园的承诺升级差点让公司破产，直到一位新CEO做出了重大改变才挽救了公司（参见"独立思考：乔根·维格·克努德斯托普，乐高集团首席执行官"）。

糟糕的沟通能力和倾听技巧也会导致公司高层做出错误的市场决策。如果一家公司假设顾客与自己对某一款产品拥有相同的期望和偏好，那么在听取顾客意见时就可能会做出歪曲的解释以迎合自己的世界观。公司可能会将顾客的偏爱描述为"非理性的"，或者将讨论的主题定为顾客应该想要什么。例如，一家时尚公司的产品销量出现下滑，当消费者调查小组指出销量下滑的原因是产品款式不吸引消费者时，公司的一位代表做出的反应是通过"解释"试图获得认同。调查小组没有去挑战其"权威"，而是礼貌地遵从了他的意见。[4] 在本案例中，这位公司代表表现出了糟糕的倾听技巧，忽视了顾客讲述的有用信息，并改变"事实"使其适合自己的世界观。结果公司的产品销量持续下滑。

由于证实偏差的存在，以及人们往往容易屈服于群体压力，很多公司使用独立的调查公司开展市场调研，或者在决策时依靠政府部门得到的研究数据。这些公司和部门在设计调查和从顾客或潜在顾客中选择代表性样本时都拥有非常专业的技术和团队。例如盖可车险公司就订制了马丁公司的调查服务，而马丁公司同时还为沃尔玛和UPS公司提供服务。

在向国际市场推出一款新产品时，准确、完整和无偏见的市场调研是非常重要的。在一个国家卖得非常好的产品到了另一个国家却可能出现滞销。此时就需要公司仔细研究外观、包装以及产品名称等因素，而顾客对产品本身的兴趣也非常重要。当宝洁公司第一次在一个非洲国家推出一款罐装嘉宝婴儿食品时，几乎没有人购买。[5]通过进一步调查，宝洁意识到了自己的错误。由于这个国家很多人目不识丁，通常的做法是食品类商品的标签上会配有实物产品的照片。通过运用归纳论证中的类比法，这些潜在的顾客得出了符合逻辑但令人恶心的结论，那就是印有婴儿大头像的宝洁婴儿食品罐里装的是磨成粉的婴儿！

泳衣制造业一直假设，女性喜欢穿性感的泳衣，但这么多年以来却从没有去考察这条假设是否成立。在1987年泳衣生产企业协会主持的一项市场调查发现，正如一位供应商所说，"大多数女性宁愿接受不打局部麻药的牙根管治疗手术，也不愿意买一件泳衣"。在拼命按照时尚模特的身材为女性制作性感泳衣的时候，整个行业并没有考虑到大多数女性的顾虑，她们的身材可能已经走样，或者还有一点矮胖，穿上这种泳衣会令她们感到尴尬。泳衣生产企业花费了几年的时间，终于设计出了两件装的保守款泳衣，这种泳衣能够遮盖住隆起的小腹，方便在沙滩的公共浴场使用。

日产东京总部的管理层将他们在美国市场推出的第一辆跑车命名为窈窕淑女时，也没能够进行有效的市场调查。这个名字与引擎动力和兴奋刺激毫无关系，而这恰恰是美国消费者希望在跑车上找到的元素。所幸，片山丰对此早有预见，他将"窈窕淑女"这个名字改成了"240Z"，也就是跑车的内部设计标识。这款跑车受到了广泛欢迎，即后来广为人知的Z系列汽车。

除了对现有的市场进行研究之外，市场调研必须预测未来，以占得先机。

为了达到这一目的，市场研究者们必须摒弃个人偏见，保持思维开放、专注和心智上的好奇。市场最初发出的看似异常的信号，实际上可能是某一个趋势或潮流的萌芽。西联电讯公司在19世纪中期控制了全美的通讯网络，但是没有预见到电话给人们生活带来的深远影响。1876年该公司拒绝了购买亚历山大·格雷厄姆·贝尔发明的电话专利的机会。西联电讯得出的结论是："这种电话有太多的缺点，根本无法成为一种正规的通讯方法。"

## 营销策略

只有对自己的假设进行仔细检查，并搜集所有的相关信息之后，才能够开始制定战略计划。公司和企业等组织机构通过**战略计划**（strategic plan）来配置资源以实现自己的目标。在商业领域，战略计划通常涉及战略模型的使用。战略模型指的是"……一系列政策组成的体系，这些政策包含了对公司某项业务在未来具体运作中所涉及的投入、产出、流程和价值等的具体要求"。[6]

### SWOT 模型

SWOT 是"优势（strengths）、劣势（weaknesses）、机会（opportunities）、威胁（threats）"四个英文单词的首字母缩写。**SWOT 模型**（SWOT model）用于分析企业的优势和劣势以及外部商业环境中的机会和威胁。这种战略模型既可用于制定市场战略，也可用于决定（与其他选择相比）是否开展一项新的业务或者扩大已有的规模。在个人面临重大人生决策时，SWOT 模型也可以提供帮助，例如选择何种专业，从事哪项职业以及到哪个城市去发展等。

SWOT 中的前两个组成部分（优势和劣势）是对企业内部进行评估。相反，机会和威胁对一个企业来说属于外部因素。分析一家企业的资源和竞争能力与绘制资产负债表有类似之处，需要将企业的优势和劣势或缺陷罗列出来并进行比较。

在进行 SWOT 分析时，首先需要列出企业最具优势的方面。优势被定义为一家企业的资产和核心竞争力，也就是说企业在哪些方面能够做得最好。一家企业的优势有助于提升自己达成目标的能力，并在某些方面比自己的竞争者做得更好。丰田汽车公司是世界上最大的汽车制造商之一，其品牌在世界各地都有知名度。其他优势包括对中国和美国工厂的新投资，以及从大型卡车到小

| 优　势 | 劣　势 | 机　会 | 威　胁 |
|---|---|---|---|
| • 设施位置<br>• 独特的卖点<br>• 庞大的消费者群体<br>• 员工的忠诚度/生产率<br>• 满足需求的能力<br>• 产品或服务的质量<br>• 公司声誉<br>• 消费者服务项目<br>• 强有力的管理<br>• 品牌认知<br>• 营销渠道 | • 过时的设施/设备<br>• 不充分的信息<br>• 债务或有限的经济资源<br>• 微弱的消费者需求<br>• 强大的竞争者<br>• 管理不善<br>• 营销不善<br>• 不能应对最后期限的压力<br>• 缺乏专业技术 | • 新的市场<br>• 竞争者的弱点<br>• 行业或生活方式的趋势<br>• 技术发展/创新<br>• 全球化的影响<br>• 并购竞争公司的机会<br>• 潮流影响<br>• 消费支出的扩大<br>• 新的合作者 | • 竞争对手<br>• 限制性的法律法规<br>• 全球变暖<br>• 自然灾害<br>• 新技术<br>• 消费者需求的转变<br>• 消费者不满意<br>• 经济衰退<br>• 负面的媒体报道<br>• 工资福利成本上升<br>• 业务外包 |

**SWOT模型**

型混合动力汽车等多样化的产品。

自1998年成立以来，谷歌已经发展到拥有超过5万名员工。谷歌是一家具有创新精神和前瞻性的公司，谷歌定期进行SWOT分析，以确定自己的优势和劣势。除了品牌忠诚度和创新的产品，谷歌的优势之一在于关注员工的舒适和需求。这里有一个育婴室，一个咖啡馆，一个游戏室，还有其他设施。

沃尔玛是全球最大的公司，雇员人数超过200万人。沃尔玛的主要优势在于它的效率和创新，通过创新使顾客买到最低价格的商品，其中最主要的措施便是80%以上的制造业产品从人工成本较低的国家和地区进口。沃尔玛的营销战略既雄心勃勃又有着非常高的效率，并吹嘘说"永远低价"。沃尔玛营销策略的另外一个方面是它的"好工作"项目和社区慈善工作，例如，在设有沃尔玛大卖场的社区里，沃尔玛会积极把自己塑造成一个"好邻居"的形象。

相反，劣势指的是企业缺乏或做得不好的方面，包括内部资源缺乏或不足，例如缺乏行业专家、信息获取不畅、资金短缺无法满足客户需求或者地理位置差等。在制订营销战略时，企业对自己的劣势进行内部评估是非常重要的。即使是最具实力的企业也可能由于忽视内部劣势或者未能预见的外部威胁而被击垮。采用否认等抗拒方式会使一家企业无法认清自己的内部劣势。当日本汽车制造商正在发

"我能为你做点什么？"和"永远低价"的标语帮助沃尔玛牢固树立了世界企业的领导地位。

## 独立思考

**乔根·维格·克努德斯托普，乐高集团首席执行官**

上世纪 90 年代，随着电子游戏和个人电脑的日益流行，孩子们开始把乐高玩具收起来，转而玩电子游戏。到 2003 年，丹麦的家族企业乐高集团尽管试图通过开设乐高主题公园来维持运营，但每年仍亏损数百万美元。这些公园最终没有盈利。然而，乐高并没有寻求新的发展方向，而是继续加大对主题公园的投入。

2004 年，35 岁的乔根·维格·克努德斯托普被任命为乐高集团的首席执行官。2001 年加入乐高的克努德斯托普，是该公司第一位来自克里斯蒂安森家族以外的掌门人。克努德斯托普的第一步是把重点从"养育孩子"转移到为公司赚钱上来。他卖掉了被证明是一个劣势的主题公园，评估了公司面临的威胁（电子游戏越来越流行），并在重新设计乐高产品时寻求反馈以满足市场需求。为了实现这一目标，他得到了成千上万名乐高"超级用户"的帮助，并对他们的反馈给予了奖励。与大多数用孩子来测试儿童玩具的公司不同，克努德斯托普选择主要使用成年乐高迷来测试。为什么是成年人而不是孩子？克努德斯托普在接受《哈佛商业评论》采访时表示："这些超级用户能够清楚地说出产品的优势和劣势，而这些优势和劣势是孩子们可能感觉得到但无法表达的。"*克努德斯托普一直在寻找新的机会，并将业务扩展到电影业。2014 年的《乐高大电影》的票房收入超过 4.6 亿美元。续集计划于 2017 年上映。

在克努德斯托普的领导下，乐高集团实现了反弹，2015 年利润总计超过 5 亿美元。

### 讨论问题

1. 将克努德斯托普的战略与本章前面讨论的 SWOT 模型联系起来。
2. 上网或者去逛一家商店，比如沃尔玛，那里有乐高产品。请注意不同的乐高产品如何吸引今天的年轻人。与全班同学讨论你的发现。

*Andrew O'Connell, "Lego CEO Jørgen Vig Knudstorp on Leading Through Survival and Growth," Harvard Business Review, January 2009.

展有效的自动化制造设备时，美国汽车公司仍然采用劳动密集型的生产模式，其制造一辆汽车所需要的工人数量是日本公司的 4 倍。[7] 这导致了 2009 年通用汽车和克莱斯勒公司的破产，这两家公司得到了 850 亿美元的联邦救助。

强生公司目前正面临大量关于髋关节植入物缺陷的诉讼，原因是该植入物的召回管理决策失误。早在 2010 年植入物被召回之前，强生公司就知道它有缺陷，可能会对患者造成身体伤害。然而，管理层非但没有召回，反而隐瞒了信息，继续推销植入物，尽管许多医生因为相关问题而停止使用它。截至 2016 年，这些诉讼仍在进行中，可能会让强生公司损失数十亿美元。

盖可车险的劣势之一在于，与美国的国民保险公司和好事达保险公司等保险业巨头相比，公司规模太小；另外，公司的名字也很难给人留下深刻的印象。盖可车险克服这一劣势的方式之一，便是将一只爱唠叨的壁虎（壁虎的英文读音为"盖可"）作为公司的吉祥物，这一营销策略帮助顾客更好地记住了公司的名字，并以此为乐。盖可车险还将广告渗透到广播中，每年在广告业务上的花费高达数亿美元。

SWOT 分析的后两项（机会和威胁）指的是公司的外部因素，这两项因素通常会超出公司的控制。要想制订有效的营销战略，公司必须对市场中出现的机会——公司能够利用的市场条件或发展机遇——时刻保持警觉。

机会包括新技术、消费支出的增长或新市场的开发等。例如，中东地区有很多空闲的石油资金，然而当地的宗教却禁止为追求利润将资金借出，或将资金投资于赌博业或烟草业。花旗等一些银行就主动抓住了这一机会，它们通过与来自中东地区的伊斯兰银行和公司联合开设伊斯兰支行，例如英国伊斯兰银行，打开了这一未开发的市场。由于大多数西方银行缺乏精通或研究《古兰经》的专家，他们通过雇用顶级的伊斯兰学者加入公司的董事会，从而克服了这一劣势。这些银行现在正利用符合伊斯兰律法的伊斯兰信用卡、伊斯兰抵押贷款和伊斯兰债券，积极开拓新的市场。[8]

当电子书开始流行起来的时候，巴诺公司看到了机会，创造了自己的电子书阅读器 Nook，并在商店和网上销售。相比之下，鲍德斯连锁书店没能看到电子书的兴起，而是继续把注意力集中在书店里的纸质书销售上——这一策略过去很成功，但最终导致了 2011 年鲍德斯书店的破产。

心智开放并富有创造力的批判性思维者是最有可能抓住机会的人。2003 年，当墨西哥裔美国籍的亿万富翁阿图罗·莫瑞诺从迪斯尼手中买下洛杉矶天使棒球队时，他看到了一个增加长期收益的机会，那便是通过营销策略去吸纳这个地区激增的拉丁裔人口。为了吸引这部分人，作为球队老板的莫瑞诺一开始便做了一件令人们匪夷所思的事——他大大降低了家庭套票和上等座位的价格，同时增加了运动员的工资支出（天使队的平均工资上升到联盟的第四位），以打造一支更具竞争力的球队。自从莫瑞诺买下天使队之后，球队的拉丁裔球迷数量增加了两倍，从安海斯—布希、通用汽车和威瑞森等赞助商那里赚得的广告收入增长了三倍。2015 年，《福布斯》公布的莫雷诺所拥有的净资产为 14 亿美元。[9]

威胁是指影响到公司顺利发展，可能严重拖累甚至破坏公司运营状况的不可避免的外部因素。这些因素包括自然灾害、经济低迷、政府政策、消费者购买习惯转变、外包成本升高以及新的竞争对手出现等。一家公司可能会忽视或轻视由外部威胁导致的财务问题，直到问题无法挽回时才意识到威胁的存在，例如国外企业的竞争。直到 20 世纪 70 年代早期，美国汽车工业一直经营得非常成功，长期以来的顺利发展使其认为自己的成功是理所当然的。所以，整个汽车行业没有认真对待来自日本汽车制造商的竞争，并开始慢慢走上了下坡路。到 2007 年时，通用汽车公司位于密歇根州弗林特市的制造工厂已经裁减了 7 万个工作岗位。[10] 始于 2008 年的全球金融危机进一步加剧了这种经济滑坡。到 2018 年底，剩下的工作岗位几乎有一半被裁减，通用汽车向政府寻求救助，以避免破产。

由于威胁来自于外部，公司必须时刻保持警惕，并对行业的最新发展趋势拥有充分的认识和了解。瑞士的雀巢公司和美国的通用食品公司（麦斯威尔）都没有对极品咖啡风潮足够重视，等到发现星巴克等咖啡业新贵在北美市场站稳脚跟已经为时已晚。两家咖啡业巨头将相当大的市场份额拱手让给了新进入的竞争者。

面对外部威胁，一个公司不应当视而不见，而是应该做出积极的反应，扩大自己的营销策略以吸引更广泛的消费群体，或者为市场开拓新的空间。当吸引咖啡鉴赏家的星巴克登上西雅图和华盛顿的舞台时，唐恩都乐做出的反应是扩大自己的产品线，并调整公司的营销策略，推出了非常吸引眼球的新标语："美国的一天是从唐恩都乐开始的。"唐恩都乐的这一新的营销策略，迎合了大多数美国人忙碌的生活节奏，强调唐恩都乐的上餐速度和效率，以此与星巴克缓慢而悠闲的就餐氛围形成鲜明的对比。

来自竞争者的威胁有时能够通过提供新的服务或者新的产品线而化解掉。丹麦乐高的销量自 2002

不只是一杯咖啡：星巴克为喝咖啡的人提供了放松的社交氛围。

年起出现了下降。相比乐高的塑料积木，现在的孩子更喜欢 Xbox（一款由微软公司生产的电子游戏主机）。2004 年，乐高集团聘请了一位新 CEO，他帮助公司制定了新的发展方向，乐高的销量开始回升（见"独立思考：乔根·维格·克努德斯托普，乐高集团首席执行官"）。

面对法国沃尔玛的竞争威胁，美国百思买通过向顾客提供沃尔玛无法提供的服务来进行回应，这种提供卓越顾客服务的店内专家团队还有一个巧妙的名字——极客团队。同样，面对可口可乐的竞争，百事做出的反应是增加产品种类形成新的产品系列，包括佳得乐、果缤纷和 Propel 低能量营养水等无苏打汽水。这种营销策略使得百事可乐公司受益匪浅。虽然可口可乐公司的苏打汽水产量比百事多，但是最近几年苏打汽水的总销量出现了下降，致使可口可乐公司的股票受到了重创。

SWOT 模型只是众多商业战略分析模型中的一个例子。使用 SWOT 等战略分析模型的关键是提出成功的项目和营销战略，聚焦公司的优势，抓住潜在的机会，同时还要克服公司的内部劣势和外部威胁。

## 消费者对营销策略的觉察

在营销某种产品或某项服务时，公司一般会混合使用多种策略。

最常见的策略之一便是品牌认知。一个为人所熟知的品牌名称或标志是一家公司最宝贵的财富之一，例如李维斯的 501 系列、苹果的 iPod、麦当劳的金拱门等。为了想出一个能够给顾客带来积极情绪反应的商标名称，市场营销人员甚至愿意花费几百万美元。例如一些制药公司会聘请品牌顾问确定药品名称，诸如"万艾可（Viagra）"就是一个积极向上和令人难忘的名称，在吸引消费者的同时也激起了医生的兴趣。为一款新的药品拟定品牌名称的整个过程大约会花掉数十万美元。[11]

除了提高品牌认知度，市场调研还发现，88% 的人承认他们买了自己不需要或不打算买的东西。[12] 这种现象被称为"冲动性购买"。作为批判性思维者，面对鼓励这种冲动行为的营销策略，我们需要时刻保持警觉。例如，市场营销人员提出的策略能够将顾客更长时间地留在商店里面，这样就可以让顾客购买一些本来没在采购计划中的物品。拿大多数药店来说，它们会让购买处方药的顾客等候 15 分钟，这并不是因为将这些药片放入塑料瓶子里需要花费这么长的时间，而是为了给顾客一定的时间去选购其他药品。还有一种策略是将容易冲动购买的商品如糖果放到顾客最容易看到的区域，比如过道尽头的展示柜、位置比较显眼的货架或者结账柜台旁边。

售货员以及与顾客直接打交道的职员也是营销策略的一部分。在一些商店里，售货员或者其他职员会站在门口迎接顾客。市场研究发现，当一名顾客和售货员交流的时候，如果顾客最后没有买这件商品，他会产生内疚感。当这种情况出现的时候，这位顾客很可能会从该售货员或者商店里购买其他产品作为补偿。然而，这种内疚感明显是非理性的。[13] 作为一位精明的顾客，需要意识到自己的不恰当反应，以免落入类似的营销圈套。

如果抱着相互尊重的态度，恰当的营销能够令买卖双方都比较满意，从而出现双赢的局面。顾客买到了自己想要的东西，制造商和零售商获得了利润。然而，并非所有的营销策略都是基于合理的诉求。虽然大多数广告仅仅是提供产品信息，但是广告还是被指责有诱导消费者之嫌。在下一节中，我们将针对广告展开更深入的介绍。

2015 年，在美国密歇根州底特律举行的国际汽车展上，大众高尔夫赢得了北美年度汽车大奖。大众的优势、克服威胁的能力以及对新机会的寻求，使其成为世界上最成功的汽车制造商之一。

## 广告与媒体

广告有三个目的：(1)提高产品认知度；(2)让顾客了解产品或服务；(3)激发顾客购买欲望，从而建立品牌忠诚度。广告可以出现在电视、杂志、网络、广告牌、店内展示、公交车、出租车、学校公告栏甚至人们的衣服上。

毋庸置疑，广告能够为人们提供有价值的信息和选择，使我们的生活更加便利。从另一方面来说，广告的最终目的是为厂商赚取利润，而不是传播真理。从本质上来说，广告是单方面的说服性交流方式。在一些情况下，广告并没有提供任何有关产品的信息，而是依靠心理手段创造一种购买欲望。

### 广告在媒体中的作用

广告是大众传媒的基石。人们接触到的广告要远远多于其他形式的媒体节目。根据《媒体事务》(Media Matters)杂志的报道，普通美国人每天要接触 600 到 625 个广告，其中 270 个来自传统的大众媒体，如电视、广播、杂志和报纸。[14] 过去的电影院里没有任何广告，现在观众却不得不在灯光暗淡以后观看几分钟的广告，有时候在播放电影的一个半小时里，还会看到贯穿整部电影的植入式广告。

营销人员会将大量的资金用于确定自己产品的目标群体，并设计广告以吸引目标人群。循环图可以用于测量平面媒体的读者群，此外，还可以采用调查的方式确定哪些读者会阅读什么内容。通过使用记录个人收听习惯的日志，媒体调查公司追踪广播节目的听众。尼尔森公司是美国最大的媒体研究公司之一，该公司通过对超过 5 000 户家庭和 13 000 人的代表性样本的监测，获得全国电视节目的收视率数据。通过安装在用户家中电视机上的监测盒，尼尔森可以清楚地了解电视机的开机时间以及正在收看的节目。尼尔森公司还收集每户参与家庭的人口统计数据。商家可以通过这些信息判断哪档电视节目能吸引适合自己产品的观众。

网络广告也越来越受到广告商们的重视。网络广告的优势之一便在于，根据人们访问的网络站点，可以更加精准地确定商品的目标客户群。与传统方式的传媒广告不同，网络广告允许客户与商家之间双向交流，因此还可以作为买卖交易和分销货物的手段，例如音乐和电子游戏的收费下载等。美国陆军国民警卫队正面临很大的募兵缺口，便求助于网络广告以吸引 18 岁至 25 岁的年轻人。愿意点击并浏览警卫队招募信息的网民可以获得 iTunes 的免费音乐和电子游戏下载。

就像纽约时代广场的这个场景一样，大众媒体中广告无所不在，包括商店展示、出租车和广告牌。

网络的出现为营销人员提供了接触消费者的新渠道。

## 植入式广告

广告还可以嵌入到电视节目当中。这种广告策略被称为植入式广告，具体是指"在虚拟媒体中使用现实世界中真正的商业产品，产品的出现是传媒公司和产品公司之间经济利益交换的结果"。大多数植入式广告不太容易引起人们的注意，除非人们有意识地去关注它们。出现在《美国偶像》节目中的可口可乐产品是植入最频繁的品牌之一（参见"分析图片：媒体中的植入式广告"）。公司还可能愿意付钱以在节目中出现自己的商标。例如耐克和威尔逊体育用品公司等运动服饰品牌，会将自己的商标印在有可能在体育节目中出现的服装和装备上。汽车公司也是频繁使用植入式广告的行业之一，例如电视连续剧《X档案》中使用的就是福特汽车。

植入式广告也会出现在电影中。电影《黑客帝国之重装上阵》中有一段高速公路上的场景，其中出现的每辆汽车都出自通用汽车公司。好时公司的巧克力产品在 1982 年拍摄的电影《E.T. 外星人》中出现之后销量大涨了 60%。2012 年的 007 系列电影《天幕杀机》中，可口可乐和皇冠伏特加马提尼都曾出现。多力多滋出现在电影《精灵旅社》中。电影中的植入式广告越来越受欢迎，因为观众不能像关掉电视那样关掉电影。苹果电脑是植入式广告的最大用户之一。过去几年，苹果公司的产品出现在了几乎一半的热门电影中，包括《碟中谍 4 幽灵协议》、《死魂盒》和《暮光之城 4：破晓》上下部。《变形金刚 3》（2012）在电影中植入了 100 多个产品，创下了纪录，而其续集《变形金刚 4》（2014）中植入了 55 种产品，包括百威、凯迪拉克、可口可乐和维多利亚的秘密。

一些电视观众和传媒公司更喜欢植入式广告，而不是商业广告，因为植入式广告不需要占用节目时间。赞助商现在也更倾向于使用植入式广告，因为现在越来越多的家庭会使用数字录像机将电视节目和电影预先录下来等到空闲时观看，这样观众就会跳过商业广告。

非营利消费者权益保护组织——广告警示协会对植入式广告提出了质疑，认为植入式广告从本质上来讲具有欺骗性，容易误导观众。该组织指出，与普通商业广告不同，植入式广告并没有明确自己是付费播出的广告。此外，植入式广告不像传统商业广告那样与常规节目分开播放，这使得家长们更难控制自己孩子观看的广告类别。

## 分析图片

**媒体中的植入式广告**　福克斯公司制作的电视节目《美国偶像》中出现的植入式广告：评委玛丽亚·凯莉、凯斯·厄本、尼基·米娜和兰迪·杰克逊展示了他们"最喜欢"的饮料。

### 讨论问题

1. 讨论图片中这条植入式广告的效果。植入式广告在多大程度上依赖于人们的思维谬误？
2. 假设你是一名广告顾问，正供职于目标群体主要是年轻人的电视节目，例如《美国偶像》。领导要求你为一款 iPod 制定广告策略。讨论采用哪种广告策略最能够吸引目标群体的注意力，植入式广告还是独立的商业广告，说明你的理由。

## 电视广告与儿童

　　看电视是学龄儿童最主要的课外活动。根据 2015 年的尼尔森报告，儿童平均每周看 20 个小时的电视，包括在吃饭时间看电视和用手机看电视。十分之七的儿童卧室里也有电视。如果将数据进行换算，每名儿童平均每周观看 5 小时的电视广告。儿童在 18 个月大的时候，就能够分辨麦当劳的金拱门和耐克的对钩等商标。[15] 很多心理学家认为，广告对儿童的发展和健康有着重要的影响。[16] 8 岁以下的儿童由于缺乏认知能力，无法辨别出广告的意图或者广告中频繁使用的错误推理和修辞手法。此外，广告中使用少儿节目中的角色也混

由于缺乏批判性思维技能，年幼儿童非常容易受到电视广告画面的影响。

淆了广告和节目本身的界线。由于儿童无法批判性地分析广告，美国心理学协会呼吁立法限制针对 8 岁及以下儿童的广告。请参见本章末尾的批判性思考之问"透视广告与儿童"，讨论应该对儿童广告施加什么样的限制，如果有的话。

## 广告评价

  媒体中大多数广告的重要作用在于让人们了解可以改善生活的不同产品和服务。然而，广告也能够影响人们去购买在观看广告之前既不需要也不想买的产品。这些广告不是使用逻辑推理来说服观众，而是使用谬误、修辞以及极富感染力的语言和画面来诱导观众。此外，一些广告会故意省略掉一些信息或前提，而这些内容对人们做出理性的购买决定是非常必要的。法律禁止广告向顾客传递错误或蓄意误导的信息。而另一方面，在广告中使用心理劝说和修辞手法一般是被允许的。然而，研究发现，仅仅是想到能够立即获得金钱或想要的物品等奖励，就能够刺激人类的大脑释放出一种"快乐物质"多巴胺，并刺激头脑中产生诸如跑车或性感名模的图像。[17] 市场营销人员会利用这种人类倾向。作为批判性思维者，人们需要时刻保持警觉，并学会识别谬误和修辞手法，分辨出真实的信息。

## 广告中常见的谬误

很多广告不是依赖可靠的信息和理性的论证来打动观众，而是凭借谬误和心理劝说来诱导消费者。例如，广告商们常用的恐吓策略，就是利用人们的恐惧、不安或羞愧感，或者给观众制造一种焦虑的情绪。广告常常使我们感到自己不够漂亮，或者身材不够苗条；口臭，身体散发异味，或者有头皮屑；性格缺乏魅力，或者穿着不合时宜；或者作为父母非常失败。紧接着，广告会为这些人们一开始并没有意识到的问题承诺一种解决方案。虽然在利用恐吓策略促进销售的产品中，确实有一些能够达到广告承诺的效果，但大多数广告纯粹是利用了不合理的因果谬误，这样的广告会创造一种虚假期望，即如果使用广告中的产品，你的身上会发生一些美妙的变化，例如变得更漂亮，身材更苗条，更受人欢迎，更幸福。

迪赛服饰在广告中使用了虚荣谬误以及不合理的因果谬误，暗示穿着迪赛服饰的人会散发出令异性无法抵抗的魅力。

广告中出现的另外一个常见谬误是诉诸众人谬误。诉诸众人谬误会给人们制造一种错觉，"每个人"都在使用这种产品，所以自己也应该使用。正如我们在第4章中提到的那样，人类拥有很强烈的适应并融入群体的愿望。这种类型的广告对青少年尤为有效，因为青少年倾向于根据自己同伴群体所拥有的物品或者喜欢做的事情来定义自己。如果"每个人"都拥有一部苹果iPod或者穿着耐克运动鞋，那么自己也必须拥有。渴望拥有其他"所有人"都有的物品会导致一些孩子走上偷窃甚至抢劫的道路。有人就因为自己穿的耐克鞋而殒命。

广告还会使用虚荣谬误，这也是一种诉诸众人谬误，这种形式的谬误会将某一产品与性感的、健美的、流行的、过着理想生活的人联系起来。例如酒类广告常常将饮酒与快乐的行为，或者成为一个有趣的人联系起来。此外，广告商们还会使用爱国口号把产品与爱国主义联系起来，例如美国克莱斯勒公司生产的"吉普自由人"就是如此。还有一些公司将美国国旗放到产品旁边。

当广告商聘请体育或电影明星等名人来代言某种产品，而这款产品并非这位名人的专业领域时，就出现了不恰当诉诸权威的谬误。例如，美国尚品公司在签约前重量级拳击世界冠军乔治·福尔曼做广告代言之后，其烧烤台面的销量大涨，这其实十分荒谬，因为福尔曼既不擅长烧烤，也不懂得烹饪。

通过使用以偏概全的谬误，广告还会强化人们的刻板印象。例如女人常常被刻画成如铅笔般纤细的性感美人，年轻男人都是随心所欲的享乐主义者；黑人肯定是运动员或者音乐家，亚洲人则非常刻苦好学。

另外一种比较常见的谬误是构型歧义。荷美邮轮是一家航运服务公司，该公司在广告中宣称"荷美邮轮向您保证价格最低"。然而，这种宣传就出现了构型歧义谬误。因为从语法上来看，我们不能确切地解释这种说法。该公司指的是宣传册中的航线最便宜呢？还是说与其他邮轮公司相比，荷美邮轮最便宜呢？我们很难得出确切的结论。

还有一些广告可能会使用自然主义谬误（认为自然的东西就是对人类有益的东西）和虚假两难谬误，或者在免费等关键词语上的语词歧义。天然美国精神牌香烟的广告中，不仅使用了诉诸众人谬误，还错误地提出，由于自己的烟草是"纯天然的"，所以不像其他烟草那样有害。（什么烟草不是"纯天然的"，为什么"纯天然的"烟草对人类更安全？广告中并没有进行解释。）在这个例子中，美国联邦贸易委员会判定这则广告涉嫌欺诈，限令公司进行整改。

## 修辞手法和误导性语言

虽然美国联邦贸易委员会禁止广告中出现欺骗，但却允许使用修辞手法。所以，在广告中尤其容易出现委婉语。例如，在房地产广告中，小房子或公寓被描述为"舒适""优雅"或"紧凑"，而老房子则充满"魅力"或极具"特色"。一款软件产品被描述为一种"解决方案"，而低价产品则是"经济实惠"或"物超所值"。

使用夸张的修辞手法夸大某种产品的作用或效果，在广告业中也是被允许的。美国国家广播公司声称自己是"必看的电视节目"，美国通用食品公司宣称麦片是"早餐之王"，这都是广告中使用夸张手法的典型例子。

此外，广告会频繁使用情绪性的话语和措辞，例如尽在掌控之中、鲜活、神奇、光明、尽享满足等，这些词语可以唤起消费者的积极情绪，并将其与产品联系起来。例如，美国尚品公司最近推出了一款小型烧烤架，为其取名为"精益减肥机"，这就给观众留下了一种印象，如果使用这款烧烤架，自己的体重就会减轻。

广告中使用的图像和标语常常会营造一种幸福美满的氛围，但却没有告知人们多少产品信息。麦当劳的"我就喜欢"和彩虹糖的"尝尝彩虹"等标语

## 分析图片

更清新的空气　　　　燃油效率

平稳的行驶　　　　　安静

**你还需要什么理由？**

油电混合动力系统，多种动力输出模式。同级别车辆中最低的 $CO_2$ 排放量为地球带来更清新的空气*。更高的燃油效率，每箱油可行驶 650 公里，电力发动机起步加速至 62 公里/小时仅需 10.9 秒。当你以为这就是最出色的表现时，配备了高功率电力发动机的扭矩输出控制系统还为您提供了更灵敏、更平稳和更安静的加速能力。为自己，你值得选择！为地球，你应该选择！油电混合动力系统，你还需要什么理由？

HYBRID SYNERGY DRIVE

TODAY TOMORROW TOYOTA

所有数据来自于配备了油电混合动力系统的丰田普锐斯测试结果。普锐斯油电混合动力车的官方油耗数据，单位为每加仑行驶英里数（括号内为升/百公里）：市区内道路—56.5（5.0），市区外道路—67.3（4.2），混合道路—65.7（4.3），$CO_2$—104g/km。* 中高级车领域中最低的 $CO_2$ 排放量，数据来自于英国汽车制造和贸易协会 2006 年度市场综述 $CO_2$ 排放报告。

## 丰田混合动力系统的广告

### 讨论问题

1. 你第一眼看到这则广告时的反应是什么？解释自己为什么会有这样的反应。
2. 这则广告效果如何？讨论这则广告如何使用煽动性语言和画面来唤起人们对广告中汽车的强烈好感。
3. 广告呼吁："为自己，你值得选择！为环境，你应该选择！"讨论这句话使用了什么谬误，通过使用这种谬误广告商期望达到什么效果。

并没有传递任何关于品牌的实质信息。这些煽动性的话语和措辞有时难免存在欺骗嫌疑。2003年，菲利普·莫里斯公司由于在广告中使用词语"少量"而被判定为欺诈消费者，因为这使消费者错误地认为，与其他香烟相比，"少量"的香烟对人们的健康危害更小。

还有一种广告策略是使用模糊、晦涩或模棱两可的语言。例如"帮助""可能"和"多达"等词语的含义有时候非常模糊，对消费者来说毫无意义。比如某种产品声称可以让消费者节省"多达50%"的花费，但是这并不排除其他的可能性，消费者可能根本不需要，或者相比其他品牌的类似产品甚至花费更多。使用晦涩或专业的术语也可能令消费者产生混淆。例如，在借款或抵押贷款的广告中会出现"固定汇率"，尤其是在广告底部还会以极小的字体来说明借款利率按每日实际利率浮动，这到底是什么意思？

## 错误和薄弱的论证

为了劝说人们购买某种产品，广告可能会使用类比的归纳论证法，将产品比作某些积极或强大的事物。一些广告中使用的类比非常牵强，甚至是错误的。例如这个广告口号："雪弗兰：坚如磐石。"什么样的雪弗兰才能坚如磐石？人们肯定不会去驾驶一块岩石。此外，岩石不需花钱购买，不需要保养却可以屹立千年。实际上，很难说一辆汽车和一块岩石之间存在什么相似之处。

一些广告可能看起来好像是逻辑论证，但实际上却缺乏关键信息或者使用误导性的统计数据。例如，美国的制药公司葛兰素史克在杂志上刊登了一则看似使用了归纳论证法的广告，以反对美国国会立法允许进口其他国家的药品。然而，论证中却遗漏了许多前提。广告中写道："专家认为世界上供应的药品中有10%是假冒伪劣产品。我们能确定进口药品是来自于其余90%的非假冒伪劣产品吗？"广告在结尾处邀请读者"完成家庭作业！自己来算一下！对你而言，进口药品是否合算"。然而，广告中并没有向人们提供数学计算所需要的全部信息。两项前提中提供的数据虽然非常准确，但对没有鉴别能力的读者来说存在误导性，因为其中传递的信息是进口药品很可能是假冒伪劣产品。在我们对本国药品供应的相对安全性得出结论之前，除了要了解来自于加拿大等国家的药物中假冒伪劣产品的比例，我们还需要第三个前提，本国生产的药品中假冒伪劣产品所占的比例。实际上，根据世界卫生组织的估计，全世界的药物供应中有10%是假冒伪劣产品，并且大多数假冒伪劣药品来自于发展中国家。这条广告还利用了恐吓策略以及"我们/他们"的认知错误，期望读者认为假冒伪劣药品只是其他国家的问题，而美国不会出现这种问题（虽然广告中并没有明确提出这种论断）。

一些广告会在统计数据的基础上进行概括，但是这些数据往往没有控制组或对照组，也没有提供关于如何选取样本的信息。例如泰普尔床垫公司的一则广告提出："我们的睡眠技术获得了美国宇航局的认可以及各大媒体的极力赞赏，世界上超过 25 000 名医疗专业人士向您推荐本公司产品。"首先我们需要考虑一个含糊不清的术语——医疗专业人士。医疗专业人士是否只包括医生和注册护士？助理护士和医院杂工是否也计算在内？医疗专业人士的样本总量有多大，样本是如何选取的？美国一共有 70 万名医生和 280 万名注册护士。如果只计算这两个群体，那么在医疗专业人士中只有 25 000 人建议使用泰普尔床垫，这是否意味着其余 99% 的医疗专业人士都不推荐泰普尔的产品呢？

## 对广告的一些批评

批评者认为广告对整个社会有害无益。他们批评说，广告中使用的谬误和修辞手法扭曲了消费者的思想，为非必需的商品和服务开辟了市场，导致了整个社会心态肤浅以及拜金主义盛行。由于广告业成熟度越来越高，煽动性越来越强，导致越来越多的人盲目追求自己根本负担不起的生活方式，陷入债务之中。并且如果人们无法达到广告中描述的理想状态，广告会让人们将责任归咎于自己。

在现实中，有些广告会将目标定位于少数族群和贫困家庭，这是广告备受争议的又一体现。例如，美国杂志《黑檀》和《拉丁女》的读者群体主要是黑人和拉美裔人，与以白人妇女为主要读者群的杂志《好管家》相比，其刊登的垃圾食品、香烟和酒精饮料等广告的数量要高出一倍，而养生和保健产品的广告数量则只有后者的四分之一。[18] 此外，随着发达国家越来越多的人开始戒烟，烟草公司进一步加快了在发展中国家开发市场的速度，尤其是在东南亚国家和地区。

烟草和酒类产品的广告对成瘾行为来说也是一种鼓动。例如，在维珍妮香烟广告发布之后，年轻女性吸烟者的数量大量增长。此外，研究还发现，年轻人接触酒类广告的数量与饮酒量的多少存在直接关系。[19]

此外，与小公司相比，大型公司投入巨额广告费用的能力使他们占据了巨大优势。因此，在小型地方性企业的衰退和大型垄断性企业的兴起中，广告的影响不容忽视。

## 分析图片

**莎白苏打酒广告**　这则主打性感的广告被刊登在了面向普通大众的杂志上。

**讨论问题**

1. 你认为这则广告针对哪类受众？给出答案并说明理由。
2. 第一眼看到这则广告时你有何感受，脑海中出现了什么样的想法？为了唤起受众的想法和感受，这则广告使用了哪些修辞手法、谬误或图像？
3. 讨论这则广告与实际产品之间的相关性。这则广告是否有效？是否使你更想购买这款产品？给出答案并说明理由。

---

广告业的支持者们对各种批评的声音做出了回应。他们认为，拜金主义等文化价值观并不是广告创造的，广告仅仅是反映了这些价值观。作为对广告误导受众指控的回应，他们指出，政府可以保护消费者免受欺诈性广告的侵害。诱导性的广告可能会使一些人上当，但大多数理智的人能够通过自己的判断认清这些广告。

此外，即使广告有时会误导受众，或者说服人们购买一些根本不需要的东西，这也可以得到补偿，因为广告确实给顾客提供了相当数量的有用信息，顾客通过这些信息能够做出更明智的决策。顾客可以通过其他信息渠道，尤其是通过网络、媒体以及《消费者报告》等官方数据获取产品和市场的相关信息。反对限制广告的人认为，限制以广告形式出现的言论自由以保护容易受骗的消费者，这种行为带来的伤害超过了它所能带来的所有好处。[20]

广告或许会使小型企业处于不利地位，但是限制大型公司的言论自由以保护地方性企业，将导致产品和服务质量下降。广告业的支持者们认为，在完全自由的市场经济社会，最好的企业将会上升到最高的位置。而对于昂贵广告费用的抱怨，他们回应说，如果没有广告，市场人员就不能够进行大规模的营销，在很多情况下反而会使生产成本升高。最后，他们还提出一种论点，认为广告提供了媒体所需要的资金支持，可以让媒体免受政府部门的干预。

不管广告在人们心中的地位如何，可以肯定的是，它对人们的购买习惯和消费理念产生了深远的影响，且远远超出了人们的预期。因此，在利用批判性思维技巧去评价广告中的信息时，人们需要继续保持警惕。广告中出现的误导性语言、谬误和修辞手法常常不易为人们所察觉。在对广告进行批判性分析时，人们遇到的主要障碍便是自我服务偏差，自认为自己比大多数人更理性、更聪明。认识到自己的缺点，了解广告中使用的策略，这样我们才能够更好地识别这些策略，更不容易受到广告的操纵。

很多烟草、酒类和垃圾食品的广告将目标瞄准了少数族群和贫困家庭。

# 批判性思维之问

## 透视广告与儿童

  儿童是美国增长最快的消费者群体之一。美国儿童平均每年要接触 25 000 到 40 000 个广告。[21] 一项包含 6 000 名儿童的研究发现，儿童平均每小时接触 5 个食品广告，其中 80% 是垃圾食品。该研究还发现，儿童在接触了不健康食品和饮料的广告后，更容易做出糟糕的食品选择。8 岁以下的儿童更容易受到垃圾食品广告的影响。[22] 而反过来，这种现象又导致社会民众呼吁政府对面向儿童的垃圾食品广告加以限制。

  面向儿童的食品广告是否应当受到限制？耶鲁大学 2004 年进行的民意调查显示，73% 的美国人希望对儿童食品广告加以限制。[23] 瑞士、挪威、加拿大和希腊等国家都已经采取了严格的措施限制针对儿童的广告。美国 1990 年通过的联邦通信委员会儿童电视法案（1996 年修订）提出，广播电视节目是一种"公共信用委托人"，有义务为儿童的教育服务，应当限制儿童节目中出现的广告数量。

  广告的内容应该由政府来规范还是由家长和消费者来决定？美国联邦贸易委员会的报告在第一篇阅读材料中进行了总结，承认不健康的食品选择是导致肥胖的原因之一。然而，该报告并未涉及法律限制，而是建议媒体公司、学校和销售垃圾食品的公司自我监管。

  并非所有人都同意这种自愿的做法。美联社的詹妮弗·克尔与詹妮弗·阿吉斯塔在第二篇阅读材料中指出，尽管许多美国人对这个问题的看法很复杂，但三分之一的美国人赞成联邦政府对垃圾食品进行管制。

# 利用炫目的广告向儿童推销垃圾食品

CBS 新闻，2008 年 7 月 29 日（© 2008 THE ASSOCIATED PRESS）

下文中，哥伦比亚广播公司（CBS）的新闻讨论了联邦贸易委员会（FTC）的一份报告。该报告指出，向儿童宣传不健康的食品会导致肥胖。联邦贸易委员会还提出了应对这一趋势的相应建议。

想象一下，超人在推销新鲜水果和蔬菜，而不是谷物食品。

美国联邦贸易委员会表示，儿童正面临着食品和饮料广告的密集轰炸，其中大部分是不健康的，娱乐业应该采取措施，让电视和电影明星推广更多有营养的产品。

上述建议来自一份报告。该报告显示，美国最大的食品和饮料公司在 2006 年花费了约 16 亿美元向儿童和青少年推销其产品，特别是碳酸饮料。

这份将于周二发布的报告源于立法者对儿童肥胖率不断上升的担忧。报告为研究人员提供了一个新的视角，让研究人员了解到公司为吸引青少年购买其产品花费了多少开销，以及这些公司使用了什么样的营销渠道。为了进行估算，联邦贸易委员会要求这些公司交出了机密的财务数据。

总的来说，这项支出低于先前的估计。不过，艾奥瓦州参议员汤姆·哈金表示，这仍意味着有一大笔钱正被用来引诱孩子们选择那些通常不健康的食物。

"这项研究证实了我多年来一直呼吁的观点。食品业界需要立即行动起来，利用其创新和创造能力，向孩子们推销健康的食品，"哈金说，"这 16 亿美元本可以用来吸引孩子们去吃健康的零食、美味的谷物、水果和蔬菜。"

联邦贸易委员会研究了针对 2~17 岁儿童的广告支出。碳酸饮料市场的支出达到了 4.92 亿美元，其中绝大多数是针对青少年的。据报道，餐厅的支出接近 2.94 亿美元，其中针对儿童和青少年的支出大致相等。在谷物方面，食品公司的支出约为 2.37 亿美元，其中绝大部分是针对 12 岁以下儿童的。

联邦贸易委员会发现，接受调查的 44 家公司利用了几乎所有的媒体形式开展营销。电视广告中的主题通常会出现在商品的包装上，并且在商店里进行展示。孩子们在互联网上输入商品包装上的一组代码可以参加有奖游戏或竞赛。

比如，去年的很多食品与《超人归来》和《加勒比海盗》联系紧密。食品公司根据这两部电影推出了限量版零食、谷物食品、华夫饼和糖果。购买产品的人可以在互联网上获得公司提供的奖品，包括电子游戏和迪士尼乐园游，抓到大反派莱克斯·卢瑟的消费者甚至可以得到 100 万美元奖励。

联邦贸易委员会的报告指出："虽然互联网的广告成本远低于电视，但它已经成为食品公司针对儿童和青少年的主要营销工具。在 44 家公司中，超过三分之二的公司推出了以青少年为目标群体的在线促销活动。"

联邦贸易委员会在报告中提出了下列建议：

- 传媒和娱乐公司应当限制娱乐明星只能代言健康的食品和饮料。
- 针对校园内销售的食品，学校应该采纳合理的营养标准，对于所有不符合这些标准的产品，食品公司应该停止所有的校内促销活动。
- 向儿童销售食品和饮料的公司应当扩大公众宣传力度，教育儿童了解健康饮食和锻炼的重要性，受儿童肥胖影响较大的少数族裔群体应当得到特别关注。

联邦贸易委员会提出，食品和饮料公司必须承诺减少对不健康产品的营销，并在这一年中接受委员会的审查。例如，该报告指出，有13家公司的儿童广告支出占总广告支出的比例超过三分之二，它们必须承诺不会将不符合特定营养标准的食品的广告投放给12岁以下的儿童。

资料来源：Eye-Catching Ads Promote Junk Food To Kids. © 2008. Used with permission of The Associated Press Copyright © 2016. All rights reserved.

### 问 题

1. 根据联邦贸易委员会的观点，谁应该担负起将媒体形象与健康食品联系起来的责任？
2. 媒体运用了哪些策略诱导儿童选择不健康的食物？
3. 哪些广告会诱导儿童食用垃圾食品？列举几个例子。
4. 联邦贸易委员会的报告给出了哪三项建议？

## 调查：肥胖是一场危机，但我们喜欢垃圾食品

詹妮弗·克尔，詹妮弗·阿吉斯塔，美联社，华盛顿
2013年1月4日

*詹妮弗·克尔是美联社的一名记者。本文的共同作者詹妮弗·阿吉斯塔是美联社民意调查中心主任。下文是基于一项民意调查的结果，该调查发现，美国人对政府关于垃圾食品广告和销售的监管有着不同的看法。*

我们都知道肥胖有害健康，每年都下定决心要吃得更健康，不再整天坐在沙发上。但不要尝试拿走我们的垃圾食品。一项民意调查发现，美国人认为，看电视的时间过长和廉价的快餐助长了美国的肥胖流行，但对于美国政府应对该问题进行多大程度的干预，仍然存在分歧。美联社公共事务研究中心的民意调查表明，对于试图通过限制食物选择来强制推行健康饮食的政策，大多数美国人持保留态度。三分之一的美国人认为，政府应该积极寻求控制肥胖的方法，但是也有三分之一的人希望政府尽量不要干预。其余的三分之一则持中立态度。要求学校提高体育锻炼的强度或者提供营养指南帮助人们选择健康食品，如何呢？当然，80%的人支持这些策略。让所有餐馆在菜单上标出卡路里含量，就像美国食品和药物管理局准备做的那样，又如何呢？大约70%的人认为这是个好主意……但近60%的受访民众不同意对不健康的食品征税，即所谓的汽水税或脂

肪税。当涉及限制人们可以购买的商品时，例如纽约市最近禁止在餐馆里出售超大杯的汽水，四分之三的人说没门。事实上，尽管四分之三的美国人认为肥胖对美国来说是一个严重的健康问题，但大多数受访者表示如何解决肥胖问题取决于个人。只有三分之一的人认为肥胖是一个社会问题，政府、学校、医疗机构和食品企业都应该参与其中。12%的人认为这需要个人和社会的共同努力。这一结果突显了公共卫生专家所面临的困境：近几十年来的社会变化促使人们的腰围不断增长，而现在，三分之一的美国儿童和青少年以及三分之二的成年人要么超重要么肥胖。如今，街头和购物中心到处都是餐馆，一份正常大小的餐食份量比以往更大了，快餐也比健康菜式更便宜。更不用说将肥胖归咎于电子沉迷的受访者比归咎于快餐的人还要略多一些。密切关注肥胖人数增长的非营利组织——美国健康信托基金会的杰夫·莱维认为，在目前的环境下，履行个人责任是很难的。他说："我们需要创造一种环境，让健康的选择成为一种更容易的选择，让人们能够承担这种责任。"新的民意调查显示，在家庭饮食方面起主导作用的女性比男性更能认识到这些社会和社区问题。超过一半的女性认为，健康食品的价格太高是导致肥胖的主要原因，而支持该观点的男性只占37%的比例。女性也可能将肥胖归咎于廉价的快餐，并认为食品企业应该为帮助寻找解决方案承担更多的责任。53岁的田纳西州斯皮德威尔市居民帕特里夏·威尔逊表示，她必须开车45分钟才能到达一家杂货店，而路上会经过无数家汉堡和比萨店，并且这些汉堡和比萨店的数量每年都在增加。"不应该允许这么多的快餐店开张，"威尔逊说，而她本人则会喋喋不休地要求自己的孩子和孙子们在家吃饭，并关注他们的卡路里摄入。她仍然记得自己超重的祖母是如何失去了双腿，后来又死于糖尿病。美联社公共事务研究中心的调查显示，超过80%的人表示自己去超市很方便，但也有同样多的人表示很容易买到快餐。还有68%的人表示孩子们在上学的路上很容易买到垃圾食品，这可能会让像威尔逊这样注重健康饮食的照护者感到挫败。食物只是肥胖问题的一部分原因，体育锻炼同样关键。大约70%的人认为很容易找到用于慢跑、步行或骑自行车的人行道或小路。但63%的人表示不开车就很难外出活动或办事，这强化了人们久坐的生活方式。快餐店收银员詹姆斯·甘布雷尔说，他每天至少在外面吃一次饭，因为方便，而且在一些公布卡路里含量的餐馆，他点菜时已经有所改变了。他完全支持政府为解决这一问题而推动的方案。他说："我认为关心本国公民是政府的责任之一，因此应该尝试为那些可能对公民造成危害的餐馆制定法规。"60岁的科罗拉多州奥罗拉市居民帕梅拉·杜普伊斯则持反对意见，她表示自己一直在与超重做斗争，并且已经被诊断为糖尿病前期患者。她不希望政府介入诸如标明卡路里含量之类的事情。她说："政府不应该干涉我们的生活。"美联社公共事务研究中心的调查于11月21日至12月14日进行。该调查通过座机和手机访问了全国1 011名成年人，抽样误差为 ±4.2 个百分点。

资料来源：Kerr, Jennifer C. & Agiesta, J., Poll: Obesity's a crisis but we want our junk food, January 4, 2013. © 2013. Used with permission of The Associated Press Copyright © 2016. All rights reserved.

## 问 题

1. 人们最喜欢提到的导致肥胖的因素是什么?
2. 大多数受访者支持采取哪些措施来控制肥胖?
3. 为什么女性比男性更关心社会如何让消费者难以选择更健康的食物?
4. 为什么大多数受访者反对征收垃圾食品税或限制可购买的食品?

# 第11章

# 大众传媒

**要　点**

美国的大众传媒
新闻媒体
科学报道
互联网
媒介素养：一种批判性思维的方法
批判性思维之问：大学生群体中的网络剽窃现象

斯沃斯莫尔大学的一群学生对有关伊拉克和阿富汗冲突的媒体报道感到不满，他们认为相关报道内容过于狭隘，为此决定在2005年创办自己的广播电台——战争新闻电台。大三学生伊娃·巴伯尼是战争新闻电台的助理制片人，她说道："我们一直听到的是关于伊拉克的军事话题，甚至能够听到关于美国士兵的故事，却听不到伊拉克人自己的声音。我们想从伊拉克人的角度进行报道。[1] 我们感到主流媒体报道的许多事件确实缺少相关的历史和背景介绍。"

为了让观众更加清晰地了解伊拉克人如何看待战争，战争新闻电台的学生志愿者采访了亲身经历了战争的伊拉克民众，获取了大量的一手资料。为了达到这个目的，学生志愿者使用特殊的互联网软件来免费拨打国际长途电话。尽管他们的采访对象有限，只能是会说英语的或者能够找到翻译的伊拉克人，但是这些新闻报道依然触动了许多听众的心灵，比如一个父亲说她的女儿在某个美国军队检查点被枪击，还有一个伊拉克艺术家的工作之一就是创作关于战争暴力的画像。最近，电台节目的范围扩大到伊朗和叙利亚，此外还有美国使用

斯沃斯莫尔大学的学生和指导教师正在为战争新闻电台准备故事。

军用无人机的话题（有关无人机的更多内容，见第 13 章"批判性思维之问：关于在战争中使用无人机的观点"）。

斯沃斯莫尔大学的广播电台的节目曾经获得了巨大的成功，美国一些大学和公共广播站都能够接收到。此外，世界其他地方的广播站也可以接收到。

斯沃斯莫尔大学的广播电台的成功促使其他大学考虑制作类似的媒体产品。它也从某个角度说明了传统大众传媒存在的一些缺陷。与大多数大学里的媒体不同，大众传媒不能依赖于补贴和志愿者。大众传媒只有吸引大量的受众，找到赞助商刊登广告才能生存下去。大众传媒依赖于广告和发行量，因此它们需要取悦赞助商和受众。

良好的批判性思维技能要求我们能够批判性地分析媒体信息。在第 11 章我们将介绍下列内容：

- 回顾美国大众传媒的历史
- 了解大众传媒对广告收入的依赖程度
- 掌握批判性地评价媒体新闻报道的技能
- 找到如何评价有关科学研究的报道
- 考察政府对新闻报道的影响
- 考察互联网对我们生活的影响
- 培养分析媒体图片的策略

## 美国的大众传媒

我们生活在一个信息爆炸的时代，每天都会接触到大量的信息。美国人平均每天大约要花 9 个小时来看电视、网上冲浪、打电话、阅读报纸和杂志或者使用其他形式的媒体。尽管大多数人都声称自己会对听到的或看到的信息保持合理的怀疑，然而实际上我们被媒体欺骗的程度超出了自己的想象。因此，学习批判性地思考从媒体上看到的、听到的或读到的信息是非常重要的。

## 大众传媒的兴起

20世纪40年代晚期，在电视机出现之前，广播和杂志是**大众传媒**（mass media）的主流形式，也就是用来影响庞大受众的传播形式。相比之下，**小众传媒**（niche media）是为了满足少数有特殊兴趣的人，比如养牛、园艺或汽车赛，或者是针对具有特定的人口统计或地理特征的受众，比如女性、非裔美国人或居住在阿拉斯加的人。

到1930年为止，一半的美国家庭都拥有一台收音机。在20世纪30年代到40年代，几家大型国家广播网络为全国听众播放新闻节目和娱乐节目。诸如《生活》《展望》和《星期六晚邮报》等发行量大的杂志也向广大公众传播信息。为了获取视觉新闻，人们会走进电影院观看每周的新闻短片。甚至在电视机问世之后（二战结束不久）的许多年里，也只有三家全国性的商业电台（即ABC，CBS和NBC），另外在某些地区还有几家当地的独立电视台。

广州的报刊亭：世界范围内共有大约20万种杂志，其中大部分是面向某个特定的小众群体。

在我们的文化中，大众传媒的不断增加已经改变了我们的生活。自从20世纪50年代以来，我们的经验越来越受掌控媒体的大企业而非上一代人所依赖的家庭和教育机构所影响。从另一个方面来说，假如没有这些大众传媒公司，我们就不会像今天这样，能够免费或以相对便宜的价格欣赏娱乐节目或了解新闻消息——包括新闻、消费者评论以及在线数据库。

## 当今的媒体

如今，有线电视、卫星广播和互联网等媒体让我们眼花缭乱，不知如何选择。结果，观众或听众获得的信息日益碎片化。就电视而言，尼克频道的目标群体是儿童，MTV的目标群体是青少年和年轻人。美国TVLand有线电视网的重播节目吸引了婴儿潮一代，福克斯电视的目标人群则是年轻的城市观众。甚至有24小时提供购物服务、天气预报、即时资讯的频道。诸如《滑雪》《连线》《岛屿》和《互联网世界》等杂志以及许多广播电台属于小众媒体，面向

### 美国人从哪里获取新闻？

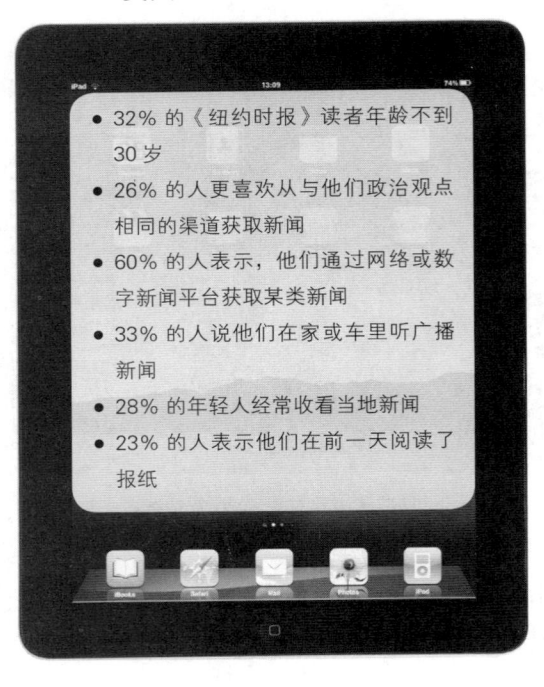

- 32% 的《纽约时报》读者年龄不到30岁
- 26% 的人更喜欢从与他们政治观点相同的渠道获取新闻
- 60% 的人表示，他们通过网络或数字新闻平台获取某类新闻
- 33% 的人说他们在家或车里听广播新闻
- 28% 的年轻人经常收看当地新闻
- 23% 的人表示他们在前一天阅读了报纸

特定生活方式的人群或少数族群。

至于本地新闻的来源，61%的千禧一代是从互联网上获得的，37%是从互联网上获得的，而婴儿潮一代的情况正好相反。[2] 此外，现在越来越多的美国人根据自己的政治立场来选择收听或收看哪些媒体。保守派的批评者常常指责具有自由主义偏见的新闻媒体，这种偏见已经得到有关研究的支持。[3] 比如，大多数的新闻媒体曾经支持民主党的总统候选人、堕胎权、更加严格的环境制度、减少军费开支。

在我们可选择的新闻媒体剧增的同时，少数几家大型公司控制了新闻媒体。1983年，50家公司掌控着美国绝大多数的新闻媒体；而到了2014年，六家公司控制了美国的媒体，包括时代华纳、迪斯尼、默多克的新闻集团、德国的贝塔斯曼、维亚康姆集团（前身为哥伦比亚广播公司）和通用电气旗下的全国广播公司（NBC）。因此，一档电视节目、一本杂志或一份报纸的内容在很大程度上受公司所有者的兴趣和价值观的支配。

除了通过自己的产品来影响公众之外，新闻媒体公司还试图直接影响公共政策的制定，比如它们每年会为国会竞选活动投入巨资，在游说活动中的花费甚至更多。电视、电台和无线网络都要依靠空中无线电频率来传送和接收信息，媒体说客正在试图劝说国会推进空中无线电频率私有化，而空中无线电频率目前是由政府通过联邦通信委员会管理的。这对联邦通信委员会造成了一定的压力，导致政府在过去几十年里趋于放松管制。2010年4月，美国一家上诉法院裁定网络中立无效。网络中立给予所有网站平等接入互联网宽带的权利，并表示联邦通信委员会无权监管网络中立。法院做出的这一裁决，使得有影响力的大型网站可以付费让自己的网站加载得更快，这是相比小型网站的优势。

出生于澳大利亚的世界传媒大亨鲁伯特·默多克，是默多克新闻集团的创始人兼首席执行官，他收购了《华尔街日报》和几家新英格兰小报，这一事件导致公众担忧新闻报道会日益转向保守派立场。

除了媒体公司控制空中无线电频率之外，其他企业通过大众媒体中播放的广告来影响公众。没有其他大企业的资金支持，媒体公司无以为生。因为广告商向媒体公司付钱,所以公众才可以"免费"观看电视节目或收听电台节目。作为交换,观众或听众必须接受广告。如果一档节目没有吸引公众的注意或者一本杂志的发行量不足,那么赞助商就会撤销广告,媒体公司将会亏损,最终这档节目或这本杂志会倒闭。因此,留住广告商是媒体公司最为关心的问题。

# 新闻媒体

根据皮尤研究中心的《2015年新闻媒体现状》报告,报纸、杂志和电视新闻的影响力在2000年达到顶峰之后显著下滑,并且已经被数字新闻网络媒体取代。该中心还发现,使用手机看新闻的人比使用台式电脑的人要多。新闻报纸和新闻杂志也随着电子媒体和社会网络的发展而遭到缩减。

在过去的几十年中,新闻媒体发生的另一个变化是,关于政府事务和外交事务的报道越来越少,转而倾向于报道有关娱乐、生活方式和名人丑闻等方面的新闻。随着预算的削减,新闻广播电台也更多地依赖于公民或业余记者,以及企业、智库、党派活动者、政府新闻发布等自利性的信息提供者。因此,虽然从表面上看美国人获取信息的渠道在不断增加,但实际上他们所了解的信息与20多年前没有多大差异。

同时,新闻媒体在揭露政府和大财团丑闻的过程中也发挥着关键的作用。新闻主编兼记者艾达·塔贝尔(1857—1944)揭露了约翰·洛克菲勒所有的美孚石油公司的垄断行为,因而联邦政府对此进行了调查,1911年美国最高法院最终裁定将美孚石油拆分。20世纪70年代初,《华盛顿邮报》的鲍勃·伍德沃德和卡尔·伯恩斯坦在揭露1972年水门事件的政治丑闻中起了关键作用,直接导致尼克松总统在1974年下台。

错误也会在新闻媒体中持续存在。为了成为第一个报道突发新闻的媒体,新闻媒体有时会在确认报道中的信息之前报道新闻。2015年法国讽刺报纸《查理周报》

**一直关注新闻或大部分时间关注新闻的成年人比例**

| 年龄 | 百分比 |
|---|---|
| 18-29 | 31% |
| 30-49 | 52% |
| 50-64 | 65% |
| 65+ | 73% |

在2010年毁灭性的海地地震之后,新闻栏目在灾难发生后数周仍然密切关注海地,因为如此之多的人迫切需要援助。

在巴黎的办公室遭到袭击后，美国全国广播公司（NBC）的新闻错误地报道称，参与枪击的恐怖分子中有一名已被击毙，另外两名已被逮捕。NBC在仓促报道这一事件时，依靠的是来自美国情报机构的信息——这些信息后来被证明是错误的——而不是首先联系涉案的法国当局来确认这些信息。

## 追求轰动效应与新闻娱乐化

与其他类型的大众传媒一样，新闻媒体的目标不仅仅是为公众提供重要问题的信息和对公众进行教育。新闻媒体也会选择对很多人有吸引力的故事，并且新闻的呈现方式会吸引我们的持续关注，这样我们才会收看广告。

媒体选择新闻故事经常考虑的是其娱乐价值而非其新闻价值。大多数人更喜欢感人的故事、真实的犯罪故事或灾难性故事，而不是对国内外大事的批判性分析。因此，报纸在大多数时候会占用大部分页面包括头版头条来报道关于英勇救人、名人丑闻、儿童绑架、飞机失事、自然灾害和恐怖谋杀案的故事。2013年4月的波士顿马拉松爆炸案发生之后，新闻媒体连日来几乎不间断地报道了爆炸案和两名嫌疑人的被捕。

人们倾向于对难忘事件形成错误认知，即人们的思维容易夸大轰动性事件（常常是恐怖事件）的重要性，新闻评论员和新闻记者正是利用这一点来吸引观众的注意力。例如，在1999年科罗拉多州哥伦比亚高中发生的枪击事件中，14人被杀，这一备受瞩目的学校枪杀案给人们留下了错误的印象，使得许多人认为在美国此类枪杀案十分泛滥。弗吉尼亚理工大学2007年发生了震惊全美乃至世界的校园枪击案，造成33名师生丧生，2015年俄勒冈州乌姆普夸社区大学发生枪击事件，9人被一名同学杀害，这两次"屠杀"事件强化了人们的这一错误印象。

由于我们更倾向于记住轰动性事件，因此我们逐渐认为这些事件发生的频率很高，而事实上很少发生。相反，主流新闻媒体很少报道持续存在的问题，比如全球变暖、歧视和贫困。出现这种现象的主要原因在于，对此类问题进行深入而全面的调查要花费大量的时间和金钱，成本远远高于派一组人去报道某个灾难现场。

追求轰动效应的娱乐新闻正被低俗的电台节目主持人带向极端。乔治城大学法律中心的学生桑德拉·弗卢克在众议院民主党议员面前发表演讲，支持强制性避孕保险，一周后，著名的电台脱口秀主持人、保守派的拉什·林堡在节目中称她为"荡妇"和"妓女"，这激怒了许多听众。他还把奥巴马比作希特勒。

林堡被一些人谴责为"性别歧视者"和"种族主义者"。联邦通信委员会确实有权管理和审查媒体中过于露骨的新闻素材，但是冒失无礼的种族歧视和性别歧视的言论已超出了政府管理机构设置的下限。

## 新闻分析的深度

正如本章前面提到的，大多数人对轰动的新闻事件更加关注，比如令人发指的犯罪故事或知名人士的丑闻，而对当下时政的深度分析则不太感兴趣。尽管有些新闻节目，比如美国国家公共广播（NPR）和英国广播公司（BBC）国际频道会做一些深度分析，这两家都是由政府提供资金支持的广播网，不依赖于广告收入，不过美国国家公共广播确实接受一些广告收入，但总的来说，新闻媒体很少对新闻事件进行批判性分析。除此之外，许多美国人注意力的持续时间很短，很容易被竞争性兴趣所吸引，比如手机、互联网和视频游戏。因此，即使是非常重要的新闻事件，对其内涵的分析讨论通常也是以很短的篇幅呈现。2010年的《医疗与教育和解法案》要到2022年才会全面实施，但由于缺乏深入分析，许多美国人感到困惑，甚至反对该法案，因为他们不知道其中的内容，也不知道法案会对他们产生怎样的影响。

不仅是观众或读者通常对问题了解很少，而且图片和演讲者的评论可能会断章取义或为了"简洁"而省略重要信息。正如你在"分析图片：媒体中的刻板印象与种族歧视"中所看到的，图片的文字说明也可能具有误导性，不经意地助长种族歧视和其他的消极刻板印象。在这些例子中，我们经常对图片的原始情境或演讲者的意图一无所知。

在2000年的总统选举中，共和党候选人乔治·W. 布什讲了一个带有政治色彩的商业笑话，说副总统阿尔·戈尔声称自己发明了互联网。因为这种说法不准确，所以共和党从来没有播送过这条商业广告。尽管如此，戈尔宣称自己发明互联网的事情还是受到了新闻媒体的疯狂炒作，这些媒体甚至从未查证戈尔说这话的原意或当时的语境。事实上，戈尔从未声称自己发明了互联网。相反，他曾经在1999年的

很多人对新闻的深入分析不感兴趣，很容易被手机和视频游戏分散注意力。

一个访谈中提到"我在美国国会任职期间倡议创建互联网"。这一言论的语境是，戈尔作为国会议员和副总统，而不是作为一名科学家或发明家在积极促进互联网的发展，以及帮助互联网的发明者们将互联网发展到今天这种程度做出过一些贡献。

此外，由于时间限制，编辑和新闻播音员必须决定采纳哪些故事，忽略或缩短哪些故事。新闻事件还必须能够抓住观众的注意力，而相比国内外新闻，观众往往对体育运动和天气更加感兴趣。电视新闻节目更是如此。

我们之前提到，由于财政预算有限，以及需要在其他新闻机构之前播放最新消息以保持收视率，新闻媒体往往从政府或企业召开的新闻发布会或公开的新闻稿中获取信息，很少自己做调查报告（自己做调查花费较高，而且耗时较长）。然而，从新闻稿中得到的信息可能会过于简单或带有偏见，目的在于强化新闻发布会所塑造的形象。2002—2003年期间，在宣传入侵伊拉克的过程中，美国媒体在缺乏全面调查的情况下，仅以政府提供的新闻稿信息为基础，便报道美国已经在伊拉克发现制造生化武器的移动实验室。结果却表明，这条信息是错误的，而且现在人们普遍认为这条信息是美国政府官员故意散布的假情报，目的在于获取公众对攻打伊拉克的支持。

除了对外发布新闻稿之外，政府官员也可能邀请精心挑选的记者来参加新闻发布会，那些可能会提多余问题的记者则被排除在外，也不允许其他记者跟进提出问题。为了成为受欢迎的记者，他们必须小心谨慎，不能冒犯政府方面的消息源或公司的赞助商。因此，记者在批评消息来源、出版或播放可能会得罪消息提供者的内容时需要再三考虑。

政府部门还会支付给记者一些钱以推进某些政治议程——也就是所谓的"花钱能使鬼推磨"（pay to sway）。美国卫生和公众服务部从联邦基金中拨付4万多美元给合众国际社专栏作家麦琪·加拉赫尔，旨在她的专栏中推进《婚姻保护修正案》，该项法案将婚姻限制为一个男人和一个女人的结合。《纽约时报》《华尔街日报》和《华盛顿邮报》等报纸上都有麦琪的专栏。

政府人士也可能出于政治意图向新闻媒体泄露敏感信息。2003年，美国前外交官约瑟夫·C.威尔逊四世向媒体透露，布什政府为了证明对伊拉克发动战争的正当性，歪曲了关于伊拉克疑似拥有大规模杀伤性武器的情报。白宫可能还会利用媒体来推动特定的政治议程，比如奥巴马与阿富汗总统哈米德·卡尔扎伊的公开冲突，奥巴马认为卡尔扎伊腐败。随后，新闻秘书罗伯特·吉布斯告诉媒体，卡尔扎伊总统曾威胁要加入塔利班。卡尔扎伊政府对此做出回应，否认卡尔扎伊曾发表过这样的言论，并质疑白宫媒体报道的可信度，称他们"在媒体上看到这种（没有证据支持的）言论感到震惊"。

## 分析图片

在卡特里娜飓风发生后的新闻报道中，美联社刊登了一张新闻图片（左上），图中一个黑人从一家商店带着货物蹚过洪水，图片说明这样写道："在路易斯安那州新奥尔良市，一个年轻人在抢劫杂货铺之后带着货物穿过齐胸深的洪水。"美联社的另一张图片（左下）是两个白人带着货物蹚过洪水，而这幅图片的文字说明却是："在路易斯安那州新奥尔良市，两名居民在当地一家杂货铺发现面包和苏打汽水后带着这些东西穿过齐胸深的洪水。"换句话说，作者在描写白人时用了"发现"这个词，而在描写黑人时却用了"抢劫"。

**媒体中的刻板印象与种族歧视** 除了使用图片和脱离语境的引文外，新闻媒体也会不经意地通过描述性语言来操纵观众的知觉。在 2005 年卡特里娜飓风发生后的新闻报道中，有两幅描绘人们从商店携带货物涉水的图片，有些读者就抱怨图片的文字说明体现了种族偏见。

**讨论问题**

1. 如果真的存在种族偏见，讨论这两幅图片的文字说明是如何体现种族偏见的。
2. 从杂志和报纸上找出配有文字说明的图片。讨论文字说明是否带有某种偏见。如果存在某种偏见，请解释其中的原因，并使用中性语言重写一遍。

白宫新闻秘书乔希·厄尼斯特在向媒体做新闻简报。

## 新闻中的偏差

新闻媒体几乎无一例外地声称对地方、国家和国际事件和事态发展进行了客观和真实的报道。在"全面、准确、公正地报道新闻"方面，大众传媒的信任度自1997年以来一直在下降。尽管如此，63%的美国人认为媒体倾向于支持自由主义观点。[4] 然而，一项对媒体偏差的分析发现，左倾和右倾的报道在各大新闻媒体之间趋于平衡。例如，福克斯新闻倾向于右倾，而电视网和微软全国有线广播电视公司（MSNBC）倾向于左倾，互联网是右倾的，《赫芬顿邮报》是左倾的。[5]

带有偏差的新闻报道也是吸引我们的一种方式。记者也许会通过夸大某些细节、忽略或贬低他人的方式使受众觉得故事更加有趣。2008年，美国有线电视新闻网（CNN）多次播出喜剧演员蒂娜·菲模仿共和党副总统候选人萨拉·佩林的《周六夜现场》节目，不仅娱乐了观众，也给观众留下了深刻的印象——毕竟，这是一次新闻直播——使得观众认为他们在观看的是真正的佩林，或者说佩林一字不差地发表了所有这些评论。新闻组织同时也需要让赞助商乐于继续提供资金支持。因此，新闻组织一般不会播放或出版疏远或冒犯听众、观众和赞助商的故事。正是由于这一点，我们所接收到的新闻信息往往是片面的。

新闻报道中存在的另一种偏差是性别偏差。尽管女性新闻主播越来越多，但通常情况下，新闻报道仍然是从男性的角度出发的。"生活方式"故事的特例除外，男性作为消息来源的数量是女性的两倍多。全球新闻国际（Global News International）对主要新闻媒体进行的一项研究发现，印刷媒体、电视和网络媒体存在性别不平等的现象。[6]

新闻媒体也会利用其他的文化偏差，比如年龄偏差和人们对变老的恐惧心理，来引起人们的注意。比如，《新闻周刊》的一期头条是"让皮肤保持年轻的新秘密"。[7] 事实上，这篇文章没有任何新"秘密"，仅仅是常识性建议的

一些人认为恶搞模仿共和党副总统候选人萨拉·佩林的喜剧演员蒂娜·菲是真正的佩林。

## 独立思考

**爱德华·默罗，广播记者**

爱德华·R.默罗是新闻播音的先驱和传奇人物。他于1908年生于北卡罗来纳州格林斯伯勒，父母是贵格会教徒，他本人就读于华盛顿大学演讲专业。1935年，默罗加入哥伦比亚广播公司（CBS）。当时的哥伦比亚广播公司还没有新闻播音员。二战期间，默罗去伦敦为CBS报道战争。他不是依赖于假设、传闻证据或政府发布的新闻，而是雇用和训练了一队通讯员来协助他。默罗对伦敦在战争期间发生的事件进行了准确而深入的报道，这为优秀的新闻建立了高标准。

1951年，默罗转向电视。他擅长批判性地分析问题和事件，有一种不陷入认知错误或群体思维的能力，这持续地让他的职业生涯大放异彩。20世纪50年代，他在对抗麦卡锡主义中展现出伟大的正直和勇气。默罗始终让公众了解正在发生的事情，尽管这让他频繁与CBS的主管和节目的赞助商发生冲突。默罗的新闻报道促进了麦卡锡主义的衰败。默罗还利用他的新闻节目来倡导民主理念，诸如言论自由、公民参与以及追求真相。

默罗于1961年离开CBS，在肯尼迪总统的邀请下担任美国新闻署长。他的烟瘾很大，于1965年死于肺癌。然而，他作为批判性思维楷模的传奇故事和典范仍然留存在人们的记忆中。2005年的电影《晚安，好运》记述了默罗在麦卡锡时代的职业经历。

**讨论问题**

1. 想一想最近重要的国家事件或国际事件，比如反对恐怖主义的战争。比较现在的新闻播音员对这一事件的报道与默罗对麦卡锡主义的报道。
2. 参考你在上一个问题中选择的事件，讨论如果你是新闻播音员或记者，你会如何报道该事件，时刻记住如果你失去了赞助商，你将失去表达观点的媒介。

老调重弹，比如涂抹防晒霜和润肤霜，同时也提到了让皮肤看起来更年轻的外科手术。

信息源的不断增加，以及吸引和保持观众兴趣的需要促使各家媒体通过调整报道来尽力吸引特定观众。仅仅通过对信息或接受采访的专家进行筛选，新闻媒体的报道就会有失客观、出现偏差。

皮尤研究中心发现，新闻观众变得越来越极端和"政治化"。根据政治倾向来选择信息来源会导致证实偏差。新闻节目既没有为我们提供最新消息，也没有挑战我们原有的偏见，仅仅证实了我们以前持有的观点和偏见，如此一来，便会阻碍我们成为批判性思维者。

作为批判性思维者，我们不能想当然地认为，新闻媒体会不偏不倚、公平公正地报道问题或事件。相反，在认可某个新闻事件准确无误之前，我们需要询问信息来源的可靠性和可信性。我们也要牢记，媒体报道哪些新闻在很大程度上是由吸引广告商和观众兴趣的需要所决定的。

# 科学报道

尽管我们大多数人会对从电视上看到的或报纸上读到的新闻保持怀疑，但耶鲁大学的一项研究却发现，当涉及科学发现和假设时，人们往往信以为真。我们倾向于相信这些信息是真的，仅仅因为我们读到的内容被称为"科学"。然而，这种信任有时是错误的。

## 科学发现的歪曲报道

大多数记者没有接受过科学方面的训练，在报道科学研究的结果时有时会出错。有些记者也许会为了吸引更多的观众而有意曲解科学发现。1986年，《新闻周刊》有一期封面的标题为"大龄女性：理想伴侣难寻觅？"，这则封面故事是基于耶鲁大学和哈佛大学社会学家完成的一项关于婚姻模式的科学研究而写。根据这项研究，接受过大学教育的35岁白人单身女性找到理想伴侣的几率只有5%，而40岁以后，这一几率降到了2.6%。《新闻周刊》的文章报道"那些40多岁的女性被恐怖分子杀害的几率也比她们找到伴侣的可能性大；她们结婚的可能性只有可怜的2.6%。"

原来的研究中并未涉及恐怖分子部分，这只是记者为了追求轰动效应而采用的夸张手法。而且，记者根本没有将这一研究结果与其他的调查和研究进行核实。实际上，根据美国人口普查局的数据，1986年40岁女性——甚至是有大学背景的白人女性——结婚的概率要高得多，总人口中是23%。尽管如此，《新闻周刊》的文章对美国人有极大的影响，从而使那些原本希望终有一日能够结婚的大龄知识女性深感焦虑、失去信心。这一事例表明，新闻媒体对我们的想法和感受有很大的操纵能力。

如果媒体将科学假设作为事实而不是预感或假设进行报道，科学发现也会被夸大或误传。2003年，天文学家发现一颗大行星——行星2003 QQ47。科学家们估计，这颗行星于2014年撞击地球的几率不足百万分之一。新闻媒体立即抓住这一新闻进行大肆宣传，有些媒体打出了极为醒目的标题，比如"2014年3月21日，世界末日"和"地球即将毁灭"。

媒体出现偏差的另一个原因是，记者根据文化规范与自身的偏见（包括种族偏见和性别偏见）来解读科学发现。在关于人类进化的报道中，我们直接的祖先克鲁马努人过去通常被描述为白皮肤、金发碧眼和富有创造力，而尼安德特人则被刻画成黑皮肤、黑头发、粗野的洞穴人。实际上，我们并不知道任何一种早期人类皮肤和头发的颜色。

媒体有时为了追求轰动效应会曲解科学发现，就像1986年的一则40岁的女性结婚几率的故事中所发生的那样。

在一些科学类节目中，性别偏见也很明显。如探索频道有一期题为《人类的崛起》[8]的报道，节目内容的性别偏见比标题更加明显。在报道中，男人总是被描绘成在人类进化中占据着重要的地位，发明了火，创造了工具、农业以及艺术；而女性仅仅是个小角色。其实，科学家们并不知道到底是男人还是女人创造了这些发明和进步。更确切地说，是媒体强加给了观众这种偏见。

记者们也许会通过简化科学报告或报告结果来最大程度地影响和吸引观众。比如，《洛杉矶时报》报道了由哈佛大学研究者进行的一项关于代人祷告（代替别人做的祷告）在治愈心脏分流术病人[9]中的作用的报告，标题为"迄今为止规模最大的研究表明，祈祷对治愈心脏病无效"。[10]然而，这个标题是带有误导性的，因为这项研究仅仅是针对某个特定类型的祷告者——由一群陌生人代替别人做祷告，并没有研究由病人自己祈祷或由病人的朋友或亲属代为祈祷所起的作用。（要了解关于祈祷的研究

科学报道可能在无意间制造种族和性别刻板印象。

摘要以及对实验设计的评价，请参见第 12 章。）

此外，媒体在报告科学研究时还会重点强调其有争议的方面。比如，在对干细胞研究进行报道时，媒体通常集中于使用胚胎干细胞进行的研究，而忽视那些不使用胚胎干细胞的研究结果。于是，留给公众的印象便是干细胞研究总是要依赖于流产的胚胎，而实际上许多研究都使用成人干细胞或羊水干细胞，并不涉及人类胚胎。

## 政府影响和偏差

由于许多记者依赖于新闻稿，所以科学报告也许会被歪曲以支持政府制定的政策和大公司的利益。20 世纪 80 年代，二噁英的危害成为公众日益关切的事情。二噁英是用于除草剂中的一种高度致命的化学物质。比如橙剂，是美国在越南战争中投向森林地区的落叶剂，用于破坏植被，使敌方士兵失去藏身之地。二噁英也是一些工业化学过程的副产品。1991 年，《纽约时报》根据政府报告写了一篇报道，标题为《美国官员表示二噁英的危害言过其实》。[11] 这篇文章声称，"现在有些专家认为，暴露于二噁英的危险只不过相当于晒一周的日光浴"。其实，这篇文章列举的一些事实是错误的，二噁英远比日光浴的毒性要大，但是记者却没有开展充分的调查来揭露这些事实。

如果是由政府资助的科学研究，那么科学家在向公众报告研究结果时就会承受一定的压力，他们不得不考虑报告要符合某项政治议程。美国环境保护署的科学家就全球变暖的范围、程度以及工业在引发或加快全球气候变化中的作用开展过专项研究，白宫就曾经出面干预，弱化甚至删掉研究报告中的部分章节。由于媒体主要从新闻稿获取信息，而不是自己进行调查性报道，因此，多年来媒体一直在淡化全球变暖的程度。相比之下，奥巴马政府认真对待全球变暖问题，并通过了减少导致全球变暖的碳排放的法案。

## 对科学报道进行评价

科学报道与一般的新闻报道不同。对于一般的新闻报道，我们通常无从得到主要的信息来源，而对于科学报道，我们往往可以通过查阅科学研究的原始资料来评估某一事件的可信度。在评价大众传媒中的科学报道时，首要的一步是确定谁得出的这一论断。是记者，还是记者引用了该领域内某个科学家或其他专家的话？此外，记者是直接引用专家的话，还是对科学家们的发现进行阐释或修饰，就像1986年《新闻周刊》对单身女性与婚姻之间关系的报道。

为媒体提供消息的人的资质如何？他（或她）是否就职于知名度高的大学、研究实验室或其他可靠的组织？还是他在正讨论的科学领域几乎没有任何知识背景——他是一个宗教领袖、演员、小说家、政治家或者是占星家？除此之外，我们还应该打听清楚记者的资质。提供信息的人也许是可信的，然而，记者自己也许缺乏必要的科学知识背景，从而无法准确地对研究结果进行概括与解释。例如，格伦·贝克没有科学背景，甚至连大学学位都没有，他在关于全球变暖的评论中也没有提到任何著名的科学研究。

一份全面的科学报道应该注明该研究或文章首次发表的科学刊物名称。它是一份可信度高的刊物吗？也就是说，该刊物在发表重要的研究发现之前，需要同行评议（即由其他有资质的科学家对研究结果进行确认）吗？如果你对这篇报道有任何疑问，你可以在图书馆或图书馆的在线数据库查阅许多期刊。同时，如果你想获得一个更加均衡的观点，可以看看该领域的其他专家对这一科学发现做出怎样的反应。比如，与媒体的报道相比，科学家更加关注全球变暖问题吗？

最后，问问你自己，媒体报道自身是否存在偏见？记者所代表的媒体是否要推进某一特定的政治议程，从而促使他夸大科学发现的某些方面，而对其他方面却轻描淡写甚至置之不理？请记住，记者不仅需要尽可能地吸引观众，而且需要避免触犯他的老板和其他有权势的利益集团。

总的来说，媒体有时会误报或歪曲科学发现。也许是因为记者在准确概括科学研究方面缺乏必要的训练。除此之外，有些媒体机构倾向于过分强调科学研究的某些方面而忽视其他方面，或者将某些推测或观点包装成事实，从而对科学研究进行炒作。政府和企业等外部的利益集团也会影响科学发现被报道的方式。作为批判性思维者，我们在解读大众传媒中的科学报告时需要注意这些问题。在第12章中，我们将对如何评价科学假设和研究做更多的介绍。

桑贾·伊古普塔博士是一位受欢迎的电视明星，同时也是神经外科医生和埃默里大学医学院的神经外科助理教授。这些资质让他很好地胜任CNN的首席医学记者。

电台主持人、作家、前福克斯新闻明星格伦·贝克在他的脱口秀节目中对全球变暖进行了一些直播的评论报道，尽管他没有科学学位或背景，也没有引用任何科学发现，但他的报道仍然被很多人认为是事实。

世界范围内,从 2000 年到 2016 年互联网的使用量增加了 1000%(10 倍)。

# 互联网

20 世纪 90 年代被称为"互联网的十年",万维网、电子邮件和电子商务都发生爆炸性的增长。自从 2000 年以来,美国使用互联网的人数增长到原来的三倍以上。截至 2015 年,全球超过 30 亿人口是互联网用户,其中包括 88% 的北美人、74% 的欧洲人、40% 的亚洲人以及 52% 生活在中东的人,而且非洲和中东地区使用互联网的人数增长速度最快。截至 2016 年 1 月,全球近一半人口是互联网用户。互联网给全球通信和我们的日常生活带来的普遍影响是不可估量的。

## 互联网对日常生活的影响

根据 2014 年美国大学新生调查,大学新生报告说他们在高中最后一年花在社交媒体上的时间比学习的时间还要多。[12] 人们可以在网上购物、办理银行业务、购买音乐会门票或电影票、做研究、玩游戏、赌博、下载音乐,甚至不用走出家门就可以获得大学学位。

互联网不仅创造了一些新的职业,比如软件工程师,而且可以让学生和其他求职者知道能够从事哪些工作以及在线投简历。我们可以在网上获取想了解的所有信息,还可以观看电影、阅读书籍,从而使其他形式的大众传媒日益衰微,比如电视、广播和印刷书籍。

因为互联网对我们的生活和决策有着深刻的影响,而且其影响越来越大,所以学会批判性地思考那些从互联网上看到的、听到的和转发的信息是非常重要的。在第 4 章我们考察了在网上做研究时,评价网络信息来源有效性的不同标准。在下面的章节中,我们将会考察网络对我们社会生活和政治生活的影响。

## 社交网络

互联网正以重新塑造年轻人社会动力的方式影响着他们的日常生活。在 2008 年和 2012 年的选举中，奥巴马的支持者利用社交网络鼓励年轻人走出去为他们的候选人投票。

在 2016 年总统大选中，领先者希拉里·克林顿和唐纳德·特朗普在竞选活动中对社交媒体的使用远远超过了他们的对手。

Facebook 等社交网站正在以惊人的速度增长。用户在这些网站上发布大量的信息、图片、故事、个人日记和音乐等，其他用户可以浏览观看。Facebook 是其中最流行的网站，它在全球每月的访问量超过 10 亿。[13] 根据 2014 年美国大学新生调查，现在的大学新生与 2000 年相比，与朋友交往和聚会的时间少了很多。另一方面，如今的大学生花更多的时间通过在线社交网络与朋友互动。

与别人交流当然是有益的。但是，良好的沟通技能需要我们事先对发出的信息进行辨别和思考：我们发布的消息传达了什么样的信息？我们发布的帖子，不管是言语的还是非言语的（或图片），表达了怎样的态度和感受？

比如，社交网站上的某些个人资料信息里面包含学生们的淫秽图片，或者是他们参与诸如吸食大麻等违法活动的照片，以及一些恶意诋毁教授和其他人的评论。一些在网站上发布个人信息的年轻人的判断力和批判性思维技能成为一个严峻的问题。尽管我们发布这些帖子的本意是想告诉同伴自己很幽默或者敢于对抗权威，但是学校领导、未来的老板却会将这些信息误读为我们是不负责任的、心胸狭窄的。

在发布信息时，我们需要考虑谁有可能看到这些信息，不管是有意的还是无意的。虽然 Facebook 主要是为大学生设计的，但是互联网毕竟是大众媒体的一种。就其本身而言，公众都可以浏览，大部分使用者是校外人士。

许多学生认为，自己的个人信息是保密的。然而，已经有几个大学生因为发布关于诋毁某个教授的言论、种族歧视言论或威胁要杀掉某人的帖子而被开除。越来越多的雇主开始在这些社交网站上浏览求职者的个人信息，以此作为核实其背景的一种方式。有时这些信息不利于大学毕业生的求职。这些学生在发布信息之前缺乏批判性的思考，无异于在实现自己人生目标的道路上设置了障碍。警察也开始在社交网站上查阅个人相关信息，以此作为执法的手段。布莱恩特学院的大三学生乔舒亚·利普顿开车撞了两辆车，而且其中一个司机受重伤。几天后他在 Facebook 的个人主页上传了一张自己身穿囚服、伸舌头讥笑的照片。而这张照片后来在审判中被用作了他对自己的行为毫无悔过之意的证据。在发生事故时，利普顿血液中的酒精含量是法定界限的两倍多。[14]

作为批判性思维者，你需要认真研究社交网站，学会如何使用它们。在发帖之前，你需要三思而后行。看似笑话或开玩笑的帖子，也许最终会导致一个人被学校开除，或者被梦寐以求的工作拒之门外。

## 被称为"伟大的平衡器"的互联网

由于其便利性，互联网被誉为"伟大的平衡器"，以及"迄今为止，人类发明的参与度最高的大众发言形式"和"自实行普选以来人类民主最伟大的进步"。[15] 在健康的民主制度下，自由和开放的信息传播是很重要的。传统的大众传媒往往是由少数几个大企业控制的，而互联网则不同，它不受集中控制。此外，互联网与电视也不同，电视是单向交流，而互联网则对所有人开放，任何人都可以上网。任何可以上网的人都能够互相交流观点，而且他们发布的信息，全球的人都可以看到。

美国前副总统阿尔·戈尔在他的《攻击理性》一书中写道：

> 互联网也许是重建一个开放的交流环境的最大希望。在这样的环境下，民主对话可以蓬勃发展……互联网不仅是传播真相的另一个平台，它更是追求真理、分散化创新和传播新想法的平台……[16]

随着机会的日益增多，我们作为批判性思维者和民主社会参与者的责任感也不断增强。与大多数的实时对话和讨论不同，在互联网上交流观点使我们能够有时间对他人论证前提的可信度进行批判性的分析和研究，同时我们还可以做出逻辑性强、有可信证据支持的回应或反驳。

互联网也有可能会彻底改变上过大学和没上过大学的人之间不断扩大的经济差距。近年来，高等教育在节省费用方面取得的一个进步便是在线课程的使用以及互动式的在线小组研究和讨论。比如，网络大学的学费还不到一般私立大学的一半。互联网不仅使更多低收入家庭的孩子能够接受高等教育，而且将之扩展到更大范围的人，包括远程学习者，以及那些因为身体健康、工作或家庭责任而不能去学校上课的人。

互联网在很大程度上为学习、分享和讨论思想提供了公平的环境，但是它也有消极的一面，给侵犯他人隐私、骚扰、欺骗和恐吓他人制造了新的机会。作为批判性思维者，我们在使用互联网时需要对其风险有充分的认识和了解。

# 行动中的批判性思维

## 越过你的肩膀：监视员工使用互联网

大约64%的员工表示，上班期间平均每天都要花费1个小时使用互联网处理个人事务，包括浏览色情网页、购物、赌博、下载文件和发送电子邮件。\* 根据尼尔森公司的一项调查，这些员工中有28%使用他们的工作电脑访问色情网站。这不仅导致生产率的下降，而且也带来很大的风险，比如安全漏洞、无意下载了病毒、蠕虫病毒和间谍软件。除此之外，同事们也会接触到暴力色情作品。

尽管有法律禁止雇主秘密监视员工，但这些法律也有例外，即当员工使用公司所有的设备时，比如电脑。根据美国一家管理协会的报告，大约2/3的公司监视员工使用互联网的情况，一半以上的公司会追踪和审查员工的电子邮件。\*\* 大多数公司（但不是所有的）会向员工告知有关监视的制度。通过告知不允许员工使用互联网处理个人事务，由于观看其他员工互联网网站上的色情作品而引起的性骚扰事件大大减少，雇主也不再为此苦恼。反对监视员工使用互联网的人认为，这不仅侵犯了员工的个人隐私权，而且也没有提升员工的生产效率。

### 讨论问题

1. 讨论支持或反对监视员工使用互联网的观点。
2. 雇主、互联网服务供应商和无意下载的间谍软件都可以追踪到我们访问的网站。此外，美国爱国者法案要求，如果有需要，大学图书馆可以提供学生使用互联网的记录。了解到自己可能被监视会在哪些方面影响你使用互联网的方式？将你的回答与第9章讨论的道德推理的层次联系起来。

\* Cheryl Connor, "Employees Really Do Waste Time at Work," Forbes, July 17, 2012.

\*\* Laura Petrecca, "More Employers Use Tech to Track Workers," USA Today, March 2010. http://usatoday30.usatoday.com/money/workplace/2010-03-17-workplaceprivacy15_CV_N.htm.

不道德的人可以通过互联网数据库窃取我们的私人信息，比如信用卡或社会保险号码。黑客，甚至更糟糕的是网络恐怖分子，会蓄意破坏或修改商业、教育和政府档案。除此之外，有人利用网络技术向无数网民散播破坏性的计算机病毒或发送骚扰性或欺诈性的电子邮件。最后，正如我们在第4章中所提到的，网络上充斥着不良的或有偏见的网站。无论是谁，只要想创建网站，都可以实现。尤其是在聊天室和个人网站上，经常有人发布一些他们想要散布的带有偏见的议题或观点。为此，作为批判性思维者，我们在使用互联网信息时务必谨慎，除非能够确保信息来源准确可靠。

## 互联网的滥用：色情作品和网络剽窃

过去十年里，互联网技术突飞猛进地发展，由此也引发了一个问题，即媒体界的言论自由是否应该应用到互联网言论中，包括淫秽和色情作品。性是目前互联网上搜索最多的主题。[17]这些网站中有10万个提供非法的儿童色情内容。色情作品是能带来数十亿美元的行业，而且是互联网中发展速度最快的行业。遗憾的是，许多人不够理性，没有考虑到浏览这些网站对他们的家庭生活和职业生涯可能带来的消极影响。例如，20%的男性承认，自己在工作时间浏览过色情网站。[18]在一些案例中，有些人为此而丢了工作。参见"行动中的批判性思维：越过你的肩膀：监视员工使用互联网"。

作为家长或者未来的家长，我们应该认真研究和思考互联网可能给孩子们带来的影响。互联网的便利性意味着孩子们在家里便能轻易上网。据估计，90%的8~16岁孩子曾经在线浏览过色情网站。网络色情内容的最大用户群是青少年。93%的12~17岁男孩观看网络色情内容。[19]父母能够控制孩子们在家观看电视节目的时间，也可以将色情书籍清理掉，但是网络色情内容对孩子而言却是24小时随时可得，只需点击一个按钮即可。为了解决这些可能发生的问题，我们需要富有创造力的批判性思考，找到有效的解决办法。

剽窃，尤其是网络剽窃，也引起了人们对滥用互联网的担忧。研究表明，40%的大学生曾经在网上剽窃或者购买论文。教师越来越多地使用剽窃检测软件和网站来抓住那些作弊的学生，比如TurnItIn.com。尽管许多教师认为，互联网要承担部分责任，[20]因为它提供的信息太容易获得，但是最根本的责任仍然在于作弊者自身。剽窃不仅是欺骗，而且反映了剽窃者没有能力或不愿意独立思考或培养批判性思维技能。

计算机和互联网改变了媒体技术，而且极大地增加了我们获取信息的渠道。然而，像任何新兴技术一样，互联网的使用也要加以辨别——充分发挥它的优势和长处，避免它的缺陷。

## 媒介素养：一种批判性思维的方法

**媒介素养**（media literacy）是一种理解和批判地分析大众传媒给我们生活所带来的影响以及有效运用不同形式媒体的能力，包括娱乐节目和新闻。在民主制度下，我们应该参与到热点话题的讨论中，并在选举中做出知情决策，所以媒介素养非常重要。如果我们不能认识到媒体对我们的生活和决策的影响，或者自欺欺人地认为，媒体只是对别人有影响，对自己而言毫无作用，那么我们就陷入了被媒体控制的危险，从而不能掌控自己的生活。

### 媒体体验

思维的三层模型——体验、解释和分析——可以用来培养媒介素养能力（回顾思维的三层模型，见第1章）。在运用这一模型时，第一个步骤是意识到生活中的媒体体验。

大多数人并不知道自己实际上花费了多少时间来收听或收看媒体。在一项研究中，研究者观察和记录了成年人使用媒体的情况，结果发现，研究者观察到的成年人使用媒体的实际时间，是采用标准问卷或电话调查所得时间的两倍。试着把你在典型的一天中收听或收看广播或电视节目、阅读报纸和杂志以及访问网站的次数记录下来。你很有可能会为自己每天在媒体上所花费的时间感到吃惊。

体验同时也涉及对媒体信息的制作过程的理解。每条信息都是谁负责制作的？制作者的目的何在？比如，你阅读的文章或正在观看的电视节目是为了传播事实真相，还是仅供娱乐？有些节目两者兼而有之，比如脱口秀节目《今夜秀》，或者美国喜剧中心频道播出的新闻讽刺节目——特雷弗·诺亚主持的《每日秀》。如我们前面所提到的，为了达到吸引、取悦观众的目的，即使是权威的新闻来源也可能以一种误导的方式来报道新闻。

特雷弗·诺亚和前《每日秀》主持人乔恩·斯图尔特。有些电视节目，如特雷弗·诺亚的《每日秀》，既有新闻性又有娱乐性。

此外，问问自己哪些问题正在被讨论？使用非动机性语言就相关信息写一份总结。关于这些问题可能会有一些新闻、消息或娱乐节目。注意节目中的画面，包括评论员、演员或嘉宾的位置和形象以及他们的性别、种族、族裔等等。同时也要留心背景音乐和图片的使用，它们是积极乐观的、舒缓的、鼓舞人心的，还是紧张的、悲观的、不祥的？除此之外，还要关注广告节目所占的时间或空间。哪些产品广告在播出？这些产品如何强化相关信息？

## 解释媒体信息

一旦你已经收集了所有的事实，下一步便是做出解释，或者试图理解体验的意义。这些项目信息传达了怎样的价值观和观点？描述你对这些消息或某个特定节目或文章的反应和解释。反思自己的反应，为什么你会有这样的感受？语言、音乐和视觉图像对你有什么样的影响？有没有某个特定的新闻人物是你所认同的或者抱以积极情感的，有没有其他新闻人物会让你产生消极反应？是什么激起了你的这一反应？

你也许会因为特雷弗·诺亚拿保守派开玩笑的方式而喜欢《每日秀》节目，因为许多主角都是漂亮的年轻女郎而喜欢《吸血鬼日记》，或者因为惊心动魄的动作场景而喜欢《神盾局特工》。你的这些反应说明了什么，你如何解释周围的世界，如何解释自己的某种偏好和抗拒？你是否只观看那些能够证实自己政治观和世界观的节目，而对其他节目充耳不闻？

只观看与自己的观点一致的节目会导致证实偏差和狭隘思维。为了克服这种偏差，应该观看或阅读不同的电视频道、杂志或报纸对同一事件或新闻的报道。再次，应用思维的三层模型，记录你对相关经验的解释，然后对解释进行批判性的分析。扩展你的媒体体验可以帮助你克服狭隘思维。

以一个批判性思维者的视角对媒体进行解释，充分考虑不同的观点十分重要，不能假定自己的观点是正确的而且是唯一的解释。不要认为每个人都同意你的解释，或者认同你喜欢的节目所传递的信息。其他人也许会从完全不同的角度来解释某条媒体信息。你可以询问别人对某个电视节目或某篇文章有何看法。比如，《每日秀》节目也许被有些人解释为无礼的或反美的。其他观众可能觉得《天堂执法者》中那些衣着暴露的年轻女郎有辱女性尊严，或者设定了不现实的评价美女的标准。同一节目中刺激的动作场景也许被有些人解释为我们文化中犯罪行为猖獗的一种体现。记住，此时此刻，你要做的只是列出这些解释，而不是对它们进行评价。我们的解释有些是有依据的，而有些只是基于自己的观念、个人感受和偏见，一旦你加以分析，凡此种种便会暴露无遗。

## 分析媒体信息

第三个步骤是对你的解释进行批判性分析。分析常常以提问题开始。你可以将自己对某个新闻信息所做出的反应作为分析的出发点："这档节目或这篇文章为什么会让我有这种反应？"在权衡事件的原因和分析之后，产生诸如同情或道德义愤之类的情绪反应是很正常的。但从另一个方面来讲，愤怒或轻蔑这样的情绪反应也许暗示了你潜在的偏见或扭曲的世界观。

请记住，在分析的过程中，博采众长是最有效的，因为我们每个人对同一新闻信息都有不同的体验和解释。在分析的过程中，如果你的解释受到别人的质疑，务必注意你产生的任何抗拒。比如，若有人认为，某些节目或杂志有辱女性人格，你是否会感到不屑或恼怒？

在对某个媒体信息进行分析时，要确定该信息的意图和结论。这条信息通过什么方式让我们更加详细地了解事件、问题和科学发现？这条信息是否有良好的推理和事实依据，还是运用了修辞手段和谬误论证？对事件本身及其发展的描述，其偏差程度或夸张程度如何？媒体呈现的信息是否会导致我们文化中的刻板印象和拜金主义，或者引起人们的低自尊以及对犯罪的恐惧？我们对道德是非观念的认识又会如何？分析也许还需要你自己进行研究。媒体中的色情作品是否会对女性造成伤害？观看暴力节目的人是否更有可能采取暴力行为？媒体对孩子们又会带来什么影响？

在民主制度下，大众传媒发挥着不可或缺的作用，因为它让我们了解事件和问题的发生经过。实际上，新闻媒体有时被称为政府的第四部门，因为它对行政权、司法权和立法权起着监督的作用。另一方面，因为大众传媒依赖于商业广告作为财政支持，它有时更加关注吸引受众的注意力，而对提供关于重要事件和科学发展方面的信息则不太重视。作为批判性思维者，我们需要形成媒介素养，这样我们就能理解媒体对生活带来的影响，也有能力对媒体信息进行批判性分析。

# 批判性思维之问

## 大学生群体中的网络剽窃现象

如今,几乎每个人都十分熟悉互联网在提供信息方面所具备的优势。但是,不可否认,互联网也有非常明显的负面作用,其中之一便是,它使学术剽窃变得更加容易。剽窃是一种不诚实的抄袭行为,牵涉到欺骗和意图误导读者,在这种情况下主要是误导教授。

2012年的一项调查表明,75%的大学生承认有过作弊行为,其中90%的学生表示他们认为自己不会被抓到,85%的学生声称"为了成功,作弊是必要的"。在一起最大的学术不端案件中,哈佛大学"国会概论"课上的279名学生有近一半的人作弊。

在高中生中,互联网剽窃现象也越来越普遍,学生们都在为奖学金和进入名牌大学而激烈角逐。大学教育费用的增加和就业市场的激烈竞争加剧了这一趋势。

许多人将网络剽窃现象的加剧归咎于学生。也有些人认为教师应该承担部分责任。一些著名的"论文工厂"网站也受到抨击,自从20世纪90年代以来,这类网站发展迅猛,它们专门向学生出售文章和学术论文。反网络抄袭软件如TurnItIn.com网站的出现,可以帮助老师更加容易地查出学生的论文是否存在剽窃。

尽管美国有些州已经通过了试图限制计算机辅助剽窃的法案,但是收效甚微,在遏制学生使用这些网站方面几乎没有起到什么作用。论文工厂的拥护者辩称,试图限制学术论文交易的法律涉嫌侵犯宪法第一修正案中的言论自由。

网络剽窃的受害者远非读者。其他学生也受到伤害,甚至包括剽窃者自身,他没有从老师布置的作业中直接受益。最后,剽窃会对整个社会造成危害,因为学生学会了欺骗,他们会将这种态度带到未来的职业生涯中。

在下面的阅读材料中,作者就网络剽窃的原因、后果以及学术团体应该采取哪些措施以减少剽窃展开了讨论。苏珊·布鲁姆认为,网络剽窃是错误的,应该受到严厉惩罚。相反,拉塞尔·赫特则认为网络剽窃是学术团体重新思考传统知识模式的一次机会。

## 学术诚信与学生剽窃:事关教育而非道德

苏珊·D.布鲁姆

苏珊·D.布鲁姆是圣母大学的人类学教授。在下面的文章中,她分析了为什么防止学生剽窃的传统方法失败了。接着她提出了另一种方法。

许多大学校园都有学生剽窃的问题。大学院校用来防止剽窃的两种主要方法是将剽窃行为作为道德错误或犯罪处理。但这两种方法都不可能普遍奏效。

将剽窃作为道德问题处理的院校通常会制定荣誉守则。这种守则引发学生们做正确事情的愿望。这些守则假设,在适当的社会压力下,他们会这样做。学生被要求确认他们将作为学术界的成员践行美德行为。

但是,虽然学生们可能认同学术诚信这一概念所体现的原则,但其他原则也会导致他们剽窃或接受同学的违规行为。例如,友谊和朋友关系——学生之间的团结——这些美德往往优先于对学术荣誉守则的遵守。

第二种防止剽窃的方法是将其视为违反规则,或视为犯罪而非道德过失,这种方法强调法律和执法。许多学院定期修订处理学术诚信的规章制度,并要求教师和管理人员严格执行。现在,各学院还经常依靠像 TurnItIn 这样的电子防剽窃资源,教授们将学生的论文提交给该网站,并收到一份"原创性报告",证明论文中是否有任何部分与数据库中的现有作品相同。

尽管有些学生可能会拥护有关学术诚信的规则,但还有一些学生可能会将这些规则视为类似于他们不愿意遵守或忽视的其他条例或法律。例如,关于喝酒的法律,几乎在每所大学都经常被藐视,而关于音乐下载的法律,作为一种分享知识产权的形式,则被广泛忽视。

管理者防止剽窃的传统方法失败了,原因有很多。首先,学生们对所谓"学术诚信"这一道德品质的含义只有模糊的认识。另外,有关知识产权的规则也在不断变化。

此外,我们认为言语表达的原创性是独特的、孤立的、真实的自我的产物,这种观念在20世纪六七十年代曾达到顶峰。今天的学生已经沉浸在一种文化中,他们乐于尝试不同的角色,自由分享。言语和产生言语的自我之间没有内在的联系。学生并不拘泥于自己写作的诚信,也不一定认为别人也是如此。

而且,学生们大多注重成功和成绩,这种底线思维帮助他们进入了高选拔性的院校,而这些院校实际上是在努力执行学术引用的规范。如果学生追求教育本身——就像大多数教授一样——他们会努力完成能促进学习的学术工作,并以教授的行为为榜样。但很多学生并不特别重视课堂学习的过程——所以,事实上,任何过程都一样。

所有这些趋势都表明,我们需要另外一种方法来取代以荣誉守则和规则执行为代表的自上而下的防止剽窃的方法。第三种策略将学术诚信,尤其是列出引用来源的要求,作为一套技能来学习。这个理念有哲学和实践两个层面:必须说服学生认识到引用的价值——这远非不证自明的——并在一段时间内指导学生如何去做。

引用具有复杂的细微差别,尽管我们在引用时都会说"致谢"(Give credit)。各个学科的教师对引用和引文的期望有很大差异。例如,在工程界,引用被认为是不可取的,而在人文学科中则是被期望的……

讲授写作和作文的教授努力教育学生什么是引用和如何避免剽窃。不像行政管理人员和教员只是简单宣布"列出引用来源"的准则,写作老师认为在原创和借用之间划清界限是矛盾的。但即使是敏感的作文老师,也不能简单地讲授一门关于引用的综合课程。写作专家,无论是作文老师还是文学分析专家,都知道诚信是一个难以捉摸的概念,不可能一劳永逸地用一个规范表达出来。

当然,论文作者们也看到了被引用名字的实际和专业好处。学术界越来越多地依靠包括Google Scholar在内的各种数据库中的"引文索引"来证明自己的学术影响力。研究人员依赖于获得完整的引用信息,以便追踪到引用来源。但是,学生的写作进入了真空状态,他们的文章除了指导老师之外,通常没有人阅读,因此不能指望他们理解要求列出引用来源的实际原因……

严格的告诫——"不得剽窃"——无论是作为永恒的道德准则,还是作为普遍的实践,都是不够的。我们需要教会学生学术写作的体裁要求。他们需要被告知如何做到我们、他们的老师对他们的要求。他们需要学习如何引用、如何参考,如何使用引号来直接引用而不是间接引用。

鉴于引用的细微差别及其与教育目标、独创性、互文性、自我性和个性等问题的纠缠不清,显然不能简单地给学生一本小册子,就指望学生能明白。这一信息必须由许多经过深思熟虑的诚意之士一遍遍地传播。高校可以采取以下措施:

组织与教师和学生的会议。将问题公之于众;把问题说清楚,让每个人都知道我们在说什么。让学生在制定问题框架时有发言权。

承认规则是比较武断的。知识产权不是一种永恒的价值。

说明并承认学生与教师或管理者之间缺乏共识。

将知识产权问题作为一个理论和历史问题提出来。

将学术引用的知识层面、法律层面和官僚层面分开。

将学生的引文和互文的做法与学术引文的做法进行比较。明确间接引用和直接引用、转述和借用的异同。说明在不同的语境下有不同的规范——例如,在论文中引用电影与书籍——都有各自的合法性。

对各种剽窃行为进行分类。就像我们把在超市品尝葡萄和偷车区分开来一样,我们不想把所有违反学术引用规范的行为混为一谈。引文规范掌握不到位、加入句子、省略引号,这些与交上别人的论文有很大的区别。

将学术诚信视为一套技能,主要通过高等教

育的长期学徒制来传授，是让学生遵守学术引用规则最有希望的方法，但这种方法也最不可能提供捷径。这意味着要教会学生什么是学术诚信、教授为什么要重视学术诚信以及具体如何执行。

## 问 题

1. 许多大学院校应对学生剽窃的两种主要方法是什么？
2. 布鲁姆认为，为什么防止剽窃的传统方法常常失败？
3. 自20世纪六七十年代以来，我们对大学写作的原创性观念有什么变化，为什么？
4. 布鲁姆为处理学生的剽窃行为提供了哪些解决方案？

## 为网络剽窃感到高兴的四大理由

拉塞尔·赫特

资料来源：Russell Hunt, excerpts from "Four Reasons to be Happy About Internet Plagiarism" from Teaching Perspectives 5 (December 2002): 1-5. Reprinted with the permission of the author.

人们总是认为"信息技术革命"给教育带来了翻天覆地的变化——有时是好的，当然也经常有坏的。在高等教育体系中，信息技术带来的最常见的灾难或许当属"网络剽窃"。

几乎所有人都认为，网络剽窃对于高等教育无疑是一场灾难。但是，这也恰恰是我在此想说的。我认为，网络剽窃的便利性引发的挑战应该受到欢迎。我预测并期望，网络剽窃不断增多的趋势促使事情朝更好的方向变化。下面是几则具体的例子，日益便利的网络剽窃给它们造成了威胁。

1. **制度化的讲究修辞的写作环境（学术论文、文学短文和学期论文）受到挑战，这是一件好事。** 人们越来越质疑，依赖这些方式能否评价学生对知识和技能的掌握程度，他们十分关心学生的学习和如何评价、培养学生，尤其是培养学生运用书面语言的能力。人们一直认为，学生的学习情况可以通过他在讲究修辞的人为写作情境下的能力准确地反映出来，然而一旦学生通过了正规的教育训练（比如考试或学术论文），他便再也不会写这类文章。剽窃使得上述观点不再可信，而且越来越站不住脚。如果教师由于担心学生几乎肯定会购买批量生产的学期论文，因而在课堂上创建更具有想象力、合理讲究修辞的写作情境，那么从网上可以轻易购买到论文，这一事实对本该有所改变的写作实践而言是一项非常有利的挑战……近年来，其他许多类似的观点认为，教师可以通过重新构思作业的方式和给学生提供更加真实的修辞情境来使剽窃变得更加困难。近年来，这些方面已经有所改善。

有人认为，我们能够解决这个问题，通过让学生相信"他们是真正的作者，有很多有意义或重要的话要说"，或者让他们修改自己的作业，同时我们可以看到修改的部分。而我认为，只要教师继续给学生布置脱离情境的、缺乏读者的、毫无意义的写作练习，这种方法还是行不通。

2. **围绕分数和证书的制度化结构受到挑战，这是一件好事。**也许更加重要的是，剽窃对教育机构创建和鼓励的分数制所带来的巨大压力形成了挑战，这种压力导致许多优秀的学生到处走捷径（许多证据表明，不只是成绩处于边缘的学生会陷入作弊的危险，那些优秀学生也面临同样的问题，他们出于某些原因，认为自己的人生道路取决于老师任意给出的平均绩点）。一个更加核心的问题是，剽窃本身对大学的激励机制和奖惩机制带来了挑战，这是一个零和博弈，几乎没有人是赢家。

    就目前的结构而言，大学本身是最有可能鼓励剽窃和作弊发生的场所。如果我想学习如何弹吉他、如何提高我的高尔夫球技或者写编程语言，"作弊"是我最后想到的事情。这与情境完全无关。但另一方面，如果我想拿到一个文凭，证明我会跳吉格舞，能够在80杆以内打完一圈高尔夫球比赛或者制作一个漂亮的网页（事实上从未想过真正做这些事情），我很可能会考虑作弊（而且认为这主要是道德问题）。下面是我们为学生创造的情境：在这样一种体系下，每个人唯一关心的激励或动力因素便是分数、荣誉和文凭……

3. **几乎所有的学生包括许多教师，都默认知识是存储的信息，技能是独立于知识的能力，该知识模型受到剽窃的挑战，这是一件好事。**当我们从内容和内在逻辑性（以及语法运用）等方面来判断一篇文章时，我们便忽视了写作中最重要的事实，即学术性和社会性价值。最近几年，针对巴西教育哲学家保罗·弗莱雷所谓的"银行储蓄式教育模式"的批评时有发生……一种教育模式认为，知识以打包的形式存在，让学习者认为，自己的学习正是把预存的信息输入到自己的文章和头脑中。

    与此相似，有一种模式认为，诸如"撰写学术文章"这样的技能是一种可以根据需求来施展的能力，与任何真实的写作情境、实际的问题或效果预期（或者对"学术论文"本身的界定）无关。这种观点妨碍学生认识到所有的写作都受到修辞情境的影响，从而导致学生无法辨别表达和措辞上的转换，所以很多剽窃的文章一眼即被认出……

4. 但是还有一个最重要的理由来迎接这一挑战，远比其他任何理由更加重要，也就是：**面对这一挑战，我们不得不帮助学生学习我认为他们在大学里能够学到的最重要的东西，即学术和研究的智力型事业是如何运作的。**传统上，当我们向学生解释为什么剽窃是有害的，以及他们恰当引用并注明出处的动机应该是什么时，我们会通过例子向学生们说明如何在写文章的过程中共享观点和信息，这与其在课堂作业之外的实际运作情况完全不同，而且极度破坏了他们对研究假设和研究方法的理解。

    学者（通常是作者）使用引用有几个目的：他们不仅建立了自身的诚信，而且为其学术同盟者做了宣传，同时可以引起读者对自己所做工作的注意，维护与同盟者的关系，为自己坚持的立场举出例证，或者指出与对立理论或观点的细微差异。他们并不利用引用来避免自己受到网络剽窃的指控。

    与学者相比，大学生在写文章时使用引用的最明显的不同在于：通常情况下，学者是出于某些积极方面的考虑，而学生是为了避免某些消极方面。

    我们由此得出的结论是：开设关于"避免网络剽窃"的课程或专题研讨会，把剽窃完全当作一个问题来看待，这一开始就是错的。打个比方,这就相当于找到一种好的方法,教给那些完全不知棒球为何物的人什么是内野高飞球规则。

## 问 题

1. 大多数接受高等教育的人如何看待信息技术革命?
2. 网络剽窃问题在哪些方面给大学目前的激励制度带来了挑战?
3. 传统的知识模型是什么?为什么说网络剽窃对该模型带来了挑战?
4. 赫特对网络剽窃感到高兴的理由是什么?

# 第 12 章

# 科　学

**要　点**

什么是科学

科学方法

评价科学假设

研究方法与科学实验

托马斯·库恩与科学范式

批判性思维之问：当进化论遇上智能设计理论

根据美国环境保护局（EPA）的数据，在过去的 100 年中，由于全球变暖，海平面上升了近 7 英寸（约 18 厘米），预计到 2100 年还将再上升 1 英尺。[1] 在过去的几十年里，全球变暖现象呈现出加速趋势。自从 1850 年人类开始记录温度以来，最热的 11 年均发生在 1998 年之后。由于大范围的干旱、致命的热浪和大规模的风暴，2015 年 7 月是美国大陆有记录以来最热的月份，打破了 2014 年创下的上一个纪录，比 2014 年的记录高出 0.23 华氏度。

2002 年，南极洲一块与罗德岛大小接近的冰架与大陆断开，漂进大海。如果南极洲西部的冰盖全部融化，那么到 2050 年，海平面将会上升 76 厘米。实际上融化过程已经开始，并且融化速度远比科学家早先的预测要快。换句话说，如果这一趋势继续发展下去，到现在的大一新生退休时，世界上大多数的沿海城市和社区都将被海水淹没。

升高的海平面也会导致陆地受到侵蚀，淡水和低海拔地区的农业耕地逐渐盐化，人们的食物和淡水供应将被中断。此外，科学家预测大型风暴的数量和强度也都会有所增加，而气候变暖将会导致传染疾病的发生，尤其是疟疾等热带疾病将会在类似美国南部的地区普遍流行。

与其他研究相比，某些关于全球变暖和其他自然过程的科学研究更加严格，在解释和预测一些现象时也更加准确。作为批判性思维者，我们应该有能力解释和评价新闻媒体所报道的科学故事以及科学期刊中出现的研究报告。我们不仅需要决定新的科学发现是否值得考虑，还要设法将其应用到日常生活和公共政策中。对这一过程来说，更基本的是对科学本身作为发现真理的方法进行批判性思考的能力。在本章，我们将：

- 学习科学的发展史
- 识别并批判性分析科学假设
- 学习科学方法
- 学习如何评价科学解释
- 分辨科学与伪科学
- 学习科学实验的不同类型及评价方法
- 了解科学实验涉及的伦理问题
- 检验托马斯·库恩关于常规科学和范式转移的理论

## 什么是科学

**科学**（science）是由可观察和测量的事实（科学家称之为数据）推理得出可供检验的解释。科学家的工作是以系统的方式发现、观察和收集事实并解释数据之间的关系。为了确定解释是否合理，科学家们会构想出假设并进行验证。在本章的"科学方法"一节中，我们将了解更多科学家使用的方法。

现代科学对人们的生活有着深远的影响。因为科学在我们的文化中无处不在，以至于人们倾向于认为科学是一种获取和检验关于世界的各种知识的自然方法。在本节中，我们将学习现代科学的发展历程和一些科学假设。

### 科学革命

在 17 世纪以前的西欧，基督教教义尤其是天主教教义被认为是真理的最终来源。波兰天文学家尼古拉斯·哥白尼（1473—1543）断言，宇宙的中心是太阳而不是地球，从而掀起了一场科学革命。然而，大多数历史学家都将英国哲学家和政治家弗朗西斯·培根爵士（1561—1626）视为现代科学之父，因为他对科学方法进行了系统阐述。在他的著作《新工具论》（1620）中，培根提出采用直接观察法来发现关于世界的真理。培根的科学方法非常成功地丰富了人们对世界的认识，提高了人们操控自然的能力。使用这种方法时，我们首先要对世界进行系统的观察，并通过检测和实验的手段得出相关推论。

## 科学假设

科学是感知和解释现实的主要方法，事实上，西方文化通常将科学视为感知和解释现实的自然方法。然而，人们必须时刻谨记，科学是人类创造的一个体系，就其本身而论，其基础是某一特定世界观或者一系列假设。

哥白尼发现地球绕太阳转而非太阳绕地球转，这一发现推动了科学革命。

**经验主义** 经验主义（empiricism）是最基本的科学假设之一，该假设认为知识的主要来源是人们的身体感受。科学家们将经验主义视为获取知识的唯一可靠的方法。因此，随着一代又一代的科学家们积累了越来越多的观察资料和数据，他们正确解释自然规律的科学能力也越来越强。

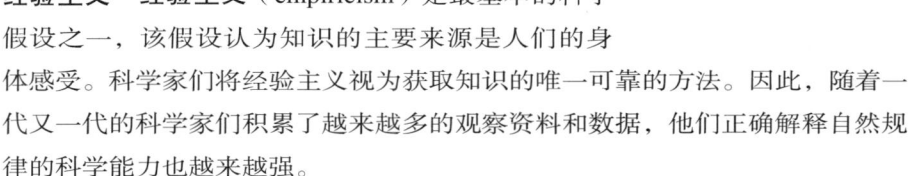

**客观性** 现代科学的一项相关假设是**客观性**（objectivity），是指人们可以将自身之外的物理世界当作一种客体进行观察和研究，而不受科学家或观察者的主观影响。因为这个世界是独立于个体观察者之外的客观存在，而系统的观察将使科学家们最终达成一致意见。但这个假设最近受到了量子物理的小小冲击，量子物理学发现，仅仅是对量子活动的观察行为也会使其发生改变。

虽然早期的经验主义者（包括培根）认为客观性是可以实现的，但当今的大多数科学家都承认，以往的社会经验以及天生的认知和感知误差都会对人们感知世界的过程产生影响，即使是受到严格训练的科学家也不例外。例如本书第 4 章中曾经提到，人们倾向于在随机现象中看出秩序。其中最著名的例子之一便是火星运河的存在。见"分析图片：火星上的'运河'"。

虽然无法保证完全客观，科学家仍然会在研究过程中努力摒除偏见，保持

## 分析图片

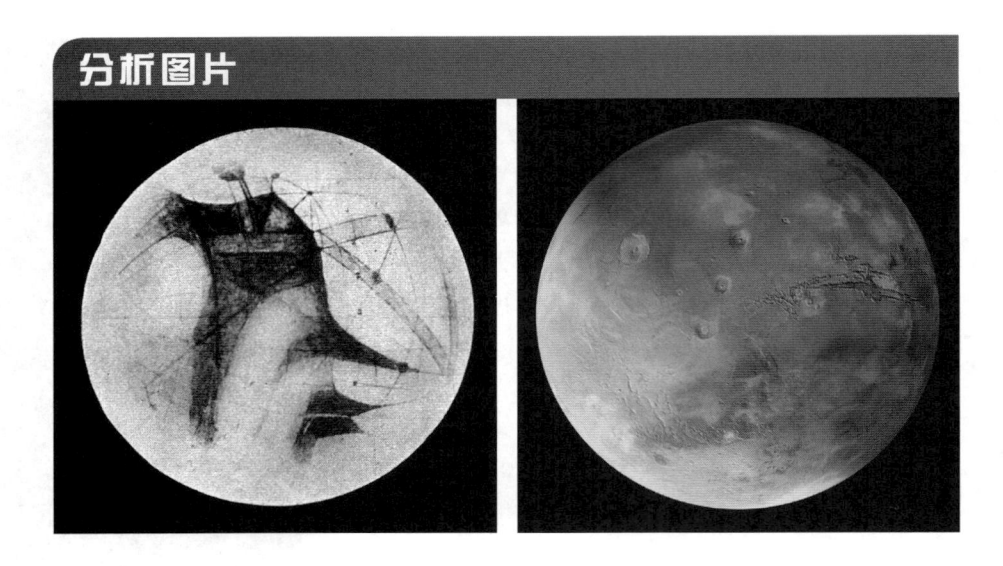

**火星上的"运河"** 很多天文学家一直相信火星上有运河,直到1965年"水手4号"航天探测器飞抵火星并拍下了火星表面的照片。照片显示,火星上并没有运河。原来这些所谓的"运河"不过是一些光学假象,人们的大脑倾向于赋予这些随机数据意义,并且就科学家而言,他们对火星上存在运河也抱有一定的期望。(见彩插)

**讨论问题**

1. 讨论语言如何塑造你对自然现象的期望和观察,就像火星上的"运河"一样。用具体的例子来说明你的答案。
2. 想一想你是否曾经仅凭观察得出了错误结论。你是如何发现你的观察具有误导性的?讨论科学知识在纠正你的错觉中所扮演的角色。

---

观察过程的客观性和使用语言的准确性。

**唯物主义** 经验主义的进一步发展,便是**唯物主义**(materialism)学说。科学唯物主义者认为,宇宙中的一切事物都是客观的物质。(唯物主义中的"物"与痴迷于金钱、消费品和其他"物质产品"没有任何关系。)根据科学唯物主义的理论,感知、想法和感情都可以还原为对物理系统的描述,例如脑电波、刺激和反应等。没有必要在科学描述和解释中引入无关的、非物质的概念,例如有意识的精神生活。由于科学的基础是唯物主义,因而它在解释物质为什么拥有意识以及如何获取意识方面几乎毫无所获。

**可预测性** 传统上，科学家一直假设物质世界是有序的和可预测的。宇宙是由相互关联的因果关系组成的，人们可以认识这些联系，可以通过系统的观察和归纳推理发现这些联系。量子力学特别挑战了最终可预测的、决定论的物质现实的观点，认为宇宙中除了严格的物理因果定律之外，还有其他力量在起作用。例如，海森堡测不准原理指出，即使处于最理想的测量环境下，要同时预测量子的位置和动量也是不可能的。

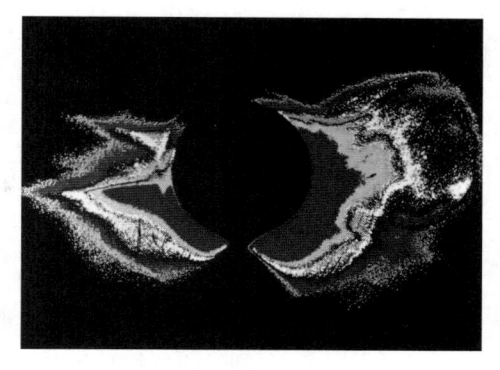

磁场能量是人类感官无法感知的。

**一致性** 与传统的可预测性假设联系在一起，假设宇宙具有潜在的一致性，或者说，所有现象都存在统一的动态结构。这些统一的结构可以转化为科学定律，并得到广泛应用。实际上，科学家艾尔伯特·爱因斯坦为研究大统一原则付出巨大努力，但这一研究至今仍然没有取得任何成果。

## 科学的局限性

科学的明显优势在于使人们得以建立关于自然世界的知识体系，但它仍然存在一定的局限性。局限之一是，至少从哲学家的视角来看，它将物质世界的存在性作为研究的起点。但是正如17世纪法国哲学家勒奈·笛卡儿所说，外在世界只是我们大脑中的一个观念，没有直接的证据证明"外在"世界的确存在。[2] 换句话说，科学的起点，也就是物质世界的存在性，无法得到经验的证明！

经验主义以及将感官体验作为科学的基础，都将科学限制在了可观测到的共享现象之内。然而，物质世界中还存在很多其他东西，例如暗能量和暗物质、某些电磁波以及亚原子粒子等都是人们的感官所感觉不到的，甚至连为扩展人类感官而设计的科研仪器也检测不到。此外，在弦理论的研究中，物理学家利用数学推理得到结论，至少存在九个维度，而不只是人类的大脑可以感知和处理的三维。

一些哲学家认为，即使我们多次观察到某一事件紧随另一事件发生，单纯的观察都不能从逻辑上确定这两个事件之间存在一种必然的因果联系。康德特别指出，因果不是外部世界的一种属性，而是人类头脑的一种产物。（关于康德的心灵理论和经验主义批判的回顾，见第 4 章。）换句话说，人们如何体验现实取决于大脑的结构，是大脑对感官信息进行组织并赋予其意义。

## 科学与宗教

关于科学与宗教的关系，有四种基本立场：（1）出现冲突时，科学总是凌驾于宗教之上；（2）出现冲突时，宗教总是凌驾于科学之上；（3）科学和宗教分别是两个相互独立、相互排斥的领域；（4）科学和宗教涉及同一领域，相容且互为补充。

大多数科学家和西方哲学家的立场是，当科学与宗教发生冲突时，科学总是凌驾于宗教之上。这种态度引起了科学与宗教之间的对抗。很多保守的基督徒认为《圣经》是上帝意志的文字体现，永远不会出错，不仅是在宗教领域，在科学领域同样有效。

持有第三种立场的人，例如约翰·E. 琼斯法官（参见"批判性思维之问：当进化论遇上智能设计理论"）否认两者之间存在冲突。相反，他们认为科学和宗教是互相独立、互相排斥的两个领域。科学负责处理客观和经验中的现实，宗教则关注价值观、主观和精神领域的现实；科学问的是"是什么"和"如何做"的问题，而宗教问的是"为什么"的问题。因此，人们可以接受进化论，而不必抛弃"人类是上帝按照自己的形象创造出来的"这一宗教信仰。这种取向的问题之一是，在某些情况下，科学和宗教就同一种现象得出不同的论断，比如

米开朗琪罗描绘《创世记》中的故事"创造亚当"。人类与其他动物在本质上不同的这一宗教信仰是现代科学的基本假设之一。

关于人类生命的起源、祈祷治病的效果以及圣经中的大洪水现象是否真的发生等问题。从逻辑上来讲，当两者的论断出现冲突时，它们不可能同时正确。

根据第四种观点，科学和宗教面对的是相同的现实，因此两者是相容的。这种观点在犹太教、印度教[3]以及一些新教的主流教派中可以找到。如果宗教经文与科学论断发生冲突，那么经文应当被重新解释。例如，《创世记》中关于创造天地的故事应当是一种隐喻，而不应该单纯按照字面的意思去理解。英国圣公会牧师、生物化学家亚瑟·皮考克对这种方法表示支持。他提出，宗教和科学解决的应当是同一领域的问题。然而，他们却致力于同一领域的不同方面。但从本质上讲，两者必须总是"最终趋于一致……在现实中，科学和神学活动应当是相互作用、相互启发的两种方法"。[4]接受进化论的教皇弗朗西斯一世当选后，天主教会有望更接近科学与宗教相容的这一观点。

虽然科学家经常拒绝接受对于自然现象的宗教解释，但科学界与宗教信仰确实存在千丝万缕的联系。犹太教和基督教有一个共同的观点，那就是为了人类的利益，上帝赋予了人类使用科学控制和改变自然的权力。此外，人类中心说假设人类是宇宙中的主要存在，与其他动物有本质的不同，因而科学家可以关押和利用其他动物开展研究和实验，以此改善人类的生活。某些科学家对人类中心作了更进一步的解释，提出宇宙之所以存在是为了让有意识的人类生命拥有发展的空间，即所谓的人择原理。[5]

虽然科学立足于一系列未经证实的假设，但这并不意味着科学是无效的，或者这些假设是错误的。实际上，我们需要对科学保持清醒的认识，科学不仅有强大的优势，也存在自身局限性。同时我们也看到，在揭开宇宙神秘面纱的过程中，科学已经取得了极大的成功，科学创造的新技术极大地改善了人类的生活。

# 科学方法

**科学方法**（scientific method）是指识别问题，然后通过严格、系统的观察和实验法来检验对该问题的解释是否合理。

就这一点而言，第1章中思维的三种水平——经验、解释和分析与此有相似之处。单凭经验或感官数据无法带给人们任何信息，还必须依据现有的科学知识和理论（分析）进行解释。就像思维的三种水平那样，科学方法不是线性的过程，而是一个动态、循环递进的过程，每次分析之后要重新观察以检查是否一致，根据进一步的分析和观察，不断修改对问题的解释。

```
      实验/检验（分析）
         ↑ ↓
       假设（解释）
         ↑ ↓
       观察（经验）
```

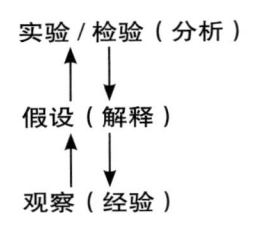

科学方法包括具体的步骤来指导一名科学家系统地完成对观察结果的分析。虽然不同的科学分支之间有所差异，但基本步骤分为以下五步：（1）识别问题；（2）提出假设；（3）收集附加信息并提炼假设；（4）检验假设；（5）评价检验或实验的结果。在本节中，我们将依次学习每个步骤。

## 1. 识别问题

科学方法首先要求科学家对需要研究的问题进行识别。这需要良好的观察技巧、勇于探索的精神以及找到正确问题的能力。生物学家拉塞尔·希尔在研究英国足球队的运动员时，观察到身穿红色队服的球队取胜概率更高。于是他提出了一个问题：这其中是不是存在什么因果关系？[6]

在某一领域内，随着之前工作的不断推进，也可能出现新问题。例如，沃森和克里克于1953年发现了DNA结构，在先前研究成果的基础上，人们提出了人类基因工程这个问题。或者，一个政治家、一个政府机构甚至一个普通人都可能让科学家注意到一个新问题。例如，从2006年秋天开始，北美和欧洲的养蜂人注意到他们的蜜蜂正在逐渐消失，一些人报告说，他们的蜂巢损失了90%之多。最近，俄克拉荷马州和得克萨斯州发生了一系列超过1 000次的地震，促使人们开始研究在这些地区开采石油和天然气的水力压裂作业是否与地震有关。研究发现了水力压裂法与地震存在关系。[7]这一发现不仅促使人们呼吁加强对压裂作业的监管，而且对地震的机理进行更深入的研究。

## 2. 提出假设

一旦问题被识别，科学方法的下一个步骤便是提出一个有效假设。**假设**（hypothesis）本质上是有科学依据的猜想，是对一系列现象提出的可能的解释，并作为进一步研究的出发点。对于蜜蜂种群突然消失的问题，科学家们提出了几个假设。一些研究者猜测新型烟碱类杀虫剂的使用可能是导致蜜蜂种群消失的原因。还有研究者认为,蜜蜂被某种病菌或真菌感染而大量死亡。还有人提出手机信号的辐射干扰了蜜蜂的导航系统,但这种假设很快便被否定。

提出的假设是试验性的,可能随着进一步的观察而发生变化。从另一方面来说,一个科学理论通常会越来越复杂,并且能够得到该领域内先前工作的支持。美国国家科学院将**科学理论**(scientific theory)定义为"对自然界某些方面做出的有充分依据的解释,包括事实、法则、推论以及可检验的假设"。然而,因为科学方法是一种归纳方法,科学家无法确定某种理论或假设是绝对正确的。

一个成熟的假设需要使用精确的语言进行表述,其中的关键术语应当有清晰的定义。术语的科学定义一般是理论性定义或者操作性定义。操作性定义能够提供准确的测量方法,用以收集数据、解释和测试。(关于不同定义类型的回顾,见第 3 章。)例如气象学家通过研究天气和气候变化来定义"厄尔尼诺现象",具体是指海洋温度在连续 3 个月或更长时间内持续高出平均温度 0.5 摄氏度以上的现象。[8] 如果在假设中提到一个新的术语,那么就必须提供约定的定义。

对于正在研究的问题,科学假设应当提供一个可供检验的解释。为了便于此项工作的进行,假设经常以假言命题的形式进行阐述("如果……那么……")。如果将希尔关于足球的假设写成假言命题的形式,可以得出:如果一支球队穿着红色队服(前件),那么这支球队比穿蓝色队服的球队更可能赢得比赛(后件)。

如果 A,那么 C。
A。
因此,C。

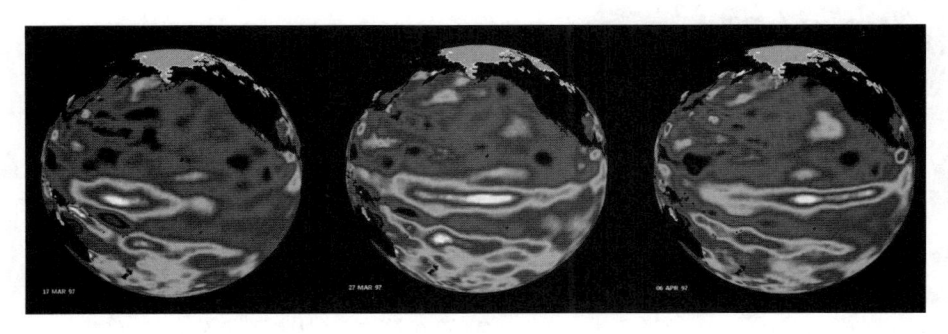

自从 20 世纪 70 年代开始,厄尔尼诺现象逐渐变得更加频繁和剧烈。这些图片显示了 3 个月的海洋表面温度,黄色和红色的区域显示的是水温相对较高的地方。厄尔尼诺现象造成了 2009—2010 年冬季美国加州的巨大暴风雪和 2012 年袭击美国中西部地区的特大风暴。(见彩插)

这样可以得到一个假言推理论证。（关于假设推理的回顾，见第 8 章。）论证的推断或结论——"这支球队比穿蓝色队服的球队更可能赢得比赛"，是否有规律地跟随前件——"一支球队穿着红色队服"而发生？如果确实随之发生，那么第一个前提（假设）是正确的，该假设值得更进一步的检验。如果没有随之发生，那么第一个前提（假设）就是错误的，这个假设应当被抛弃。我们将在本章后面的内容中介绍评价科学解释的附加标准。

## 3. 收集附加信息并提炼假设

由于人们不可能接受周围所有的感官数据，所以假设可以帮助人们关注附加的数据。如果在观察中没有假设的引导，人们就不知道哪些信息是需要的，哪些信息是可以忽略的。

科学观察可以是直接的，也可以是间接的。为了辅助人们的感官感觉，尽可能地减少观察者的偏见以及认知和知觉错误，科学家们会使用显微镜、望远镜、录音机和听诊器等仪器。

在进一步观察的基础上，最初的假设可能会被修改。因为人们不可能确定假设是正确的，所以对科学而言收集信息是一个持续不断的过程。在这一步中特别重要的是，科学家必须尽力做到客观，不带偏见地、系统地记录数据。

也许只有在对自己的观察结果进行仔细检查之后，科学家们才能注意到异常模式。例如，当年仅 22 岁的查尔斯·达尔文作为自然科学工作者，跟随英国皇家海军考察船"贝格尔号"环球旅行时，在加拉帕戈斯群岛收集了大量当地植物和动物的标本，并做了大量的笔记。然而，直到回到英格兰之后，他才开始注意到样本的不同寻常，并在几年之后据此提出了进化论。

玛格丽特·米德曾经与萨摩亚人住在一起进行一项观察研究，以检验她的假设：与西方社会相比，生活在更简单的文化中的女性青少年更加无忧无虑。多年以后，她再次回到那儿，就当年她收集到的一些信息是错误的说法接受采访。

在收集信息时，科学家会避免接受毫无根据或道听途说的证据。他们时刻保持怀疑的态度，不轻信人们所说的任何事情，除非他们对事情的真伪拥有令人信服的第一手证据。例如，我们在第 7 章中曾了解到，人们在接受采访时，会倾向于塑造自己的良好形象，或者回答他们认为采访者希望听到的内容。

## 分析图片

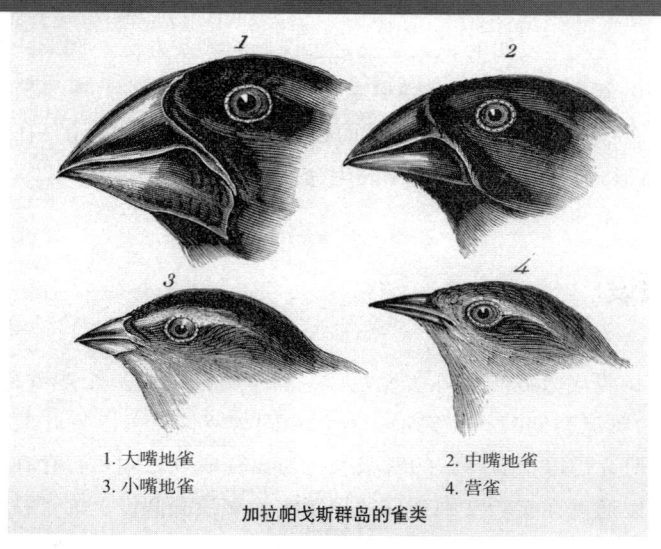

1. 大嘴地雀
2. 中嘴地雀
3. 小嘴地雀
4. 莺雀

加拉帕戈斯群岛的雀类

**达尔文绘制的加拉帕戈斯群岛上的雀喙**

**讨论问题**

1. 观察图片并给出可能的解释,为什么这些雀类拥有不同的喙。
2. 回顾批判性思维技能列表。讨论达尔文在构思进化论时,这些技能分别起到了哪些作用?

---

当她还是一名人类学专业的研究生的时候,玛格丽特·米德(1901—1978)对一项课题非常感兴趣,那便是在西方文化中令青少年感到烦恼的问题,在所谓的更原始或更简单的文化中是否也存在。她假设,在这些文化中,青少年将会有所不同,出现的问题更少。为了给这个假设收集数据,米德住在南太平洋群岛的一个萨摩亚小村庄里,观察和采访了 68 个 9~20 岁的女性。

根据这些采访资料,她得出结论,萨摩亚女孩普遍拥有一个无忧无虑的青春期,而且在非常小的年龄便发生草率性行为,这个发现震惊了很多西方人。[9] 多年以后,曾经接受米德采访的一些萨摩亚族小姑娘长大成人,她们坦言当年对米德说了谎,目的只是开玩笑。在这个案例中,米德对自己假设的执着以及对轶事证据的过度依赖,使她在收集信息时出现了偏差。

科学家不能单纯依靠观察来决定某一种假设是否正确,或者是否是某一现象的最好解释。由于粗劣的信息采集方法、社会期望谬误、认知和知觉错误，人们进行的观察可能是不全面或者是片面的。使用的设备也可能出现偏差，因为设备本身就是人类发明的，人类决定了仪器的测量方法。例如，在寻找地球和地球之外的新生命形式时，科学家使用的是一种探测土壤、水、岩石和大气样本中是否存在DNA的仪器。然而也有可能存在（或曾经存在过）其他非DNA的生命形式，例如基于RNA的生命。

## 4. 检验假设

在观察、收集数据和提炼假设之后，科学方法的下一个步骤是检验假设。在2004年的奥运会期间，拉塞尔·希尔和同事罗伯特·巴顿开展了一项针对团队项目的研究，以检验球队的队服颜色与比赛成败之间是否存在关系。

我们可以通过在实验室中开展的控制实验来检验假设。为了检验炭疽病毒疫苗的实际效果，路易·巴斯德设计了一个实验，在实验中他为25只动物接种了疫苗。此外他还饲养了另外25只动物作为控制组，控制组中的动物没有接受疫苗注射。通过科学实验，他发现该疫苗在抵御炭疽病毒方面是有效的。我们将在本章后面更加详细地介绍实验设计方面的内容。

如果对一个新假设的检验需要依靠对经验证据的直接检验，而这些经验证据又不经常出现，那么检验过程可能会花费大量时间。例如，爱因斯坦在相对论中预测，太阳的万有引力会使星光发生弯曲。然而，为了检验这个假设，科学家必须等待多年，直到发生日全食时（1919年）才能进行。而要彻底检验一个假设可能也需要许多年。明尼苏达州开展的双生子家庭研究就是一项长期研究，始于1989年，用于鉴别基因和环境对人类心理发展过程的影响。研究者们对超过8 000对双生子及其家庭进行了长期的跟踪和调查。通过仔细比较同卵双生子和异卵双生子的个人特征，研究者们已经能够得出结论，在祈祷和参加宗教活动等宗教行为方面，大约40%的变异源于基因而不是环境。[10] 这项研究仍在进行中。

在科学方法中，检验和实验是一个批判性的步骤，因为某些我们认为正确的假设，在实际中却很难得到支持，经不起检验。一项假设越是经得住检验，人们就越有信心认定该假设正确的可能性。然而正像本书前面所论述的那样，人们永远无法绝对确定某项假设是正确的。

## 5. 评价检验或实验的结果

科学方法的最后一步是以检验和实验结果为基础对假设进行评价。如果结果或发现不支持该假设，那么科学家们会拒绝接受该假设，并回到科学方法的第 2 步，提出一项新的假设，然后重复这一过程。我们将在"评价实验设计"一节中学习如何对实验结果进行解释。

科学方法是不断发展的。当新的证据出现时，旧的假设和理论可能会被修改或推翻，或者被更具解释力的新假设所取代。在对蜜蜂群落崩溃的原因进行了四年的研究之后，美国宾夕法尼亚州立农学院 2010 年的一项研究在蜜蜂的花粉和蜂房中发现了一种前所未有的杀虫剂化合物。[11] 然而，这一最有希望的假设之一还有待证实。目前的假设已经扩展到包括多种原因，包括"新的和重新出现的病原体、蜜蜂害虫、环境和营养压力以及杀虫剂"。[12]

如果新的数据与旧的理论相矛盾，任何理论都有可能被取代，包括那些人们已经普遍接受的理论，例如达尔文的进化论或者爱因斯坦的相对论。在下一节中，我们将学习采用哪些标准来评价科学解释。

# 评价科学假设

不同的科学家在观察同样的现象时，可能会得出不同的假设或解释。我们已经提到了一些判断科学假设优劣的标准：假设应当与被研究的问题相关，使用精准的语言，能够提供可检验的解释。评价科学解释的其他标准则包括一致性、简洁性、可证伪性和预测力。

## 好的假设应当与研究问题相关

首先，一个好的假设或解释应当与研究问题相关。也就是说，它应当与试图解释的现象有关系。很明显，人们不能在一个假设中包含所有的观察和事实。相反，人们需要判断哪些内容与正在观察的问题存在相关。例如，波兰化学家居里夫人（1867—1934）主要专注于镭和钋的原子特性，从而提出关于放射性的最初假设；希尔则在他的假设中关注球队队服的颜色。

## 好的假设应当与成熟的理论保持一致

科学是由逻辑上保持一致的假设或理论组成的系统。如果科学解释与相关领域内的完善理论保持一致，那么它便是比较好的解释，美国科学史家托马斯·库恩将其称为"常规科学"。（本章后面将详细介绍库恩关于常规科学和范式的概念。）科学体系组成了一个范式，或者称为看待和解释世界的特殊方式。例如，在环境学家看来，最新提出的假设"大陆边缘海床上的海洋甲烷水合物矿床的释放等海洋内部过程是导致全球变暖的主要原因"是一个很好的假设，它与已经成熟的科学范式"全球变暖是地球上的人类活动和自然界物理化学变化引起的综合性结果"相一致。

相反，智能设计理论就没有达到这一标准，因为它与已经确立的进化论相矛盾（见"批判性思维之问：当进化论遇上智能设计理论"）。

然而，科学家并不会轻易放弃与现有理论相冲突的解释，尤其是当这些假设符合良好解释的其他标准时。爱因斯坦的相对论认为时间和空间是相对的，而牛顿经典力学则认为时间和空间是固定的、绝对的，因此，相对论与牛顿经典力学是对立的，起初令人非常困惑。可结果却证明，它能够更好地解释某些现象。在一般情况下，对于人们能够通过"正常"能力观察到的现象，牛顿理论仍然能够有效预测，但是在光速等极端条件下（30万公里/秒），牛顿力学已经无法适用。爱因斯坦的相对论促使人类开始站在宇宙的高度上对物理学进行彻底的重新思考。

## 好的假设应当简单

如果一对互相矛盾的假设或解释都能满足基本的科学标准，科学家一般会接受更简单的假设，这一逻辑原则被称为奥卡姆剃刀原理（以中世纪哲学家威廉·奥卡姆的名字命名）。例如，绝大多数科学家拒绝接受智能设计理论，其中一条重要原因便是，进化论比智能设计理论更简单。科学家提出，仅仅是进化的过程便能够解释复杂器官的逐渐发展，例如人类的眼睛是由简单有机体拥有的光敏感细胞进化而来的。没有必要画蛇添足地为这一过程添加智能设计的观点。

从另一方面来说，没有迹象表明，物质世界本身喜欢更简单的事物。简单是科学家们更喜欢的东西。可是当有竞争性的假设存在时，更加复杂的假设也

## 独立思考

### 阿尔伯特·爱因斯坦，发明家

爱因斯坦的一位中学老师曾经告诉他的父亲："无论爱因斯坦以后做什么，都将一事无成。"然而，年轻的爱因斯坦（1879—1955）却不是一个任由别人的观点来左右自己命运的人。作为学校的一名普通学生，他更喜欢按照自己的计划学习，并自学了数学和科学。爱因斯坦拥有一颗好奇的、创造性的和善于分析的头脑，很快意识到了牛顿物理学的不足，在16岁时，他便已经形成了相对论的雏形。

1900年，爱因斯坦从瑞士苏黎世联邦工业大学毕业，获得了物理学学士学位。他没有申请到教师职位，只好接受了一份瑞士专利局的工作。在业余时间，他继续从事物理研究，并于1905年拿到了博士学位。同年，他发表文章阐述自己提出的相对论，后来该理论给物理学带来了彻底的变革。最初，他的文章遭到了质疑和嘲笑，但最终获得了广泛的支持。1914年，爱因斯坦获得了柏林大学的教授职位。1921年，他获得了诺贝尔物理学奖。

到了20世纪30年代，由于自身的犹太血统，爱因斯坦成为希特勒黑名单上的重要人物。他只好于1933年移居美国，在新泽西州的普林斯顿高等研究所担任教授。爱因斯坦同时还是一位人道主义者和反战主义者，站在广阔的社会背景下审视科学。由于担心德国正在研制原子弹，爱因斯坦于1939年给罗斯福总统写了一封信，敦促总统加紧研制原子弹。他还在信中一再强调，永远不能将原子弹用于平民。当听说美国向日本投下了原子弹时，他无比震惊。

在广岛遭到原子弹轰炸后，爱因斯坦成为一名反核武器和反战活动家，同时也是世界政府运动的主要领导人。以色列政府曾邀请他担任第二届总统，但是他拒绝了。爱因斯坦在晚年致力于研究建立物理学大统一理论，将自己的相对论与量子理论统一起来，但是没有成功。1955年他在睡梦中安详逝世。

#### 讨论问题

1. 参照第9章讨论的道德原则和道德考量，就科学家是否有道德义务拒绝从事可能用于生产破坏性技术的研究进行论证。
2. 年轻的爱因斯坦对权威的反抗，对其保持心智开放和质疑已经建立的科学范式起到了什么作用？你对公认的科学持什么态度，将你的答案与自己的态度联系起来。

有可能是正确的。例如，爱因斯坦的相对论并不符合简单的标准。然而，将它与相对更简单的、以绝对空间和时间为基础的牛顿理论相比，相对论却能够更好地解释某些现象，并拥有更好的预测力。

## 好的假设应当是可检验的和可证伪的

一项假设或解释应当以可检验的形式呈现，可被其他科学家重复验证。除了可检验以外，一项解释必须能够被科学实验或观察证伪。[13] 哲学家卡尔·波普尔（1902—1994）指出，从逻辑上讲，任何肯定的实验结果或观察结果都不能证实一个科学理论；然而，单一的反例在逻辑上是决定性的，因为它证明了理论是错的。因此，科学家在检验一个假设时的主要任务之一，就是寻找否定的、可证伪的反例。例如，根据对成千上万只天鹅的观察，其中每一只天鹅都是白色的，人们做出假设："所有的天鹅都是白色的。"但是，这项假设是可以证伪的，因为只要有一只天鹅不是白色的，就可以证明该假设是错误的。而事实上这种事情确实发生了，人们在澳大利亚发现了一只黑色的天鹅。由于证实偏见的存在，对可证伪性的抵制是科学领域长久以来一直存在的难题。一名好的科学家应当努力寻找可能否定自己理论的证据，并进行相关的实验。

从另一方面来说，能够接受所有挑战的理论往往存在致命的弱点，因为人们不能对它们进行可证伪性检验。例如，西格蒙德·弗洛伊德关于俄狄浦斯情结的理论就无法满足可证伪的标准。因为如果一个人声称自己没有俄狄浦斯情结，弗洛伊德的理论就会宣称他将这种情结压抑在了无意识中。（"俄狄浦斯情结"这一理论认为小男孩对母亲有性感觉，这往往涉及与父亲争夺母亲的爱。弗洛伊德认为这是正常发展的一部分。）然而，就其本质来说，无意识思维是无法接受检验的。因此，弗洛伊德的理论就无法被证伪。

## 好的假设应当拥有预测力

最后，好的假设或解释应当拥有预测力，并能够准确预测和解释类似事件的发生。一项假设的预测力越强，说明其越有效。如果假设为未来的研究提供了新思路，那就说明该假设是富有成效的。

例如，大爆炸理论不仅预测了宇宙正在膨胀，而且预测了宇宙中氦的数量和星系的分布。1965年人们第一次探测到宇宙微波背景辐射的存在，而大爆炸理论能够单独对其进行解释。同理，爱因斯坦的广义相对论之所以能够被广泛地接受，也是由于其强大的预测力。与牛顿理论相比，广义相对论更加精确地预测了某些日月食的出现。

好的科学解释应当满足上述所有或大多数标准。下一节，我们将学习科学解释或假设与伪科学之间有哪些不同。

## 鉴别科学与伪科学假设

**伪科学**（pseudoscience）是指伪装成科学并试图证明自身合理性的解释或假设。然而，与科学不同的是，伪科学的基础是情感诉求、迷信行为和夸张言辞，而科学解释却是基于系统的观察、推理和检验等科学方法。占星术、心灵疗愈、数字命理学（研究数字代表的超自然含义，例如，根据某人出生于2001年9月11日可以推算出此人的命运）、塔罗牌占卜以及读心术都是伪科学的例子。

科学解释和假设要求尽可能使用精确的语言，而伪科学的解释和假设却经常使用模棱两可的语言，因此无法确定什么能够证实该假设。例如，占星术的描述往往是非常模糊的，这样的描述放在任何人身上都是适用的。因此，伪科学的论断是无法证伪的。

对绝大多数的伪科学解释而言，没有相应的检验或实验来证明其有效性。当某一预测不准确时，没有人努力去查明原因或者寻找所谓的现象背后的因果机制。即使开展了少量研究，例如关于超感官感知或鬼魂等方面的研究，这些研究设计也很粗糙，其过程往往难以复制。当某个精心设计的科学实验未能找到支持伪科学的证据时，这样的实验通常会被忽略。为了对抗科学提出的质疑，伪科学在澄清错误的解释时常常会将责任推卸给实验对象。例如，当一个接受信仰疗法的人未得到治愈时，伪科学可能会说，那是因为这个人不够虔诚。

伪科学的解释也无法满足预测性的标准。由于大多数伪科学的解释使用极具概括性的语言，所以几乎任何可能性都出自其预言。

不足为奇的是，大多数伪科学的预测都是在事件发生之后做出的。16世纪的预言作家诺查丹玛斯，被现代人认为成功预测了诸如法国大革命和德国纳粹崛起等大事

诺查丹玛斯的预言如此模糊不清以至于只有在预言发生之后才能被"证实"。

## 分析图片

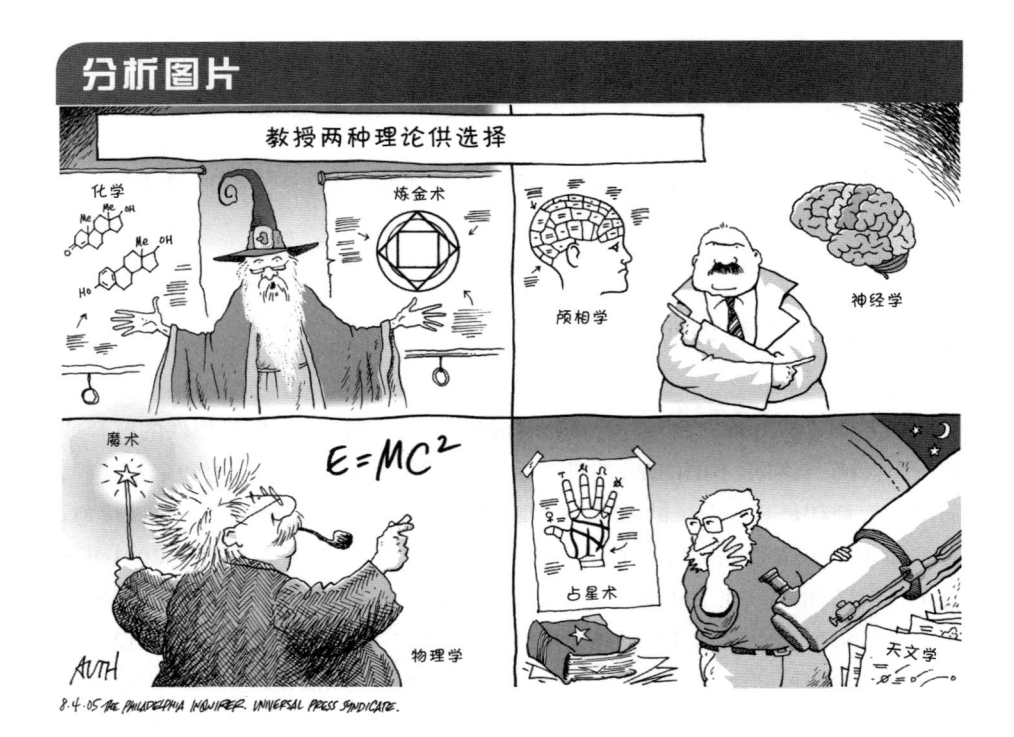

**教授两种理论供选择**

（漫画四格：化学 vs 炼金术；颅相学 vs 神经学；魔术 vs 物理学；占星术 vs 天文学）

### 科学 VS 伪科学

**讨论问题**

1. 对漫画中给出的四个例子，应用本节所讨论的标准确定两者之中哪个是科学，哪个是伪科学。
2. 在中学和大学，是否应当教授伪科学的内容？讨论学习伪科学是否会提高或阻碍学生的批判性思维能力发展，具体表现在哪些方面。

---

件，并且预测了 2001 年 9 月 11 日的世贸大厦袭击事件。但是与前两次预言一样，对"9·11"事件的"预测"也是在袭击发生之后才进入人们的视野的。由于预言所使用的语言往往模糊不清，人们可以随意篡改来迎合很多类似的事件。就如同诺查丹玛斯在"预测""9·11"事件时所说的：

> 地球的中心燃起了大火，
> 将会震动这座新城，
> 两块巨石长时间地对峙，
> 在那之后，阿瑞图萨把水染成红色。

尽管预言缺乏科学性、合理性，但人们对它的信仰却普遍存在。

伪科学的字面意思是"虚假科学"。为了避免被伪科学的空头承诺所骗，人们需要了解如何批判性地评价伪科学的论断，前面列出的标准可供参考。此外，人们还应当意识到认知和社会错误会扭曲我们的思维，并且让我们容易受到伪科学的蛊惑。

# 研究方法与科学实验

科学家使用研究和实验来检验假设。在本节，我们将探讨研究方法的基本要素，并详细介绍采用实验的三种研究方法：现场实验、控制实验和单组实验（前后测实验）。

## 研究方法与研究设计

**研究方法**（research methodology）是指基于现有的科学技术和程序，系统地收集和分析信息的过程。实验只是研究方法的类型之一。**科学实验**（scientific experiment）一般在完全控制或半控制的条件下进行，包括系统的测量和对数据的统计分析。其他的研究方法则包括观察、调查和访谈（见第7章）。例如，科学家常常在实验室里模拟日光或星光作为控制条件，并在该条件下进行实验，但人种学家珍·古道尔采用的研究方法则是在坦桑尼亚的野外直接观察黑猩猩的生活习惯，以检验她提出的"黑猩猩能够使用工具"这一假设。天文学家亚瑟·艾丁顿在研究重力对光线的影响时，采用的研究方法是在日食发生时进行观察。

在构思研究设计时，科学家需要考虑哪种方法最适合自己的假设。例如在天文学和气象学中，虽然科学家们在模拟条件下开展了某些实验室实验，但是由于人们很难甚至无法控制影响天体运动或天气的变量，模拟实验一般是不可行的。

在设计实验时，科学家首先要写一份方案，

人种学家珍·古道尔使用观察作为研究方法来检验她关于黑猩猩能使用工具的假设。

根据接受检验的假设类型、需要测量的变量以及采用何种测量方法，对实验意图或目标做出清晰的界定。**自变量**（independent variable）是实验者控制的因素，**因变量**（dependent variable）则是随着自变量的变化而发生变化的变量。在一个相对控制的环境中，研究变量有时会自然浮现出来，而不需要设计一项实验。例如生物学家拉塞尔·希尔在 2004 年奥运会中通过观察拳击比赛等四项格斗赛事，对自己的假设进行了检验。在这些比赛中，红色和蓝色队服（独立变量）被随机分配给比赛双方。希尔发现，穿红色队服的一方击败穿蓝色队服的一方的概率是 60%，这一比例要高于随机概率。[14]

在**控制实验**（controlled experiment）中，除自变量以外，其他所有变量均保持不变。在实验设计中没有加以说明或控制的变量称为**混淆变量**（confounding variable）。在现场实验和观察研究中，混淆变量尤其是个问题。

**实验材料**（experimental material）是指一组或一类被研究的对象，例如豌豆苗、光线或大学生等。研究者在使用某个样本之前，应当根据总量大小和选取原则精确定义样本。（关于抽样方法的回顾，见第 7 章。）此外，对研究总体来说，样本是否具有代表性也非常重要。

此外，对道德因素的考虑可能限定了哪些实验设计类型是合适的。例如，在利用控制实验研究吸烟对儿童的影响时，如果随机分配一半儿童到实验组，并要求他们必须吸烟，这就违反了道德原则。相反，用老鼠或其他实验动物作为实验对象，这种做法引起了一些人对道德上的担忧，比如动物权利活动人士，以及那些注意到在动物模型上做的实验不能总是推广到人类身上的人。

## 现场实验

在某些情况下，在自然条件下研究某种现象可能是检验假设的最佳途径。现场实验的环境经过了人为设计，但在研究对象看来就像自然发生的那样。将两组或更多组相似的研究对象以非随机的形式分到不同的处理或实验干预条件下，然后将各小组的结果进行比较，以判断处理变量所产生的影响。

例如，为了检验"与其他种族相比，旁观者更可能向同种族的受害者伸出援助之手"这个假设，心理学家丹尼尔·韦格纳和威廉·克兰诺设计了一项现场实验。实验者在一座校园建筑里徘徊等待，当他距离预先选择好的实验对象一步之遥时，会"不小心"将手中抱着的一摞卡片掉到地上。实验对象对实验设计毫不知情。[15]

如果实验对象立即帮助这位实验者，他的行为会被记录下来。研究者之后会对采集的数据进行分析，比较不同种族小组的表现存在哪些差异。

现场实验也存在缺点。由于自然条件不受人为控制，研究者很难像在实验室里那样随意进行操纵。例如在韦格纳和克兰诺开展的现场实验中，选取的研究对象可能由于考试不及格而情绪低落，因此不愿意停下来帮助别人，但平时他们很可能会提供帮助。此外，研究者假设，各小组之间除了种族不同以外，在其他所有方面都相似，这一点也是有疑问的。

## 控制实验

有些人认为，现场实验只能算作准实验，只有控制实验才是真正的科学实验。控制实验主要用于决定自变量和因变量之间是否存在因果关系。为了排除其他有可能干扰实验结果的混淆变量，控制实验中一般只保留一个自变量。为了确保实验组和控制组的各项基本条件相同，研究对象会被随机分配。实验组接受处理（自变量），而控制组则不接受任何处理。在以人类为研究对象时，参与者并不了解自己属于实验组还是控制组。最后将各组得到的结果进行比较和统计分析，以决定处理过程或因变量的影响效果。

尽管设计不同的控制实验会有所不同，但基本的设计过程如下所示：

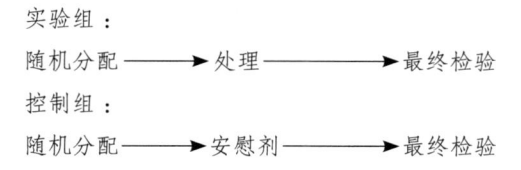

实验组：
随机分配 ——→ 处理 ——→ 最终检验
控制组：
随机分配 ——→ 安慰剂 ——→ 最终检验

圣奥古斯丁修道院的修道士格雷戈尔·孟德尔（1822—1884）曾进行过一项著名实验，对几代杂交豌豆的遗传特性进行研究，在实验中，他严格控制了实验室的环境，使光线、温度和水分等变量保持一致，只将基因作为自变量，从而消除了环境特征对实验的影响。他的研究方法在当时是开创性的，建立了现代遗传学的基础，为未来的科学研究提供了模型。

开展控制实验的优点在于，科学家可以更好地控制可能影响实验结果的不同变量。而控制实验也存在一个潜在的不足，那便是以人类为研究对象时，由于人们知道自己在参与实验，因而会随之调整期望。在医学和心理学研究中，这个问题尤为严重。

为了确保接受处理的过程不影响实验结果，研究者会向控制组提供安慰剂。**安慰剂**（placebo）是一种没有治疗效果的物质，例如糖丸或者虚假处理。

豌豆花色的孟德尔遗传（见彩插）

粉花种系植株的两朵花　　　　粉花与白花种系杂交产　　　　白花种系植株的两朵花
　　　　　　　　　　　　　　　生的植株的两朵花

安慰剂之所以被采用，是因为期望和自我实现的预言对人类的影响非常大。如果研究对象认为自己接受了某种有效的治疗，即使只是接受了安慰剂，他们的状况也会得到实际改善。

## 单组（前后测）实验

单组实验不使用实验组和对照组，只使用一组实验对象。在处理前的前测和处理后的后测中分别对需要研究的变量进行测量。前测与后测所使用的测试方法一般是相同的。

单组实验：

前测 ──── ➤ 处理 ──── ➤ 后测

例如，为了研究社区志愿工作对大学生道德推理的促进效果，研究者在一组大学生进行社区志愿服务之前对其进行了道德推理测试——限定问题测验（DIT），然后在学期末，等这些学生完成志愿服务以后再次进行测试。结果发现，学生的 DIT 分数在学期末显著提高。[16] 那么，是否可以得出结论，社区志

# 行动中的批判性思维

## 科学与祈祷

哈佛大学的科学家进行了一项控制实验,结果发现,祈祷治疗并不能帮助接受心脏搭桥手术的患者康复。[*]1800名病人被随机分配成实验组和控制组。其中实验组又分为两组,其中一组知道自己正在接受祈祷治疗,而另一组则对此毫不知情。控制组没有接受祈祷治疗,也不知道自己是否接受了该种治疗。接受祈祷治疗的两组成员名单被分别交给了两个天主教修道院和一个新教组织的神职人员。他们为名单中的人提供了为期30天的相同祈祷,祈求"手术成功、迅速康复以及不出现并发症"。统计分析显示,三组病人的康复速度并不存在显著差异。

这项研究是否能够证明祈祷治疗没有效果?"我对代人祈祷者一直持怀疑态度,"迪安·马雷克牧师说道,"我们心中所想的,可能并不是被祈祷者心中真正的想法……很显然这受到了神圣活动和个人选择的控制。"还有批评声音认为"科学在测量地球的运行轨道……新药的效果等方面非常实用,表现得出类拔萃。但是现在我们想要科学研究的是发生在时空之外的事物。这个结果只能说明人们不应该去试图证明超自然的能力"[**]。

### 讨论问题

1. 评价该研究的实验设计。这项研究是否证实了祈祷治疗没有效果?对该研究的批评是否有道理?如果有道理,请解释你将如何改进研究的设计。
2. 就你个人来说,你是否相信祈祷能够起作用?在回答这一问题时,为祈祷提供一个操作性定义。换句话说,当你根据观察和实际效果,提出祈祷确实有或者没有效果时,其具体含义是什么?讨论有哪些证据支持你对于祈祷效果的结论。

[*] H. Benson et al., "Study of the Therapeutic Effects of Intercessory Prayer (STEP) in Cardiac Bypass Patients: A Multicenter Randomized Trial of Uncertainty and Certainty of Receiving Intercessory Prayer," *American Heart Journal*, Vol. 151, Issue 4, April 15, 2006, pp. 762–764.

[**] Quotes from Denise Gellene and Thomas H. Maugh II, "Largest Study of Prayer to Date Finds It Has No Power to Heal," *Los Angeles Times*, March 31, 2006, p. A–8.

---

愿服务(自变量)有助于提高DIT分数(因变量)?我们不能得出这样的结论。如果存在一个控制组的话,人们对结果的确定程度肯定不一样。

单组实验的一个缺点在于,由于没有控制组,无法控制可能影响实验结果的其他变量,例如学生的成熟,或者经过了前测,学生对测试更加熟悉。因此,由于单组实验比控制实验更容易设计和实施,所以经常被用来作为探索性实验,如果探索性实验的结果比较理想,则会继续开展控制实验。

然而,在有些研究中,单组实验可能比控制实验更可取,尤其是当实验组中的研究变量呈现显著的积极效果时。例如,为了研究一种新抗癌药物的效果,以患有白血病的儿童为实验对象进行了一项控制实验。3个月后,实验者发现,与使用安慰剂的患儿相比,使用新药的患儿病情明显好转。此时,实验者在道德上有义务停止控制实验,转而采用单组实验,这样所有的孩子都能够得到药物治疗。此时进行比较的不再是实验组和控制组孩子的病情严重程度,而是实验前测和后测的结果。

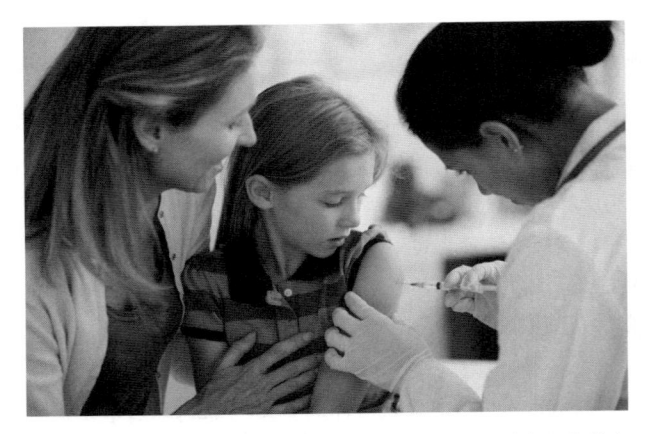

有时单组实验是必不可少的,比如当一种药物马上被发现非常有效时。

## 评价实验设计

本节介绍了多种实验设计方法,但好的实验设计都具有某些共同特征。最主要的特征之一是能够区分不同的假设。如果相同的实验结果能够用于支持两个相互矛盾的假设,那么只能说明这个实验设计非常糟糕。例如,有人说将大蒜挂在大门口,吸血鬼便不敢登门,你打算亲自做一项实验去检验这一假设。于是你在自家门口挂上大蒜,并暗中使用摄像机记录下一个月内造访的吸血鬼数量。结果整整一个月都没有吸血鬼登门拜访。这是否证明这一假设是正确的,大蒜能够让吸血鬼远离家门?事实并非必然如此,因为实验结果还可能支持另外一个与此相矛盾的假设,那便是吸血鬼根本就不存在。

好的实验设计应当没有偏差。如果样本容量过小,不具有代表性,实验者或实验对象存在主观偏见,都有可能造成实验误差,所以应当仔细检查,严格控制,尽量减小实验误差出现的可能性。英国医学杂志《柳叶刀》上发表了一项1998年开展的研究,提出孤独症和儿童时期接种牛痘疫苗存在联系,而该结论只是根据对12个孤独症儿童进行的测试结果,并且没有采用控制组进行比较。不幸的是,媒体公布了这一结论,并引起了很多家长的重视。尽管很多科学家对实验设计提出批评,并指出该结论缺乏进一步的证据,但仍然难以挽回已经造成的恶劣影响。

对孤独症的这一解释后来受到了质疑。丹麦科学家对近 70 万名新生儿进行了 20 年的无偏研究，发现怀孕母亲的某些因素，如类风湿关节炎、腹腔疾病和其他自身免疫性疾病，会显著提高孩子患孤独症的可能性。这些科学家还发现，生活在能接触到寄生虫和微生物的地区的女性，其免疫系统更强，患自身免疫性疾病和儿童患孤独症的可能性更小。尽管科学家们承认两者之间存在相互关系，但他们还是计划进行进一步的研究，以寻找因果关系。[17]

好的实验设计的第三个标准是，对研究变量结果的测量应当是可信的、准确的和精确的。如果测量工具在不同时间或者被不同的人使用时都能够提供一致的结果，那么就符合信度的标准。两个不同的实验者在研究课题时使用的某一 IQ 测验方法得出了相同的结果，并且过一段时间之后再次测量的结果与前面保持一致，那么就可以说，这种 IQ 测验方法是可靠的。

一种测量方法的准确性是指，在测量某种现象时，它与其他测量标准保持一致。此外，测量方法还应当是精确的，精确程度取决于所研究的问题。在研究全球变暖对阿拉斯加冰川消融的影响时，"天"甚至"年"都可以算作是足够精确的时间测量方法。然而，核裂变的连锁反应时间是以毫秒（千分之一秒）计的，此时，人们就需要对时间进行更精确的定义。

准确、精确的测量使实验能够被其他科学家重复或重现。在科学期刊中发表的实验应当完整、详尽地呈现实验目的和实验设计的细节，以供其他科学家重复实验。也就是说，如果其他科学家执行相同的实验，应当得到同样的结果。可重复性是非常必要的，因为一项研究结果可能存在偶然性，也可能使用了有问题的样本，甚至可能是虚构的。

最后一个标准是可推广性。一个设计良好的实验，由样本得出的结果应该能够被推广。如果研究中的样本不能代表总体，而研究者却没有意识到，那么在推广过程中便会出现问题。20 世纪 80 年代之前，大多数医学和心理学研究只使用白人男性作为研究对象。研究者们这么做的原因是为了保持样本的同质性，从而最小化样本误差。然而，当研究者们将结果推广到全部人群的时候就可能会出现问题。例如，本书前面曾介绍过，女性从麻醉中苏醒过来的时间要比男性早，这种现象使女性病人更容易经历令人恐惧的外科手术。1985 年，美国食品与药品管理局要求药品制造商提供资金开展临床实验，实验必须包含性别、年龄和种族等数据。

## 解释实验结果

实验完成后,科学家通常将数据分析结果发表在科学期刊上。虽然并非全部,但大多数科学期刊要求发表的文章必须符合"行动中的批判性思维:如何阅读科技论文"中的内容结构。一些著名科学期刊如《科学》《自然》吸引了广泛的读者,由于篇幅限制,会要求作者将文章中的部分章节进行压缩或合并。

科技论文在结论部分会介绍数据分析过程以及得到了哪些统计显著的发现。无论是证实假设还是证伪,实验结果在科学知识体系中是同等重要的。

当使用新的样本重复进行实验并取得显著结果时,由于检验的总样本容量变大,实验的置信水平也会随之提高。但如果在随后的实验中没有得到相同的结果,那就应当重新检验原来的假设。

## 科学实验中的伦理问题

尽管有些科学实验设计得很好,并得到了显著结果,但如果违反了道德规范和准则,仍然是不可取的。当以人类为研究对象时,保障被试的知情同意权、其他权利以及避免对其造成伤害等伦理问题尤其重要。

在纳粹集中营中,以犹太人、战争犯和俘虏为实验对象所做的人体实验是最不道德的科学实验。在其他国家,一些处于弱势的少数族群成员也在未经本人同意的情况下被迫参与科学实验。1930—1953年间,美国公共卫生署开展了一项关于梅毒对人体影响的研究,也就是臭名昭著的塔斯基吉实验。实验对象是对此不知情的亚拉巴马州梅肯县的贫穷黑人男性。这些人并不知道自己染上了梅毒,也没有人为他们提供任何治疗。在青霉素成为治疗梅毒的有效手段后,实验仍然在继续,这导致很多人死亡。而这样做的目的仅仅是为了促进科学知识的发展。

自20世纪70年代以来,人们越来越关注科学研究中人类被试应有的权利。例如,1963年的米尔格拉姆服从实验和1973年的斯坦福监狱实验(本书第1章曾对这两项实验进行介绍)都使人们遭受了身体和心灵上的伤害。在今天看来,这是不道德的科学实验。

原子弹的制造让人们更加深刻地理解了科学中立的概念,不道德地使用科学成果也越来越受到关注。第二次世界大战中,艾尔伯特·爱因斯坦曾敦促美国开发原子武器,但后来他对自己在原子弹研制过程中发挥的作用感到懊悔,并将其称之为一生中的"重大错误"。近来,基因工程研究和人类克隆可能性

# 行动中的批判性思维

## 如何阅读科技论文

科学期刊上发表的论文一般包含以下结构：

- **摘要**：简要概述研究的主要发现。
- **引言**：研究假设以及类似研究的背景信息。
- **方法**：对实验设计进行详细描述，包括具体的实验步骤和实验方法；所使用的实验材料，包括样本及其选取方法。
- **结论**：回顾实验的理论基础，解释数据的分析过程，总结哪些发现得到了数据的支持；可以包含描述实验结果的图片或表格。
- **讨论**：对数据进行分析和解释，解释数据与结果之间的逻辑关系，讨论结果的显著性，对该领域的贡献，研究的局限性以及对未来研究的建议。
- **参考文献**：研究中参考或借鉴的文章、书籍和其他资料列表。

### 讨论问题

1. 从科学期刊上选取一篇你感兴趣的论文。首先阅读摘要和引言部分，然后详细阅读方法部分，并根据本节介绍的实验设计标准对实验设计进行评价。描述实验设计有哪些局限，哪些方面可以改进。
2. 阅读论文中的结论和讨论部分。讨论论文的结论是否得到了实验结果的支持以及该研究对进一步研究的意义。

的伦理问题引起了人们的热议。

科学实验和研究报告应当遵守的道德原则还包括正直和诚实。如果一项研究是由政府资助的，那么科学家可能会承受一定的压力，需要向公众发布与当前的政治议程相一致的研究结果。例如，美国布什政府的官员干涉了环境保护科学家发布关于全球变暖程度和工业对全球变暖影响的报告，弱化甚至删除了其中的部分章节。此外，由于成果推广往往取决于发表的文章，所以科学家承受着巨大压力，面临着究竟应该"发表还是消失"的艰难抉择，从而可能有意地夸大研究成果或者有选择地发布某些成果。[18]

科学家在制造原子弹中的作用在一些科学家中引发了道德担忧。

代表制药公司进行的研究可能是不可靠的，因为要发表研究结果并将新药推向市场是有压力的。新药可能会与已经上市的劣质、无效的药物进行比较。此外，观察往往是对少数病例进行的，没有适当的对照，结果数据可能是基于有偏差的报告或自我报告的症状（"我的胸部感觉好些了"），而不是生存率。事实上，一项研究估计，医生所依赖的"多达90%的公开医学信息"都是基于有缺陷的研究。[19]

科学家们应该承担责任，运用自己的批判性思维能力来分析自己所在领域内其他科学家的研究成果，并敢于揭露学术欺骗行为。虽然同行评审在避免科学研究中的不道德行为、程序错误和欺骗行为中发挥了一定的作用，但评论家更倾向于拒绝发表不符合现有科学规范的科学假设和研究。在下一节中，我们将介绍常规科学的范式。

# 托马斯·库恩与科学范式

在其里程碑式的著作《科学革命的结构》（1962）中，美国物理学家和科学史学家托马斯·库恩（1922—1996）对传统的科学观念提出了挑战。传统观念认为，科学方法是客观的，科学都是进步的。而库恩则认为科学与其他人类事业一样，是一种社会结构，是当时社会的一种产物。因此，在决定哪些是可以接受的假设时，科学也会受到社会期望和专业规范的影响而产生偏差。

## 常规科学与范式

库恩提出了三个关键概念：常规科学、范式和科学革命。**常规科学**（normal science）是指"严格地以一种或多种已获得的科学成就作为基础的研究，这些科学成就得到了当时科学界的认同，并为进一步的实践提供基础"。[20] 常规科学通过科学期刊和教科书进行传播。

常规科学的成就为该领域内的研究提供了范式或模型。**范式**（paradigm）是已经被社会所接受的观点，比如世界是什么，人们应该如何研究世界等问题。如果一个范式可以成功解决科学家正在研究的问题，并且能够获得大量拥护者的支持，就可以成为常规科学的一部分。

库恩看来，范式不仅影响人们决定哪些是值得研究的问题，还影响着人们对自然现象的实际感知。例如，当前的一个科学范式认为，意识是基于有机体的，永远不可能被计算机或者人工智能（AI）所模拟。因此，即使是智能计算机的行动或操作，在大多数科学家看来也仅仅是机械问题。

虽然常规科学在取得新成果和新技术等方面是非常成功的，但库恩指出，常规科学不利于探索新鲜事物。这反过来又加剧了证实偏见的形成。当新鲜事物出现时，往往马上被人们所摒弃，或者由科学家们按照现有的范式进行解释。例如，当火星的运行轨道出现异常，无法用古老的地心说范式进行解释时，西方学者便多年忽视该现象，直到哥白尼的出现。

## 科学革命和范式转换

库恩认为，科学发展并不是一个严格的线性过程，也就是说，科学并不是沿直线前进的。库恩提出，危机是新范式出现的必要条件。如果异常现象一直存在，或者始终无法由现有的范式所解释，就可能出现"危机"，并导致旧的范式被废弃。

当一种新的科学理论可以有效替代受质疑的范式时，**科学革命**（scientific revolution）或范式转换就会发生。哥白尼的地球绕太阳公转理论，爱因斯坦的相对论，阿尔弗雷德·魏格纳的地壳构造板块和大陆漂移理论以及达尔文的进化论等都代表了各自领域内的范式转换。

范式转换要求人们使用一种新的方式去观察世界，这一过程可能需要花费数十年的时间。一些科学家接受了旧范式的教育，并一直在旧范式的影响下开展工作，改变对他们来说尤其困难。他们付出了一生的时间和声誉来证明某个理论，因此当旧的范式受到挑战时，即使反面证据已经摆到了面前，大多数人仍会奋力为其辩护。

不符合常规科学标准的理论，常常被人们嘲笑为骗子，相关的研究发现也无法在主流科学期刊上发表。当1912年魏格纳第一次提出大陆漂移理论时，也遭到了同事的攻击。像陆地一样大的东西居然能移动，在很多人看来这是

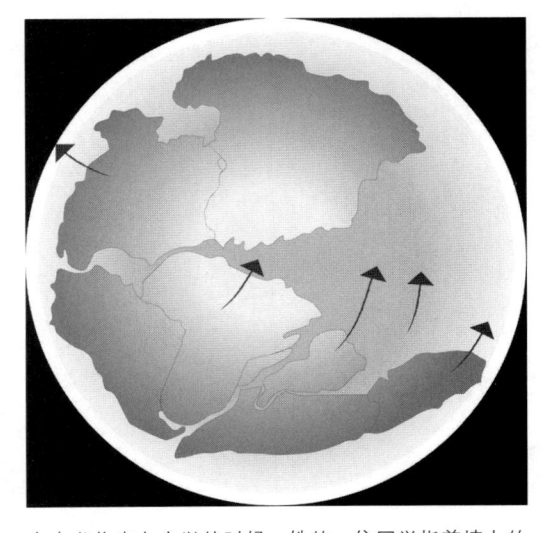

在本书作者上小学的时候，她的一位同学指着墙上的世界地图兴奋地指出，非洲和欧洲可以跟南北美洲拼合起来，并问道："它们曾经是一个大洲的一部分吗？"她认为这个学生提出了一个很好的观点，并对她的"发现"感到非常兴奋。然而，这个想法最终被老师嘲笑为荒谬和不科学（伪科学）。直到多年以后，阿尔弗雷德·魏格纳早在1912年提出的大陆漂移理论才被科学界所接受。这一经历，以及保持开放心态的重要性，一直萦绕在她的心头。

极为荒唐可笑的。但是，到了 20 世纪 60 年代，支持地壳构造板块和大陆漂移理论的证据已经变得势不可挡，人们再也无法忽视这一理论。

新范式一般容易受到年轻科学家和新人的拥护，因为他们刚刚进入该领域，或者对该领域并不了解，没有在旧范式下投入太多的时间和精力。例如，1905 年，爱因斯坦第一次发表相对论的假设时只有 26 岁。

库恩关于常规科学的评论，使科学家和其他人更加注意社会期望和证实偏见对科学研究的影响，这产生了极大的社会价值。作为批判性思维者，我们需要认识常规科学的假设和范式，同时还应该对不符合这些规范的假设保持心智的开放性。在评价一个新的假设时，我们需要应用本章中介绍的标准进行客观评价，而不应该由于其不符合常规科学的范式将其简单地忽略掉。

批判性思维之问

## 当进化论遇上智能设计理论

学校课堂上宗教与科学之间的法律冲突，可一直追溯至1925年的斯科普斯案。当时法官判决，公立学校教授任何与圣经中的创世故事相矛盾的内容都是非法的。1987年，在爱德华兹诉阿奎拉德一案中，这一判决被推翻，美国最高法院判决"神创论"属于宗教理论，在学校中教授宗教理论违反了宪法中关于政教分离的原则。

科学与宗教之间的冲突最近又重新浮出水面，打的旗号是智能设计理论与进化论。20世纪80年代，一些科学家提出，诸如细菌的鞭毛等生物结构如此复杂，不可能是自然选择的结果，唯一的解释就是存在一位智能设计者，由此创建了智能设计理论。

智能设计理论的支持者将其作为一种有证据支持的科学理论而提出。进化论的支持者认为，智能设计理论根本谈不上是一种科学理论，只能算是一种宗教观点，因为它需要对生命的起源进行超自然的解释。此外，自然选择的进化论在解释发现的化石和DNA证据时更具有说服力，也得到近150年来研究的支持。

大多数科学家（87%）认为生物的进化是自然过程的结果，只有约五分之一（19%）的公众认同这一观点。2014年的一项民意调查显示，42%的人相信智能设计理论，即上帝在过去一万年里创造了现在的人类。另有31%的人认为，人类是在上帝的指引下进化的。[21]

在一场备受关注的审判中，美国公民自由联盟起诉宾夕法尼亚州多佛学校董事会，理由是学校要求高中生物老师在教授进化论的同时也必须教授智能设计理论。2005年，法官约翰·琼斯做出了不利于学校董事会的判决，提出存在"压倒性的证据"证明智能设计理论不是一种科学理论,并且"智能设计理论不能与创世记完全割裂,因此与宗教存在渊源"。[22] 这本身违反了宪法第一修正案中要求政教分离的条款。

作为专家证人,迈克尔·贝希和肯尼斯·米勒两人出席了对多佛学校董事会的审判。在第一篇文章中,迈克尔·贝希提出,智能设计理论和不可简化的复杂性概念是对生命最好的科学解释。肯尼斯·米勒的文章则对贝希的主张做出了回应。米勒在文章中指出,科学证据并不支持智能设计理论,而是与进化论一脉相承的。

## 不可简化的复杂性:达尔文进化论的障碍

迈克尔·贝希

> 生物化学家迈克尔·贝希是里海大学的生物学教授。他坚持认为,达尔文的进化论无法解释生命的起源,只有智能设计者才能够创造出细胞生物不可简化的复杂性。

在开创性著作《物种起源》中,达尔文希望解释前人无法解释的事物,原来生物世界的多样性和复杂性可能来源于简单的生物法则。当然,他的解释就是自然选择的进化论……

这是一种非常简练的思想。当时的很多科学家立刻意识到,它能够解释很多生物学现象。然而,在判断它是否确实能够解释所有生物学的问题时,仍然有一个重要的原因让人们保留意见:生命的基础仍然是未知的……

自达尔文第一次提出进化理论以来,科学已经取得了巨大的进步,所以,现在重新审视这一理论是否仍然是对生命的最好解释,应该是非常合理的。在《达尔文的黑匣子:进化论的生物化学挑战》(Behe, 1996)一书中,我曾经指出达尔文的进化论已经过时了。达尔文建立的机制面临的最主要的困难是,无法解释细胞中存在的很多系统,我将其称为"不可简化的复杂性"。我将一个不可简化的复杂系统定义为"一个由几个配合良好的、相互影响的必要部件组成的单个系统,整个系统的基本功能由各个部件配合完成,并且去除其中任何一个部件都会导致整个系统的实际功能丧失(Behe, 2001)。我以日常生活中的机械捕鼠器作为不可简化的复杂系统的例子,这是一件人们可以在普通五金商店买到的物品。这种捕鼠器非常具有代表性,它由多个部分组成:一个弹簧,一个木制平板、一个锤子以及其他部件。如果捕鼠器上任何一个部件被人取走,就不能再发挥捕鼠的功能……

因为达尔文本人所坚持的一个原因,不可简化的复杂系统似乎很难被纳入到达尔文的理论框架中。达尔文在《物种起源》中写道,"如果能够证实,任何一个复杂器官的形成没有经历无数的、连续的细微变化,我的理论将完全崩塌。但是我无法找到这样的例子"(Darwin, 1859, 158)。达尔文在这里强调的是,他的理论是一个渐进的理论。自然选择必须在一段非常长的时间内,通过细微的步骤逐渐改善系统……然而很难想象的是,一些类似捕鼠器的系统能够按照达尔文所描述的过程那样,由一些事物逐步发展而来。例如,一个弹簧或者一个平台本身都不能捉住老鼠,即使为这个非功能元件再增加一个元件也无法做出一个捕鼠器。所以,生物中不可简化的复杂系统似乎向达尔文的进化论提出了一个难题。

问题因此就转变为,细胞中是否存在不可简化的复杂系统?是否存在不可简化的复杂分子装置?答案不仅是肯定的,而且有很多。在《达尔文的黑匣子》一书中,我介绍了几个生物化学系统作为不可简化的复杂性的例子:真核纤毛、细胞内运输系统等。在这里,我将简要地描述细菌的鞭毛……鞭毛可以想象为一个细菌用来游泳的舷外马达。这是在自然界中发现的第一个真正旋转的结构。它包括一个长的纤维状的尾巴,可以起到螺旋桨的作用;当它旋转的时候会带动液体介质运动,依靠其反作用力推动细菌前进。通过一个被称为钩形区域的装置,螺旋桨间接地附着在传动轴上,这个装置起到万向节的作用。而传动轴则附着在一个马达上,来自细胞外部的酸性物质或钠离子向细胞内部流动,从而为转动提供动力。就像一个汽艇上的舷外马达必须保持稳定那样,当细菌的螺旋桨旋转时,会有蛋白质保持鞭毛的固定位置,以起到定子结构的作用……

正像捕鼠器那样,我们很难用达尔文的理论来解释,自然选择的逐渐进化过程如何筛选随机的变异,从而产生细菌鞭毛,因为很多部件在其功能出现之前也必须存在……

其次,一个更加细微的问题是,各个部分是如何组织构成一个整体的。在这一方面,细菌鞭毛无法与舷外马达进行类比:舷外马达一般是在人类,或者称为智能主体的指导下进行组装的,智能主体能够指定哪个部件安装到其他的部件上。但是细菌鞭毛的组织信息(或者说组装任何一个生物分子装置)却存在于作为部件的蛋白质结构本身……因此,即使我们可以假设细胞中存在组成鞭毛所需要的所有相应的蛋白质(正在执行除了推进工作之外的其他工作),但是缺乏如何将它们组装成鞭毛的具体信息,仍然无法得到鞭毛结构。不可简化的问题仍然存在。

出于这样的考虑,我得出的结论是,达尔文的进化论无法解释细胞内的许多生物化学系统。相反,正如我所指出的那样,如果一个人看到了鞭毛、纤毛或者其他不可简化的复杂细胞系统中各部件的相互作用,就会相信它们像是被设计出来的——设计来源于一个智能主体的主观意图……

达尔文的支持者没有去证明进化论如何清除障碍,反而希望通过玩文字游戏来逃避不可简化的复杂性……肯尼斯·米勒确实声称……一个捕鼠器并非不可简化的复杂装置,因为捕鼠器的各个部分,即使拆分成单个部件也依然能够自己"发挥作用"。米勒注意到,一个捕鼠器的支撑条可以作为牙签使用,所以即使离开了捕鼠器仍然有其他"功能"。他继续提出,捕鼠器的其他任何部分都可以作为镇纸使用,所以它们本身都具有"功能"。并且由于任何有质量的物体都可以作为镇纸使用,那么任何物品的任何部件都拥有自己的功能。转眼间,已经没有任何东西属于不可简化的复杂事物!

……当然,这貌似合理的解释却依赖于显而易见的谬误,厚颜无耻的含糊其词。米勒利用了"功能"这个词所具有的两个不同的含义。回顾不可简化的复杂性的定义,是指除去一个部件会"导致这个系统丧失实际的功能"。但在米勒的阐述中却并非如此,米勒将关键点从完整的系统本身所拥有的独立功能转移到了另外一个问题上,人们是否能够发现其中一些部件的其他用途(或"功能")。然而,如果有人从我描述的捕鼠器中移走了任何一个部件,它就无法再捕鼠了。该系统实际上已经丧失了有效的功能,所以这个系统具有不可简化的复杂性……

将捕鼠器这个问题抛在身后,米勒接着又对

细菌鞭毛展开了讨论，并且再次使用了同样的谬误……米勒连眼睛都没有眨一下，便断言鞭毛并非不可简化的复杂事物，理由是即使鞭毛中缺少了一些蛋白质，剩余的部分仍能独立地运输蛋白质……米勒再次用模棱两可的措词将注意力从系统作为旋转推进器的功能转移到了部分部件运输蛋白质通过细胞膜的能力……

### 智能设计假设的展望

我已经详细阐述了达尔文的支持者所提出的错误论证，这些论证使我受到了莫大的鼓舞，智能设计理论正沿着正确的轨道发展……

对智能设计理论而言还有非常重要的一点，即分子结构并不局限于我在《达尔文的黑匣子》一书中所讨论的例子。更确切地说，大多数蛋白质都是作为复杂分子机器的组成部分被发现的。因此，智能设计理论可能会扩大至细胞特征的其他部分，并且可能进一步到达更高一级的生物学水平。

科学在 20 世纪所取得的进步已经引领人们得出了设计假设。我希望在 21 世纪科学能够进一步证实并扩展这一假设。

### 参考文献

Behe, M. J. 1996. *Darwin's Black Box: The Biochemical Challenge to Evolution*. New York: The Free Press.

_____. 2001. Reply to my critics: A response to reviews of *Darwin's Black Box: The Biochemical Challenge to Evolution. Biology and Philosophy* 16: 685–709.

Darwin, C. 1859. *The Origin of Species*. New York: Bantam Books.

资料来源：Malevolent Design, Vol. 32 Free Inquiry, 2010. Reprinted with permission from the Center for Inquiry, Inc.

### 问 题

1. 贝希提出的"不可简化的复杂系统"指的是什么？
2. 根据贝希的说法，为什么将这一概念纳入达尔文的自然选择进化论框架中如此困难？
3. 根据贝希的说法，捕鼠器和细菌鞭毛是如何阐述"不可简化的复杂系统"这一概念的？
4. 为什么贝希认为生命一定存在智能设计者？
5. 贝希如何回应肯尼斯·米勒对智能设计理论的批评？

## "智能设计理论"的失败

肯尼斯·米勒

> 肯尼斯·米勒是布朗大学的生物学教授。米勒批判地审视了贝希关于生物结构中不可简化的复杂性的概念,认为这种复杂性不是不可简化的,可以通过自然选择的进化机制加以解释。因此,没有必要引发一个智能设计者的存在。

"智能设计论"是一场反进化论运动,它作为一种被称为"创造科学"的早期说法的替代说法而被提出。它与早期运动的不同之处在于,它对地质学和天文学关于地球和宇宙年龄的科学证据保持中立,对化石记录似乎是接受的。然而,该理论提出,一定存在一个不知名的"设计者"对这个过程负责,尽管它没有为这样一个设计师的行为提供证据。这意味着"智能设计"是一个完全否定的概念,因为"设计"的理由完全是通过有选择性地汇集一些论点,对进化机制的有效性提出质疑。

智能设计拥护者提出的主要主张之一是,他们可以检测到复杂生物系统中"设计"的存在。他们引用了许多具体的例子作为证据,包括脊椎动物的血凝级联、真核生物的纤毛以及最明显的是真细菌的鞭毛(Behe, 1996; Behe, 2002)。其中鞭毛经常被当作进化论的反例,以至于它很可能被视为现代反进化论运动的"典型形象"。对反进化论者来说,鞭毛的地位之高反映了一个他们所谓的事实,即它不可能是由进化途径产生的。

为什么智能设计运动认为鞭毛是不可进化的?因为它据称具有一种被称为"不可简化的复杂性"的特性。我们被告知,不可简化的复杂结构不可能由进化产生,或者说,由任何自然过程产生。然而,它们确实存在,因此它们一定是由某种事物产生的。这种事物只能是一个超越自然法则运行的外部智能主体即智能设计者。简单地说,这就是设计论的核心论据,也是智能设计运动的理论基础。鞭毛被认为是反进化的标志,但最大的讽刺是,几乎在它第一次被宣布的那一刻,它作为不可简化的复杂性例子的地位就被研究摧毁了。

迈克尔·贝希在《达尔文的黑匣子》(Behe, 1996)一书中引用了鞭毛的例子,将其运用于精心设计的反进化论证中。贝希在威廉·佩利著名的"设计论证"的基础上,试图将这一论证向前推进两个世纪,进入生物化学领域。像佩利一样,贝希也呼吁他的读者将生物体的复杂性理解为设计者工作的证据。但与佩利不同的是,他声称发现了一个科学原理,可以用来证明某些结构不可能是由进化产生的。这个原理被称为"不可简化的复杂性"。

不可简化的复杂结构被定义为"……由若干个匹配良好、相互作用的部件组成的单一系统,这些部件有助于实现基本功能,其中任何一个部件的去除都会导致系统停止有效运作"(Behe, 1996, p. 39)。

以鞭毛为例,其不可简化的复杂性意味着要产生有效的生物学功能,至少需要30种蛋白质成分。按照不可简化复杂性的逻辑,这些单独的成分在全部30种蛋白质到位之前应该没有任何功能,直到全部到位之后才会表现出运动的功能。根据该论点,这意味着,进化不可能一次只制造出少数几个成分,因为它们不具备自然选择所青睐的功能。正如贝希(Behe, 2002)写道,"……自然选择只能在已经运行的系统中进行选择",一个不可简化的复杂系统,除非它的所有部分都到位,否则不会运行。

细胞具有不可简化的复杂性，因此为设计论提供了证据，这一论断并没有被科学界所忽视。文献中有许多详细的反例，许多人指出，用现代生物化学的语言重新表述设计论的经典论证，这种推理是错误的（Coyne, 1996; Miller, 1996; Depew, 1998; Thornhill & Ussery 2000; Miller 2002）。我已经在其他地方提出，科学文献中有反例可以反驳进化不能解释生物化学复杂性的主张（Miller, 1999, p.147），还有研究人员已经解决了进化机制如何使生物系统增加信息内容的问题（Schneider, 2000; Adami, Ofria & Collier, 2000）。

然而，对鞭毛例子最有力的反驳来自对与鞭毛和其他细胞结构相关的基因和蛋白质的科学研究的稳步推进。这些研究现在已经证实，这个分子机器作为反进化的论据被提出的整个前提是错误的——细菌鞭毛并不具有不可简化的复杂性。证据表明，自然界中有大量鞭毛"前体"的例子，它们确实"缺失了一部分"，但却功能齐全。在某些情况下，其功能足以对人类生命构成严重威胁。

某些致病菌通过特殊的蛋白质分泌系统将蛋白质毒素注入宿主细胞来攻击人体细胞。Ⅲ型分泌系统（TTSS）就是这样一个例子，它允许革兰氏阴性细菌将蛋白质直接转运到宿主细胞的细胞质中（Heuck, 1998）。通过TTSS转移的蛋白质包括各种真正危险的分子，其中一些被称为"毒性因子"，并直接导致一些最致命的细菌的致病活性（Büttner & Bonas, 2002; Heuck, 1998）。

对TTSS中蛋白质的分子研究揭示了一个令人惊讶的事实——TTSS中的蛋白质与细菌鞭毛基部的蛋白质直接同源。正如赫克（Heuck, 1998）所指出的，这种同源性扩展到了在这两种分子"机器"中发现的一簇密切相关的蛋白质。基于这些同源性，麦克纳布（McNab, 1999）认为鞭毛本身应该被看作是Ⅲ型分泌系统。通过详细比较与两个系统相关的蛋白质来对此类研究进行扩展，相泽也支持这一推测，指出两个系统"由具有共同物理化学特性的同源成分蛋白质组成"（Aizawa, 2001）。因此，现在清楚地认识到，鞭毛中的一小部分蛋白质组成了TTSS的功能性跨膜部分。

直白地说，TTSS是利用鞭毛底部的少量蛋白质来完成脏活的。从进化的角度来看，这种关系并不奇怪。事实上，可以预料，进化过程中的机会主义将蛋白质混合搭配，以产生从未有过的新功能。然而，根据不可简化复杂性的原则，这应该是不可能的。如果鞭毛确实复杂到不可简化，那么只去掉一部分，更不用说10或15个蛋白质，就会使剩下的部分"按理说是没有功能的"。然而TTSS确实是功能齐全的，尽管它缺少鞭毛的大部分组成部分。这样的TTSS对我们来说可能是个坏消息，但对拥有它的细菌来说，它是一台真正有价值的生化机器。

对于其他每个作为智能设计例子的系统，都可以进行类似的分析。例如，一些研究者已经详细描述了脊椎动物凝血级联的进化过程（Hanumanthaiah et al., 2002; Davidson et al., 2003; Jiang & Doolittle, 2003）。作为人体最复杂的系统之一，基于抗体的适应性免疫系统的进化过程也已被阐明。这项工作已经在许多实验室进行，代表性的报告见 Lewis & Wu, 2000; Market & Papavasiliou, 2003; DuPasquier et al., 2004; Zhou et al., 2004; Klein & Nikolaidis, 2005。此外，野中和吉崎康宏（Nonaka & Yoshizaki, 2004）证明了进化是如何产生补体系统的，补体系统是人体抵御感染的一个复杂而重要的部分。因此，智能设计论的主要生化论点，即细胞结构具有不可简化的复杂性，已经失败了。

**参考文献**

Adami, C., C. Ofria, and T. C. Collier (2000) Evolution of biological complexity. Proc. Nat. Acad. Sci. 97: 4463–4468.

Aizawa, S.-I. (2001) Bacterial flagella and type III secretion systems, FEMS Microbiology Letters 202: 157–164.

Behe, M. (1996) Darwin's Black Box. New York: The Free Press.

Behe, M. (2002) The challenge of irreducible complexity. Natural History 111 (April): 74.

Büttner D., and U. Bonas (2002) Port of entry - the Type III secretion translocon, Trends in Microbiology 10: 186–191.

Coyne, J. A. (1996) God in the details. Nature 383: 227–228.

Davidson, C. J., E. G. Tuddenham, and J. H. McVey (2003) 450 million years of homeostasis. J. Thrombosis and Haemostasis. 1: 1487–1494.

Depew, D. J. (1998), Intelligent design and irreducible complexity: A rejoinder. Rhetoric and Public Affairs 1: 571–578.

DuPasquier, L., I. Zuchetti, and R. DeSantis (2004) Immunoglobulin superfamily receptors in protochordates: before RAG time. Immunological Reviews 198: 233–248.

Hanumanthaiah, R., Day, K., and P. Jagadeeswaran (2002) Comprehensive analysis of blood coagulation pathways in teleostei: Evolution of coagulation factor genes and identification of zebrafish factor VIIi, Blood Cells, Molecules, and Diseases 29: 57–68.

Heuck, C. J., 1998. Type III protein secretion systems in bacterial pathogens of animals and plants, Microbiol. Mol. Biol. Rev. 62: 379–433.

Jiang, Y., and R. F. Doolittle (2003) The evolution of vertebrate blood coagulation as viewed from a comparison of puffer fish and sea squirt genomes, Proceedings of the National Academy of Sciences. 100: 7527–7532

Klein, J., and N. Nikolaidis (2005) The descent of the antibody-based immune system by gradual evolution, Proceedings of the National Academy of Sciences 102: 169–174.

Lewis, S. M., and G. E. Wu (2000) The old and the restless, J. Experimental Medicine 191: 1631–1635.

Market, E., and F. N. Papavasiliou (2003) V(D)J recombination and the evolution of the adaptive immune system, PloS Biology 1: 24–27.

McNab, R. M. (1999) The Bacterial Flagellum: Reversible Rotary Propellor and Type III Export Apparatus. Journal of Bacteriology 181: 7149–7153.

Miller, K. R. (1996) A review of Darwin's Black Box, Creation/Evolution 16: 36–40.

Miller, K. R. (1999) Finding Darwin's God. HarperCollins. New York.

Miller, K. R. (2002) Design fails biochemistry. Natural History 111 (April): 75.

Nonaka, M., and F. Yoshizaki (2004) Evolution of the complement system, Molecular Immunology 40: 897–902

Schneider, T.D. (2000), Evolution of biological information. Nucleic Acids Research 28: 2794–2799.

Thornhill, R. H., and D. W. Ussery (2000) A classification of possible routes of Darwinian evolution, The Journal of Theoretical Biology 203: 111–116.

Zhou, L., Mitra, R., Atkinson, P. W., Hickman, A. B., Dyda, F., and N. L. Craig (2004) Transposition of *hAT* elements links transposable elements and V(D)J recombination, Nature 432: 995–1001.

资料来源: "Intelligent Design" by Kenneth R. Miller. Reprinted with permission.

**问 题**

1. 什么是"智能设计"理论？它与"创造科学"有何不同？
2. 智能设计理论的支持者如贝希基于什么理由把鞭毛作为智能设计理论的证据？
3. 米勒如何回应鞭毛证明了"不可简化的复杂性"的主张？
4. 佩利关于设计的论点是什么？它与贝希的智能设计理论有何不同？

# 第13章

# 法律与政治

**要 点**

政府的社会契约论

美国民主制度的发展

美国政府的行政机构

美国政府的立法机构

美国政府的司法机构

批判性思维之问：关于在战争中使用无人机的观点

非法移民已经成为美国政治的核心问题之一。非法或未经批准的移民是指未经政府许可进入美国或在签证终止日期后仍滞留美国的人。皮尤拉美裔研究中心的数据显示，2014年美国有1130万非法移民，低于2007年1220万的高点。这些移民中大约有一半来自墨西哥。据美国边境巡逻队称，大约有3000人在穿越美国和墨西哥边境危险的沙漠时丧生。作为一个民主国家和世界上最富有的国家之一，美国应该如何应对无证移民涌入，其中许多人还冒着生命危险？一个国家对生活在贫困中、逃离内战或政治压迫的全世界人民的道德义务是什么，对此应如何立法规定责任？

根据2013年4月的盖洛普民意测验，三分之二的美国人支持一项法律，该法律"将允许居住在美国的非法移民在满足一定条件的情况下，有机会成为永久合法居民"。对那些从小被带到这个国家的人来说，支持率尤其高。研究发现，未经批准的移民的子女面临着教育水平较低的风险，阶层流动的机会有限，而且发现自己是"永远的局外人"。[1]反对给予非法移民合法地位的人士认为，这只会鼓励非法移民。

《外国未成年人发展、救助和教育法案》（简称《梦想法案》）是 2001 年首次提出的一项立法提案，为未成年时来到美国并符合一定条件的非法移民提供有条件的永久居留权。在试图通过联邦的《梦想法案》失败后，包括加利福尼亚州和明尼苏达州在内的几个州通过了自己的梦想法案。2012 年，奥巴马总统签署了一份名为《童年入境暂缓遣返》（DACA）的备忘录。该计划为 25 万名 31 岁以下的年轻人提供了合法身份，尽管不是通过直接获得公民身份的途径。这些人在 16 岁之前被非法带到美国。到目前为止，超过 99% 的合法身份申请都得到了美国政府的批准。

这些议案比如《梦想法案》是如何被制定为法律的？如果一项法律侵害了公民的自由权，会导致什么样的后果？作为生活在民主国家的公民，我们如何运用自己的批判性思维能力、评价、积极参与政策制定的过程？本章我们将围绕这些问题展开讨论。具体来说，我们将：

- 了解政府的社会契约论和国家主权的概念
- 学习美国民主制度的发展
- 批判性地评价不同类型的民主制度及其依据
- 识别与讨论民主制度下公民的权利和责任
- 考察选举过程，以及我们是否有义务去投票
- 了解政府的三大机构——行政、立法和司法
- 了解制定法律的过程以及公民如何参与到这一过程中
- 研究法律与道德之间的关系
- 考察法院系统中证据规则和判决先例的运用和逻辑基础

## 政府的社会契约论

我们为什么要遵从法律？政府和法律从一开始为什么会存在？难道我们不应该有自己做决策的自由吗？政府通过规则和法律来向我们施加压力，难道没有损害我们作为批判性思维者对自己的生活做出理智决定的自主权和能力吗？

## 自然状态

大多数政治学的理论家会对最后两个问题做出否定回答。他们认为，人们在某个政府的管理下生活比无政府的状态更好。无政府是指处于"**自然状态**（state of nature）"。尽管无政府状态听起来像是实现自由的理想状态，但是假如没有政府，强者就会在没有法律约束限制其攻击性和野蛮性的情况下，把自己的意愿强加到别人身上。

如果我们生活在自然状态下，那么我们的生活就会像英国政治家、哲学家托马斯·霍布斯（1588—1679）所描绘的那样："面临持续的恐惧、因暴力而死亡的危险；一个人的一生是孤独、贫困、污秽、野蛮又短暂的……人与人之间的战争会持续不断。"[2] 生活在这样的状态下，我们的日常决策将会主要基于诉诸武力或恐吓策略的谬误，而不是理性的讨论和辩论。

托马斯·霍布斯（1588—1679）。霍布斯认为，在没有政府的自然状态下，人们的一生将是孤独、贫困、污秽、野蛮又短暂的。

## 社会契约论

英国哲学家约翰·洛克（1632—1704）的哲学思想极大地影响了美国政府的发展。按照洛克的思想，建立国家的唯一目的，乃是为了保障人们的自然权利。[3] 没有政府，我们的言论自由权和对有争议的话题进行公开辩论的权利都将面临重大危险，而这些对批判性思维而言是至为关键的。

洛克认为，承认社会契约的政府能够最大程度地保护人们的自然权利。**社会契约**（social contract）指的是，一个社会的人们全体自愿达成一致意见，同意组成一个政治共同体，并遵守他们所选择的政府制定的法律。这种社会契约是隐性的。社会契约论认为，只有在政府保护人民免受伤害，而且不欺凌他们的情况下，人民才会接受政府的**统治权**（sovereignty）——行使政治权力的

约翰·洛克（1632—1704）。洛克的政治哲学观影响了美国政府的发展。

专属权。一个社会契约必须对人民和政府两者都有利；否则，人们放弃自然状态而选择在公民社会生活就会毫无意义。

美国宪法是在洛克思想的影响下形成的，是社会契约论的一个典范。它的序言中提到：

> 我们美利坚合众国的人民，为了形成一个更完善的联邦，建立正义，保障国内的安宁，建立共同的防御，增进全民福利，以及确保我们自己和子孙后代的自由，乃为美利坚合众国制定和确立这一部宪法。

洛克认为，选择留在这个国家并享受这个国家的福利，这种行为等同于**默示同意**（tacit consent）遵守这个国家的社会契约和法律。然而，当洛克提出默示同意的观点时，世界上尚有美洲这样的无主之地，至少欧洲人是这么认为的。如果有人不同意或不接受执政政府，那么他们可以迁居到美洲。由于失去了做出选择的自由，如今的默示同意已与洛克时代大不相同，默示同意不再有自愿的特点，因为地球上已经不再有什么地方不是在某个政府的统治之下。而且，我们中的许多人没有足够的能力选择和迁居到其他国家，或者说我们也许不具备资格获得自己所向往的国家的移民身份。尤其是后者，人们总是希望给自己和家人争取最好的生活，因此他们也许会选择通过非法渠道移居到另一个国家，这又会导致一连串的新问题，比如关于国家主权和个人权利的界限。

## 国际法律

如今，整个世界被划分为独立的主权国家，每个国家都有明确的领地。那些不支持自己国家政府的人们，无法选择成为世界公民，因为根本不存在世界政府。尽管确实存在一系列国际法，包括《日内瓦公约》和《联合国世界人权宣言》，但是国际法管理的是国与国之间的关系，而不是个体之间的关系。军事无人机的使用引发了这样一个问题：无人机有时会无意中杀死平民，使用无人机是否违反了日内瓦公约。见本章末尾的"批判性思维之问：关于在战争中使用无人机的观点"。

除此之外，国际法面临两难困境，因为它与绝对的国家主权这一概念是互相矛盾的。现在的联合国不是一个世界政府，而是多个独立主权国家的集合。因此，在某种意义上说，国际法并不是由主权国家的立法机构所制定的严格意义上的法律。因为联合国对它的成员国没有最高统治权，因此也没有合法的权力来强制实施国际法和条约。

尽管拥有统治权的世界政府并不存在，遵守国际法是各个国家的自愿行为，但是倘若忽视国际法，也要承担一定的后果。国际法的影响力通常不是来自逻辑论证，而是来自强国的压力，这些国家认为执行国际法符合它们的利益。倘若一个国家拒绝遵守，那么它会面临来自其他强国施加的经济约束、威胁、制裁措施甚至战争。换句话说，只要国家保留独立的主权，那么世界上的国家就会以霍布斯式的自然状态存在，即强国会把自己的意愿施加在弱国身上。

## 美国民主制度的发展

在一个民主国家，政府的**法定职权**（legitimate authority）来自于人民本身。政府让我们受益，保护我们的安全，作为回报，我们有义务遵守法律，因为我们自愿达成契约——也就是我们已经默示同意——愿意在政府的管辖下生活。在一个以社会契约论为基础的民主国家，作为公民，了解政府和当前的问题对我们来说尤为重要。遗憾的是，大多数美国人对政府知之甚少。在2014年的一项调查中，只有1%的美国人能够说出宪法第一修正案保护的五项自由权利（言论、宗教、出版、集会和请愿的自由）。

在下面的章节中，我们将更多地了解民主制度如何运行，我们作为公民如何运用批判性思维技能来影响政治进程。

### 代议制民主：防止"多数人暴政"的机制

**直接民主**（direct democracy）是指所有人都直接参与制定法律，管理自己。**代议制民主**（representative democracy），比如在美国，是指人民把这一权力交给选举出的代表来行使。美国宪法的创立者确立实行代议制民主，部分原因是在18世纪80年代末美国拥有400万人口（包含100万奴隶），如此多的人口不利于实行直接民主制。另一个原因在于，创立者们认为，在制定公共政策和立法方面，普通公众没有能力做出最佳决策。问题不只是大多数人容易犯思维错误和推理谬误，而且许多人掌握的信息不实或缺乏必要的信息来做出重要的决策。为此，大多数人最终会制定

詹姆斯·麦迪逊（1751—1836）是美国第四任总统。与许多崇尚精英主义的同僚不同，他更倾向于平等主义，注重倾听民众的声音。

出缺乏深思熟虑的政策和法律，这不仅对少数政治家不利，而且也无益于多数普通公众。这也就是著名的**多数人暴政**（tyranny of the majority）。为了避免出现这种情况，代议制民主将日常的政治决策交给人们选举出来的代表们，因为在理想情况下，这些代表有能力制定出合理的、可行的公共政策。

对直接民主和多数决定原则的担忧，加上开国者对英国君主立宪制和任何权力过大的政府的不信任，最终导致了两种截然不同、有时相互矛盾的设想——民粹主义和精英主义。**民粹主义**（populism）是相信普通人的智慧和品德，认为所有人一律平等。相反，**精英主义**（elitism）是指由那些在社会经济阶层、性别、种族、教育程度以及（在君主制的情况下）王室血统等方面"最优秀的人"来统治。

美国宪法在制定之初比现在更加倾向于精英主义。在长达几十年的时间里，美国宪法中所谓的个人自由和平等的理想只适用于具有欧洲血统的白人男子。美国的民主制度已经逐渐地由精英主义模式向民粹主义模式转变。1870年，公民选举权的范围首次扩大到所有的成年男性，1920年扩大到所有女性，1978年第26修正案将选举权扩大到18岁及以上的群体。

尽管已经发生了这些变化，但是现代政治中的双重思想仍然十分明显——这里是指同时信仰精英主义和民粹主义。一方面，认为任何人都可以参与政府管理；另一方面，又需要候选人用自己的财富为建立一个高效政府提供资金支持，两者是互相矛盾的。在2016年的总统初选中，亿万富翁唐纳德·特朗普用自己的钱为他的竞选活动提供资金。

再举一个例子，越南战争期间的兵役法给贫穷和未受过良好教育的人带来了沉重的负担。大约有60%符合条件的成年男性因有合法的豁免或延期权利而不必服役，因为他们正在上大学，又或者是幸运地抽中不用服兵役的数字。还有一些年轻人，他们的父母凭借自己的政界关系，设法让自己的孩子到非战斗部门，比如成为各兵种的后备军。这引起公众的强烈抗议，认为该法律不公平，最终导致征兵制的结束和1973年全志愿军队的建立。

## 自由民主：保护个人权利

托马斯·杰弗逊曾说过："民主只不过是暴民统治，51%的人也许会剥夺其他49%的人的权利。"[4]由于担心多数人暴政，《权利法案》即宪法的前十条修正案对宪法进行了补充，在多数人投票和公众舆论之外又增加了一些具体权利。因此，除了代议制民主之外，美国也推行**自由主义的民主**（liberal democracy），在这个国家，公民的自由权利，包括投票权、宗教自由和言论自由都受到保护。

为了保护公民不受到政府的压迫，宪法的制定者建立了制衡机制来限制无限权力。制衡机制之一是实行**联邦制**（federalism）。在这种政府体制下，权力在中央（即联邦政府）和各州政府之间划分。另一种制衡机制是将联邦政府划分成三大机构：行政机构、立法机构和司法机构。三大机构之间互相独立，而且有权自行采取行动，这就是著名的**三权分立**（separation of powers）原则。为了避免三大机构中任何一个机构滥用权力，美国建立了完整的制衡机制，每个机构都有一定的权力来阻止另两个机构的行动。在本章，我们将更加深入地学习美国政府三大机构的有关内容。

## 政治竞选和选举

政治竞选和选举是代议制民主的一个重要方面。通过竞选，我们能够了解到哪些人想代表我们行使权力；通过选举，我们可以表达自己的政治选择。另一方面，因为美国的选举活动过于频繁，参与竞选的政党和候选人更容易把注意力放在给选民带来短期利益的政策上，比如减税。而长期政策诸如经济方面——2016年总统大选中选民提到的首要问题——往往被忽视。作为批判性思维者，我们的责任并不应该止于投票。我们应该坚持让选举出的代表对他们的决定负起责任，我们需要批判性地评价政府政策，对国家面临的诸多困难，比如贫穷、全球变暖、工作外包、移民和恐怖主义，做出有效的回应。

在2012年的总统大选中，民主党候选人巴拉克·奥巴马在竞选中花费了10多亿美元，远远超过了先前的任何一个总统候选人。在总统选举中，竞选费用的影响不算太大，除非竞争十分激烈。关于总统竞选的结果，90%的变数在竞选活动真正开始之前就已经决定了，候选人所属的政党也是影响公民如何投票的一个决定性因素。[5]

尽管民主允许公民通过选举的方式参与到政治过程中，但是政治竞选活动并不

2016年，唐纳德·特朗普以"让美国再次伟大"（Make America Great Again）为竞选纲领，利用了人们对美国严重衰落的担忧。

总是能够选出最优秀的人来代表我们。竞选活动的花费是非常高昂的，参加竞选的候选人必须拥有巨额的私人财产，或者赢得某些大富翁、大公司或利益集团的支持。在美国国会竞选活动中，花费水平是非常重要的问题，它是决定谁能赢得选举的重要因素之一。⁶ 不同候选人的竞选经费往往不同。现任官员（已经在政府系统工作的人员）一般能够得到更多的资助。与现任官员竞争的候选人通常要依靠自己的个人资源，这就导致参议院的席位只是为那些有钱人或家庭背景优越的人准备的。

另一个影响选举结果的因素是媒体对候选人形象的描绘，比如阅历和正直等个人品质，以及在争议性话题上的立场。比如，在1960年的总统角逐中，约翰·F. 肯尼迪与理查德·尼克松进行电视辩论时，肯尼迪风度非凡的表现让他的立场大大巩固，类似于奥巴马在2004年和2008年的竞选活动中热情洋溢的演讲。在2016年总统大选中，唐纳德·特朗普的夸夸其谈和他即兴的反建制言论吸引了那些像往常一样对华盛顿政治感到厌倦的选民。

1960年肯尼迪与尼克松进行了美国总统竞选历史上的第一次电视辩论，自此，大众媒体已经极大改变了政治竞选活动。由于需要吸引大多数观众的注意力，大众媒体更多地把重点放在修辞手法的使用上，借以强化民众已经了解到的候选人持有的积极或消极的观点，而不是向公众传递信息和对重要问题进行批判性分析。让证实偏差更加复杂化的是，大多数人在观看新闻节目和阅读报纸时，只选择那些证实自己关于政党和候选人的已有观点的报道。

公众民意调查对选举过程的影响也愈发重要。尽管有些民意测验，比如盖洛普民意测验，是可信赖的、公平的，但是不能忽视的是，也有一些民意测验为了得到某个结果在设计调查问题时便带有先入为主的观念，而不是为了准确反映被访者的态度。除此之外，民意测验结果的唾手可得，使得候选人更容易将竞选立场偏向大多数人，而避免站在不受欢迎的立场上。民意测验也会改变我们投票的方式，因为人们有一种潜在的倾向：改变自己原有的立场，服从大多数人的意见。

互联网是改变民主形式的一股潜在力量，它可以通过一系列网络上的政治活动将政党、政治家和公民联系起来。2012年竞选期间，奥巴马通过电子邮件筹集了6亿多美元。

特拉华州最高法院在2005年的约翰·多伊诉帕特里克·卡希尔案中，将互联网描述为"一种前

对于选举民意调查的一个批评是，投票人倾向于转向在民意调查中领先的候选人。

所未有的推动民主进程的媒介"。互联网使得人们可以通过博客、留言板等多种方式向成千上万的人表达自己的观点。还有一些博客提供了对投票结果的分析。统计学家内特·西尔弗在《纽约时报》上的 FiveThirtyEight 博客（http://fivethirtyeight.com/politics/election/）分析了投票结果，并根据其准确性对投票网站进行了排名。西尔弗还提供了自己对选举结果的预测，迄今为止，他的预测准确得惊人。互联网也使得直接投票变成可能，不管是为候选人投票还是为来自家庭或图书馆的议题投票。我们还要见证将来互联网会给选举和政治带来的巨大变革。

## 投票：权利还是责任？

作为公民，我们参与代议制民主的主要方式之一便是投票。尽管投票发挥着极为关键的作用，但是在全世界民主国家中，美国是选民投票率最低的国家之一。你可以将右图所显示的投票百分比与一些投票率最高的国家进行比较：越南（98.85%）、卢旺达（98.5%）、赤道几内亚（96.45%）、澳大利亚（95.17%）、意大利（92.5%）、巴哈马（92.13%）和比利时（91.08%）。

在美国，是否投票完全由公民自己决定。美国的民主特别重视个人自由和自由权，一个重要的体现便是认为公民有权自愿参加经济和政治活动，包括投票选举，政府管理机构无权干涉。而在某些民主国家，比如澳大利亚、比利时和卢森堡，参加国家选举的投票活动是强制性的，为此选民的投票率非常高。

有些支持强制性投票的人对美国实行的自愿投票制度提出了质疑，指出美国目前的自愿投票制度使选举向精英主义倾斜，因为投票率与受教育水平和社会经济地位密切相关。那些不参与投票的人都是年轻人、经济地位较差或接受正规教育较少的人以及某些少数族群的成员。此外，只有 28% 的拉美裔公民参与投票。2008 年总统选举的投票率是近 20 年的最高水平，其部分原因在于年轻人、拉美裔和非裔美国人的参与，他们中的绝大多数把票投给了巴拉克·奥巴马。然而，年轻选民投票的比例仍然低于年龄大的选民，30 岁以下的选

| 投票年份 | 占总人口的比例 |
| --- | --- |
| 2014 | 41.9 |
| 2012 | 57.5 |
| 2010 | 45.2 |
| 2008 | 58.2 |
| 2006 | 43.6 |
| 2004 | 58.3 |
| 2002 | 42.3 |
| 2000 | 54.7 |
| 1998 | 41.9 |
| 1996 | 54.2 |
| 1994 | 45.0 |
| 1992 | 61.3 |
| 1990 | 45.0 |
| 1988 | 57.4 |
| 1986 | 46.0 |
| 1984 | 59.9 |
| 1982 | 48.5 |
| 1980 | 59.3 |
| 1978 | 45.9 |
| 1976 | 59.2 |
| 1974 | 44.7 |
| 1972 | 63.0 |

资源来源：U.S. Census Bureau.

**1972—2014年
美国联邦竞选的投票比例**

民中只有51%的人参与选举投票。

反对强制投票的人认为，不应该强迫公民行使他们的权利。强迫那些没有积极性、不了解情况或不具备必要的批判性思维能力来评价各种候选人和问题的人投票，无助于选出最合格的代表。

作为有责任感的公民，我们在做出如何投票的决定时需要保持心智开放。我们收集到的信息应该是准确的、无偏差的。对于政治竞选活动中经常使用的错误推理，包括谬误和修辞手法，我们应该保持警觉。我们也要记住，对于争议性的话题，候选人为了达到成功当选的目的，在表达立场时会采取某些策略，或者表面上采纳大多数人认可的观点来争取尽可能多的投票者，或者保持模棱两可的态度以避免冒犯潜在的支持者。

总的来说，根据社会契约论，政府的合法权力来自人民。在过去的两个多世纪，美国已经从一个崇尚精英主义的民主国家转向民粹主义的国家。虽然美国的宪法和社会契约规定政府有保护个人权利和社会公共利益的责任，但是我们作为公民，也负有遵守法律和参与投票选举的义务。即使没有参与投票，或者没有参与重大事件的公共讨论，这也是一种参与形式，因为这是对现状的支持，或者说是对最有发言权和权力的群体的支持。

## 美国政府的行政机构

在美国，联邦政府的行政机构由总统领导，总统是国家的首脑，是级别最高的政府官员。除了总统和白宫的职员，联邦政府的行政部门还包括执行政府具体事务的其他机构。

### 行政机构的作用

行政机构由白宫幕僚、内阁以及15个执行部门组成，包括国防部和教育部。内阁由副总统和15个部长组成。内阁的作用名义上是作为总统的顾问，而实际上现在它的主要任务是维持自己部门的运行。行政部门承担着政府部门事务和公共事务，处理外交事务，指挥武装力量，在参议院的同意下，任命联邦法官（包括最高法院的法官）、大使和其他高层政府官员。通过管理监狱、警察机关和以国家的名义提起刑事诉讼，行政部门也承担着法律实施的任务。

## 行政命令和国家安全

传统上，政府的行政机构在战争时期拥有更多的权力。为此，在国家危难时期或战争时期，人们运用批判性思维技能来评价政府的方针政策尤其重要，不能一味地服从当权者所说的话。在美国南北战争期间，林肯总统中止了人身保护令（一种保护个体免受不合法拘禁的程序）。总统伍德罗·威尔逊因社会党人、前总统候选人尤金·V.德布兹公开抗议美国加入第一次世界大战而下令将其监禁。在第二次世界大战中，富兰克林·D.罗斯福曾经将日裔美国人遣送到集中营（参见"分析图片：日裔美国人战俘营和第 9066 号行政命令"）。不管这些政策合理与否，公民都没有提出自己的反对意见。为了制衡政府的行政权力，美国国会于 1971 年通过了《非拘禁条例》，它规定"非经国会立法不得囚禁或拘禁公民"。

奥巴马总统于 2010 年 10 月 11 日签署了 NASA 授权法案。

最近，乔治·W.布什政府实行行政特权，规定美国政府可以对敌军士兵采取无限期拘留措施，并且他们不能求助律师或向法院提起诉讼。上一届布什政府也存在扩张审讯权力的现象，包括严刑拷打的审讯方式，在没有法院批准的情况下对美国公民实施监听，随意阅读公民的电子邮件。其中的有些行为已经违反了联邦法和国际法，有些批评者指出，这些行为已经僭越了宪法中禁止"不合理"搜查和扣押的保证。布什将这些行为解释为美国正面临着持续不断的恐怖主义威胁，这些完全是保护国家安全和有效打击恐怖袭击的必要举措。而反对者认为，这些行为恰恰是布什扩张行政权力的反映。2009 年，奥巴马总统发布了一项行政命令，取消使用强化审讯技术，并确保对恐怖分子嫌疑人的审讯是合法的。

## 对行政权力的监督

行政权力的危险在于它可以无限扩大，对个人权利的侵犯远远超过了维护国家安全的需要。立法机构是限制行政权力扩张的主要监督机制之一。美国国

## 分析图片

**日裔美国人战俘营和第 9066 号行政命令**　1941 年 12 月 7 日，第二次世界大战期间，日本轰炸了位于夏威夷珍珠港的美国军事基地。几天之内，美国对日本、德国和意大利宣战。1942 年 2 月 19 日，美国总统富兰克林·D. 罗斯福发布了第 9066 号行政命令，宣布任何日本血统的人都不能居住在美国西海岸。

由于这一行政命令，大约 12 万个日裔美国家庭被迫放弃他们的工作、家园和大部分财产，被送进拘留营，比如这张照片中的加州圣布鲁诺市丹佛兰集会中心的拘留营。有些被拘留者在拘留营里度过了好几年，他们住在带刺的铁丝栅栏后面，被武装看守包围，生活条件极度恶劣。反对拘留政策的抗议没有成功。在 1944 年的松丰三郎诉美国联邦政府案中，起诉者对政府根据血统来拘禁人们的权力提出了质疑，但美国最高法院站在联邦政府一边。

1988 年，罗纳德·里根总统签署了《公民自由法案》。该法案规定，向因第 9066 号行政命令而失去自由和财产的被拘留者和其他受到该行政命令影响的日裔美国公民每人支付 2 万美元，以此作为总统道歉和赔偿。

### 讨论问题

1. 运用第 9 章的道德推理技能，讨论第 9066 号行政命令在道德上是否合理。
2. 针对以下问题提出一个论证：是否应该向受该命令影响的人提供赔偿，以及如果提供了赔偿，这个赔偿是否足够。

会必须通过所有的战争宣言（尽管自第二次世界大战结束以来，已经不需要国会发布宣战的命令）。此外，国会可以对它想要监督的特别项目的资金进行扣留，同时，如果国会觉得行政机构超越了自身的权限，也可以通过立法对其进行约束。比如，国会通过了《信息自由法》来保护公众对政府信息的获取。但是《信息自由法》也规定了几项豁免，包括总统有权对涉及国家安全的信息保密。部分媒体对这一豁免令感到十分沮丧，他们认为这是对公众知情权的干扰和破坏。

立法机构反对行政权力滥用的最后防线是**弹劾**（impeachment），即众议院正式对某位高层官员提起诉讼，被弹劾的官员在参议院接受审判，如果被宣判有罪，就会被免职。

司法机构也有权约束行政机构的权力。前总统乔治·W.布什曾多次无视人身保护令而对居民实施拘留，尤其是置人们要求法院评估拘押合法性的权利于不顾，联邦法院对此提出质疑。布什辩称，这些拘留犯不是普通的罪犯，而是"敌方战斗人员"，这是为了拘留恐怖主义嫌疑人而采用的一个术语，如此他们便不在《非拘禁条例》的保护范围之内了。最高法院对此并不认同，坚持声称被称作"敌方战斗人员"的公民有权利申请法律顾问和庭审，就像2004年的哈姆迪诉拉姆斯菲尔德案一样。在这项判决中，法官安托宁·斯卡里亚写道："遵从权力分立的盎格鲁-撒克逊体系所保护的自由的核心，绝非行政机构随心所欲地无限期拘禁。"根据这项裁决，奥巴马总统赞成在联邦法院而不是军事法庭审判恐怖分子嫌疑人。他还反对无限期监禁，并首先致力于关闭关塔那摩湾海军基地的监狱。不过，他后来签署了《国防授权法案》，允许无限期关押恐怖分子嫌疑人。这项立法增加了军方将美国公民恐怖分子送往关塔那摩湾的可能性。自从2002年关塔那摩监狱开放以来，总共有779名男子和年仅13岁的男孩被关押在那里。截至2016年2月，仍有91名囚犯被关押在关塔那摩监狱。

媒体也对行政机构的权力扩张起着监督的作用。例如，媒体在呼吁人们关注无人机袭击造成的平民伤亡方面发挥了重要作用。参见"批判性思维之问：关于在战争中使用无人机的观点"。为此，在民主国家，新闻媒体的自由最需要保护。实际上，媒体被称为政府的第四机构，它作为监督部门，在监督政府腐败和权力滥用中发挥着关键性作用。一些大的新闻媒体，比如《纽约时报》《洛杉矶时报》《华尔街日报》和《华盛顿邮报》，在保障公众知情权方面发挥着十分重要的作用，它们向公众披露政府的作为和不作为，准确呈现有关某些特殊政策和决定的研究论证，包括支持和反对的意见，其中《华盛顿邮报》就曾经在尼克松时代（1969—1974）将水门丑闻公之于众。

最后，作为公民的我们，也是监督政府权力滥用的重要力量。德国新教徒领导人之一马丁·尼莫拉是德国纳粹统治的反对者，他曾经说道：

> 最初，他们追杀共产主义者的时候，
> 我没有说话——因为我不是共产主义者；
> 然后，他们追杀社会主义者的时候，
> 我没有说话——因为我不是社会主义者；
> 后来，他们追杀工会成员的时候，我没有说话——因为我不是工会成员；
> 再后来，他们追杀犹太人的时候，我没有说话——因为我不是犹太人；
> 最后他们把矛头指向了我，而此时已经没有人能为我说话了。

20世纪30年代，德国从一个民主国家转变成独裁国家，部分原因在于人们对少数人肆无忌惮、滥用权力的行为不敢大声发表意见，其中便包括了上台之前的阿道夫·希特勒。作为批判性思维者，我们需要保持警惕和消息灵通；同时，当我们有足够的证据表明行政部门或其他行政机构滥用权力的时候，我们也要勇于抗议，或向媒体揭发。

## 美国政府的立法机构

在民主政体中，我们有所谓的**法治**（rule of law），即政府机关必须按照经特定程序制定的成文法律行使职权。法治可以保护人们远离**人治**（rule of men）。

### 立法机构的作用

在美国，宪法第一条确定由国会作为联邦政府的立法部门，并赋予国会立法权。国会由参议院和众议院两院组成。

在每两年一届的国会会议上，成千上万的议案被提交。其中只有不足500条能够最终成为法律。一项议案最终成为法律所花费的时间长短不一，长则多年，短则几天。比如，《爱国者法案》于2001年10月23日提交至众议院，两院仅用了两天时间便一致通过。相比之下，20世纪60年代，《权利法案》花费好几年的时间才最终得以通过。同样，废除奴隶制度和赋予女性投票权等法律的制定也都耗时多年。大多数法律是永久性的，除非联邦最高法院撤销或国会做出修改。也有一些法律比如《爱国者法案》和《濒危物种法案》只在一定时间内有效,因此国会可以对它们进行重新修订、修改或者废除。

## 公民与立法

作为普通公民,虽然我们在直接参与法律制定时会遇到某些障碍,但是仍然有一些能够参与到立法过程中的途径。

**游说**(lobbying)是通过提出有利于实现某个人或某个组织目标的观点来试图影响政府的私人说服行为。在美国,大多数的游说活动是由某些利益集团完成的。大公司、行业协会、工会、游说团体和政治利益集团等雇用游说者替他们提出自己的陈述和主张。2014年,华盛顿的注册游说人员多达12 000人,也就意味着,国会的每个议员平均要面对20多个游说者。此外,据估计,未经注册的基层游说者可能是普通游说者的7倍之多。[7]

自从20世纪60年代民权运动开始,公益团体和单一问题游说团体的数量有了大幅增加。最有影响力的两个公益组织是同道会(Common Cause)和公共市民(Public Citizen)。同道会游说范围非常广泛,包括提升政府公职伦理和政府改革;公共市民是由拉尔夫·纳德领导的一批游说组织,为消费者权利保护、环境和监管改革等问题游说。而良知与战争中心(Center on Conscience & War)是一个单一问题游说团体,旨在扩大对有良知的抵制服兵役者的合法保护,反对像《通用国家服役法案》这类法案,该法案要求所有年龄在18岁到42岁之间的美国居民在两年的时间内参加国家服役。

游说受到宪法第一修正案的保护。宪法第一修正案中写道:"国会不得制定任何法律……禁止自由行使这种权利;也不得剥夺……向政府提出申诉的自由。"宪法的制定者认为,公众和私人利益集团的游说活动能够刺激不同利益集团之间的充分竞争。游说能够通过多种方式促进整个国家政治体制的发展,比如对某些特定问题和议案提供信息和专

国会是政府的立法机构,负责制定法律、监督行政权力的使用。

家意见，运用通俗易懂的语言对复杂的问题进行解释，站在经济、商业和公民等不同角度进行辩护等。

反对游说的人认为，游说团体，尤其是那些受大企业、大商业利益集团（比如烟草、制药和石油等行业的利益集团）资助的组织，对政府施加了不正当的影响。如果这些游说组织不是通过合理的论证和可靠的证据来支持自己的意见建议，而是用贿赂、提供娱乐或者为候选人和参选政党提供资金赞助等方式对立法者施加影响，那么问题就变得严重了。

公民团体也可以对政府政策产生深远的影响。茶党运动是一个源自基层的保守派公民运动，在奥巴马总统当选后不久出现，并迅速在美国各地生根发芽。茶党运动在美国各地举行集会，反对大政府、高税率、政府管理的医疗保健、日益增长的公民权利成本以及对大公司的救助。茶党在2016年总统初选中支持共和党候选人，如特德·克鲁兹。

反战抗议活动虽然不像越战时期那样普遍，但也有不少人举行了反战抗议活动，试图让政府改变对战争和使用无人机的政策。据盖洛普民意测验显示，美国女性和65岁以上的人比年轻人更有可能反战。

作为普通公众，我们可以就某个特定议案或我们认为应该立法的领域与立法者进行交流，从而影响立法过程。网站http://www.congress.org上有立法者的相关信息，可以帮助你注册投票，张贴关于立法的预先通知，把你给立法者写的信转寄给他本人。

你在与州议员和联邦议员进行沟通之前，首先需要对自己要提出的法规或问题非常了解。立法信息系统网站（http://www.senate.gov，http://www.house.gov）对国会两院所有最新的待定议案都有详细介绍。由于同一时期需要讨论的议案非常多，一般而言，你把注意力集中在自己感兴趣的公共政策领域是最有效的。如果你要获取自己感兴趣的议题所属的联邦机构或州机构的名称，最好的起点是登陆http://www.firstgov.gov。

如果你对某一特殊话题感兴趣，你完全可以加入某个公民游说组织或监督组织，比如国际特赦组织美国分会或者全美步枪协会，以监督相关问题的立法动向。这种做法的优势在于，有一个信誉良好的

2013年4月，"反战祖母"组织的抗议者在纽约市抗议政府使用无人机。

公民组织为你对待审核的议案进行调研,让你随时掌握最新情况。其中的大多数公民组织也会让你了解到,什么时候你应该与议员联系讨论相关的议案,一般是通过电子邮件的方式。

要提出一项有效的论证,不仅需要良好的分析能力,而且也需要对立法过程有充分的了解。显而易见,你的论证越合理、越有说服力,你的研究越充分全面,你得到积极回应的可能性就越大。

大约有一半的州出台了公民立法提案和公民复决法,允许公民直接对某些话题进行投票。**公民立法提案**(initiatives)包括由公民提出的法律或宪法修正案。写一份公民立法提案需要前期开展大量研究,而且要征询专家以及利益相关各方的意见。要想使公民立法提案获得投票表决权,需要在请愿书上搜集到足够数量的签名。**公民复决**(referenda)与公民立法提案非常相似,但前者是由州立法者提议投票表决的。

有些人赞成公民立法提案和公民复决是因为它们是直接民主的形式,但是反对者认为,它们容易受到大多数人一时心血来潮的影响——也就是诉诸众人的谬误——远不如由更加知情的议员做出的合理判断。例如,一些人认为,加利福尼亚州的 98 号提案要求州政府将 40% 的预算花在公立学校上,而牺牲了其他州立项目,如高等教育和法院,这是造成加州目前财政危机的原因之一。州政府的举措也可能与联邦法律相冲突,比如 2012 年华盛顿州的 501 号法案,该法案允许 21 岁以上的人少量吸食大麻。

另一种批评公民立法提案和公民复决的声音是,在涉及复杂问题时,采用二选一(是或否)的迫选方式会使投票者陷入虚假的两难困境中。还有一种反对的声音指出,当今开展公民立法提案或公民复决需要巨额资金,尤其是在像加州这样的大州(加州经常举行此类活动),会导致整个过程处在大利益集团和大企业的控制之下。

如果你想亲身去体验一番,并且想找机会锻炼你的批判性思维能力,大学生有很多在政府部门实习的机会,也可以在某个政治竞选活动、游说组织或公益组织中做志愿者。比如,每个学期,全美大约有 400 个学生参与到华盛顿实习项目中。每个学生要在位于华盛顿特区的美国大学实习一个学期,完成由美国大学提供的实习项目,得到正式的学分,学生可以把这些学分转到自己所在学校的档案中。州政府和当地政府也可以提供实习岗位,比如州长办公室、州议会、市政府和公设辩护律师办公室等部门。有些实习岗位发薪资,有些则提供住宿。

## 不公正的法律和不合作主义

尽管"道德法则"和"法律法则"之间存在差异，但在民主制度下，我们仍然期望法律应该是公正的，是不侵犯普遍道德原则的。有些法律似乎与道德关系不大，比如在马路的哪一边开车或者提交所得税申报表的最后期限。

刑法的范畴一般是指那些对别人造成伤害的不道德行为。刑法的主要目的是将诸如谋杀、强奸、偷窃、敲诈和勒索等违反道德的行为定为非法。然而，自我伤害的行为，比如吸烟、吸大麻（不包括贩卖）和不戴头盔骑摩托，则处于道德上的灰色地带。

**自由论者**（libertarians）反对政府对个人自由进行任何限制，他们认为，我们享有自由的权利做自己想做的事情，只要我们的行为不伤害别人，即便会对自己造成伤害也无妨。反对自由主义的批评者回应道，我们生活在一个社会，任何人的行为都会对别人带来影响，自由论者所说的情况根本不存在。比如，假如我们不戴头盔骑摩托发生车祸导致永久性脑损伤，那么我们就会给社会带来麻烦，社会要承担照顾我们余生的责任，同时我们也无法用自己的智慧才能为社会做贡献。

成为负责任的公民需要我们能够意识到第9章中提到的基本道德原则和权利，而不仅仅是对我们的社会文化所认可的观念随声附和。我们在支持或反对某些特定的法律和政策比如征兵、死刑、同性婚姻和非法移民的法律地位等问题时，应该有能力形成自己的论证，在约定俗成的前提和描述性前提之间找到平衡。有些不道德行为，比如发表仇恨性言论或粗暴对待自己的父母和朋友，不属于非法行为。因为一旦将这些行为定为非法，便会带来一些消极后果，涉及对人身自由和言论自由权利的限制，这样弊大于利。

尽管我们在违背道德规范时会面临文化上的谴责，但是只有法律才能承担起官方惩罚或罚款的责任。遗憾的是，并非所有的法律都是公正的。一项法律，如果它是歧视性的、有辱人格的或者侵犯了个人基本自由，那么它就有可能是不公正或

1968年，在田纳西州的孟菲斯市，成百上千的非裔美国环卫工人举行游行示威，抗议不公平待遇和不人道的工作环境。

不道德的法律。比如，《吉姆·克劳法》（该法已于 1965 年被废止——译者注）规定在美国南部实行种族隔离以及其他歧视非裔美国人的形式都是合法的，这些法律本身就不公正。我们在第 9 章了解到，当道德考量与非道德考量（包括法律规定）之间存在矛盾时，应采用道德优先原则。这也许需要我们进行法律抗议活动来反对不公正的法律，如果抗议无效的话，也可以采用公民不服从的做法。

**公民不服从**（civil disobedience）是指公民采取一种积极的非暴力反抗行为，拒绝遵守大家普遍认为不公正的法律，以达到改变相关法律或政府政策的目的。在民权运动中，罗莎·帕克斯在亚拉巴马州蒙哥马利市乘坐公共汽车时就对法律规定的"白人专座"采取了公民不服从的行为。20 世纪三四十年代期间，印度对英国殖民政策采取了非暴力抵抗运动；后来的南非抵抗种族隔离制度斗争也采用过这种方式。

2011 年埃及总统大选期间，数千人涌入塔里尔广场，要求埃及法院取消前总理沙菲克的候选人资格，并要求结束军方控制的政府。2009 年，伊朗各地都发生了类似的非法非暴力抗议活动，抗议艾哈迈迪－内贾德当选总统，至少 36 名抗议者在示威活动中被政府军打死。在 20 世纪 70 年代末的伊朗革命中，非暴力的公民不服从也被用于反对伊朗国王。自 19 世纪早期以来，美国的各种公民不服从运动从未间断，包括帮助奴隶逃亡、抵制非正义的战争、抗议种族隔离政策、拒不服从部队征兵。在更近期的 2014 年和 2015 年，数百名抗议 1700 英里的 Keystone XL 管道的环保活动者被逮捕，有些人被关进监狱。

1846 年，美国作家、伟大的哲学家亨利·戴维·梭罗为了反对旨在扩大奴隶制版图的美墨战争，拒绝缴税，并因此入狱。尽管他的抵抗是短暂的（事与愿违，他的朋友拉尔夫·瓦尔多·爱默生替他支付了罚款，第二天他便被释放），但这是美国历史上公民不服从运动的第一个重要事件。1849 年，梭罗发表了《论公民的不服从》，在文章中，他列出了公民不服从的四个标准。第一，我们应该只能使用道德的、非暴力的方式来达成自己的目标。这些方法包括联合抵制、罢工和非暴力反抗。第二，我们应该最先考虑通过法律途径来改变不公正的法律，比如给社论撰写者写信或者游说国会的参议员和众议员。第三，我们必须对自己采取的不合法行为予以公开。假如没有人知道我们正在违反法律，那么我们所做

一名气候活动人士在白宫外举行抗议活动，抗议 Keystone XL 输油管道项目。

出的努力就不可能产生任何效果，不可能改变不公正的法律。2010年，和平的抗议者封锁了亚利桑那州一个移民拘留中心的入口，以抗议一项他们认为助长了种族和族裔定性的新法律（SB 1070）。该法要求亚利桑那州的警察询问那些因合法原因被拦下的人，如果警察怀疑他们可能非法入境，他们必须提供公民身份或公民合法移民身份的证明。第四，我们应该甘愿承担相应的后果，包括监禁、罚款、驱逐出境、失业或者社会谴责。例如，数十名抗议者因阻塞拘留中心而在亚利桑那州被捕。

参与公民不服从可能会导致我们入狱，甚至带来更糟糕的后果，因此在决定采用公民不服从的做法之前，我们需要退一步，批判性地分析整个局势，找出最有效的策略来抵制某项法律。这种策略可能包含公民不服从，也可能不包含。我们需要准备好使用有理有据的论据和坚定有力的沟通来支持我们的立场。有些人也许会通过离开这个国家的方式来抵制某项不公正的法律。在越南战争期间，大约有9万所谓的"逃避兵役者"移民到加拿大，许多人直到今天仍然居住在那里。但是，因为他们选择不再待在美国，也没有将他们的抵抗行为公之于众，不像少数反对服兵役但选择留在美国并最后被监禁的人那样，所以他们的行为称不上公民不服从。

总的来说，在美国，制定法律是立法机构的职责所在。我们作为公民，有多种途径可以参与法律制定的过程，包括直接与立法者联系、参加游说组织、提供志愿服务、实习以及在投票活动中发起公民立法提案。当我们认为某项法律不公正时，我们还可以抗议或采取公民不服从行动。

## 美国政府的司法机构

美国宪法第三章规定要建立联邦政府的司法机构。开国者认为，司法机构即法院系统是危险性最低的政府部门，因为法官通常是被任命的，而且是终身制。因此，法官不会像选举出来的官员那样承受来自大多数选民的压力。开国者也认为，法官需要选举出来的官员保护他们远离政治压力。

### 司法机构的作用

如果说立法者考虑的是制定什么样的法律，那么司法机构负责的是法律在什么情况下适用以及如何解释的问题。法院也有对刑事案件量刑以及在民事案件中判定损害赔偿金的权力。但是，司法机构没有执行法律或判决的权力。相反，它要依赖于政府的行政机构来执行审判决定。比如，美国联邦最高法院在布朗诉教育委员会案（1954）中，最终裁定基于种族的学校隔离政策违宪，执法机构负责实施判决，取消多个学区内的种族隔离制，执行一体化教育。

美国联邦最高法院是美国最高级别的法庭。最高法院的职能是评价法律，废止联邦政府或州政府制定的任何违宪的法律。最高法院也对行政机构和国会进行监督。比如，1989年，国会通过了《国旗保护法》，规定凡是故意污损国旗的行为都是违法行为。抗议者认为，这项法律违反了宪法第一修正案对言论自由的保护。美国最高法院同意并以违宪为由否决了该法案。

## 证据规则

美国司法系统的一个显著特征，就是在审理案件的过程中允许控辩双方展开辩论。在民事案件中，一方通过辩论来控诉另一方；在刑事案件中，政府（代表人民）起诉刑事被告违反了法律。因为司法系统建立的基础是对抗性模式，司法程序要遵循严格的**证据规则**（rules of evidence）。这些规则的目的是确保"法律的实施是公正的……提高证据规则的合法性，最后达成弄清事实真相以及运用合理的程序做出决定的结果"。

证据规则可以禁止使用基于错误和谬误推理的主张。常见于冲突模式中的人身攻击（人身攻击的谬误）尤其是被禁止的。在联邦法院和州法院中，证人不诚实、不够格，其证言往往不予采信。此外，除非有证据表明，他们对事情真相确有了解，或者是该领域内可信任的专家，否则目击者也许不会为某个案件作证。轶事证据是被禁止的，除非在某些找不到目击者出庭作证的情况下（参见"分析图片：塞勒姆女巫审判案"）。

判定审判中的证据是否予以采信，对辩论进行理性思考，指导陪审员考虑证据规则，最终做出既公正又符合法律的决定，这些都是法官的责任。在法庭上，律师和法官的作用取决于他们提出和理解论据的能力。尤其是法官，需要非常熟练地对各方提出的论据进行解释，并且对它们的合理性和说服力作出判断。

由于陪审员有可能存在偏见，或者容易犯认知错误和做出错误推理，因此，法庭不能只是根据陪审员的意见做出判决。一方面，如果法官认为，案件中的某方律师试图通过错误推理来影响陪审员的意见，那么法官有权指导陪审员在做出决定时忽视某些证据。另一方面，如果法官认为，陪审员做出的决定违反了证据规则，不能得到法律的支持，那么法官甚至可以直接驳回陪审员的决定。

## 法律推理与判例原则

　　法律推理也会用到我们在日常生活中经常使用的演绎论证和归纳论证。法律推理总是涉及归纳论证中的类比方法。这些类比经常采取先例的形式。在美国司法系统中，人们期望法官根据同一管辖区域更高级别法院对先前类似案件的审判做出回应，保持决定的一致性，即便法庭裁决事实上并不是法律。法律判例形式也就是所谓的**普通法**（common law）。普通法与法律或宪法修正案不同，它并非源自政府的立法机构，而是来自几个世纪以来众多法官对案件的审理结果，是基于先例的一种判例法体系。

　　判例是很重要的，因为在一个公正的社会，法律的使用应该具有一致性和公平性。根据**先例原则**（doctrine of legal precedent），如果先前的法律案件与当前案例在关键方面很相似，那么当前案件就应该以同样的方式进行判决。但是，判例是在类比或归纳逻辑的基础上做出的，因此它们从来不是决定性的，只是理由充分或不够充分。它们也不会对国会产生约束力。在某些案例中，基于判例做出的判决也许会被以后的判决推翻。

　　要确定某个案件是否有法律判例，第一步是准备一份**案情摘要**（case brief）。这需要认真研究案例，并总结出关键细节。在列出关键细节之后，再寻找其他类似的说明同样规则的法院判决——比如，隐私权和支配权。最后一步是对类比做出评估。它们在哪些方面存在相似性？相似性程度有多高？你的案件有何不同？是否存在某些差异会弱化这一类比？每个案件运用了什么样的规则？对当前的案件做出同样的判决是否合理？

　　在具有里程碑意义的1973年罗伊诉韦德案中，美国最高法院裁定"妇女是否终止妊娠的决定"受"第十四条修正案的个人自由概念"的保护，这为今后法院就堕胎的合法性和对寻求堕胎的妇女的限制作出类似的裁决建立了判例。例如，在1992年的计划生育协会诉凯西案中，美国最高法院根据罗伊诉韦德案的判例，宣布宾夕法尼亚州的几项限制堕胎的州级法规违宪，其中包括配偶和父母通知规则以及妇女在堕胎手术前要等待24小时。（见第9章末尾的罗伊诉韦德案的摘录）。

　　通常情况下，先前的判例对以后的法院判决而言是具有权威性的，除非有证据表明，先前的审理决定在某些关键方面与当前案件显著不同或者有明显错误。在2010年的公民联盟诉联邦选举委员会一案中，美国最高法院推翻了两

美国最高法院法官（2017年）。上（从左至右）：首席大法官约翰·G.罗伯茨、安东尼·肯尼迪、克拉伦斯·托马斯和塞缪尔·A.阿利托。下（从左至右）：露丝·巴德·金斯伯格、斯蒂芬·G.布雷耶、索尼娅·索托马约尔和埃琳娜·卡根。

个限制公司和工会竞选开支的判例，认为政府限制公司在候选人选举中的政治开支，违反了第一修正案赋予公司的言论自由。奥巴马总统谴责这项裁决，称它是"石油巨头和华尔街银行……和其他强大的利益集团的重大胜利，它们每天都在华盛顿集结力量，压制每个普通美国人的声音"。[8] 先例必须是在合理和公正的基础上做出才是有效的。比如，1857年，美国最高法院在斯科特诉桑福德案的判决中，支持把奴隶定义为私人财产的法律，认为"宪法对奴隶属于私人财产有着明确而清晰的规定"。然而，这一规定违反了公正原则，因此，在以后的案例中不能作为先例。事实上，1865年，第十三条宪法修正案增加了禁止奴隶制度的条款。

某些案件并没有先例。这种情况经常出现在涉及新技术应用的案件中。比如，从互联网上下载或禁止下载是否违反了宪法第一修正案对言论自由的规定？电子窃听是否违反了第四修正案对"禁止不合理的搜查和扣押"的规定？

美国宪法历时已200多年，因此很难知道该如何去解释某些新设立的法律是否符合宪法。宪法中的条款是很久之前制定的，远在新兴技术出现之前，所以将这些条款用于解决当今社会的问题是非常困难的。比如，宪法第十四条修

## 分析图片

**塞勒姆女巫审判案**　证据规则是由司法部门确定的，目的是避免法院审判程序变成毫无事实根据的指控，以公众舆论和非理性情绪取代可靠的证据，就像1692年发生于美国马萨诸塞州塞勒姆镇的女巫审判案那样。法官斯托顿负责主持审判，而他是一个牧师，并没有接受过法律方面的专业培训。19个人，其中多数是妇女，在缺乏有说服力证据的基础上被认定为使用巫术，并判处死刑。只有一个人被证明是无辜的。

塞勒姆女巫审判案中的不正当性对美国司法系统的发展造成了深远的影响。这场审判引发的公愤，最终导致马萨诸塞州清教徒对法院的掌控走到了尽头，而且逐渐形成了当今司法体系中普遍使用的"无罪推定"原则。

**讨论问题**

1. 证据规则的应用可能会对殖民地时期的美国塞勒姆女巫审判案的结果造成什么影响？
2. 想一想，你是否曾经冤枉过别人；或者，你是否曾被别人冤枉做了坏事。讨论如何使用证据规则来帮助你或冤枉你的人做出更好、更公平的决定。

正案中关于平等保护的条款是否对女性合法堕胎予以保护？制定于1791年的第二修正案是否允许个体公民拥有枪支？诸如此类的问题对宪法提出了质疑，其中某些条款可能已经过时，应该予以修订？

虽然最高法院在对案件进行判决时不采用陪审团，但是那些会受到案件审理结果影响的公民或公民团体可以向"法庭之友"提交相关的情况介绍。法庭之友可以就某个案件向法庭阐述某个特定的观点，或者提醒法庭注意没有考虑到的问题或证据。

## 陪审义务

与许多国家不同，在美国，陪审员在司法体系中扮演着非常重要的角色。美国宪法第六条修正案保障的基本权利之一是被告有权由犯罪行为发生地的州和地区的公正陪审团予以审判。要成为陪审团的一员，必须具备两个条件，一是美国公民，二是年满18周岁。法庭从选民名单或选民与驾驶员混合名单中随机选择候选人来担任陪审员。为了保证陪审团的公正，必须随机选择陪审员，人们不能志愿承担陪审义务。有些人在一生中多次被邀请担任陪审员，而有些人则从未有过这样的机会。

对于高效的陪审员而言，良好的批判性思维能力是非常关键的。一项加拿大的研究发现，那些逻辑推理能力强的人是承担陪审义务的最佳人选。这些人也倾向于在陪审团的审议中占据主导位置，可以激励其他陪审员充分运用自己的批判性思维能力，而且能够为他人对这个案件的观点和分析带来积极的影响。[9]换句话说，担任陪审员有可能提升我们的批判性思维技能。陪审员还需要了解CSI效应（因电视剧《犯罪现场调查》而得名），在这一效应中，陪审员期望得到比现有的或定罪所必需的更多的科学和法医证据。作为陪审员，除了受到案件本身以及那些在批判性思维能力方面更加优秀的人的影响之外，还会接受来自法官的指导，他们接受过有关证据规则的批判性思维训练。

政府的司法部门与法律如何解释密切相关。司法程序是按照证据规则和法律判例进行的，其中会涉及类比归纳推理。公民参与司法系统的方式之一是担任陪审员。

在美国，接受由同胞组成的陪审团的审判是基本的宪法权利之一。

# 批判性思维之问

## 关于在战争中使用无人机的观点

美国中央情报局 (CIA) 于 2002 年首次使用无人机在阿富汗进行定点袭击,试图击毙奥萨马·本·拉登,但没有成功。自 2002 年以来,五角大楼的无人机数量已增至 7 000 多架。美国已经使用了武装无人机在阿富汗、巴基斯坦、也门和索马里等国家打击激进分子目标。无人机的使用不仅限于军事。截至 2016 年,数百家私营企业和 50 多个国家和地区已经开发或正在开发无人机,包括武装无人机。

无人机的一个优势是,它们可以精确地锁定高级恐怖分子嫌疑人,不会给实施袭击的人带来风险。自 2004 年首次大规模使用无人机以来,其仅在巴基斯坦就造成了数千人死亡,其中包括数百名平民和儿童。[10]

无人机的反对者指出,在被美国攻击的国家生活的人对无人机袭击造成的破坏感到不安。由于对地面的人来说是隐形的,无人机会给那些永远不知道他们的村庄何时会被袭击的人造成心理创伤。此外,由于平民的死亡和对非军事财产的破坏,无人机可能会增加反美情绪,使非激进分子变成恐怖分子。《纽约时报》报道称:"无人机已经取代关塔那摩监狱成为武装分子招募的首选工具。"[11]

无人机的支持者指出,使用无人机造成的死亡人数总体上比常规战争要少。在下面的阅读材料中,卢卡斯·伊夫斯认为无人机只是现代战争的延伸,从这个意义上说是合理的。科林·伍德有不同意见。他认为,我们目前的政策是站不住脚的,违反了法治。

## 为无人机辩护

科林·伍德

> 科林·伍德是《政府技术》（Government Technology）的特约撰稿人。下面的阅读材料摘自 2013 年 3 月 1 日出版的《政府技术》，伍德在文中主张使用国产无人机来维护公共安全，包括执行火灾和救援任务。

虽然无人机已被部署在许多军事行动中，但在美国国内部署无人机面临着几个方面的反对。很多公众认为无人机是过度侵入或战争机器，正如许多州的立法法案所表明的那样，而西雅图最近决定废除警察局的无人机项目。

但无人机爱好者和公共安全领域的许多人认为，对无人机隐私的担忧可能会让公众看不到无人机的真正潜力，尤其是在应急管理和响应方面。

执法部门可以使用无人机来更好地感知态势，并在缉毒或人质劫持等危险行动中保护警察和平民的安全。消防队员可以用无人机来侦察野火，或者在建筑物火灾中识别隐藏的热点。救援队可以在直升机无法到达的地区救出被困或失踪的人。如果使用得当，无人机可以让公众更安全。

对于爱好者来说，操控小型无人飞机几乎没有任何障碍。一架初级无人机的价格是几百美元，美国联邦航空管理局（FAA）允许玩具无人机基本上不受管制。但如果无人机被用作工具，无论是用于消防侦察，还是为受困的徒步旅行者送水，那么无人机就不再是玩具，而是需要获得授权证书（COA）。任何公共安全机构想要合法使用无人机，都需要准备大量的文件和数月的等待。但据前警察局局长、第一届无人机规则制定委员会成员唐·辛纳蒙说，这种情况很快就会改变。

"作为一名载人飞行器的飞行员，"辛纳蒙说，"我可不想遇上 100 架飞来飞去的无人机。所以我支持这样的观点，即无人机的集成必须缓慢进行，这样我们才能保证国家领空的安全。"虽然出于安全考虑，辛纳蒙支持保守的无人机立法，但他也是增加国内无人机使用的主要支持者。他起草了《2012 年美国联邦航空管理局现代化和改革法案》的一项条款，这将使公共安全机构获得授权更加简单。

由于限制执法机构使用无人机的法规越来越少，辛纳蒙预计无人机技术将成为一种更可行的选择，尤其是考虑到无人机有增强公共安全的潜力。"我们是一个受传统限制的职业，"辛纳蒙说，他指的是那些不支持使用无人机的执法人员，"但是经济形势迫使我们寻找更好的方式来提供同等水平的服务，或者寻找更经济的方式来提供更高水平的服务。技术上已经证明，无人机可以挽救战场上的地面部队的生命。而且，同样的技术可以为警察和消防员在我们国家做危险的事情提供更高水平的安全保障。"但即使是那些想从无人机中获益的公共安全领导者，也不一定有知识、资金或时间来研究这项技术。这就需要业余爱好者的参与了。

据俄勒冈州的无人机爱好者帕特里克·谢尔曼和布莱恩·兹瓦伊格尼所说，如果一个公共安全机构在无人机技术上的花费在 4 万到 10 万美元之间，他们就可以得到一套运转良好的交钥匙式系统。他们自称为罗斯威尔飞行测试组，向他们所在地区的机构展示了无人机在低成本下可以完成的任务。

该团队曾与俄勒冈州波特兰市、俄勒冈州图拉廷谷、俄勒冈州克拉卡斯和华盛顿州朗维尤的消防和救援机构合作。谢尔曼报告称，他们的参与程度从初步会谈到实地演示不等，他们遇到的官员对无人机潜力的态度差异很大。

他解释说："有些消防队员对这项技术的想法很着迷。"但其他人则坚定地捍卫他们的机构目前的运作方式，质疑无人驾驶飞机会带来什么价值。"我并不是说他们做事的方式有什么问题。我认为这是一种改进。"谢尔曼说道。

据谢尔曼介绍，像罗斯威尔飞行测试组这样的业余爱好者制作的无人机，和商业厂商出售的大品牌的交钥匙式无人机系统一样好用，而成本却低了95%左右。但无人机需要维护和系统集成，而且必须有人知道如何驾驶它们。

他建议，就像民航巡逻组织雇用志愿飞行员支持美国空军的行动一样，全国各地都有无人机爱好者想要加入无人驾驶的民航巡逻组织。谢尔曼说："业余无线电操作员在紧急情况下提供帮助的传统由来已久。"他补充说，在无人机技术得到更广泛的应用之前，无人机爱好者同样可以填补这一重要角色。

如今市场上的商用无人机比几年前的无人机更容易控制。如果无人机飞行员把手从控制器上拿下来，GPS和高度定位可以让飞机简单地悬停在原地，直到飞行员准备继续飞行。这种技术进步要归功于像玛丽·卡明斯（Mary "Missy" Cummings）这样的工程师和研究人员，她是麻省理工学院的副教授，主要研究无人机控制架构。

根据卡明斯的说法，过去几年无人机变得更便宜的一个主要原因是制造商在用户界面等方面偷工减料。"不幸的是，无人驾驶飞行器（UAV）在商业市场上取得成功的最大障碍是，它们必须像商用飞机一样安全，"她说，"公司将不得不开始重视安全、效率、精心设计的界面，减少人为错误，他们将不得不开始认真对待这些方面。"

卡明斯说，虽然她喜欢利用无人机进行民用空中巡逻的想法，但实施起来有几大障碍，包括避免碰撞、指挥和控制支持及协调。

她说，想想加州的一次大地震。"就像在很多情况下，你有社区基层的努力，你需要有人能够真正管理这一点，现在我们谈论的不仅仅是管理人员和救援人员，我们正在管理所有的数据，以支持救援人员。"因此，虽然这是一个好主意，但她说，这个项目需要结构来使其发挥作用。

卡明斯说，在紧急情况下，无论基层的努力是否会影响公共安全，无人机都能以其他技术无法做到的方式增强行动能力。"这些自动化系统可以超越人类的能力，在我们由于身体限制而做不了某些事情的时候接替我们的工作，我想这也是未来我们将会看到的情况，"她说，"你不会想派一架有人驾驶的直升机到燃烧区去接人。比如说，一些消防员被失控的大火困住了。你不会想冒生命危险去接他们，但你可以很容易地派一架无人驾驶的直升机去接他们。"

卡明斯认为，正是这类应急场景，可能有助于改变公众对无人机使用的看法。"我们会有下一个卡特里娜飓风，下一个桑迪飓风，"她解释说，"我们将开始看到无人驾驶车辆运送急需的物资……我认为只要我们这样做，我们就会在人们身上看到惊人的变化。人们只是把无人驾驶航空器看成是坏事。我认为变化正在到来。"

资料来源：Colin Wood, "The Case for Drones," (March 1, 2013, Government Technology) Reprinted with permission.

## 问题

1. 根据伍德的说法，执法部门使用无人机的主要好处是什么？

2. 伍德对无人机爱好者使用无人机的看法是什么？
3. 在美国实施使用无人机的主要障碍是什么？
4. 什么样的情况可能会改变公众对在美国使用无人机的负面看法？

## 美国尚未准备好在国内使用无人机的五个原因

卢卡斯·伊夫斯

卢卡斯·伊夫斯是一位法国学生律师、政治记者、博客作者，对美国政治很感兴趣。在下面的文章中，伊夫斯提出了五个反对在美国使用家用无人机的理由。这篇文章发表在2013年5月8日的独立选民网络（IVN）网站上。

无人驾驶飞行器（UAV）——通常被称为无人机——是美国备受争议的一个话题。尽管无人机的商业使用可能带来诸多好处，但人们对这项新技术提出了许多担忧，尤其是在隐私权方面。以下是美国尚未准备好在国内使用无人机的五个原因。

### 1. 滥用的风险

虽然美国军方通常在海外行动中使用无人机，但国内使用无人机的焦点一直是执法部门将如何使用这项技术。许多公民担心它可能会导致滥用。

与目前可用的空中监视方法相比，从规模、成本、先进技术和无人驾驶的性质来看，无人机可以在更广泛的范围内进行监视。无人机唤醒了人们对监视社会将成为现实的恐惧。

### 2. 隐私问题

无人机对隐私权的影响不仅限于政府行为。随着无人机技术的普及，任何人都很容易侵犯个人隐私。大多数（如果不是全部的话）无人机都配备了监视设备，让每个人内心的窥阴癖得以滋生。

与政府滥用的风险一样，侵犯隐私并不是一个新问题，但无人机技术在更大程度上对此提出了挑战。

### 3. 公共安全

无人机可能会对公共安全造成威胁，原因有很多。如果这一预计是正确的，那么在未来几年，成千上万的无人机将会占据美国领空，这意味着成千上万的小物体有可能与其他飞行器、建筑物等相撞。

无人机不仅造成事故的高风险，还很容易被恶意使用。如果高压锅可以用来制造炸弹，就不难想象无人机潜在的破坏性用途了。

### 4. 缺乏法律框架

就新技术而言，目前还没有关于无人机在国内用于执法或民用目的的法律框架。执法部门使用无人机会引起第四修正案保护方面的问题，法院可能无法提供必要的保障。

例如，法院花了40年时间才保障宪法第四修正案对电话监控的保护。

各州一直在采取措施监管这一领域。弗吉尼亚州已经通过了暂停州和地方执法机构使用无人机的禁令。加州正在考虑制定一系列法案来监管这项新技术。

然而，由于缺乏将无人机整合进国家领空的数据，这可能导致立法不足。

### 5. 公众对无人机的看法

目前反对在国内使用无人机的最佳理由之一，是当前公众对这个问题的看法。在美国民众对政府信心不足的当下，无人机未来在国内的使用，引起了政坛各方的反对。

无人机引发的隐私问题与现实威胁并没有太大关系——如今网络隐私的缺失也同样重要——而更多与无人机的形象有关。它们代表着定点清除和专制政府的威胁。只要无人机被如此定义，美国就无法针对这一问题进行有意义的辩论，也无法通过必要的有意义的法规。

资料来源：5 Reasons Why U.S. is Not Ready for Domestic Drone Use by Lucas Evans (May 8, 2013, IVN) Reprinted with permission.

#### 问 题

1. 无人机在国内的滥用有哪些风险？
2. 无人机的使用会如何侵犯我们的隐私权和公共安全？
3. 对于缺乏监管国内无人机使用的法律框架，伊夫斯提出了哪些关切？
4. 伊夫斯称公众的看法是目前反对国内使用无人机的最佳理由，依据是什么？

# 术语表

## A

错置重音
**accent** The meaning of an argument changes depending on which word or phrase in it is emphasized.

个人攻击或人身攻击谬误
**ad hominem fallacy** Instead of presenting a counterargument, we attack the character of the person who made the argument.

情感
**affective** The emotional aspect of conscience that motivates us to act.

不可知论者
**agnostic** A person who believes that the existence of God is ultimately unknowable.

构型歧义
**amphiboly** An argument that contains a grammatical mistake which allows more than one conclusion to be drawn.

类比性前提
**analogical premise** A premise containing an analogy or comparison between similar events or things.

类比
**analogy** A comparison between two or more similar events or things.

轶事证据
**anecdotal evidence** Evidence based on personal testimonies.

人类中心主义
**anthropocentrism** The belief that humans are the central or most significant entity of the universe.

诉诸强力或恐吓
**appeal to force (scare tactics)** The use or threat of force in an attempt to get another person to accept a conclusion as correct.

诉诸无知
**appeal to ignorance** The claim that something is true simply because no one has proven it false, or that something is false simply because no one has proven it true.

诉诸怜悯
**appeal to pity** Pity is evoked in an argument when pity is irrelevant to the conclusion.

论证
**argument** Reasoning that is made up of two or more propositions, one of which is supported by the others.

数学法论证
**argument based on mathematics** A deductive argument in which the conclusion depends on a mathematical calculation.

排除法论证
**argument by elimination** A deductive argument that rules out different possibilities until only one remains.

定义法论证
**argument from definition** A deductive argument in which the conclusion is true because it is based on the definition of a key term.

设计论证
**argument from design** An argument for the existence of God based on an analogy between man-made objects and natural objects.

人工智能
**artificial intelligence** The study of the computations

that make it possible for machines to perceive, reason, and act.

无神论者
**atheist** A person who does not believe in the existence of a personal God.

## B

窃取论题
**begging the question** The conclusion of an argument is simply a rewording of a premise.

企业
**business** An organization that makes a profit by providing goods and services to customers.

## C

关怀取向
**care perspective** The emphasis in moral development on context and relationships.

案情摘要
**case brief** Researching the case under consideration and summarizing its relevant details.

绝对命令
**categorical imperative** Kant's fundamental moral principle that helps to determine what our duty is.

直言三段论
**categorical syllogism** A deductive argument with two premises and three terms, each of which occurs exactly twice in two of the three propositions.

因果论证
**causal argument** An argument that claims something is (or is not) the cause of something else.

原因
**cause** An event that brings about a change or effect.

礼节性语言
**ceremonial language** Language used in particular prescribed formal circumstances.

连锁论证
**chain arguments** A type of imperfect hypothetical argument with three or more conditional propositions linked together.

公民不服从
**civil disobedience** The active, nonviolent refusal to obey a law that is deemed unjust.

认知发展
**cognitive development** The process by which one becomes an intelligent person.

认知失调
**cognitive dissonance** A sense of disorientation that occurs in situations where new ideas directly conflict with a person's worldview.

普通法
**common law** A system of case-based law that is derived from judges' decisions over the centuries.

慈悲
**compassion** Empathy in action.

结论
**conclusion** The proposition in an argument that is supported on the basis of other propositions.

条件陈述
**conditional statement** An "If . . . then . . ." statement.

证实偏差
**confirmation bias** The tendency to look only for evidence that supports our assumptions.

混淆变量
**confounding variable** A fact that is not accounted for or controlled by the experimental design.

内涵意义
**connotative meaning** The meaning of a word or phrase that is based on past personal experiences or associations.

良知
**conscience** A source of knowledge that provides us with knowledge about what is right and wrong.

控制实验
**controlled experiment** An experiment in which all variables are kept constant except for the independent variable(s).

习俗阶段
**conventional stage** Stage of moral development in which people look to others for moral guidelines.

相关
**correlation** When two events occur together regularly at rates higher than probability.

成本效益分析
**cost–benefit analysis** A process where the harmful effects of an action are weighed against the benefits.

批判理性主义
**critical rationalism** The belief that faith is based on direct revelation of God and that there should be no logical inconsistencies between revelation and reason.

批判性思维
**critical thinking** A collection of skills we use every day that are necessary for our full intellectual and personal development.

文化相对主义
**cultural relativism** People look to societal norms for what is morally right and wrong.

半机械人
**cyborgs** Humans who are partially computerized.

# D

演绎论证
**deductive argument** An argument that claims its conclusion necessarily follows from the premises.

定义性前提
**definitional premise** A premise containing the definition of a key term.

民主
**democracy** A form of government in which the highest power in the state is invested in the people and exercised directly by them or, as is generally the case in modern democracies, by their elected officials.

外延意义
**denotative meaning** The meaning of a word or phrase that expresses the properties of the object.

义务论
**deontology** The ethics of duty.

相关性前提
**dependent premise** A premise that supports a conclusion only when it is used together with another premise.

自变量
**dependent variable** The fact in a controlled experiment that changes in response to the manipulation.

描述性前提
**descriptive premise** A premise that is based on empirical facts.

责任分散
**diffusion of responsibility** The tendency, when in a large group, to regard a problem as belonging to someone else.

直接民主
**direct democracy** A type of democracy in which all of the people directly make laws and govern themselves.

指示性语言
**directive language** Language used to direct or influence actions.

选言三段论
**disjunctive syllogism** A type of deductive argument by elimination in which the premises present only two alternatives.

先例原则
**doctrine of legal precedent** The idea that legal cases should be decided in the same way as previous, similar legal cases.

双重思想
**doublethink** Involves holding two contradictory views at the same time and believing both to be true.

粗直语
**dysphemism** A word or phrase chosen to produce a negative effect.

## E

自我中心主义
**egocentrism** The belief that the self or individual is the center of all things.

精英主义
**elitism** A belief in the rule of "the best people."

情绪
**emotion** A state of consciousness in which one experiences feelings, such as joy, sorrow, and fear.

情绪智力
**emotional intelligence** The ability to perceive accurately, appraise, and express emotion.

情绪性语言
**emotive language** Language that is purposely chosen to elicit a certain emotional impact.

情感词
**emotive words** Words that are used to elicit certain emotions.

同理心
**empathy** The capacity to enter into and understand the emotions of others.

经验事实
**empirical fact** A fact based on scientific observation and the evidence of our five senses.

经验主义
**empiricism** The belief that our physical senses are the primary source of knowledge.

经验主义者
**empiricist** One who believes that we discover truth primarily through our physical senses.

语词歧义
**equivocation** A key term in an argument changes meaning during the course of the argument.

承诺升级
**escalation of commitment** The overcommitment of marketing to a particular answer.

伦理主观主义者
**ethical subjectivist** One who believes that morality is nothing more than personal opinion or feelings.

种族优越感
**ethnocentrism** The belief in the inherent superiority of one's own group and culture is characterized by suspicion and a lack of understanding about other cultures.

委婉语
**euphemism** The replacement of a term that has a negative association by a neutral or positive term.

证据
**evidence** Reasons for believing that a statement or claim is true or probably true.

实验材料
**experimental material** The group or class of objects or subjects that is being studied in an experiment.

解释
**explanation** A statement about why or how something is the case.

表达性语言
**expressive language** Language that communicates feelings and attitudes.

## F

信仰
**faith** Belief, trust, and obedience to a religious deity.

谬误
**fallacy** A faulty argument that at first appears to be correct.

歧义谬误
**fallacy of ambiguity** Arguments that have ambiguous phrases or sloppy grammatical structure.

合成谬误
**fallacy of composition** An erroneous inference from the characteristics of a member of a group or set about the characteristics of the entire group or set.

分解谬误
**fallacy of division** An erroneous inference from the characteristics of an entire set or group about a member of that group or set.

不相关谬误
**fallacy of relevance** The premise is logically irrelevant, or unrelated, to the conclusion.

虚假两难
**false dilemma** Responses to complex issues are reduced to an either/or choice.

虚假记忆综合征
**false memory syndrome** The recalling of events that never happened.

联邦制
**federalism** A system in which power is divided between the federal and state governments.

信仰主义
**fideism** The belief that the divine is revealed through faith and does not require reason.

形式
**form** The pattern of reasoning in a deductive argument.

形式谬误
**formal fallacy** A type of mistaken reasoning in which the form of an argument itself is invalid.

## G

赌徒谬误
**gambler's error** The belief that a previous event affects the probability in a random event.

概括
**generalization** Drawing a conclusion about a certain characteristic of a population based on a sample from it.

群体思维
**groupthink** The tendency to conform to group consensus.

内疚
**guilt** A moral sentiment that alerts us to and motivates us to correct a wrong.

## H

以偏概全谬误
**hasty generalization** A generalization is made from a sample that is too small or biased.

传闻
**hearsay** Evidence that is heard by one person and then repeated to another.

助人者的快感
**helper's high** The feeling that occurs when we help other people.

夸张
**hyperbole** A rhetorical device that uses an exaggeration.

假设
**hypothesis** A proposed explanation for a particular set of phenomena.

假言三段论
**hypothetical syllogism** A deductive argument that contains two premises, at least one of which is a conditional statement.

## I

弹劾
**impeachment** The process by which Congress brings charges against and tries a high-level government official for misconduct.

不恰当地诉诸权威
**inappropriate appeal to authority** We look to an authority in a field other than that under investigation.

独立性前提
**independent premise** A premise that can support a conclusion of its own.

自变量
**independent variable** The factor in a controlled experiment that is being manipulated.

归纳论证
**inductive argument** An argument that only claims that its conclusion probably follows from the premise.

非形式谬误
**informal fallacy** A type of mistaken reasoning that occurs when an argument is psychologically or emotionally persuasive but logically incorrect.

信息性语言
**informative language** Language that is either true or false.

公民立法提案
**initiatives** Laws or constitutional amendments proposed by citizens.

议题
**issue** An ill-defined complex of problems involving a controversy or uncertainty.

## J

公正取向
**justice perspective** The emphasis on duty and principles in moral reasoning.

## K

知识
**knowledge** Information which we believe to be true and for which we have justification or evidence.

## L

语言
**language** A system of communication that involves a set of arbitrary symbols.

法定职权
**legitimate authority** In a democracy, the right to rule given to the government by the people.

法定权益
**legitimate interests** Interests that do not violate others' similar and equal interests.

词典定义
**lexical definition** The commonly used dictionary definition.

自由主义的民主
**liberal democracy** A form of democracy emphasizing liberty of individuals.

自由论者
**libertarian** A person who opposes any government restraints on individual freedom.

自由权利
**liberty rights** The right to be left alone to pursue our legitimate interests.

说谎
**lie** A deliberate attempt to mislead without the prior consent of the target.

暗设圈套的问题
**loaded question** A fallacy that assumes a particular answer to another unasked question.

游说
**lobbying** The practice of private advocacy to influence the government.

逻辑学
**logic** The study of the methods and principles used to distinguish correct or good arguments from poor arguments.

## M

大前提
**major premise** The premise in a categorical syllogism that contains the predicate term.

大项
**major term** The predicate (P) term in a categorical syllogism.

市场研究
**marketing research** Identifying a target market and finding out if a product or service matches customer desires.

大众传媒
**mass media** Forms of communication that are designed to reach and influence very large audiences.

唯物主义
**materialism** The belief that everything in the universe

is composed of physical matter.

成熟的关怀伦理
**mature care ethics** The stage of moral development in which people are able to balance their needs and those of others.

媒介素养
**media literacy** The ability to understand and critically analyze the influence of the mass media.

难忘事件错误
**memorable-events error** A cognitive error that involves our ability to vividly remember outstanding events.

隐喻
**metaphor** A descriptive type of analogy, frequently found in literature.

信念方法
**method of belief** A method of critical analysis in which we suspend our doubts and biases and remain genuinely open to what people with opposing views are saying.

怀疑方法
**method of doubt** A method of critical analysis in which we put aside our preconceived ideas and beliefs and begin from a position of skepticism.

中间项
**middle term** In a categorical syllogism, the term that appears once in each of the premises.

小前提
**minor premise** The premise in a categorical syllogism that contains the subject term.

小项
**minor term** The subject (S) term in a categorical syllogism.

肯定前件式
***modus ponens*** A hypothetical syllogism in which the antecedent premise is affirmed by the consequent premise.

否定后件式
***modus tollens*** A hypothetical syllogism in which the antecedent premise is denied by the consequent premise.

道德困境
**moral dilemma** A situation in which there is a conflict between moral values.

道德义愤
**moral outrage** Indignation in the presence of an injustice or violation of moral decency.

道德推理
**moral reasoning** Used when a decision is made about what we ought or ought not to do.

道德敏感性
**moral sensitivity** The awareness of how our actions affect others.

道德情操
**moral sentiments** Emotions that alert us to moral situations and motivate us to do what is right.

道德悲剧
**moral tragedy** This occurs when we make a moral decision that is later regretted.

道德价值观
**moral values** Values that benefit oneself and others and are worthwhile for their own sake.

## N

自然主义谬误
**naturalistic fallacy** A fallacy based on the assumption that what is natural is good.

负相关
**negative correlation** When the occurrence of one event increases as the other decreases.

小众传媒
**niche media** Forms of communication geared to a narrowly defined audience.

非道德价值观（工具价值观）
**nonmoral (instrumental) values** Values that are goal oriented—a means to an end to be achieved.

常规科学
**normal science** Scientific research that is based

on past achievements and is recognized by most scientists.

## O

客观性
**objectivity**  The assumption that we can observe and study the physical world without any observer bias.

操作性定义
**operational definition**  A definition with a standardized measure for use in data collection and interpretation.

观点
**opinion**  A belief based solely on personal feelings rather than on reason or facts.

## P

范式
**paradigm**  The accepted view of what the world is like and how we should go about studying it.

说服性定义
**persuasive definition**  A definition used as a means to influence others to accept our view.

安慰剂
**placebo**  A substance used in experiments that has no therapeutic effect.

政治正确
**politically correct**  The avoidance or elimination of language and practices that might affect political sensibilities.

民意测验
**poll**  A type of survey that involves collecting information from a sample group of people.

诉诸众人
**popular appeal**  An appeal to popular opinion to gain support for our conclusion.

民粹主义
**populism**  A belief in the wisdom of the common people and in the equality of all people.

正相关
**positive correlation**  The incidence of one event increases when the second one increases.

后习俗阶段
**postconventional stages**  Stage in which people make moral decisions on the basis of universal moral principles.

精确定义
**precising definition**  A definition, used to reduce vagueness, that goes beyond the ordinary lexical definition.

前习俗阶段
**preconventional stages**  Stage of moral development in which morality is defined egotistically.

谓项
**predicate term**  In a categorical syllogism, the term that appears second in the conclusion.

前提
**premise**  A proposition in an argument that supports the conclusion.

规范性前提
**prescriptive premise**  A premise in an argument containing a value statement.

初定义务
**prima facie duty**  Moral duty that is binding unless overridden by a more compelling moral duty.

功利原则
**principle of utility (greatest happiness principle)**  The most moral action is that which brings about the greatest happiness or pleasure and the least amount of pain for the greatest number.

概率错误
**probability error**  Misunderstanding the probability or chances of an event by a huge margin.

利润
**profit**  The money left over after all expenses are paid.

命题
**proposition**  A statement that expresses a complete

thought and can be either true or false.

伪科学
**pseudoscience** A body of explanations or hypotheses that masquerades as science.

导向性民意测验
**push poll** A poll that starts by presenting the pollsters' views before asking for a response.

## Q

限定词
**qualifier** A term, such as *all*, no, or *not*, which indicates whether a proposition is affirmative or negative.

性质
**quality** Whether a categorical proposition is positive or negative.

数量
**quantity** Whether a categorical proposition is universal or particular.

不合理的因果
**questionable cause (post hoc)** A person assumes, without sufficient evidence, that one thing is the cause of another.

## R

随机抽样
**random sampling** Every member of the population has an equal chance of becoming part of the sample.

理性主义
**rationalism** The belief that religion should be consistent with reason and evidence.

理性主义者
**rationalist** One who claims that most human knowledge comes through reason.

理性
**reason** The process of supporting a claim or conclusion on the basis of evidence.

熏青鱼谬误
**red herring fallacy** A response is directed toward a conclusion that is different from that proposed by the original argument.

公民复决
**referenda** Laws or constitutional amendments put on the ballot by state legislators.

代议制民主
**representative democracy** A form of democracy in which people turn over their authority to govern to their elected representatives.

代表性样本
**representative sample** A sample that is similar to the larger population from which it was drawn.

研究方法
**research methodology** A systematic approach in science to gathering and analyzing information.

怨恨
**resentment** A type of moral outrage that occurs when we ourselves are treated unjustly.

修辞术或修辞学
**rhetoric** The defense of a particular position usually without adequate consideration of opposing evidence in order to win people over to one's position.

修辞手法
**rhetorical devices** The use of euphemisms, dysphemisms, hyperbole, and sarcasm to manipulate and persuade.

法治
**rule of law** The idea that governmental authority must be exercised in accordance with established written laws.

人治
**rule of men** A system in which members of the ruling class can make arbitrary laws and rules.

证据规则
**rules of evidence** A set of rules that ensure fairness in the administration of law.

## S

抽样
**sampling** Selecting some members of a group and making generalizations about the whole population on the basis of their characteristics.

讽刺
**sarcasm** The use of ridicule, insults, taunting, and/or caustic irony.

科学
**science** The use of reason to move from observable, measurable facts to hypotheses to testable explanations for those facts.

科学实验
**scientific experiment** Research carried out under controlled or semi-controlled conditions.

科学方法
**scientific method** A process involving the rigorous, systematic application of observation and experimentation.

科学革命
**scientific revolution** A paradigm shift in which a new scientific theory replaces a problematic paradigm.

科学理论
**scientific theory** An explanation for some aspect of the natural world based on well-substantiated facts, laws, inferences, and tested hypotheses.

自我选择的样本
**self-selected sample** A sample where only the people most interested in the poll or survey participate.

三权分立
**separation of powers** A system in which three separate branches of government act as a check on one another.

羞愧
**shame** A feeling resulting from the violation of a social norm.

倾向性问题
**slanted question** A question that is written to elicit a particular response.

滑坡谬误
**slippery slope** The faulty assumption that if certain actions are permitted, then all actions of this type will soon be permissible.

社会契约
**social contract** A voluntary agreement among the people to unite as a political community.

社会失调
**social dissonance** A sense of disorientation that occurs when the social behavior and norms of others conflict with a person's worldview.

合理的
**sound** A deductive argument that is valid and that has true premises.

统治权
**sovereignty** The exclusive right of government to exercise political power.

自然状态
**state of nature** The condition in which people lived prior to the formation of a social contract.

刻板印象
**stereotyping** Labeling people based on their membership in a group.

约定定义
**stipulative definition** A definition given to a new term or a new combination of old terms.

战略计划
**strategic plan** A method by which an organization deploys its resources to realize a goal.

稻草人谬误
**straw man fallacy** An opponent's argument is distorted or misrepresented in order to make it easier to refute.

中间结论
**subconclusion** A proposition that acts as a conclusion for initial premises and as a premise for the final conclusion.

主项
**subject term** In a categorical syllogism, the term that

appears first in the conclusion.

SWOT 模型
**SWOT model** Used to analyze a company's strengths, weaknesses, external opportunities, and threats.

三段论
**syllogism** A deductive argument presented in the form of two supporting premises and a conclusion.

## T

默示同意
**tacit consent** The implicit agreement to abide by the laws of a country by remaining there.

理论定义
**theoretical definition** A type of precising definition explaining a term's nature.

图灵测试
**Turing test** A means of determining if artificial intelligence is conscious, self-directed intelligence.

多数人暴政
**tyranny of the majority** The majority imposes their policies and laws on the political minorities.

## U

无理假设
**unwarranted assumption** A fallacious argument that contains an assumption that is not supported by evidence.

功利计算
**utilitarian calculus** Used to determine the best course of action or policy by calculating the total amount of pleasure and pain caused by that action.

功利主义理论
**utilitarianism** A moral philosophy in which actions are evaluated based on their consequences.

## V

有效的
**valid** A deductive argument where the form is such that the conclusion must be true if the premises are assumed to be true.

维恩图
**Venn diagram** A visual representation of a categorical syllogism used to determine the validity of the syllogism.

美德伦理
**virtue ethics** Moral theories that emphasize character over right actions.

## W

福利权利
**welfare rights** The right to receive certain social goods that are essential to our well-being.

# 注 释

## 第 1 章

1. Stanley Milgram, *Obedience to Authority* (New York: Harper & Row, 1974).
2. See P. G. Zimbardo, "The Power and Pathology of Imprisonment," *Congressional Record* (Serial No. 15, October 25, 1975).
3. Milgram, *Obedience to Authority*, p. 22.
4. For an excellent summary and analysis of the Milgram study, see John Sabini and Maury Silver, "Critical Thinking and Obedience to Authority," *National Forum: The Phi Kappa Phi Journal*, Winter 1985, pp. 13–17.
5. Irving Copi, *Symbolic Logic* (New York: Macmillan, 1954), p. 1.
6. Ron Catrell, Fred A. Young, and Bradley C. Martin, "Antibiotic Prescribing in Ambulatory Care Settings for Adults with Colds, Upper Respiratory Tract Infections and Bronchitis," *Clinical Therapeutics*, Vol. 24, Issue 1, January 2002, pp. 170–182.
7. See "Extending the Cure: Policy Responses to the Growing Threat of Antibiotic Resistance," Robert Wood Johnson Foundation, March 2007.
8. "Reported Cases of STDs on the Rise in the U.S.," Centers for Disease Control and Prevention, November 17, 2015.
9. William G. Perry, *Forms of Intellectual and Ethical Development in College Years: A Scheme* (New York: Holt, Rinehart and Winston, 1970).
10. http://dictionary.reference.com.
11. See Milgram study on pages 1–2.
12. Chau-Kiu Cheung, Elisabeth Rudowicz, Anna S.F. Kwan, and Xiao Dong Yue, "Assessing University Students' General and Specific Critical Thinking," *College Student Journal*, December 2002, Vol. 36, Issue 4, pp. 504–525.
13. Charles G. Lord, Lee Ross, and Mark R. Lepper, "Biased Assimilation and Attitude Polarization," *Journal of Personality and Social Psychology*, Vol. 37, Issue 11, November 1979, pp. 2098–2109.
14. Charles E. Murray, "Financial Fraud Targets Youth," *Washington Times*, August 8, 2004; "The Demographics of Identity Fraud," Javeline Strategy & Research, April 2006.
15. Dwight Boyd, "The Problem of Sophomoritis: An Educational Proposal," *Journal of Moral Education*, Vol. 6, Issue 1, October 1976, pp. 36–42.
16. National Assessment of College Student Learning: 1995, pp. 15–16.
17. René Descartes, "Discourse on the Method of Rightly Conducting One's Reason and Seeking the Truth in the Sciences," in *The Philosophical Writings of Descartes*, eds. John Cottingham, Robert Stoothoff, and Dugald Murdoch (Cambridge, England: Cambridge University Press, 1985), p. 120.
18. Bradley J. Fisher and Diana K. Specht, "Successful Aging and Creativity in Later Life," *Journal of Aging Studies*, Vol. 13, Issue 4, Winter 1999, p. 458.
19. Kimberly Palmer, "Creativity on Demand," *U.S. News & World Report*, April 30, 2007, p. EE2.
20. Shunryu Suzuki, *Zen Mind, Beginner's Mind* (New York: Weatherhill, 1989), pp. 13–14 and 21.
21. Sharon Begley, *Train Your Mind, Change Your Brain* (New York: Ballantine Books, 2007).
22. "Transcendental Meditation in the Workplace," 1999.
23. Evelyn Fox Keller, *Gender and Science* (New Haven, CT: Yale University Press, 1985).
24. W. Steward Wallace, "Military History," *The Encyclopedia of Canada*, Vol. 3 (Toronto: University Associates of Canada, 1948), pp. 171–172.
25. Michael D. Yapko, PhD, "The Art of Avoiding Depression: Skills and Knowledge You'll Need to Prevent Depression," *Psychology Today*, May 1, 1997; Michael D. Yapki, *Breaking the Patterns of Depression* (New York: Doubleday Publishing, 1988).
26. American College Health Association, *National Health Assessment: Spring 2003* (Baltimore: AMCH, 2003). See also Daniel McGinn and Ron DePasquale, "Taking Depression On," *Newsweek*, August 23, 2004, p. 59.
27. The National Institute of Mental Health, "Major Depressive Disorder among Adults".
28. W. Irwin and G. Bassham, "Depression, Informal Fallacies, and Cognitive Therapy: The Critical Thinking Cure," *Inquiry: Critical Thinking Across the Disciplines*, Vol. 21, 2002, pp. 15–21, and Tom Gilbert, "Some Reflections on Critical Thinking and Mental Health,"

*Teaching Philosophy*, Vol. 26, Issue 4, December 2003, pp. 333–349.
29. John Rawls, *A Theory of Justice* (Cambridge, MA: Harvard University Press, 1971), pp. 408–409.
30. Cooperative Institute Research Program, *The American Freshman National Norms for Fall 2014*, Higher Education Research Institute, University of California, December 2014.
31. For more on the Myers-Briggs test, see Paul D. Tieger and Barbara Barron-Teiger, *Do What You Are: Discover the Perfect Career for You Through the Secrets of Personality Type* (Boston: Little, Brown, 1992) and David Keirsey and Marilyn Bates, *Please Understand Me: Character and Temperament Types* (Del Mar, CA: Prometheus Nemesis Books, 1984).
32. Michael D. Yapko, PhD, "The Art of Avoiding Depression: Skills and Knowledge You'll Need to Prevent Depression," *Psychology Today*, May 1, 1997, and Richard Paul, "Critical Thinking: Basic Question and Answers," *Think*, April 1992.
33. Letter to David Harding (1824).
34. Einstein came in second. See Walter Isaacson, *Einstein: His Life and Universe* (New York: Simon and Schuster, 2007).
35. Daryl G. Smith and Natalie B. Schonfeld, "The Benefits of Diversity: What the Research Tells Us," *About Campus*, November– December 2000, p. 21.
36. Ibid., p. 19.
37. University of California Los Angeles, *The American Freshman National Norms*, 2009.
38. Bureau of Justice Statistics.
39. Kate Pickert, "What Choice?" *Time*, January 14, 2013, p. 45.
40. L. F. Ivanhoe, "Future World Oil Supplies: There is a Finite Limit".
41. Quoted on Bill Moyers's 1990 PBS broadcast of Pierre Sauvage's 1989 television documentary *Weapons of the Spirit*.
42. Elise J. West, "Perry's Legacy: Models of Epistemological Development," *Journal of Adult Development*, Vol. 11, Issue 2, April 2004, p. 62.
43. Ibid., p. 61.
44. Anne Harrigan and Virginia Vincenti, "Developing Higher-Order Thinking Through an Intercultural Assignment," *College Teaching*, Vol. 52, Issue 3, p. 117.
45. Christopher Ingraham, "Anti-Muslim Hate Crimes Are Still Five Times More Common Today Than Before 9/11," *Washington Post,* February 2, 2015.
46. World Governance Indicators, http://worldbank.org/governance.wgi.index.
47. A. H. Martin, "An Experimental Study of the Factors and Types of Voluntary Choice," *Archives of Psychology,* 1922, Vol. 51, pp. 40–41.
48. Kathryn Scantlebury, "Gender Bias in Teaching," December 23, 2009.
49. Alice Domar and Lynda Wright, "Could You Harbor Unconscious Prejudice?" *Health*, July/August 2004, Vol. 18, Issue 6, p. 139.
50. "American Time Use Survey Summary," Bureau of Labor Statistics, June 24, 2015.
51. Leon Festinger, *A Theory of Cognitive Dissonance* (Stanford, CA: Stanford University Press, 1957), pp. 120–121.
52. John Leach, "Why People 'Freeze' in an Emergency: Temporal and Cognitive Constraints on Survival Responses," *Aviation, Space, and Environmental Medicine*, Vol. 75, Issue 6, June 2004, pp. 539–542.
53. Quoted in Amanda Ripley, "How to Get Out Alive," *Time*, May 2, 2005, p. 62.
54. Zehra R. Peynircioglu, Jennifer L. W. Thompson, and Terri B. Tanielian, "Improvement Strategies in Free-Throw Shooting and Grip-Strength Tasks," *Journal of General Psychology*, Vol. 127, Issue 2, April 2000, pp. 145–156.

## 第 2 章

1. Fyodor Dostoyevsky, *Crime and Punishment*, trans. by Jessie Coulson (Oxford University Press, 1953).
2. This logic problem is based on one from Gregory Bassham et al., *Critical Thinking* (New York, McGraw-Hill, 2005), p. 56.
3. The correct answer is E (to see if the vowel has an even number on its reverse side) and the 7 (to check that there's no vowel on the reverse side).
4. Quoted in S. F. Spontzis, *Morals, Reason, and Animals* (Philadelphia: Temple University Press, 1987), p. 33.
5. Clive D. L. Wynne, *Do Animals Think?* (Princeton, NJ: Princeton University Press, 2004).
6. Temple Grandin, Matthew Peterson, and Gordon L. Shaw, "Spatial-temporal versus Language-analytical Reasoning: The Role of Music Training," *Arts Education Policy Review*, July–August 1998, Vol. 99, no. Issue 6, pp. 11–14.
7. See Jonathan Barnes, *Articles on Aristotle: Ethics and Politics* (Duckworth, 1977).
8. For other examples of this type of thinking, see Jean-Jacques Rousseau's *Emile* (1762), Hegel's *Philosophy of Right* (1872), and Friedrich Nietzsche's *Beyond Good and Evil*, Part VII (1886).

9. See Steven Goldberg, "The Logic of Patriarchy," in *Fads and Fallacies in the Social Sciences* (Amherst, NY: Humanity Books, 2003), pp. 93–108.
10. For more on research on sex differences, see Kingsley Browne, *Biology at Work: Rethinking Sexual Equality* (New Brunswick, NJ: Rutgers University Press, 2002); Leonard Sax, *Why Gender Matters: What Parents and Teachers Need to Know About the Emerging Science of Sex Differences* (New York: Doubleday, 2005); Rosalind Franklin, "Male/Female Brain Differences? Big Data Says Not So Much," *Science News*, October 29, 2015.
11. Wolfgang Lutz, "The Truth about Aging Populations," *Harvard Business Review*, January-February 2014.
12. See Bruce Bower, "A Thoughtful Angle on Dreaming," *Science News*, June 2, 1990, Vol. 137, Issue 22, p. 348.
13. Quoted in Barbara Kantrowitz and Karen Springen, "What Dreams Are Made Of," *Newsweek*, August 9, 2004, p. 44.
14. J. L. McClelland, "Toward a Pragmatic Connectionism." In P. Baumgartner and S. Payr, eds., *Speaking Minds: Interviews with Twenty Eminent Cognitive Scientists* (Princeton, NJ: Princeton University Press, 1995), p. 141. See also Susan Kuchinskas, "Got a Problem: Try Sleeping on It," *WebMD Magazine,* 2010.
15. Deidre Barrett, *The Committee of Sleep: How Artists, Scientists and Athletes Use Their Dreams for Creative Problem Solving* (New York: Crown/Random House, 2001).
16. Mark Nelson, "Sleep On It: Solving Business Problems," *Nation's Business*, December 1987, Vol. 75, Issue 12, pp. 72–73.
17. For more information on the role of sleep and dreams in solving problems and reducing stress, read Eric Maisel's book *Sleep Thinking* (Avon, MA: Adams Media Corp., 2001).
18. *Random House Webster's College Dictionary* (New York: Random House, 2001).
19. Reuver Bar-Levav, *Thinking in the Shadow of Feelings* (New York: Touchstone Book, 1988), p. 116.
20. W. J. Ndaba, "The Challenge to African Philosophy".
21. Edward R. Howe, "Secondary Teachers' Conceptions of Critical Thinking in Canada and Japan: A Comparative Study," *Teacher and Teaching*, Vol. 10, Issue 5, November 2004, pp. 505–525.
22. Janette Warwick and Ted Nettelbeck, "Emotional Intelligence Is . . . ?" *Personality and Individual Differences*, Vol. 37, Issue 5, October 2004, pp. 1091–1100.
23. J. D. Mayer and P. Salovey, "What Is Emotional Intelligence," in P. Salovey and D. J. Sluyter, eds., *Emotional Development and Emotional Intelligence: Educational Implications* (Basic Books: New York, 1997), p. 10.
24. Al Gore, *The Assault on Reason* (New York: Penguin Press, 2007), pp. 154–155.
25. For more on the importance of emotional intelligence in everyday life, see David Goleman's *Emotional Intelligence: Why It Can Matter More Than IQ* (1995).
26. Delores Gallo, "Educating for Empathy, Reason, and Imagination," in Kerry S. Walters, ed., *Re-Thinking Reason: New Perspectives in Critical Thinking* (Albany, NY: State University of New York Press, 1994), p. 56.
27. Matthew P. Walker, Conor Liston, J. Allan Hobson, and Robert Stickgold, "Cognitive Flexibility Across the Sleep-Wake Cycle: REM-Sleep Enhancement of Anagram Problem Solving," *Cognitive Brain Research*, Vol. 14, Issue 3, November 2002, p. 317.
28. W. J. Ndaba, "The Challenge to African Philosophy".
29. Patrick Henry Winston, *Artificial Intelligence*, 3rd ed. (Reading, MA: Addison-Wesley Publishing Co., 1993).
30. For more on the Turing test, go to http://www.turing.org.uk.
31. Also see "Robot Pals" on PBS Nova for more on Kismet and Leonardo.
32. Herbert A. Simon, "Machines as Mind," in Kenneth M. Ford, Clark Glymour, and Patrick J. Hayes, eds., *Android Epistemology* (Menlo Park, CA: AAAI Press, 1995), p. 36.
33. See Roger Penrose's *The Emperor's New Mind* (Oxford University Press, 1989) and *Shadows of the Mind* (Oxford University Press, 1994).
34. Steven Pinker, "Using Our Minds to Help Heal Ourselves," *Newsweek*, September 27, 2004.
35. Jennifer L. Collinger et al., "High-performance Neuroprosthetic Control by an Individual with Tetraplegia," *The Lancet,* Vol. 381, Issue 9866, February 16, 2012, pp. 557–564.
36. For a more in-depth coverage of this topic, refer to Paul Helm, ed., *Faith and Reason* (Oxford: Oxford University Press, 1999).
37. Quoted in Brian Kolodiejchuk, *Mother Teresa: Come Be My Light* (New York: Doubleday, 2007).
38. For more on the work and writings of Billy Graham, go to http:// www.billygraham.org/.
39. For an example of fideism, read Danish existentialist Søren Kierkegaard's "Concluding Unscientific Postscript to the *Philosophical Fragments*."
40. Richard Dawkins, "Viruses of the Mind." In Paul Kurtz and Timothy J. Madigan, *Challenges to Enlightenment: In Defense of Reason and Science* (Buffalo, NY: Prometheus Books, 1994), p. 197.
41. Dean Hamer, *The God Gene: How Faith Is Hardwired into Our Genes* (New York: Doubleday, 2004).

42. Lippman Bodoff, "Was Abraham Ready to Kill His Son?" in Hershel Shanks, ed., *Abraham and Family: New Insights into the Patriarchal Narratives* (Washington, D.C.: Biblical Archaeology Society, 2000).

43. For more on this argument, see colonial American theologian Jonathan Edward's sermon on "Reason No Substitute for Revelation," in Paul Helm, ed., *Faith and Reason* (Oxford: Oxford University Press, 1999), pp. 221–222.

44. Keith A. Roberts, *Religion in Sociological Perspective* (Homewood, IL: Dorsey Press, 1984), p. 62.

45. Jacob Poushter, "In Nations with Significant Muslim Populations, Much Disdain for ISIS," Pew Research Center, November 17, 2015.

## 第 3 章

1. Noam Chomsky, *On Language and Nature* (Cambridge, UK: Cambridge University Press, 2002). See also Mark C. Baker, *The Atoms of Language: The Mind's Hidden Rules of Grammar* (New York: Basic Books, 2001).

2. Geoffrey Sampson, *The 'Language Instinct' Debate* (London: Continuum International, 2005).

3. "Language," *The Columbia Encyclopedia*, 6th ed. (New York: Columbia University Press, 2000), p. 22073.

4. Veanne N. Anderson, Dorothy Simpson-Taylor, and Douglas J. Herrmann, "Gender, Age, and Rape: Supportive Rules," *Sex Roles: A Journal of Research*, Vol. 50, Issue 1, January 2004, pp. 77–90.

5. Lindsley Smith, "Juror Assessment of Veracity, Deception, and Credibility" (for publication).

6. Lois Pineau, "Date Rape: A Feminist Analysis," *Law and Philosophy*, Vol. 8, 1989, pp. 217–243.

7. "General Information about Learning Disabilities," Fact Sheet Number 7 (FS7), 1997.

8. Chapter 48 of the Texas Statutes Human Resources Code.

9. Samuel Johnson, *Dictionary of the English Language*, 1755.

10. Shelly L. Gable, Harry T. Reis, and Geraldine Downey, "He Said, She Said: A Quasi-Signal Detection Analysis of Daily Interactions Between Close Relationship Partners," *Psychological Science*, Vol. 14, Issue 2, March 2003, p. 102.

11. Diana K. Ivy and Phil Backlund, *GenderSpeak: Personal Effectiveness in Gender Communication*, 3rd ed. (Boston: McGraw-Hill, 2004), p. 211.

12. Amy Clements, "Study Confirms Males/Females Use Different Parts of Brain in Language and Visuospatial Tasks," *Brain and Language*, Vol. 98, August 2006, pp. 150–158. See also Deborah Tannen, *You Just Don't Understand: Women and Men in Communication* (New York: Morrow, 1990), p. 42.

13. Mark P. Orbe, "Remember, It's Always Their Ball: Descriptions of African American Male Communication," *Communication Quarterly*, Vol. 42, Issue 3, Summer 1994, pp. 287–300.

14. Michelle LeBaron, "Culture-Based Negotiation Styles," Intractable Conflict Knowledge Base Project, University of Colorado, 2003.

15. Phil Williams and Veronica Duncan, "Different Communication Styles May Be at Root of Many Problems Between African American Males and Females," University of Georgia News Bureau, October 8, 1998.

16. Li-Jun Ji, Zhiyong Zhang, and Richard E. Nisbett, "Is It Culture or Is It Language? Examination of Language Effects in Cross-Cultural Research on Categorization," *Journal of Personality and Social Psychology*, Vol. 87, Issue 1, July 2004, PsychARTICLES.

17. AnneMarie Pajewski and Luis Enriquez, *Teaching from a Hispanic Perspective: A Handbook for Non-Hispanic Adult Educators* (Phoenix, AZ: Arizona Adult Literacy and Technology Resource Center, 1996).

18. For more information on fashion as language, see Stuart Hall, *Representation: Cultural Representations and Signifying Practices* (London: Sage Publications, 1997), p. 37.

19. Daniel Okrent, "The War of the Words: A Dispatch from the Front Lines," *New York Times*, March 6, 2005.

20. "Tourism: Do Slogans Sell?" *Newsweek*, August 30, 2004, p. 9.

21. "Gay Marriage in Oregon," Letters to the editor, *Newsweek*, March 22, 2004, p. 45.

22. Bernard N. Nathanson and Richard N. Ostling, *Aborting America* (Garden City, NY: Doubleday, 1979), p. 193.

23. Mark G. Frank and Thomas Hugh Feeley, "To Catch a Liar: Challenges for Research in Lie Detection Training," *Journal of Applied Communication Research*, Vol. 31, Issue 1, February 2003, p. 60.

24. Denis Boyles, "A Guide to Everything that Matters." AARP, September/October 2004, p. 108.

25. Mark G. Frank and Thomas Hugh Feeley, "To Catch a Liar: Challenges for Research in Lie Detection Training," *Journal of Applied Communication Research*, Vol. 31, Issue 1, February 2003, p. 59.

26. Carrie Lock, "Deception Detection," *Science News*, Vol. 166, Issue 5, July 13, 2004, p. 72.

27. James Geary, "Deceitful Minds: The Awful Truth about Lying," *Time Europe*, March 13, 2000, Vol. 155, Issue 10.

28. Christian Mignot, "Lawsuits, Debate Intensify over University 'Free Speech Zones,'" *Daily Bruin (UCLA)*, October 1, 2002.

29. "Campus Speech Rules Scrutinized by Courts, Students, Advocates: Opponents Say Policies Violate First Amendment Right to Protest and Distribute Material,"

*College Censorship*, Vol. XXI, Issue 1, Winter 2002–2003, p. 6.
30. Greg Lukianoff, "Feigning Free Speech on Campus," *New York Times*, October 24, 2012.
31. Robert J. Scott, "Reasonable Limits Are Good," *USA Today*, May 27, 2003, p. 14a.

## 第 4 章

1. Anna Medaris Miller, "5 Common Preventable Medical Errors," *U.S. News and World Report*, March 30, 2015.
2. Yasuharu Tokuda, Noaki Kishida, Ryota Konishi, and Shunzo Koizumi, "Cognitive Error as the Most Frequent Contributory Factor in Cases of Medical Injury," *Journal of Hospital Medicine*, Vol. 6, Issue 3, 2011, pp. 109–114.
3. U. Neisser and H. Harsch, "Phantom Flashbulbs: False Recollection of Hearing the News about *Challenger*." In E. Winograd & U. Neisser, eds., *Affect and Accuracy in Recall: Studies of "Flashbulb Memories"* (New York: Cambridge University Press, 1992).
4. Elizabeth F. Loftus and John Palmer, "Reconstruction of Automobile Destruction," *Journal of Verbal Learning and Verbal Behavior*, Vol. 13, 1974, pp. 585–589.
5. Brandon Keim, "Science of Eyewitness Memory Enters Courtroom," July 2012.
6. I.E. Hyman, T.H. Husband, and I.J. Billings, "False Memories of Childhood Experiences," *Applied Cognitive Psychology*, Vol. 9, 1995, pp. 181–197.
7. Elizabeth Loftus, "Creating False Memories," *Scientific American*, Vol. 277, 1997, pp. 70–75.
8. Diane Feskanich, Walter C. Willett, Meir J. Stampfer, and Graham A. Colditz, "Milk, Dietary Calcium, and Bone Fractures in Women: A 12-Year Prospective Study," *American Journal of Public Health*, Vol. 87, Issue 6, June 1997, pp. 992–997.
9. Alice C. Walton, "Study Suggests Milk May Actually Increase the Risk of Bone Fracture," *Forbes*, November 3, 2014.
10. Michael Isikoff, Andrew Murr, Eric Pape, and Mike Elkin, "Mysterious Fingerprint," *Newsweek*, May 31, 2004, p. 8.
11. Michael Walker, "The Deadly Data Science Sin of Confirmation Bias," April 24, 2014.
12. Thomas Gilovich, *How We Know What Isn't So* (New York: Free Press, 1991), p. 54.
13. See abcnews.com.World News Tonight, ABC News, Peter Jennings, March 31, 1998.
14. Matt Ridley, "How Bias Heats up the Global Debate," *The Wall Street Journal*, August 3, 2012.
15. Michael Sherman, "The Political Brain," *Scientific American*, July 2006, p. 36.
16. "Bin Laden Movie Torture Scenes Are Totally Fiction: Ex-CIA Official," Agence France-Presse, January 7, 2103.
17. National Advisory Mental Health Council, "Basic Behavioral Science Research for Mental Health Thought and Communication," *American Psychologist*, Vol. 51, Issue 3, March 1996, p. 181.
18. See Theodore Schick, Jr., and Lewis Vaughn, *How to Think About Weird Things*, 4th ed. (New York: McGraw-Hill, 2005), pp. 51–52.
19. Joe Kline, "Listen to What Katrina Is Saying," *Newsweek*, September 12, 2005, p. 27.
20. J. Liu and S. A. Siegelbaum, "Change of Pore Helix Conformation State Upon Opening of Cyclic Nucleotide-Gated Channels," *Neuron*, Vol. 28, 2000, pp. 899–909.
21. Curtis White, *The Middle Mind* (San Francisco, CA: HarperCollins, 2003), pp. 105–106.
22. Donn C. Young and Erinn M. Hade, "Holidays, Birthdays, and Postponement of Cancer Death," *Journal of the American Medical Association*, Vol. 292, Issue 24, December 29, 2004, pp. 3012–3016.
23. Robert Ladouceur, "Gambling: The Hidden Addiction," *Canadian Journal of Psychiatry*, Vol. 49, Issue 8, August 2004, pp. 501–503.
24. "Numbers," *Time*, March 21, 2005, p. 20.
25. Edward S. Kubany, "Thinking Errors, Faulty Conclusion, and Cognitive Therapy for Trauma-Related Guilt," *NCP Clinical Quarterly*, Vol. 7, Issue 1, Winter 1997.
26. Pew Charitable Trusts, "Social Trends Poll: Americans See Weight Problems Everywhere But in the Mirror," April 11, 2006.
27. Douglas T. Kenrick, Steven L. Neuberg, and Robert B. Cialdini, *Social Psychology: Unraveling the Mystery*, 3rd ed. (Boston: Pearson Education, 2005), p. 84.
28. Amy Joyce, "We All Experience Office Conflict, But It's Never Our Fault," *Providence Sunday Journal*, June 13, 2004, p. H3.
29. Carol Tavris and Elliot Aronson, *Mistakes Were Made (But Not By Me): Why We Justify Foolish Beliefs, Bad Decisions, and Hurtful Acts* (New York: Harcourt, 2007).
30. Douglas T. Kenrick, Steven L. Neuberg, and Robert B. Cialdini, *Social Psychology: Unraveling the Mystery*, 3rd ed. (Boston: Pearson Education, 2005), p. 84.
31. Ian I. Mitroff and Harold A. Linstone, *The Unbounded Mind: Breaking the Chains of Traditional Business Thinking* (New York: Oxford University Press, 1993), p. 94.
32. Tiffany A. Ito, Krystal W. Chiao, Patricia G. Devine, Tyler S. Lorig, and John T. Cacioppo, "The Influence of Facial

Feedback on Racial Bias," *Psychological Science*, Vol. 17, Issue 3, 2006, pp. 256–261.

33. Sally Lehrman, "The Implicit Prejudice," *Scientific American*, June 2006, pp. 32–34.
34. Stephen Whalen and Robert E. Bartholomew, "The Great New England Airship Hoax of 1909," *The New England Quarterly*, Vol. 75, No 3, September 2002, pp. 466–467
35. Ibid.
36. Robert E. Bartholomew and Benjamin Radford, *Hoaxes, Myths, and Manias: Why We Need Critical Thinking* (Amherst, NY: Prometheus Books, 2003), p. 210.
37. Joy D. Osofky, "Prevalence of Children's Exposure to Domestic Violence and Child Maltreatment: Implications for Prevention and Intervention," *Clinical Child and Family Psychology Review*, Vol. 6, Issue 3, September 2003, pp. 161–170. See also the work of Dr. Richard Gelles.
38. Solomon Asch, "Effects of Group Pressure upon the Modification and Distortion of Judgments," in Harold Guetzkow (ed.), *Groups, Leadership and Men* (New York: Russell and Russell, 1963), pp. 177–190.
39. Ian I. Mitroff and Harold A. Linstone, *The Unbounded Mind: Breaking the Chains of Traditional Business Thinking* (New York: Oxford University Press, 1993), p. 23.
40. Edward U. Condon, *Scientific Study of Unidentified Flying Objects* (Boulder, CO: Regents of the University of Colorado, 1969).
41. IPSOS Poll, June 23–25, 2015.
42. Royston Paynter, "Physical Evidence and UFOs," 1996.

## 第 5 章

1. Lynette Clemetson, "The Alarming Growth of Campus Cults," *Newsweek*, August 1999, p. 35.
2. Boze Herrington, "The Seven Signs You're in a Cult," *The Atlantic*, June 18, 2014.
3. Laura Withers, "Students Susceptible to Cults' Lures," *The Post* (online edition), Ohio University, February 15, 2002.
4. From "The Battle Over Terri Schiavo," *AOL News*, March 27, 2005.
5. Michael Martinez, "Who Is Kim Davis, Kentucky Clerk Jailed over Same-Sex Marriage Licenses?" CNN.
6. CBS News Poll, Jan. 6–10, 2010.
7. Arthur Jensen, "How Much Can We Boost IQ and Scholastic Achievement?" *Harvard Educational Review* 39, Winter 1969, pp. 1–23.
8. Tami Luhby, "The Rich Are 8 Times Likelier to Graduate College Than the Poor," February 4, 2015.
9. Brian Burrell, *Postcards from the Brain Museum: The Improbable Search for Meaning in the Matter of Famous Minds* (New York: Broadway Books, 2005).
10. Philip Terzian, "A Self-Inflicted Wound," *Providence Sunday Journal*, May 9, 2004, p. 19.
11. Quoted in Mike Billips, "Confronting a Scandal's Debris," *Time*, May 24, 2004, p. 50.
12. Hazel Erskine, "The Polls: Politics and Law and Order," *Public Opinion Quarterly*, Vol. 38, Issue 4, Winter 1974–1975, pp. 623–634.
13. Quote in "Notebook," *Time*, April 19, 2004, p. 19.
14. See Dan Shaughnessy, *The Curse of the Bambino* (New York: Penguin Putnam, 1990).
15. J. M. Rudski and A. Edwards, "Malinowski Goes to College: Factors Influencing Students Use of Ritual and Superstitious Behavior," *The Journal of General Psychology*, Vol. 134, Issue 4, 2007, pp. 39–403.
16. For more on this topic, see Christopher Thomas Scott and Irving L. Weissman, "Cloning," in Mary Crowley (ed.), *The Hastings Center Bioethics Briefing Book* (Garrison, NY: Hastings Center).
17. Carroll Bogert of Human Rights Watch. Quoted in Jonathan Alter, "The Picture the World Sees," *Newsweek*, May 17, 2004, p. 35.
18. Gunpolicy.org. See also "List of Countries and Firearm-related Death Rate," *Wikipedia*.
19. Dan Diamond, "More Young Americans Now Die from Guns than from Cars," *Forbes*, August 26, 2015.
20. Pew Research Poll, August 13, 2015.

## 第 6 章

1. Sohail H. Hashmi, "Interpreting the Islamic Ethics of War and Peace." In Terry Nardin, ed., *The Ethics of War and Peace* (Princeton: Princeton University Press, 1996), pp. 146–166.
2. Abraham Lincoln, Seventh Debate with Stephen A. Douglas, Alton, Illinois, October 15, 1858.
3. Ellis Cose, "A Dream Deferred," *Newsweek*, May 17, 2004, p. 59.
4. This question was asked in one of my critical-thinking classes. The majority answered "who stole my wallet."
5. *Webster's College Dictionary* (New York: Random House, 2001), p. 22.
6. Aspen Schend, "Letter: State of Washington Should Offer Free College Tuition," *Tri-City Herald*, November 29, 2015.
7. Joseph Collins, MD, "Should Doctors Tell the Truth?" *Harper's Monthly*, Vol. 155, August 1927, pp. 320–326.
8. Pierre C. Haber, letter to the editor, *Newsweek*, October 31, 1983, p. 6.

9. Steven A. Camarota, "Welfare Use by Immigrant and Native Households," Center for Immigration Studies, September 2015.
10. Donald Oken, "What to Tell Cancer Patients: A Study of Medical Attitudes," *JAMA*, Vol. 175, 1961, pp. 1120–1128.
11. James Rachels, "Active and Passive Euthanasia," *New England Journal of Medicine*, January 9, 1975, pp. 78–81.

## 第 7 章

1. Pew Research Social and Demographic Trends, "A Gender Reversal on Career Aspirations," April 19, 2012.
2. Cooperative Institutional Research Program, The American Freshman National Norms for Fall 2015, Higher Education Research Institute, University of California, Los Angeles, 2016.
3. Stanley Milgram, *Obedience to Authority* (New York: Harper Colophon Books, 1974), p. 35.
4. For information on sampling and the Gallup Poll, go to http://www.gallup.com/.
5. For more on the sampling techniques used by the Freshman Survey, see Cooperative Institutional Research Program, The American Freshman National Norms for Fall 2014, Higher Education Research Institute, University of California, Los Angeles, 2015, pp. 47–56.
6. Ronald Brownstein, "Are College Degrees Inherited?" *The Atlantic*, April 14, 2014.
7. Kenneth E. Warner, "The Effects of Publicity and Policy on Smoking and Health," *Business and Health* Vol. 2, Issue 1, November 1984, pp. 7–14.
8. Winston Churchill, "The German Invasion of Russia," reprinted in *Winston S. Churchill: His Complete Speeches 1897–1963*, ed. R. R. James (New York: Chelsea House Publishers, 1974), pp. 6428–6429.
9. See David Hume, *Dialogues Concerning Natural Religion* (London, 1779).
10. John Noonan, "An Almost Absolute Value in History," *The Morality of Abortion: Legal and Historical Perspectives* (Cambridge, MA: Harvard University Press, 1970), pp. 51–59.
11. National Coalition Against Domestic Violence, "Dating Violence and Teen Domestic Violence".

## 第 8 章

1. Sir Arthur Conan Doyle, "Silver Blaze." In *The Best of Sherlock Holmes* (Franklin Center, PA: Franklin Library, 1977), p. 249.
2. Sir Arthur Conan Doyle, *The Sign of Four* (New York: Doubleday), p. 111.
3. Sir Arthur Conan Doyle, "Silver Blaze." In *The Best of Sherlock Holmes* (Franklin Center, PA: Franklin Library, 1977), p. 260.
4. J. St. B. T. Evans and D. E. Over, "Explicit Representations in Hypothetical Thinking," *Behavioral and Brain Sciences*, Vol. 22, Issue 25, 1999, pp. 763–764.
5. According to the Eighth Amendment to the U.S. Constitution, "Excessive bail shall not be required, nor excessive fines imposed, nor cruel and unusual punishments inflicted."
6. "Facts About the Death Penalty," Death Penalty Information Center, January 8, 2016.

## 第 9 章

1. U.S. Food and Drug Administration, "Consumer Update: Teens & Steroids: A Dangerous Combo," November 4, 2013.
2. "Wrestler Strangled Wife, Suffocated Son, Hanged Self," Foxnews.com, June 27, 2007.
3. In the 1980s Dutch sociologist Ruut Veenhoven carried out an extensive study of 245 other studies on happiness from all around the world, including the United States. See Ruut Veenhoven, *Conditions of Happiness* (Dordrecht, Netherlands: D Reidel, 1984).
4. Daniel Fasko, Jr., "Critical Thinking and Moral Reasoning: Can You Have One Without the Other?" Paper presented at the Mid-South Educational Research Association (Nashville, TN), November 8–11,1994.
5. Marc D. Hauser, *Moral Minds* (New York: HarperPerennial, 2006).
6. Lawrence Kohlberg, *Essays in Moral Development*, Vol. II. *The Psychology of Moral Development* (San Francisco: Harper & Row, 1984).
7. National Institute of Justice, "From Juvenile Delinquency to Young Adult Offender".
8. M. Kitwood, *Concern for Others: A New Psychology of Conscience and Morality* (London: Routledge & Kegan Paul, 1990), pp. 146–147.
9. Lawrence Kohlberg, *Essays in Moral Development*, Vol. II. *The Psychology of Moral Development* (San Francisco: Harper & Row, 1984).
10. Rebecca Friesdorf, Paul Conway, and Bertram Gawronski, "Gender Differences in Response to Moral Dilemmas: A Process dissociation Analysis," *Personality & Social Psychology Bulletin*, Vol. 41, May 2015, pp. 696-713.
11. W. Pitt Derryberry and Stephen J. Thoma, "The Friendship Effect: Its Role in the Development of Moral Thinking in Students," *About Campus*, May–June 2000, pp. 13–18.
12. Ibid.

13. Stephen P. McNeel, "College Teaching and Student Moral Development," in James R. Rest and Darcia Narvaez, *Moral Development in the Professions* (Hillsdale, NJ: Lawrence Erlbaum Associates, 1994), p. 36.
14. See James R. Rest and Darcia Narváez, *Moral Development in the Professions: Psychology and Applied Ethics* (Hillsdale, NJ: Lawrence Erlbaum Associates, 1994).
15. "Notebook: Milestones," *Time*, December 6, 2004, p. 27.
16. John Stuart Mill, "Utilitarianism," in Mary Warnock, ed., *Utilitarianism* (New York: Meridian, 1962), p. 257.
17. For a more in-depth discussion of the categorical imperative, see Immanuel Kant, *Principles of the Metaphysic of Ethics*, translated by Thomas Kingsmill Abbott (London: Longman's Green and Col, Ltd., 1873), pp. 44–79.
18. Kant, *Principles of the Metaphysic of Ethics*, 79.
19. Donald Oken, "What to Tell Cancer Patients: A Study of Medical Attitudes," *Journal of the American Medical Association*, Vol. 175, 1961, pp. 1120–1128.
20. This example is based on a real-life case. I—the author—had both my children as a young undergraduate in Australia. In Australia, students who attained a certain grade point average in their first year of college were given a scholarship that paid all their tuition plus a small living allowance. I attained that average, but was denied a scholarship. Fortunately, I was motivated by my moral outrage at being unjustly treated to send a complaint to the federal government. As a result, I got the scholarship, including all the back payments I was due.

## 第 10 章

1. "GEICO Passes Allstate to Become 2nd Largest U.S. Auto Insurer," *Insurance Journal*, December 16, 2013.
2. Matthew Creamer, "Southwest Rings $20M in Fares with Killer Application," *Advertising Age*, Vol. 76, Issue 28, July 11, 2005, p. 88. See also Rance Crain, "Herb Kelleher on the Importance of Advertising to Southwest's Success," *AdAge*, May 2, 2014.
3. Eileen C. Shapiro, *The Seven Deadly Sins of Business* (Oxford, UK; Capstone Publishing Ltd., 1998).
4. Shapiro, *Seven Deadly Sins*, pp. 180–181.
5. See "Geo Gaffes," *BrandWeek*, Vol. 39, Issue 8, February 23, 1996.
6. Frederick Betz, "Strategic Business Models," *Engineering Management Journal*, Vol. 14, Issue 1, May 2002, p. 21.
7. Doron Levin, "Toyota Rise Plus for U.S. Economy," *Bloomberg News*, April 27, 2007.
8. Owen Matthews, "How the West Came to Run Islamic Banks," *Newsweek*, October 31, 2005, p. E30.
9. Sean Gregory, "The Arte of Baseball," *Time*, June 2005, pp. A33–A34. See also "Forbes 400 (2015): #375 Arturo Moreno," *Forbes Magazine*.
10. Brian Padden, "Can an American Auto Industry Town Regain Past Prosperity?" *Voice of America*, April 26, 2007.
11. Julie Kirkwood, "What's in a Name?" *The Eagle-Tribune*, September 1, 2003.
12. Jasmine Williams, "Impulse Buying Statistics: Curb Your Appetite to Shop," *CreditDonkey*, November 5, 2013.
13. Darren W. Dahl, Heather Honea, and Rajesh Manchanda, "Three Rs of Interpersonal Consumer Guilt: Relationships, Reciprocity, Reparation," *Journal of Consumer Psychology*, Vol. 15, Issue 4, 2005, pp. 307–315.
14. "Our Rising Ad Dosage: It's Not as Oppressive as Some Think," *Media Matters,* Feb. 15, 2007.
15. Jonathan Freedland, "The Onslaught," *Guardian*, October 25, 2005.
16. Steven Dowshen, MD, "How TV Affects Your Child," January 2015.
17. Todd House and Tim Loughran, "Cash Flow Is King? Cognitive Errors by Investors," *Journal of Psychology & Financial Markets*, Vol. 1, Issue 2/3, 2000, pp. 161–175.
18. "Doctor's Orders: Bad Health for Sale: Does Advertising Hit Minorities Harder?" *Time*, August 29, 2005, p. 75.
19. "Children, Health and Advertising: Issue Briefs" (Studio City, CA: Mediascope Press, 2000).
20. For more on the issue of freedom of speech and advertising, see Martin H. Redish, "Tobacco Advertising and the First Amendment," *Iowa Law Review*, Vol. 81, March 1996.
21. Anup Shah, "Children as Consumers," http://www.globalissues.org/article/237/children-as-consumers.
22. Tucker Wilson, "Children Make Poor Dietary Choices Shortly After Advertisements of Unhealthy Foods and Beverages, Study Finds" *Science Daily*, July 5, 2016.
23. Institute of Medicine, "Preventing Childhood Obesity: Health in the Balance," 2005.

## 第 11 章

1. Jim Martyka, "College Station Gives 'Average' Iraqi Voices Global Reach," *Associated Collegiate Press*, February 23, 2006.
2. Amy Mitchell, Jeffrey Gottfried and Katerina Evamasta, "Millennials and Political News," Pew Research Center, June 1, 2015.
3. Mike Ciandella and Rich Noyes, "Bias by the Minute: Tallying the Network News Agenda in 2015".

4. Media Matters for America, "Media Watchdog, Government Ethics and Advocacy Groups Call for Action on 'Pay-Sway' Scandal," January 27, 2005.
5. Gallup Poll, "Media Use and Evaluation," 2015.
6. Women's Media Center, "Divided: The Media Gender Gap," 2014.
7. Jennifer Barrett, "New Secrets for Youthful Skin," *Newsweek*, April 24, 2006, pp. 74–76.
8. Aired June 1, 2006.
9. H. Benson, J. A. Dusek, J. B. Sherwood et al., "Study of the Therapeutic Effects of Intercessory Prayer (STEP) in Cardiac Bypass Patients: A Multicenter Randomized Trial of Uncertainty and Certainty of Receiving Intercessory Prayer," *American Heart Journal*, Vol. 151, Issue 4: pp. 762–764, April 15, 2006. "Top 15 Most Popular networking Sites/January 2016".
10. Quotes from Denise Gellene and Thomas H. Maugh II, "Largest Study of Prayer to Date Finds It Has No Power to Heal," *Los Angeles Times*, March 31, 2006.
11. K. Scheider, "U.S. Officials Say Dangers of Dioxin Were Exaggerated," *New York Times*, August 5, 1991, p. 1.
12. "The American Freshman: National Norms for 2014."
13. "Top 15 Most Popular Networking Sites," January 2016.
14. Eric Tucker, "Facebook Used as Character Evidence, Lands some in Jail," *USA Today*, July 19, 2008.
15. Reid Goldsborough, "Free Speech in Cyberspace—Both a Privilege and a Burden," *Community College Week*, Vol. 12, Issue 1, August 23, 1999, p. 27.
16. Al Gore, *The Assault on Reason* (New York: Penguin Press, 2007), p. 260.
17. "Porn Sites Get More Visitors Each Month Than Netflix, Amazon and Twitter Combined." *The Huffington Post*, May 4, 2013.
18. Marysia Weber, "Internet Pornography: An Occasion of Sin for Our Time," 2010.
19. Pornography Statistics: Annual Report 2015.
20. Kim Parker, "The Digital Revolution and Higher Education," Pew Research Center, August 28, 2011.

## 第 12 章

1. United Nations Environmental Programme, "Sea Level Rise Due to Global Warming."
2. For a review of Descartes' position of epistemological skepticism see Chapter 1, pages 8–9.
3. For a summary of the Islamic position on science, see Todd Pitock, "Science and Islam," *Discover*, July 2007, pp. 36–45.
4. Arthur Peacocke, *Intimations of Reality: Realism in Science and Religion* (Notre Dame: University of Notre Dame Press, 1984), p. 51.
5. John D. Barrow, Frank J. Tipler, and John A. Wheeler, *The Anthropic Cosmological Principle* (New York: Oxford University Press, 1988).
6. See Russell A. Hill and Robert A. Barton, "Psychology Enhances Human Performance in Contests," *Nature*, Vol. 435, May 19, 2005, p. 293.
7. Eric Hand, "Injection Wells Blamed in Oklahoma Earthquakes," *Science*, Vol. 345, Issue 6192, July 4, 2014, pp. 13–14.
8. B. Nyenzi and P. F. Lefale, "El Niño Southern Oscillation (ENSO) and Global Warming," *Advances in Geosciences*, Vol. 6, January 2006, pp. 95–101.
9. See Margaret Mead, *Coming of Age in Samoa* (New York: W. Morrow & Company, 1928).
10. For their operational definition of *religiousness*, see Laura Koenig et al., "Genetic and Environmental Influences on Religiousness: Findings for Retrospective and Current Religiousness Ratings," *Journal of Personality*, Vol. 73, Issue 2, April 2005, pp. 471–488.
11. Janet Radoff, "Bees Face Unprecedented Pesticide Exposure at Home and Afield," *Science News,* March 21, 2010.
12. Environmental Protection Agency, "Pollinator Protection: Colony Collapse Disorder," 2015.
13. Karl Popper, *Unended Quest: An Intellectual Autobiography* (La Salle, Indiana: Open Court Press, 1976).
14. See Megan Mansell Williams, "Should Losers Wear Red?" *Discover*, August 2005, p. 11.
15. Daniel M. Wegner and William D. Crano, "Racial Factors in Helping Behavior: An Unobtrusive Field Experiment," *Journal of Personality and Social Psychology*, Vol. 32, Issue 5, 1975, pp. 901–905.
16. Judith A. Boss, "The effect of community service work on the moral development of college ethics students." *Journal of Moral Education*, Vol. 23, Issue 2, 1994, pp. 183–198.
17. Andrew J. Wakefield, "MMR Vaccination," *The Lancet,* Vol. 354, Issue 9183, Sept. 11, 1999, pp. 949–950.
18. Kent Anderson, "Exaggerated Claims—Has 'Publish or Perish' Become 'Publicize or Perish'?" December 15, 2014.
19. David H. Freeman, "Lies, Damned Lies and Medical Science," *The Atlantic*, November 2010.
20. Thomas Kuhn, *The Structure of Scientific Revolutions* (Chicago: University of Chicago Press, 1962), p. 10; "Exploring Life's Origins: What is RNA?"
21. Gallup Poll, Evolution, Creationism, Intelligent Design.
22. Kitzmiller v. Dover Area School District, United States District Court for the Middle District of Pennsylvania, December 20, 2005, Case No. 04cv2688.

# 第 13 章

1. Julia Preston, "Risks Seen for Children of Illegal Immigrants," *New York Times,* Sept. 21, 2011.
2. Thomas Hobbes, *Leviathan* (1651), Chapter VIII.
3. John Locke, *Two Treatises of Government*, 1699.
4. UVE EText Jefferson Digital Archive: Thomas Jefferson on Politics and Government, "Majority Rule," http://etext.lib.virginia.edu/jefferson/quotations/jeff0500.htm.
5. Gary C. Jacobson, *Money in Congressional Elections The Politics of Congressional Elections*, 5th ed. (New York: Longman Publishers, 2001).
6. George R. Will, "An Election Breakwater," *Newsweek*, February 27, 2006, p. 68.
7. "Fact Box: How Many Lobbyists are there in Washington?" September 13, 2009.
8. Adam Liptak, "Justices, Five-Four, Reject Corporate-Spending Limit," *New York Times,* Jan. 21, 2010.
9. Ken J. Rotenberg and Mike J. Hurlbert, "Legal Reasoning and Jury Deliberations," *Journal of Social Psychology*, August 1992, Vol. 132, Issue 4, pp. 543–544.
10. Lev Grossman, "Drone Home," *Time Magazine*, February 11, 2013, pp. 27–33.
11. Jo Becker and Scott Shane, "Secret 'Kill List' Proves a Test of Obama's Principles and Will," *New York Times*, May 29, 2012.

图书在版编目（CIP）数据

独立思考：日常生活中的批判性思维与逻辑技能：第4版 /（美）朱迪丝·博斯著；岳盈盈，翟继强译. -- 北京：商务印书馆，2024
ISBN 978-7-100-23962-2

Ⅰ.①独… Ⅱ.①朱… ②岳… ③翟… Ⅲ.①思维方法 Ⅳ.① B804

中国国家版本馆 CIP 数据核字（2024）第 091020 号

版权所有。未经出版人事先书面许可，对本出版物的任何部分不得以任何方式或途径复制或传播，包括但不限于复印、录制、录音，或通过任何数据库、信息或可检索的系统。

此中文简体翻译版本经授权仅限在中华人民共和国境内（不包括香港特别行政区、澳门特别行政区和台湾地区）销售。

翻译版权 ©2024 由麦格劳—希尔教育（新加坡）有限公司与商务印书馆所有。

本书封底贴有 McGraw-Hill Education 公司防伪标签，无标签者不得销售。

权利保留，侵权必究。

---

独立思考：日常生活中的批判性思维与逻辑技能（第4版）
〔美〕朱迪丝·博斯　著
岳盈盈　翟继强　译
刘力　陆瑜　策划
刘冰云　陈欣　责任编辑

商　务　印　书　馆　出　版
（北京王府井大街36号　邮政编码100710）
商　务　印　书　馆　发　行
山东临沂新华印刷物流集团
有　限　责　任　公　司　印　刷
ISBN 978-7-100-23962-2

2024年9月第1版　　　开本 787×1092　1/16
2024年9月北京第1次印刷　　印张 30¼
定价：128.00元